全国高等职业教育示范专业规划教材
数控设备应用与维护专业

FANUC 0i-D/0i Mate-D
数控系统连接调试与PMC编程

周 兰 陈少艾 编著

机械工业出版社

本教材以配套于数控车床、数控铣床（加工中心）的最新FANUC 0i-D/0i Mate-D数控系统的安装、调试作为工作任务，按照三个模块、十五个项目，从"数控系统硬件连接"、"数控系统参数设置"、"数控系统PMC编程"三个方面，阐述从装配、调试一台新的数控机床（控制、电气部分）至机床正常运转所需要的知识和操作技能。十五个项目配套有实训项目，一讲一练。通过单项实训项目实现数控机床的单项功能，直至整个系统装配调试完毕。教材内容涵盖了数控机床装配调试、维护维修岗位必备的知识和技能。

本书配有电子教案，凡使用本书作教材的教师可登录机械工业出版社教材服务网（http：//www.cmpedu.com）下载，或发送电子邮件至cmp-gaozhi@sina.com索取。咨询电话：010-88379375。

本教材可作为高等职业院校数控技术专业、机电一体化专业数控机床维修方向教学做一体化教材，也可供企业维修人员参考、培训之用。

图书在版编目（CIP）数据

FANUC 0i-D/0i Mate-D数控系统连接调试与PMC编程/周兰，陈少艾编著.
—北京：机械工业出版社，2012.4（2025.1重印）
全国高等职业教育示范专业规划教材. 数控设备应用与维护专业
ISBN 978-7-111-37909-6

Ⅰ.①F… Ⅱ.①周… ②陈… Ⅲ.①数控机床-程序设计-高等职业教育-教材 Ⅳ.①TG659

中国版本图书馆CIP数据核字（2012）第059021号

机械工业出版社（北京市百万庄大街22号　邮政编码100037）
策划编辑：王英杰　责任编辑：王英杰　武　晋
版式设计：霍永明　责任校对：李锦莉
封面设计：鞠　杨　责任印制：邓　博
北京盛通数码印刷有限公司印刷
2025年1月第1版·第23次印刷
184mm×260mm·21.75印张·532千字
标准书号：ISBN 978-7-111-37909-6
定价：54.90元

电话服务	网络服务
客服电话：010-88361066	机 工 官 网：www.cmpbook.com
010-88379833	机 工 官 博：weibo.com/cmp1952
010-68326294	金 书 网：www.golden-book.com
封底无防伪标均为盗版	机工教育服务网：www.cmpedu.com

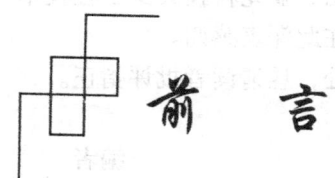

前言

　　数控机床装配调试、维护维修人员是目前社会急需的数控人才，本教材是针对这类人才的培养而编写的。

　　数控机床是典型的光机电一体化设备，涉及众多学科领域，其制造、使用与维护对数控机床装配调试、维护维修人员提出了较高要求。数控机床装配调试、维护维修人员应具备丰富的学科知识、较强的动手能力、敏锐的观察判断能力和知识综合应用能力，能够在作业现场快速解决装配调试、维护维修综合问题。具体来说，这些人员应具备的知识和技能是：熟练装配数控机床机械部件，对数控机床本体进行精度检测及调整；掌握数控机床操作与编程方法；掌握数控系统的软、硬件结构（含机床电气部分），能正确连接并进行系统检测；合理设置数控系统参数，正确编写、阅读数控机床的 PMC 程序，监控数控系统工作状态；对数控机床进行机电联调、优化数控机床性能指标；有效排除数控机床机械、电气故障等。本教材的编写立足于对维修人员上述职业能力的培养。

　　市场上针对不同加工要求的数控机床种类繁多，其中应用广泛、结构和功能具有代表性的为数控车床、数控铣床或立式加工中心。与数控机床配套的数控系统品牌众多，有日本 FANUC、三菱，德国 SIEMENS、HEIDENHAIN，美国 HAAS，西班牙 FAGOR，还有一些国产数控系统品牌。FANUC 数控系统在我国的机床市场占有率具有绝对优势。本教材以数控车床、数控铣床配置的 FANUC 公司最新推出的 FANUC 0i-D/0i Mate-D 系统的装配调试为项目载体进行编写，学习任务体现了数控机床装调岗位的工作需求。

　　海量的知识、众多的技能，如何为学习者有效接受？对此，教材编写时进行了以下设计：

　　1）采用项目化的编写模式。全书共计十五个项目，涵盖数控系统硬件连接、参数设置、PMC 编程三个方面。每个项目就是一个独立的学习性工作任务。通过项目化的方式，将数控机床数控系统的装配调试工作任务进行了分解，体现了从单项技能训练到综合技能培养的学习过程。例如"FANUC 数控系统的典型硬件及其综合连接"项目，通过对数控系统主板、电源模块、主轴放大器、伺服放大器、I/O Link 设备的结构与接口、信号与连接的讲解，学习者可掌握多种数控系统的硬件结构及连接调试方法；通过"数控机床电气控制系统的连接"项目，学习者可掌握数控机床电气原理图读图、接线、线路检查方法等。通过各个项目的递进学习，学习者可具备将一台工作裸机通过数控系统的装配调试最终使其能够正常运转起来的能力。

　　2）进行了理论实践一体化的教学设计。对于每个项目，进行了操作要领及关联知识的讲解；同时，为了便于实践，配套设计了十五个实训项目，既是针对项目内容提出的实训任务，又是引导完成实训任务的指导材料，做到了理论与实践一体化。

本教材由武汉船舶职业技术学院周兰、陈少艾老师编著，教材中的许多案例源自作者的工作实践。同时，教材编写过程中得到了北京发那科机电有限公司、亚龙科技集团工程技术人员以及武汉船舶职业技术学院蒋幸幸老师的大力支持与帮助，在此深表感谢。

由于时间仓促和编者水平有限，本教材难免有欠妥及错误之处，恳请读者批评指正。

编者

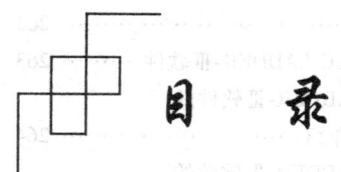

目录

前言
模块一 数控系统硬件连接 ……………… 1
  项目一 认识 FANUC 数控系统 ……… 1
    一、FANUC 数控系统简介 …………… 1
    二、FANUC 0i-D 数控系统的基本构成 … 2
    三、数控系统控制对象分析 …………… 6
    四、FANUC 数控系统的命名 ………… 7
  项目二 FANUC 数控系统的典型硬件
         及其综合连接 ………………… 8
    一、FANUC 数控系统典型硬件
       的结构及接口 ……………………… 8
    二、FANUC 数控系统硬件的
       综合连接 ………………………… 21
  项目三 数控机床电气控制系统的连接 …… 25
    一、数控机床电气控制系统的构成 …… 25
    二、数控机床常用电器简介 …………… 25
    三、FANUC 0i-TD 数控车床电气
       控制系统的连接 ………………… 30
    四、FANUC 0i-MD 数控铣床电气
       控制系统的连接 ………………… 35
模块二 数控系统参数设定 ……………… 41
  项目四 FANUC 0i-D 数控系统
         参数设定 ……………………… 41
    一、FANUC 0i-D/0i Mate-D 数控
       系统参数的类型 ………………… 41
    二、典型参数的表达方式 ……………… 44
    三、参数显示与搜索 …………………… 44
    四、MDI 方式下的参数设定 …………… 45
    五、数据备份与加载 …………………… 47
    六、数控系统的上电全清 ……………… 60
  项目五 与编程关联的参数设定 …………… 62
    一、与"设定"（SETTING）相关
       的参数设定 ……………………… 62
    二、与接口相关的参数设定 …………… 63

    三、与轴控制及移动单位相关
       的参数设定 ……………………… 64
    四、与坐标系相关的参数设定 ………… 66
    五、与卡盘和尾座结构相关
       的参数设定 ……………………… 67
    六、与进给速度相关的参数设定 ……… 69
    七、与加/减速相关的参数设定 ……… 73
  项目六 与伺服关联的参数设定 …………… 76
    一、伺服驱动方式与检测装置 ………… 76
    二、数控机床回参考点方式 …………… 80
    三、伺服电动机的选用及其与
       放大器的匹配 …………………… 84
    四、伺服参数的设置 …………………… 89
    五、各轴软限位参数设定 ……………… 98
  项目七 与主轴关联的参数设定 …………… 100
    一、主运动实现方式及应用场合 ……… 100
    二、主轴驱动电动机与主轴
       特性的匹配 ……………………… 101
    三、主轴分段无级变速的换挡方式 …… 102
    四、主轴电动机类型及型号规格 ……… 105
    五、主轴参数设定 ……………………… 108
    六、"主轴设定"界面的操作 ………… 109
    七、其他主轴参数的设定 ……………… 110
    八、主运动检测装置的配置及
       相关参数设置 …………………… 114
  项目八 数控系统的其他参数设定 ………… 119
    一、与 DI/DO 相关的参数设定 ……… 119
    二、与显示和编辑相关的参数设定 …… 120
    三、与程序相关的参数设定 …………… 124
    四、与基于 PMC 轴控制相关
       的参数设定 ……………………… 126
  项目九 数控系统参数的综合设定 ………… 128
    一、数控系统的基本参数设定流程 …… 128
    二、数控系统基本参数的综合设定 …… 130

模块三 数控系统 PMC 编程 ………… 134

项目十 认识数控机床用 PMC …… 134
  一、PMC 基本结构 ………… 134
  二、PMC 工作原理 ………… 135
  三、数控机床用 PMC 的类型 …… 136
  四、数控机床用 PMC 与外部
    的信号交换 ………… 137
  五、PMC 程序结构及工作过程 …… 138
  六、FANUC 0i-D 系列 PMC 基本规格 …… 141

项目十一 DI/DO 接口的信号定义
        及地址分配 ………… 143
  一、PMC 信号 ………… 143
  二、PMC 信号地址表 ………… 148
  三、I/O Link 接口的设定 ………… 195

项目十二 PMC 界面的基本操作 …… 199
  一、PMC 菜单结构 ………… 199
  二、PMC 的维修与监控功能 …… 200
  三、PMC 梯形图的监控与编辑功能 …… 214

项目十三 PMC 梯形图的读写流程
        与格式 ………… 224
  一、PMC 梯形图的读写流程 …… 224
  二、PMC 梯形图格式 ………… 224

项目十四 数控系统典型功能
        的 PMC 编程 ………… 228
  一、数控系统操作面板的信号类型
    及特点 ………… 228
  二、工作方式选择的 PMC 编程 …… 236
  三、数控机床操作面板加工程序
    控制的 PMC 编程 ………… 238
  四、数控机床操作面板手动进给倍率
    的 PMC 编程 ………… 240
  五、数控机床操作面板自动进给倍率
    的 PMC 编程 ………… 246
  六、数控机床操作面板主轴速度倍率
    的 PMC 编程 ………… 247
  七、数控机床操作面板进给轴及其
    移动方向选择的 PMC 编程 …… 251
  八、主轴运动的 PMC 编程 …… 254
  九、循环启动和进给保持的
    PMC 编程 ………… 261
  十、急停的 PMC 编程 ………… 262

项目十五 FANUC LADDER-Ⅲ
        软件的使用 ………… 263
  一、FANUC LADDER-Ⅲ 软件
    功能介绍 ………… 263
  二、启动 FANUC LADDER-Ⅲ 软件 …… 263
  三、FANUC LADDER-Ⅲ 软件的
    窗口功能介绍 ………… 264
  四、FANUC LADDER-Ⅲ 软件的
    基本操作 ………… 265
  五、PC 机与 CNC 的联机调试 …… 276

参考文献 ………… 293

实训项目 ………… 295

实训项目 1 认识 FANUC 数控
        系统的实训 ………… 297
实训项目 2 FANUC 数控系统的典型
        硬件及其综合连接实训 …… 299
实训项目 3 数控机床电气控制系统
        的连接实训 ………… 301
实训项目 4 FANUC 0i-D 数控系统
        的参数设定实训 ………… 304
实训项目 5 与编程关联的参数
        设定实训 ………… 307
实训项目 6 与伺服关联的参数
        设定实训 ………… 309
实训项目 7 与主轴关联的参数
        设定实训 ………… 312
实训项目 8 数控系统的其他参数
        设定实训 ………… 315
实训项目 9 数控系统参数的综合
        设定实训 ………… 318
实训项目 10 认识数控机床用 PMC
        实训 ………… 320
实训项目 11 DI/DO 接口信号的定义及
        地址分配实训 ………… 322
实训项目 12 PMC 界面的基本
        操作实训 ………… 325
实训项目 13 PMC 梯形图的读写
        流程与格式实训 ………… 328
实训项目 14 数控系统典型功能的
        PMC 编程与调试实训 …… 333
实训项目 15 FANUC LADDER-Ⅲ 软件
        的使用实训 ………… 336

模块一　数控系统硬件连接

项目一　认识 FANUC 数控系统

项目导读

FANUC 典型数控系统简介
FANUC 0i-D 数控系统的基本构成
数控系统控制对象分析
数控系统的命名

操作要领及关联知识

一、FANUC 数控系统简介

1. FANUC 数控系统的发展历史

掌握数控机床核心发展技术的 FANUC 株式会社，集数控系统科研、设计、制造、销售于一体，从最早推出的电液步进电动机开始，通过引进技术和不断创新，推出了满足不同加工要求的系列数控系统，开创了现代数控加工新局面。

FANUC 数控系统典型产品系列及其特点见表 1-1。

表 1-1　FANUC 数控系统典型产品系列及其特点

序号	年代	典型产品	主要特点
1	1976 年	FS5/FS7 系列	使用直流伺服电动机驱动（之前为以硬件为主的开环系统，使用电液步进电动机驱动）
2	1979 年	FS6 系列	具备一般功能和部分高级功能的中档 CNC,使用了大容量磁泡存储器
3	1984 年	FS10/FS11/FA12 系列	采用大规模集成电路,32 位高速处理器,4Mb 磁泡存储器,宏程序,刀具补偿功能,彩色显示器
4	1985 年	FS0 系列	体积进一步减小,采用高速高集成度处理器,CMOS 大规模集成电路,会话菜单式编程,专用宏功能,彩色显示器
5	1987 年	FS15 系列	划时代产品,人工智能型数控系统,采用高速度、高精度、高效率的数字伺服单元,数字主轴单元,纯电子式绝对位置检测器
6	1990 年	FS16 系列	性能介于 FS15 和 FS0 之间,彩色液晶显示,常用的型号有：FANUC 18i-TA/TB,FANUC18i-MA/MB 等
7	1991 年	FS18 系列	

(续)

序号	年代	典型产品	主要特点
8	1992 年	FS20 系列	FS21/FS210 系列常用的数控系统型号有 FANUC 21i-MA/MB，FANUC 21i-TA/TB 等。本系列的数控系统适用于中、小型数控机床
9	1993 年	FS21/FS210 系列	
10	1996 年	FS16i 系列，FS18i 系列	超小型、超薄型，纳米插补，伺服 HRV，丰富的网络功能，远程诊断。FS16i 系列最多可以连接 4 个串行主轴。FS18i 系列最多可以连接 3 个串行主轴
11	2001 年	FS 0i-A 系列，FS 0i-B 系列	高可靠性、高性价比，结构紧凑，连接简单，使用了高速串行伺服总线（光缆）和串行的 I/O 数据口，具备以太网接口
12	2004 年	FS 0i-C 系列	高可靠性、高性价比、高集成度的小型化数控系统，使用了高速串行伺服总线（光缆）和串行的 I/O 数据口，具备以太网接口，可单机运行，也可方便入网
13	2008 年	FS 30i/FS31i/FS32i 系列	多系统控制，纳米精度 FS30i 最大控制轴数 40（进给轴 32，主轴 8），10 个系统，联动轴数 24 FS31i 最大控制轴数 26（进给轴 20，主轴 6），4 个系统，联动轴数 4 FS32i 最大控制轴数 11（进给轴 9，主轴 2），2 个系统，联动轴数 4
14	2008 年	FS 0i-D 系列	功能基于 FS32i，控制轴数 5，联动轴数 4，主轴 2，使用 8.4in/10.4in 液晶显示，AI 轮廓控制，纳米插补，基于伺服电动机的主轴控制，标准嵌入式以太网

2. FANUC 0i-D 系列数控系统简介

FANUC 0i-D 系列数控系统是 FANUC 公司 2008 年 9 月推出的新产品，目前已全面推广应用。该产品采用 FANUC 30i/31i/32i 平台技术，数字伺服采用 HRV3 及 HRV4（High Response Vector，HRV，简称高速响应矢量控制），具有纳米插补功能，可以实现高精度纳米加工；同时具有高可靠性硬件，易于维护；有优异的操作性能，强大的内置 PMC 功能，软件工具丰富，启动和维护简便。FANUC 0i-D 系列数控系统主要包括以下产品：

（1）FANUC Series 0i-MD　用于加工中心数控系统，最多控制 5 轴。

（2）FANUC Series 0i Mate-MD　用于加工中心数控系统，最多控制 4 轴。

（3）FANUC Series 0i-TD　用于数控车床的数控系统。对于只有 1 个路径的数控系统，最多控制 4 轴；对于 2 个路径的数控系统，最多控制 8 轴。

（4）FANUC Series 0i Mate-TD　用于数控车床的数控系统，最多控制 3 轴。

本教材内容介绍基于 FANUC 0i-D 系列数控系统。

二、FANUC 0i-D 数控系统的基本构成

FANUC 0i-D 数控系统的基本构成如图 1-1 所示。

1. 显示器和 MDI 键盘

液晶显示器和 MDI 键盘如图 1-2 所示。

显示器目前多为液晶显示器，可配置 8.4in、10.4in 等多种规格。

MDI 键盘用于加工程序的输入与编辑、工作方式或显示方式的选择、参数设置等。各按键功能如图 1-3 所示。

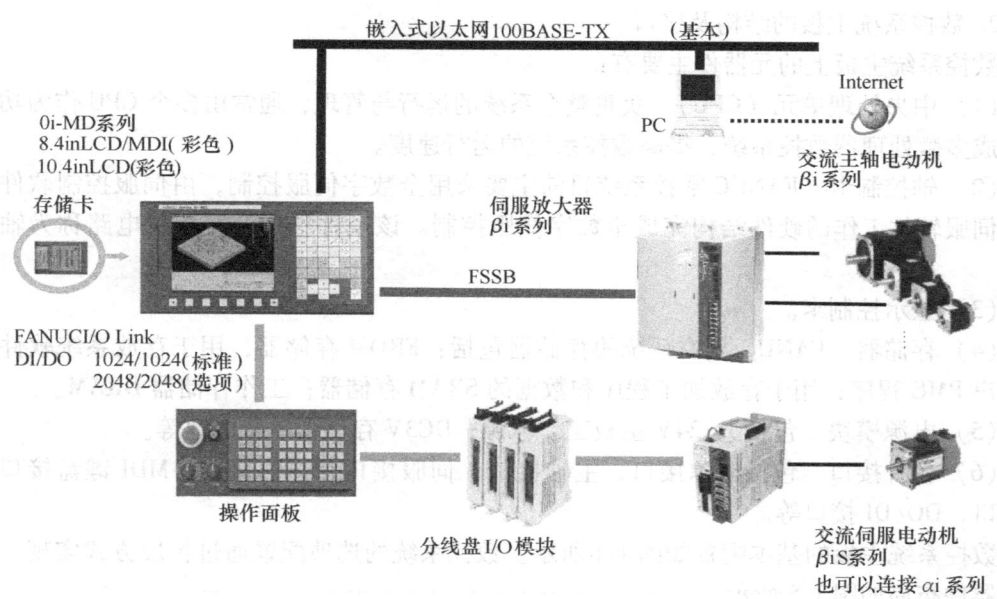

图 1-1　FANUC 0i-D 数控系统的基本构成

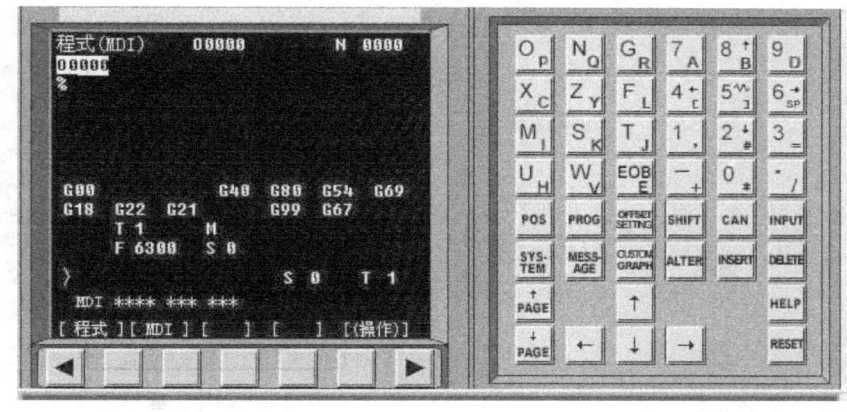

图 1-2　液晶显示器和 MDI 键盘

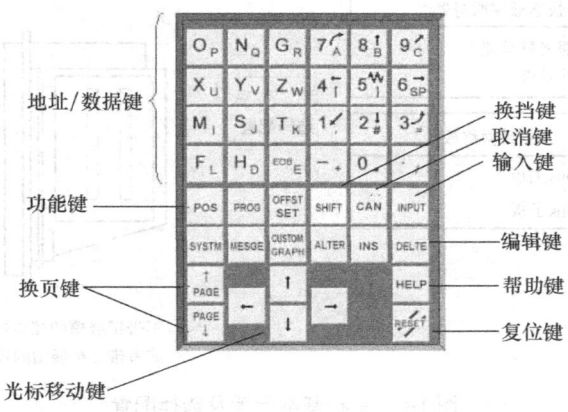

图 1-3　FANUC 数控系统 MDI 键盘布局及按键功能

2. 数控系统主板的结构及接口

数控系统主板上的元器件主要有：

（1）中央处理单元（CPU） 负责整个系统的运行与管理，通常由多个 CPU 作为功能模块构成多微处理器数控系统，提高数控系统的运行速度。

（2）轴控制卡 FANUC 数控系统目前主要采用全数字伺服控制，由伺服控制软件及其支撑伺服软件工作的硬件结构完成全数字伺服控制。该硬件结构及其相关电路称为轴控制卡。

（3）显示控制卡。

（4）存储器 FANUC 数控系统的存储器包括：FROM 存储器，用于存放系统软件及最终用户 PMC 程序；用于存放加工程序和数据的 SRAM 存储器；工作存储器 DRAM。

（5）电源模块 包括 DC24V 主板工作电源，DC3V 存储器后备电池等。

（6）各种接口 包括电源接口、主轴接口、伺服接口、通信接口、MDI 键盘接口、软键接口、DO/DI 接口等。

数控系统主板的基本配置如图 1-4 所示。数控系统的选项配置通过扩展方式实现。主板上元器件布局如图 1-5 所示。

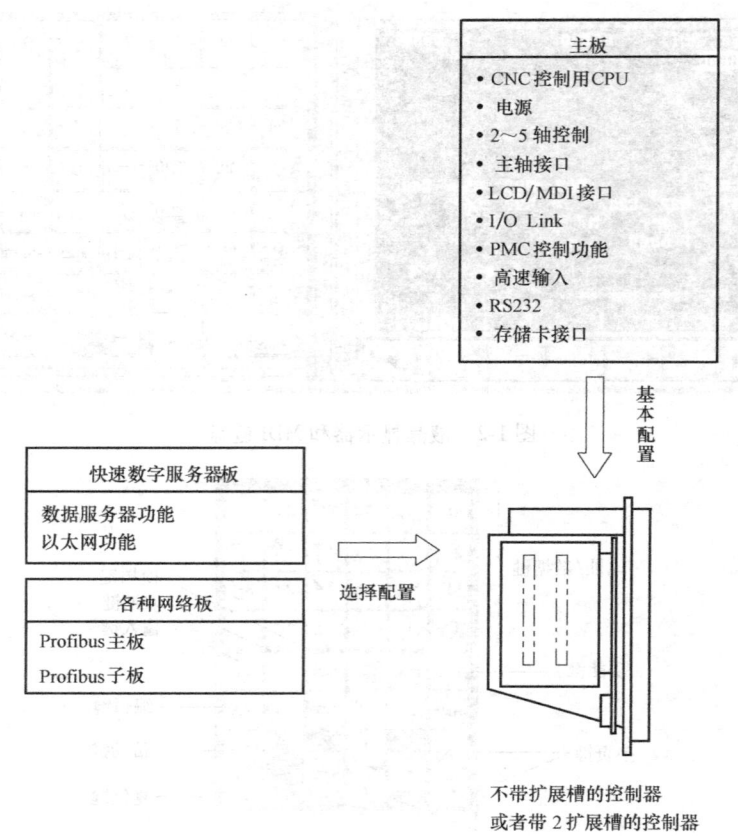

图 1-4　主板基本配置及选择配置

项目一 认识FANUC数控系统

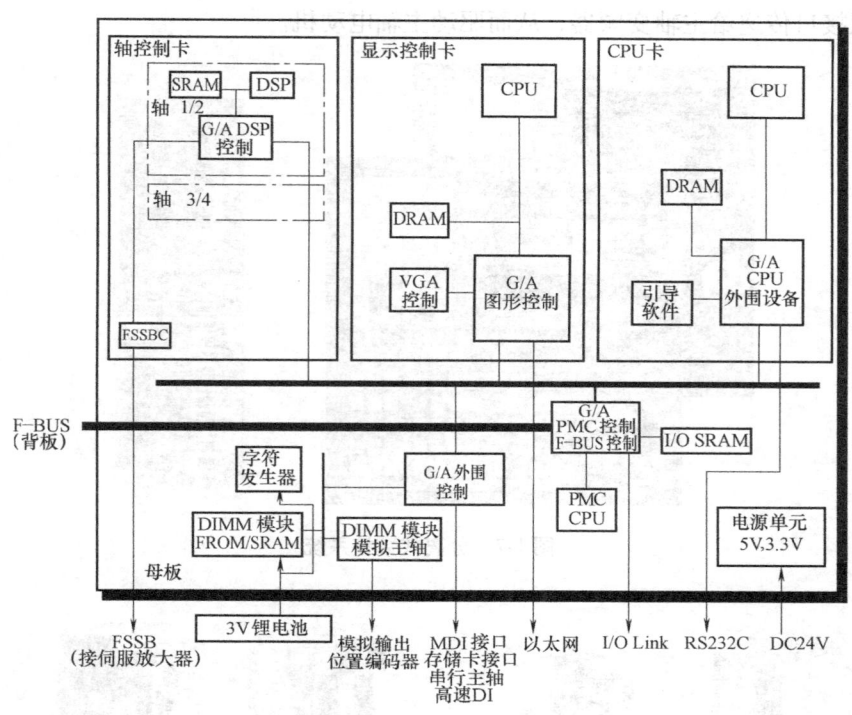

图 1-5 数控系统主板及其元器件布局

根据主板与显示器的相对安装位置不同,数控系统有紧凑式和分离式两种结构。紧凑式数控系统是主板及其元器件安装在显示器背面,数控系统与液晶显示器是一体的,如图 1-6 所示;而分离式数控系统与显示器是分开的,如图 1-7 所示。

3. 伺服放大器及伺服电动机

数控机床的进给运动是由数控系统根据用户程序进行插补运算和位置控制,将运算结果通过伺服放大器放大,然后驱动伺服电动机运转,实现机床各坐标轴的运动。伺服放大器与数控系统之间通过光缆 FSSB 连接。根据使用伺服电动机的不同,伺服放大器有 αi 系列伺服放大器、βi 系列伺服放大器等;根据伺服放大器驱动轴的数目不同,伺服放大器有两轴驱动伺服放大器、单轴驱动伺服放大器等。伺服放大器及伺服电动机外形如图 1-8 所示。

4. 主轴放大器及主轴电动机

数控机床的主运动通常采用交流电动机

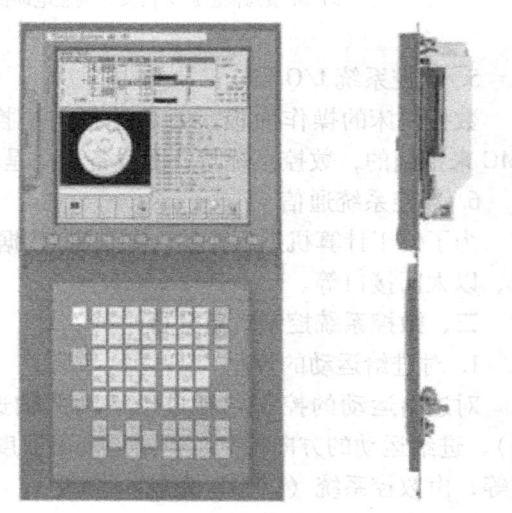

图 1-6 紧凑式数控系统

驱动。数控机床主运动的控制方式有两种:一种方式是数控系统将主运动指令通过串行主轴接口传递给主轴伺服驱动装置进而驱动主轴电动机;另一种方式是数控系统将主运动指令通过主轴模拟接口传递给主轴变频器,从而驱动主轴电动机。

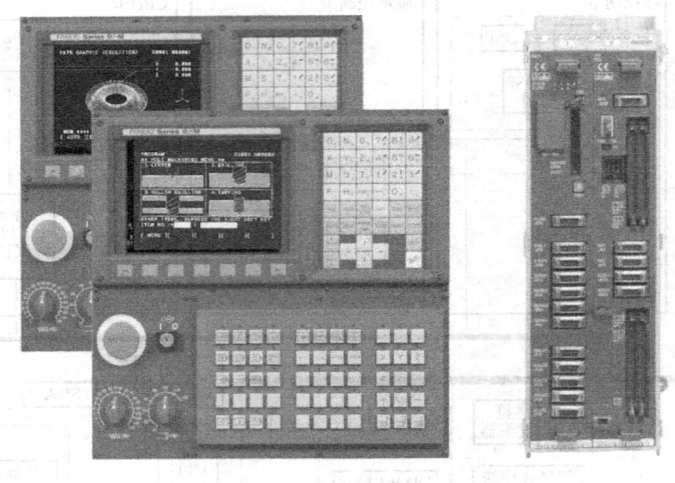

图1-7 分离式数控系统

图1-8 伺服放大器及伺服电动机
a) βi系列伺服放大器及其伺服电动机　b) αi系列伺服放大器及其伺服电动机

5. 数控系统 I/O Link

数控机床的操作面板、刀具选择与更换、液压及润滑系统的起动与停止等都是通过 PMC 来控制的,数控系统与外围设备之间是通过 I/O Link 联系起来的。

6. 数控系统通信

为了便于计算机远程控制,如 DNC 数据传送,数控系统配置有通信接口,如 RS232 接口、以太网接口等。

三、数控系统控制对象分析

1. 对进给运动的控制

对进给运动的控制包括进给运动的轴选择控制(点位控制、点位直线控制、轮廓控制)、进给运动的方向控制、进给运动的速度控制、进给运动的轨迹规划控制、刀具补偿控制等,由数控系统(CNC)完成。

2. 对主轴运动的控制

对主轴运动的控制包括主轴的起停控制、主轴正反转旋转方向控制、主轴转速高低的控制等。对于数控车削中心,主轴往往还具备 C 轴功能;对于镗铣加工中心,为了方便机械手换刀,主轴还具备准停功能。主运动控制一般由数控系统 PMC 实现。

3. 对显示和 MDI 键盘的控制

CNC 直接对显示器和 MDI 键盘进行控制。

4. 对机床操作面板和机床外围设备的控制

数控机床操作面板上的按钮（旋钮）和指示灯，机床侧润滑与冷却，刀架或刀库控制等由数控系统 PMC 实现。

目前 FANUC 数控系统均采用内置式 PMC，PMC 与 CNC 之间通过共主板和共存储器方式建立联系。

认识和掌握数控系统（CNC）、PMC 各自的控制对象，有助于认识数控系统的硬件结构，有助于了解 PMC 编程。CNC 和 PMC 各自的控制对象如图 1-9 所示。

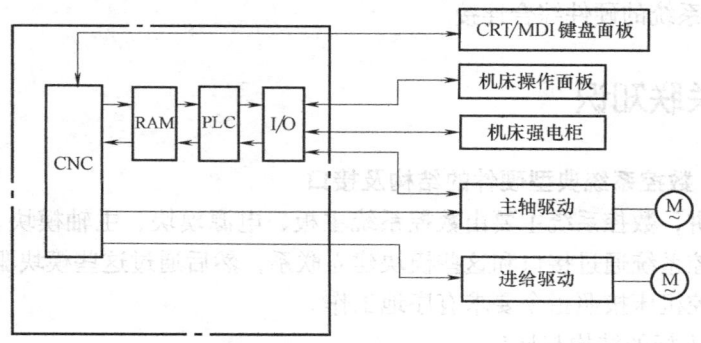

图 1-9　CNC 和 PMC 的控制对象

四、FANUC 数控系统的命名

1. 名词解释

（1）FANUC SYSTEM　FANUC 数控系统，缩写为"FS"。

（2）MILL　铣削加工，缩写为"M"。

（3）TURN　车削加工，缩写为"T"。

2. 数控系统的命名方法

1）命名 1 如图 1-10 所示。

2）命名 2 如图 1-11 所示。

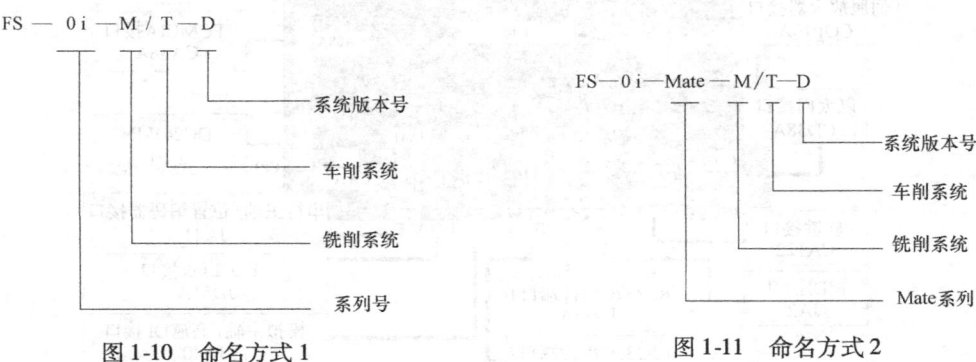

图 1-10　命名方式 1　　　　　　图 1-11　命名方式 2

项目二 FANUC 数控系统的典型硬件及其综合连接

项目导读

FANUC 数控系统的典型硬件结构及接口
FANUC 数控系统的硬件综合连接

操作要领及关联知识

一、FANUC 数控系统典型硬件的结构及接口

从硬件角度讲，数控系统主要由数控系统主板、电源模块、主轴模块、伺服模块、I/O 模块等构成。数控系统通过接口和这些模块建立联系，然后通过这些模块驱动数控机床执行部件，从而使数控机床按照指令要求有序地工作。

1. 数控系统主板的结构与接口

FANUC 0i-D 数控系统的主板结构与接口如图 1-12 所示。主板上方有两个风扇，便于主板散热。主板右下方有 DC 3V 的锂电池，是存储器的后备电池。用户所编制的零件加工程序、刀具偏置量以及系统参数等存储在控制单元的 CMOS 存储器中，当系统主电源切断时，依靠锂电池记忆这些数据。因此当电池电压下降到一定程度，显示器上出现"BAT"报警时，应及时更换电池，防止数据丢失。

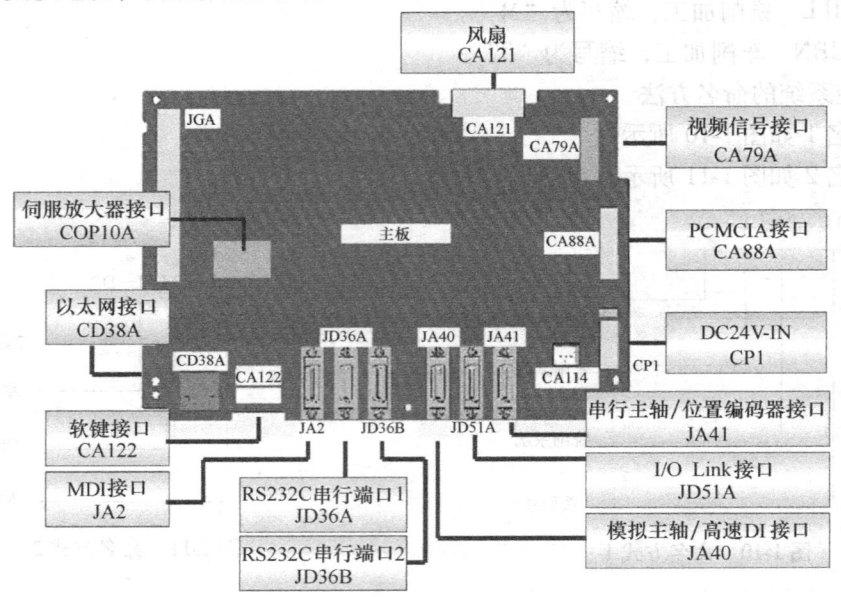

图 1-12 FANUC 0i-D 的主板结构与接口

主板上有以下接口。

(1) 电源接口 CP1 数控系统控制单元主板正常工作时需要外部提供 DC 24V 电源。外部 AC 200V 电源经过开关电源整流后变为 DC 24V，通过 CP1 接口输入，供主板工作。

(2) 串行主轴或位置编码器接口 JA41 FANUC 数控系统对机床主运动的控制是通过主轴放大器来实现的。数控系统将串行主运动指令通过 JA41 接口传递给主轴放大器如 SPM 的 JA7B 接口，主轴放大器经过变频调速控制给主轴电动机输出动力电源。CNC、主轴放大器、主轴电动机之间的连接关系如图 1-13 所示。

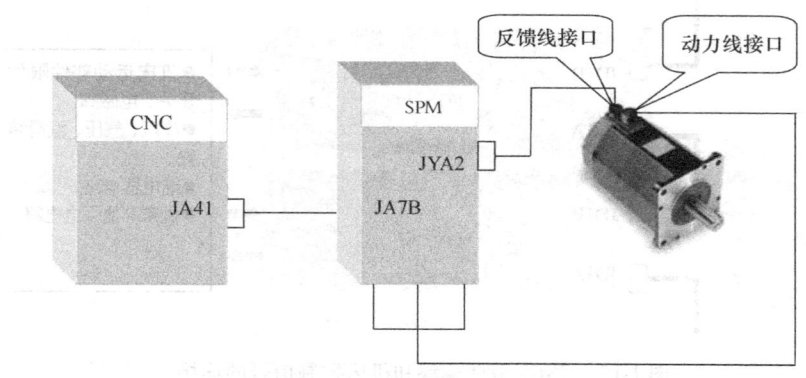

图 1-13 CNC 与主轴放大器、主轴电动机的连接

关于串行主轴接口 JA41，有以下几点需要说明：

1) 该接口所连接的放大器一定是串行主轴放大器。

2) 当系统使用模拟主轴时，应使 CNC 模拟主轴接口与放大器连接，JA41 接口此时用于连接模拟主轴位置编码器。

3) 当数控系统控制多个串行主轴时，连接方式如图 1-14 所示。

(3) I/O Link 接口 JD51A 对于数控机床各坐标轴的运动控制，即在用户加工程序中 G、F 指令部分，由数控系统控制实现；而对于数控机床的顺序逻辑动作，即在用户加工程序中 M、S、T 指令部分，由 PMC 控制实现，其中包括主轴速度控制、刀具选择、工作台更换、转台分度、工件夹紧与松开等。

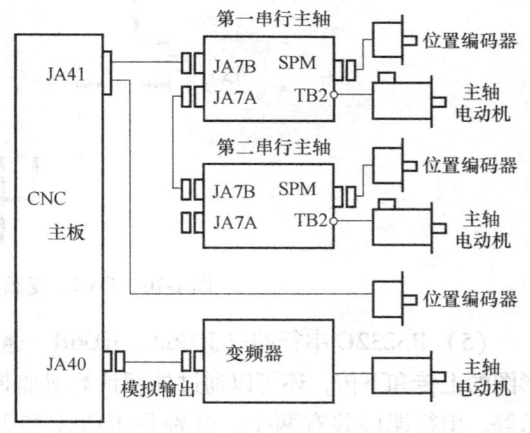

图 1-14 多主轴模块与 CNC 的连接

这些来自机床侧的输入、输出信号与 CNC 之间是通过 I/O Link 建立通信联系的。

根据 PMC 控制点数的不同，需要通过 I/O Link 连接电缆连接多个 I/O 模块。I/O Link 的两个接口分别叫做 JD51A（JD1A）、JD1B，电缆总是从一个单元的 JD51A（JD1A）连接到下一个单元的 JD1B。CNC、I/O 模块、机床控制信号之间的连接关系如图 1-15 所示。

(4) 模拟主轴接口 JA40 如果采用非 FANUC 公司主轴电动机，则可以采用变频器驱动，变频器和 CNC 之间通过 JA40 接口连接，这时 CNC 通过 JA40 接口给变频器提供 0～+10V 模拟指令信号。CNC、变频器、主轴电动机连接图如图 1-16 所示。

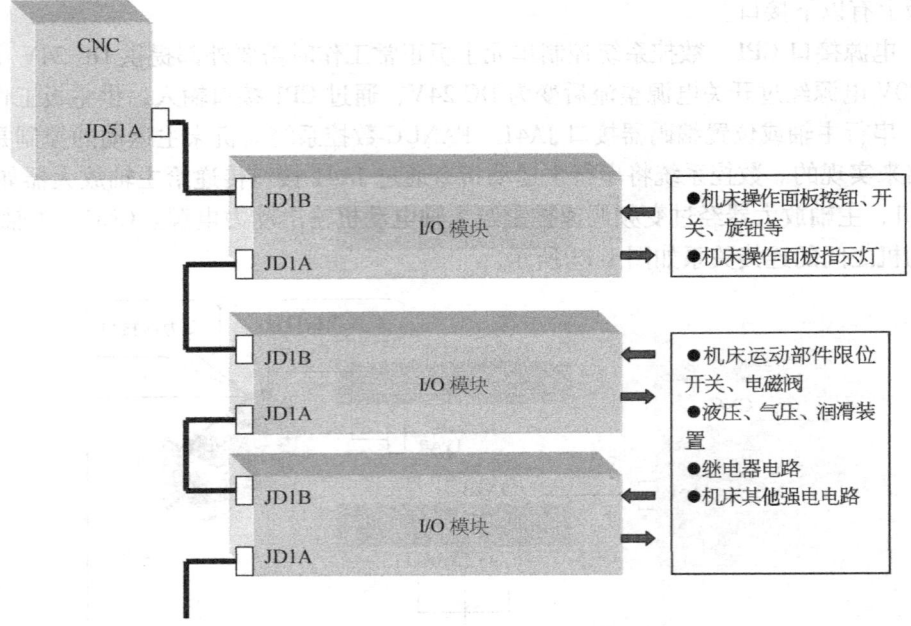

图 1-15　CNC、I/O 模块和机床控制信号的连接

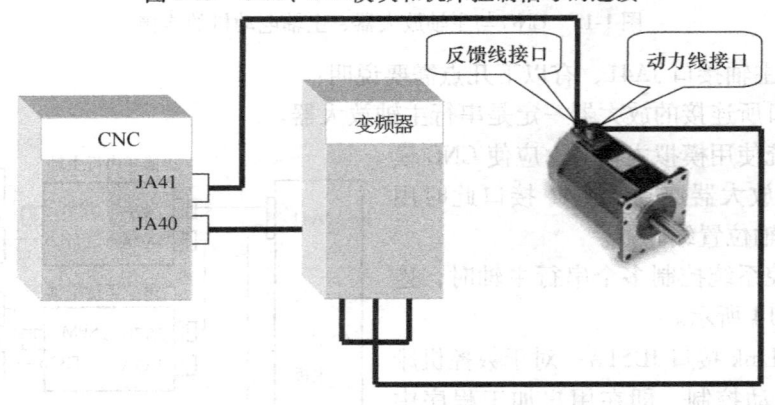

图 1-16　CNC、变频器、主轴电动机的连接

（5）RS232C 串行端口 JD36A、JD36B　通过数据线该接口可以和外部计算机相连，实现梯形图的上传和下传，还可以通过外部计算机监控梯形图的运行状态以及实现加工程序的 DNC 传送等。串行端口共有两个，分别是 JD36A 和 JD36B，一般使用左边接口（JD36A），右边接口（JD36B）为备用接口。如果使用存储卡可以替代数据传输接口功能，此接口可以不连接。

（6）MDI 接口 JA2　它是 MDI 键盘与数控系统连接接口，数控系统出厂时已经连接好，不需要改动，但要检查是否松动。

（7）软键接口 CA122　是显示器下面软键与数控系统连接的接口。同样，这个接口在数控系统出厂时已经连接好，不需要改动。

（8）伺服放大器接口 COP10A　伺服放大器 SVM 通过 COP10A、COP10B 接口接受 CNC 发出的进给运动速度和位移指令信号，对传送过来的信号进行转换和放大处理，驱动各轴伺服电动机运转，实现刀具和工件之间的相对运动。FANUC 数控系统与伺服放大器接口之间的连接采用 FSSB（FANUC Serial Servo Bus）总线，该总线采用专用光缆。对于 FANUC 单台伺服放大器，有驱动一轴的，有驱动两轴的，有驱动三轴的；从另外一个角度，一台数控机床根据进给轴数量不同、伺服放大器驱动轴数的不同有多种配置方式。CNC、伺服放大器、伺服电动机之间的连接如图 1-17 所示。

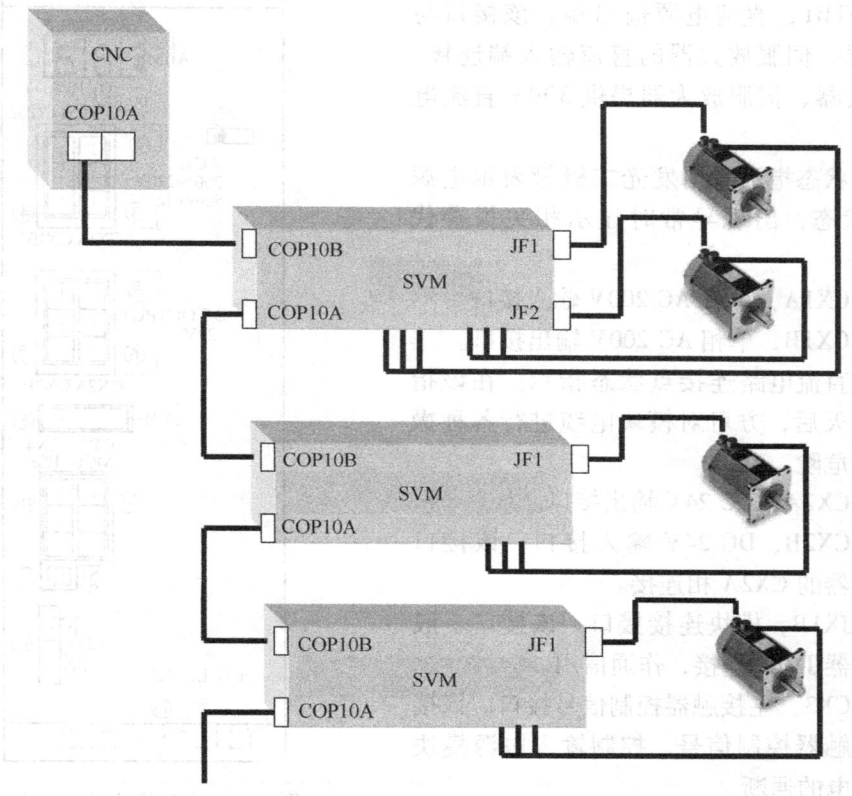

图 1-17　CNC、伺服放大器、伺服电动机连接

2. 数控系统电源模块（Power Supply Module，PSM）接口

（1）电源模块的作用　电源模块的作用主要是将三相交流电转换成直流电，为主轴放大器和伺服放大器提供 300V 直流电源。在运动指令控制下，主轴放大器和伺服放大器经过由 IGBT 模块组成的三相逆变电路输出三相变频交流电，控制主轴电动机和伺服电动机按照指令要求的动作运行。电源模块还提供 24V 直流电源。

（2）电源模块型号含义　电源模块型号含义如图 1-18 所示。FANUC 的 α 系列电源模块主要分为 PSM、PSMR、PSM-HV、PSMV-HV 四种型号，根据图 1-18 所

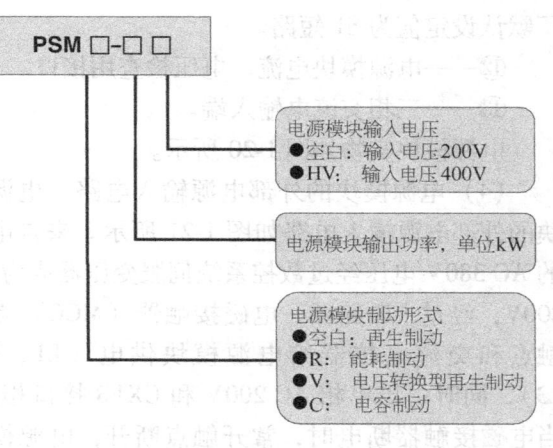

图 1-18　电源模块型号含义

示，不难理解这四种型号的含义。电源模块输入电压分为交流200V和交流400V两种规格。

（3）电源模块的接口定义 电源模块的接口如图1-19所示，各接口作用如下：

①——TB1，直流电源输出端。该接口与主轴放大器、伺服放大器的直流输入端连接，为主轴放大器、伺服放大器提供300V直流电源。

②——状态指示，用发光二极管表示电源模块所处状态，出现异常时显示相关报警代号。

③——CX1A，单相AC 200V输入接口。

④——CX1B，单相AC 200V输出接口。

⑤——直流电路连接点状态指示。在该指示灯完全熄灭后，方可对模块电缆进行各种操作，否则有危险。

⑥——CX2A，DC 24V输出接口。

⑦——CX2B，DC 24V输入接口。该接口与主轴放大器的CX2A相连。

⑧——JX1B，模块连接接口。该接口一般与主轴放大器JX1A连接，作通信用。

⑨——CX3，主接触器控制信号接口。该接口连接主接触器控制信号，控制输入电源模块的三相交流电的通断。

⑩——CX4，急停信号接口。该接口用于连接机床的急停信号，检测伺服就绪信号。

⑪——S1、S2，再生相序选择开关，一般出厂默认设定值为S1短路。

⑫——电源模块电流、电压检查用接口。

⑬——三相交流电输入端。

电源模块实物如图1-20所示。

（4）电源模块的外部电源输入电路 电源模块的外部电源输入电路如图1-21所示。来自电网的AC 380V电压经过数控系统伺服变压器成为AC 200V，经过主断路器、电磁接触器（MCC）常开触点和交流电抗器给电源模块供电（L1、L2、L3），同时引出单相AC 200V和CX1B接口相连。当电磁接触器断电时，常开触点断开，电源模块断电。

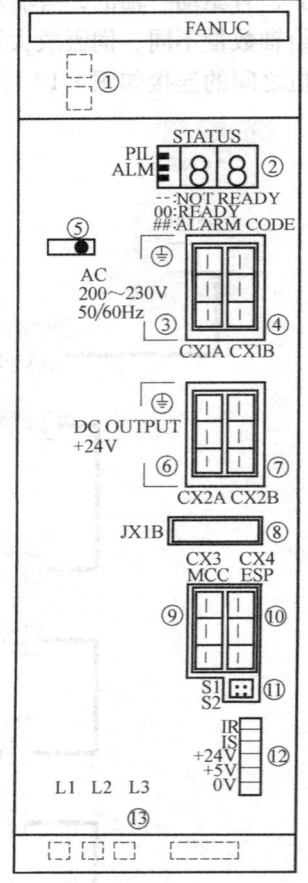

图1-19 电源模块的接口定义

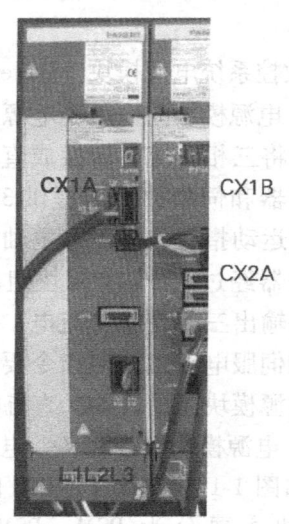

图1-20 电源模块实物图

3. 数控系统主轴放大器模块（Spindle Amplifier Module，SPM）接口

（1）主轴放大器的作用 对于数控车床而言，主运动是主轴带动工件的旋转运动；对于数控铣床、镗铣加工中心而言，主运动是主轴带动刀具的旋转运动。主轴的旋转方向、旋转速度依据加工要求、加工过程而自动变化。数控系统主轴放大器（SPM）就是根据 CNC 传递指令控制并驱动主轴电动机工作的。

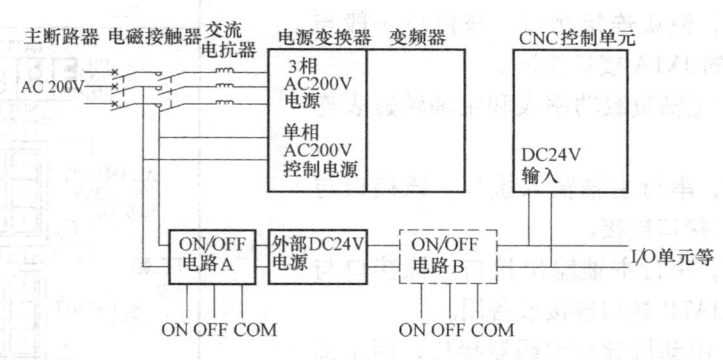

图 1-21 电源模块的外部电源输入电路

（2）主轴放大器型号含义 主轴放大器型号含义如图 1-22 所示。主轴放大器 α 系列主要有 SPM、SPMC、SPM-HV 三种类型。

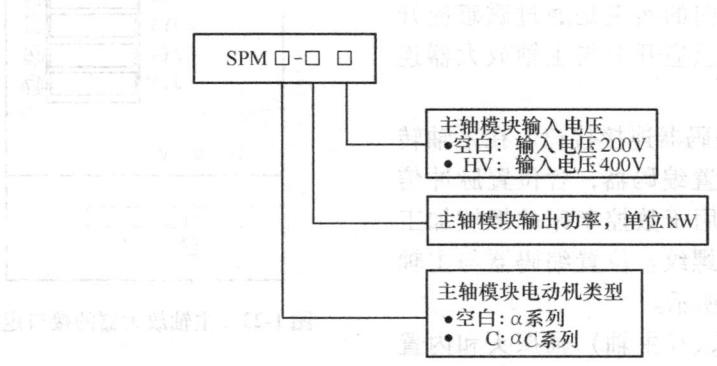

图 1-22 主轴放大器型号含义

（3）主轴放大器的接口定义 主轴放大器的接口如图 1-23 所示，各接口定义如下：

① ——TB1，直流电源输入端。该接口与电源模块直流电源输出端、伺服放大器直流电源输入端连接。

② ——状态指示。用发光二极管表示主轴放大器所处状态，出现异常时显示相关报警代号。

③ ——CX1A，单相 AC 200V 输出接口。

④ ——CX1B，单相 AC 200V 输入接口。

⑤ ——CX2A，DC 24V 输出接口。该接口与相邻的伺服放大器的 CX2A 相连接。

⑥——CX2B，DC 24V 输入接口。该接口与电源模块 CX2A 接口连接。

⑦——直流电路连接点状态指示。在该指示灯完全熄灭后，方可对模块电缆进行各种操作，否则有危险。

⑧——JX4，主轴放大器工作状态检查接口。

⑨——JX1A，模块连接接口。该接口一般与电源模块的 JX1B 连接，作通信用。

⑩——JX1B，模块连接接口。该接口一般与紧邻伺服放大器的 JX1A 接口连接。

⑪——JY1，主轴负载功率表和主轴转速表连接接口。

⑫——JA7B，串行主轴输入接口。该接口与 CNC 主板上 JA41 接口连接。

⑬——JA7A，串行主轴输出接口。该接口与下一主轴放大器 JA7B 接口连接或备用。

⑭——JY2，电动机脉冲编码器接口，用于接收电动机速度反馈信号。主轴电动机脉冲编码器反馈信号连接如图 1-24 所示。

⑮——JY3，磁感应开关信号接口。数控铣床、加工中心主轴具有定向或准停功能，这样才能实现镗孔加工循环指令（G76、G86）或实现刀具的自动更换。主轴定向的实现是通过磁感应开关传递信号实现的，磁感应开关与主轴放大器连接如图 1-25 所示。

⑯——JY4，位置编码器连接接口。在主轴转速测量基础上增加了位置编码器，含位置脉冲信号和一转脉冲信号，常用于数控车床的螺纹加工和铣削类机床的刚性攻螺纹。位置编码器与主轴放大器的连接如图 1-26 所示。

⑰——JY5，主轴 C_S（C 主轴）轴探头和内置 C_S 轴探头接口。

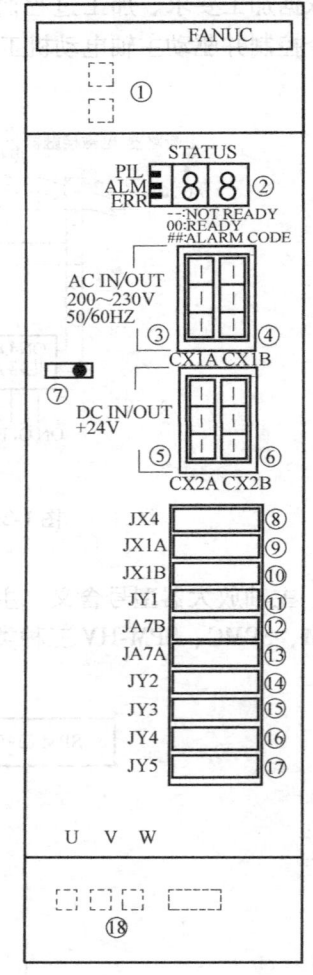

图 1-23 主轴放大器的接口定义

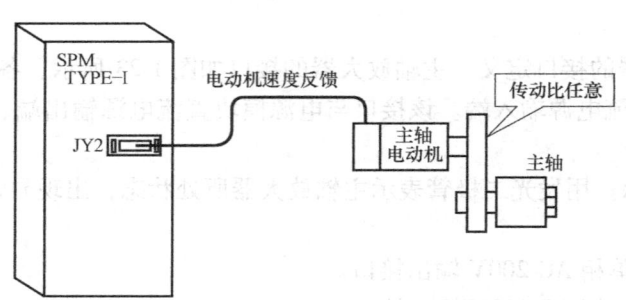

图 1-24 主轴电动机脉冲编码器反馈信号连接

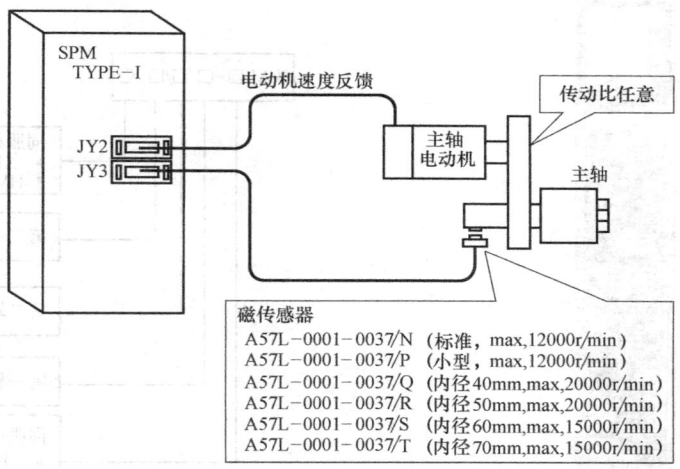

图 1-25 磁感应开关与主轴放大器连接

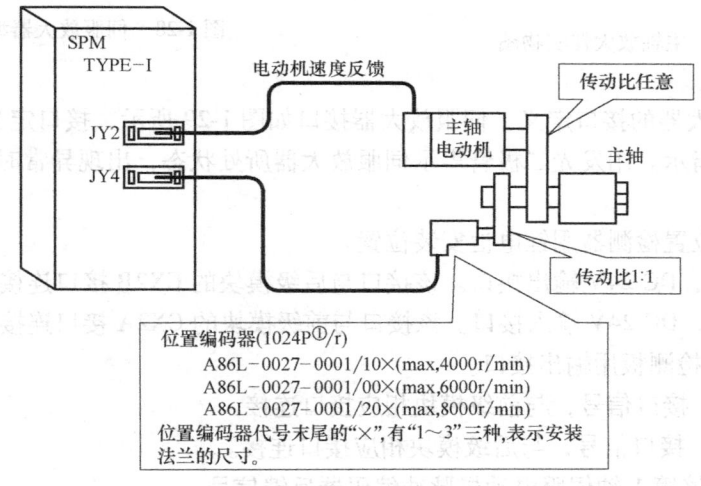

图 1-26 位置编码器与主轴放大器的连接
① P——Pulse 脉冲数。

⑱——三相交流变频电源输出端。该接口与主轴电动机接线端连接。

主轴放大器实物如图 1-27 所示。

4. 数控系统伺服放大器模块（Servo Amplifier Module，SVM）接口

（1）伺服放大器的作用　要加工出各种形状的工件，达到零件图样要求的形状、位置、表面质量精度要求，刀具和工件之间必须按照给定的进给速度、给定的进给方向、一定的切削深度作相对运动。这个相对运动是由一台或几台伺服电动机驱动的。伺服放大器接受从控制单元 CNC 发出伺服轴的进给运动指令，经过转换和放大后驱动伺服电动机，实现所要求的进给运动。

（2）伺服放大器型号含义　伺服放大器型号含义如图 1-28 所示。FANUC α 系列伺服放大器主要有 SVM、SVM-HV 两种类型。SVM 伺服放大器一个模块最多可以带三个伺服轴，SVM-HV 伺服放大器一个模块最多可带两个伺服轴。

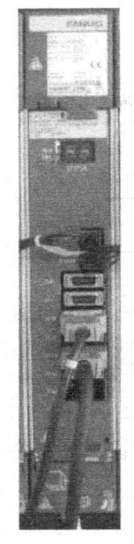

图 1-27 主轴放大器实物图

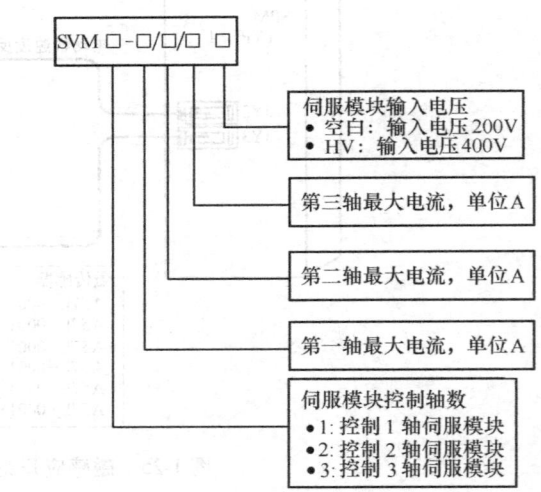

图 1-28 伺服放大器型号含义

（3）伺服放大器的接口定义　伺服放大器接口如图 1-29 所示，接口定义如下：

①——状态指示。用发光二极管表示伺服放大器所处状态，出现异常时显示相关报警代号。

②——绝对位置检测器用锂电池安装位置。

③——CX2A，DC 24V 输出接口。该接口与后级模块的 CX2B 接口连接。

④——CX2B，DC 24V 输入接口。该接口与前级模块的 CX2A 接口连接。

⑤——JX5，检测板用输出接口。

⑥——JX14，接口信号，与前级模块相应接口连接。

⑦——JX1B，接口信号，与后级模块相应接口连接。

⑧——JF1，接第 1 轴伺服电动机脉冲编码器反馈信号。

⑨——JF2，接第 2 轴伺服电动机脉冲编码器反馈信号。

⑩——JF3，接第 3 轴伺服电动机脉冲编码器反馈信号。

⑪——COP10B，通过光缆接 NC 主板或前级伺服放大器 COP10A 接口。

⑫——COP10A，通过光缆接后级伺服放大器 COP10B 接口。

⑬——三相交流电源输出端。该接口与伺服电动机接线端连接。

伺服放大器实物如图 1-30 所示。

5. FANUC 数控系统的数字伺服连接

（1）α 及 αi 系列数字伺服连接　数控系统要控制机床主运动、进给运动，这些运动的实现是通过电源模块供电，主轴放大器、伺服放大器驱动而实现的。对于 α 及 αi 系列数字伺服驱动，PSM、SPM、SVM 是安装在一起的，相互之间的连接关系如图 1-31 所示。

电源模块（PSM）通过直流母线 TB1，为主轴放大器（SPM）和伺服放大器（SVM）提供给 300V 直流电源，另外，通过外部急停信号和内部继电器控制 MCC 对输入电源起保护作用。

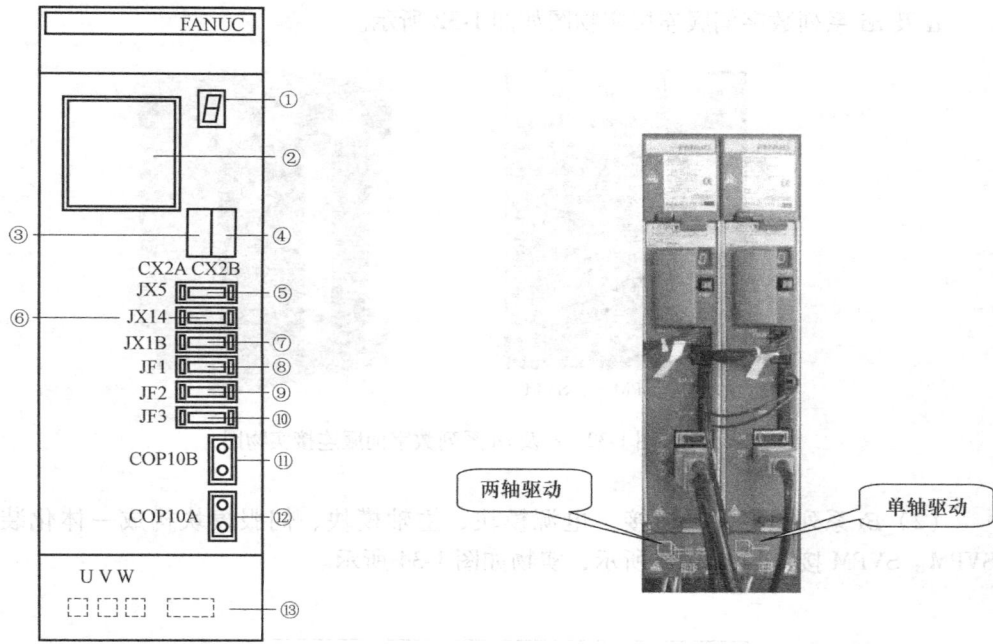

图 1-29 伺服放大器接口定义

图 1-30 伺服放大器实物图

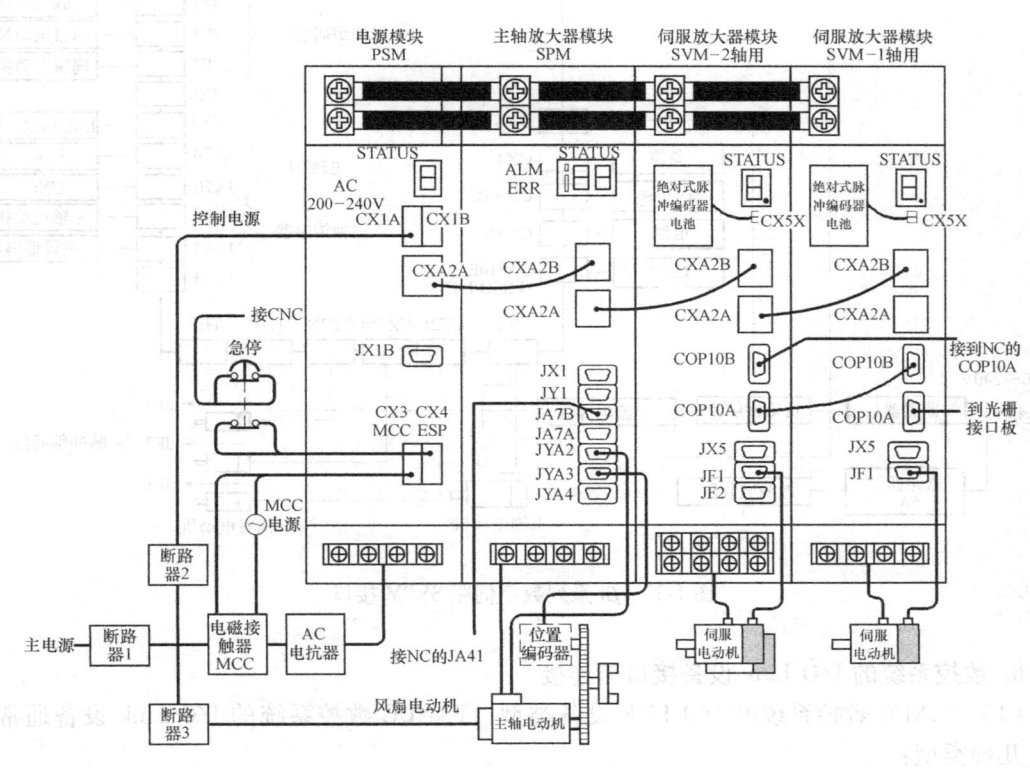

图 1-31 α 及 αi 系列数字伺服连接原理图

α及αi系列数字伺服连接实物图如图1-32所示。

PSM　SPM　SVM

图1-32　α及αi系列数字伺服连接实物图

(2) βi系列数字伺服连接　电源模块、主轴模块、伺服模块构成一体化装置，称为SVPM。SVPM接口如图1-33所示，实物如图1-34所示。

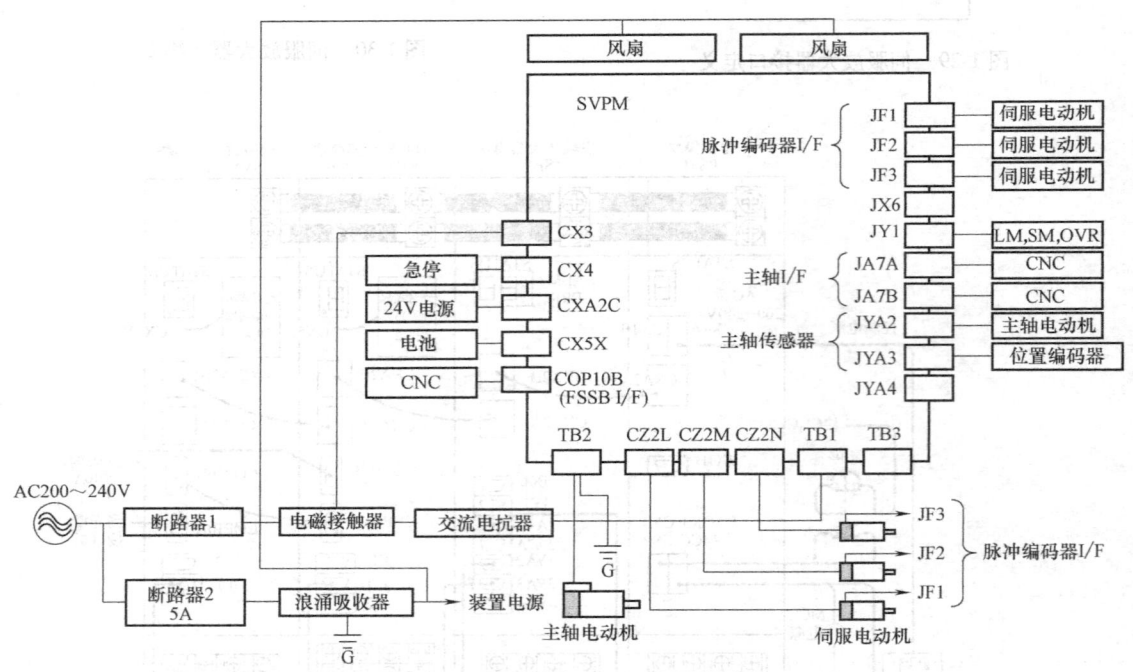

图1-33　βi系列数字伺服SVPM接口

6. 数控系统的I/O Link设备接口与连接

(1) FANUC数控系统的I/O Link设备类型　FANUC数控系统的I/O Link设备通常有以下几种类型：

1) I/O模块。在FANUC 0i-C、0i-D数控系统上使用的I/O装置为I/O模块。I/O模块的输入、输出点数按照要求选用，如96/64 (I/O)，其接口和实物如图1-35所示。

 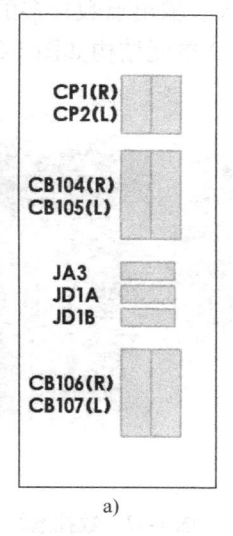 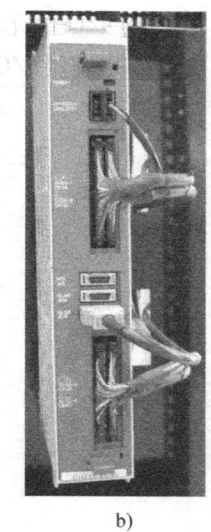

图 1-34 βi 系列数字伺服 SVPM 实物图   图 1-35 FANUC 数控系统的 I/O 模块
　　　　　　　　　　　　　　　　　　　　　　　a) 接口图 b) 实物图

①CP1：DC 24V 电源输入接口。
②CP2：DC 24V 电源输出接口。
③CB104～CB107：机床操作面板、MT 侧开关信号输入、输出接口。
④JA3：手摇脉冲发生器接口。
⑤JD1A：将信号送到下一 I/O 单元的 JD1B。
⑥JD1B：连接控制单元或上级 I/O 单元的 JD1A。

2）分线盘用 I/O 模块，结构和接口定义如图 1-36 所示，由基本模块、扩展模块构成。其中，1 块基本模块最多可以接 3 块扩展模块，最大输入点数为 96 点，最大输出点数为 64 点。

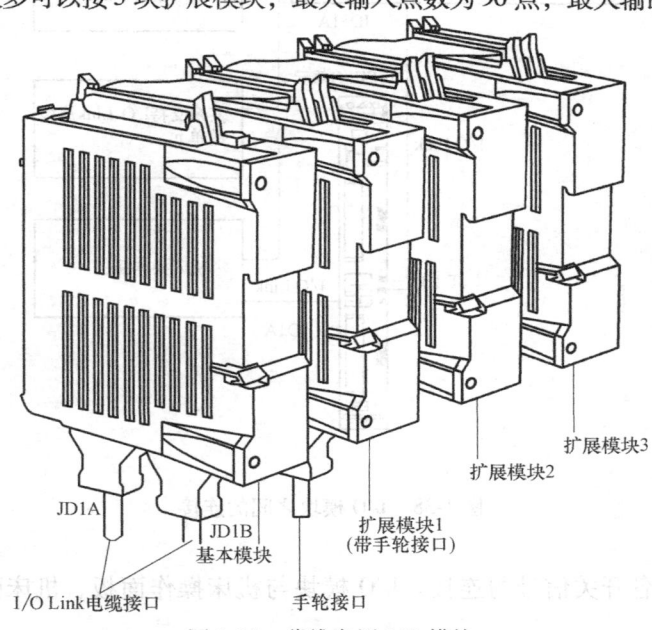

图 1-36 分线盘用 I/O 模块

3) I/O 单元。对于输入、输出点数较多的数控机床，如复杂加工中心和多轴联动机床，更多的是使用 I/O 单元。I/O 单元结构如图 1-37 所示，输入/输出点数可达到 1024/1024。

图 1-37　数控系统 I/O UNIT-MODELA

(2) I/O Link 设备与外围设备的连接　分为以下几种情况：

1) I/O 模块之间的连接。I/O 模块之间通过数据接口按照 JD1A—JD1B 方式级连，如图 1-38 所示。

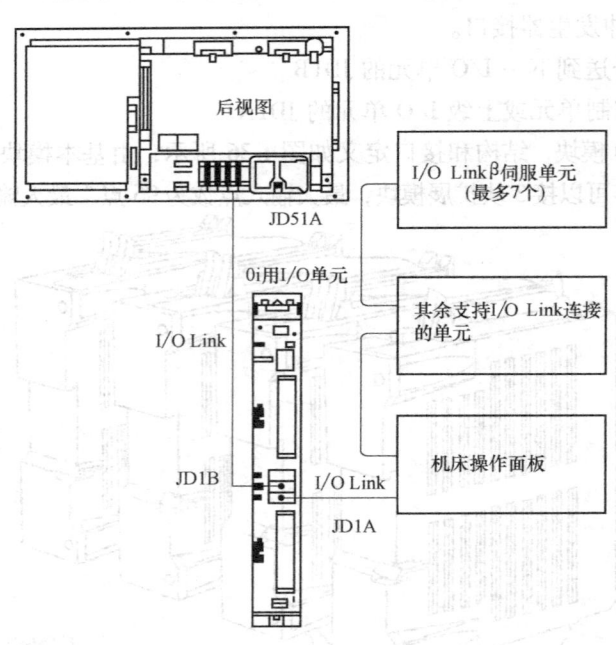

图 1-38　I/O 模块之间的连接

2) I/O 模块与各开关信号的连接。I/O 模块与机床操作面板、机床强电柜分线盘的连接如图 1-39 所示。

项目二 FANUC数控系统的典型硬件及其综合连接

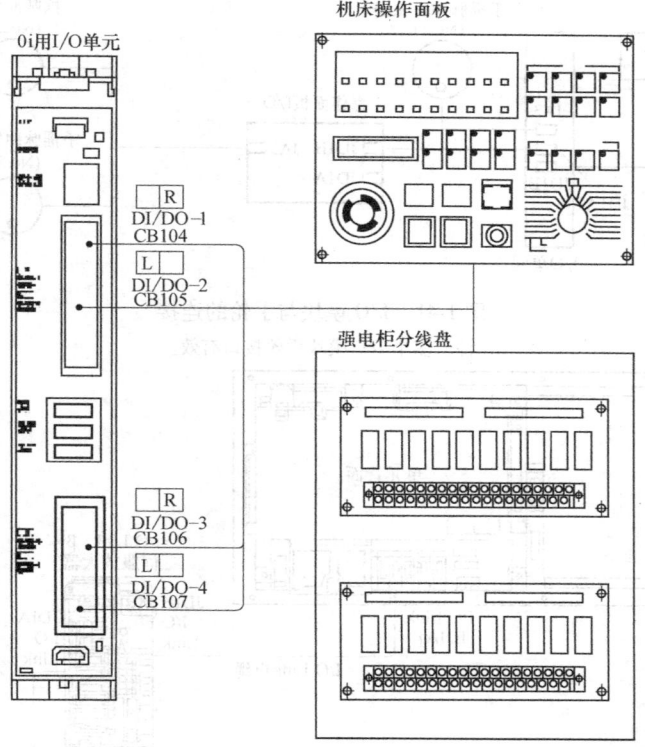

图 1-39　I/O 模块与各开关信号的连接

3) I/O 模块与手轮的连接。I/O 模块与手轮的连接如图 1-40 所示。当带有手轮接口的两个或更多的 I/O 模块连接到同一个 I/O Link 上时，则连接到 I/O Link 第一个模块上的手轮接口有效；如若需要其他 I/O 模块上手轮接口有效，需要设定参数 7105#1，如图 1-41 所示。

4) I/O 模块与 β 系列伺服放大器的连接。I/O 模块可以和支持 I/O Link 连接方式的 β 系列伺服放大器连接，如图 1-42 所示。对于 0i 系列数控系统，最多可以连接 8 个 β 系列伺服放大器。

I/O 模块、β 系列伺服放大器、伺服电动机之间连接实物图如图 1-43 所示。

二、FANUC 数控系统硬件的综合连接

1. FANUC 0i-D 数控系统综合连接图（图 1-44）
进行数控系统硬件连接时，按以下步骤进行：

1) 读懂并理解数控系统综合连接图。

2) 核对数控系统主板、电源模块、主轴模块、伺服模块、I/O 模块等的安装位置，弄清楚各模块接口定义，明确各模块控制对象，选择合适数据线进行接口之间的连接，并确保连接可靠。

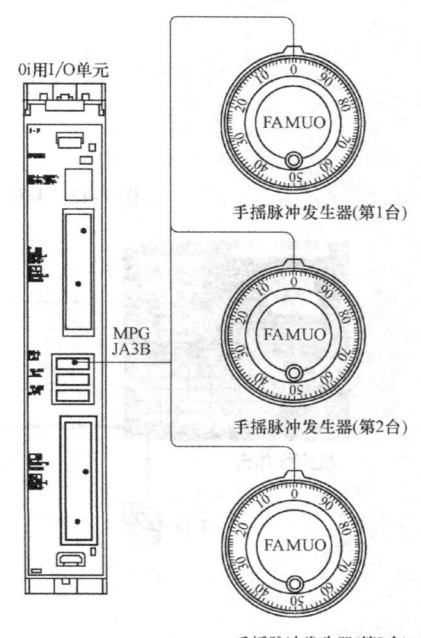

图 1-40　I/O 模块与手轮的连接

注：最上级 I/O 模块手轮接口有效。

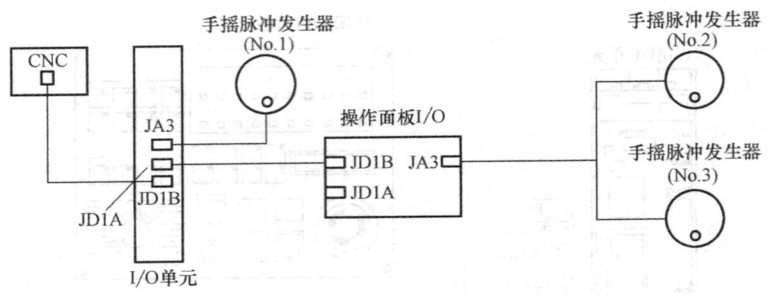

图1-41 I/O模块与手轮的连接

注：多个I/O模块手轮接口有效。

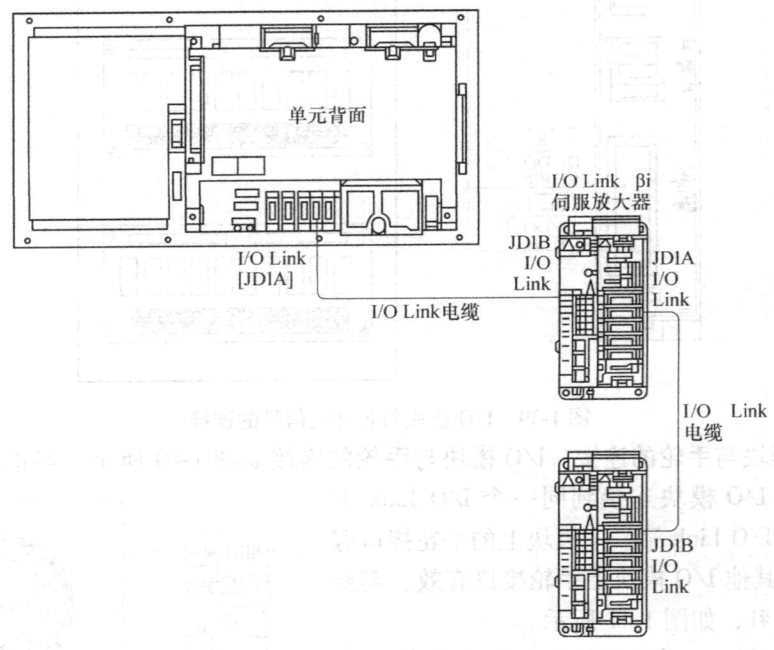

图1-42 I/O模块与β系列伺服放大器的连接

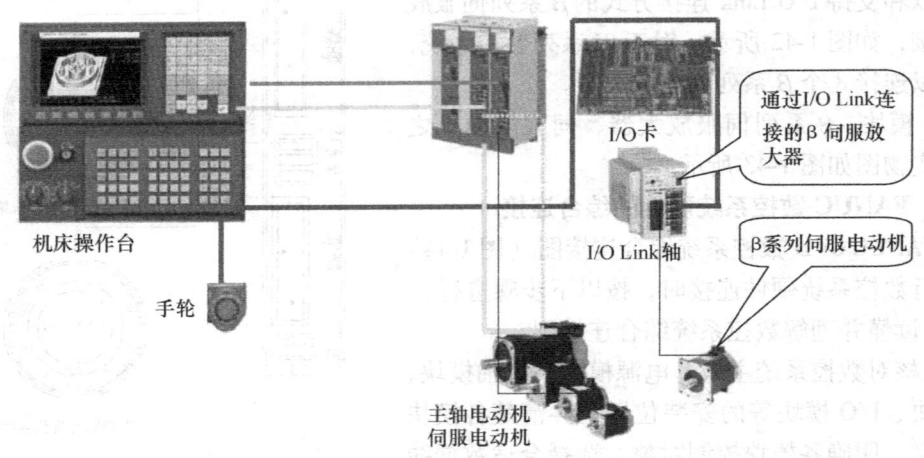

图1-43 I/O模块、β系列伺服放大器、伺服电机之间连接实物图

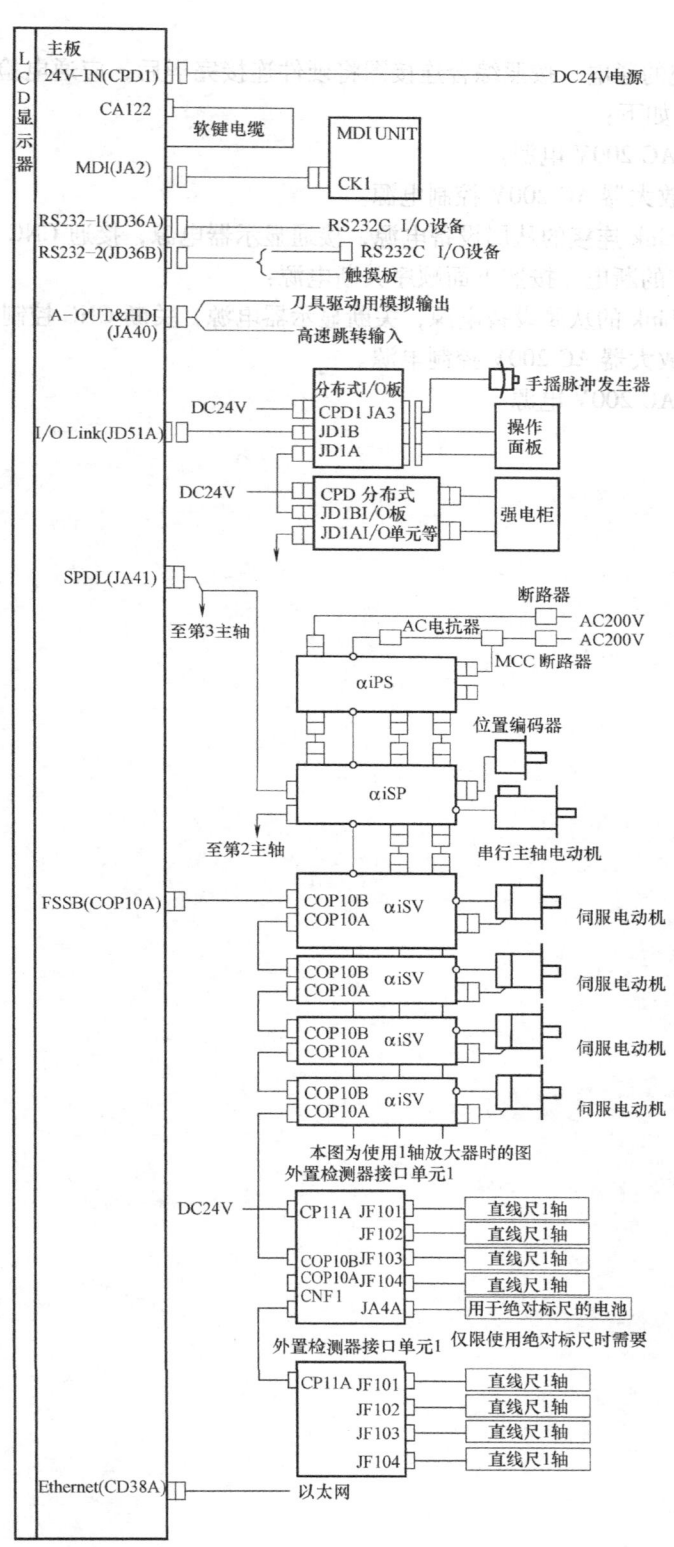

图 1-44　FANUC 0i-D 数控系统综合连接图

2. 通电检查

（1）数控系统的通电　按照综合连接图将硬件连接完毕后，应通电检查连接是否可靠。数控系统通电顺序如下：

1）接通机床 AC 200V 电源。

2）接通伺服放大器 AC 200V 控制电源。

3）接通 I/O Link 连接的从属设备电源，接通显示器电源，接通 CNC 控制单元电源。

（2）数控系统的断电　按照下面顺序关断电源：

1）关断 I/O Link 的从属设备电源，关断显示器电源，关断 CNC 控制单元电源。

2）关断伺服放大器 AC 200V 控制电源。

3）关断机床 AC 200V 电源。

项目三 数控机床电气控制系统的连接

项目导读

数控机床电气控制系统的构成
数控机床常用电器简介
FANUC 0i-TD 数控车床电气控制系统的连接
FANUC 0i-MD 数控铣床电气控制系统的连接

操作要领及关联知识

一、数控机床电气控制系统的构成

对于采用 FANUC 数控系统的数控机床而言,数控机床控制系统由计算机数控系统和强电控制装置两部分构成。计算机数控系统由 CNC 控制装置、输入输出接口、驱动单元和执行机构组成;数控机床强电控制部分由 PMC 控制单元、主轴控制单元及主轴电动机、伺服控制单元及伺服电动机、机床强电电路及机床电器等构成,如图 1-45 所示。

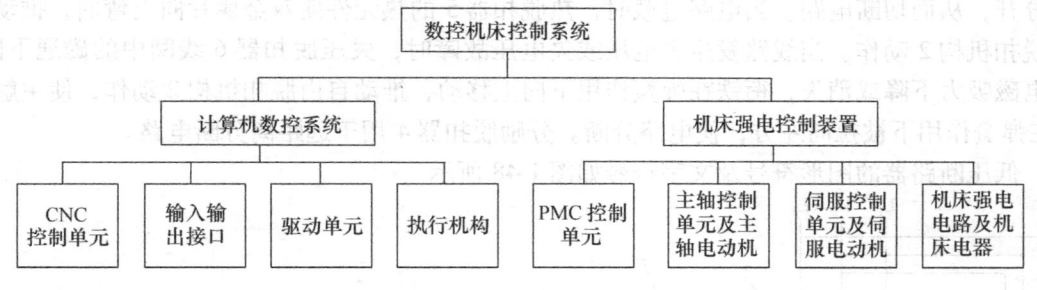

图 1-45 数控机床控制系统的构成

二、数控机床常用电器简介

1. 熔断器

熔断器是一种结构简单、使用方便、价格低廉而有效的保护电器。在使用时,熔断器串联在所保护的电路中,作为电路及用电设备短路和严重过载时的保护,主要用作短路保护。当电路发生严重过载或短路时,熔断器的熔体熔断,从而切断电路,达到保护的目的。熔断器的主要参数有:

1) 额定电压,指熔断器长期工作时和分断后能够承受的电压,其值一般等于或大于电气设备的额定电压。

2) 额定电流,指熔断器长期工作时,设备部件温升不超过规定值时所能承受的电流。厂家为了减少熔断器的尺寸规格,一般熔断管的额定电流等级比较少,而熔体的额定电流等级比较多,即在一个额定电流等级的熔断管内可以分装多种额定电流等级的熔体,但熔体的额定电流最大不能超过熔断管的额定电流。

3）极限分断能力，是指熔断器在规定的额定电压和功率因数（或时间常数）的条件下，能分断的最大电流值。在电路中出现的最大电流值一般是指短路电流值，所以，极限分断能力也反映了熔断器分断短路电流的能力。

熔断器的图形符号及文字符号如图1-46所示。

2. 低压断路器

低压断路器是将控制和保护功能合为一体的电器。它常作为不频繁接通和断开电路的总电源开关或部分电路的电源开关，当发生过载、短路或欠电压等故障时能自动切断电路，有效地保护串联在它后面的电气设备，并且在分断故障电流后一般不需要更换零部件。因此，低压断路器在数控机床上的使用越来越广泛。

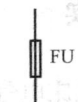

图1-46 熔断器的图形符号及文字符号

低压断路器的主要参数有：额定电压、额定电流、极数、脱扣器类型、额定电流整定范围、电磁脱扣器整定范围及主触点的分断能力等。

低压断路器的结构及工作原理如图1-47所示。低压断路器主要由执行部分（触点和灭弧系统）、故障检测部分（各种脱扣器）、操作机构与自由脱扣机构等三个基本部分组成。断路器的主触点1依靠操作机构手动或电动合闸，主触点1闭合后自由脱扣机构2将主触点1锁在合闸位置上。过电流脱扣器3的线圈及热脱扣器5的热元件串联于主电路中，失电压脱扣器6的线圈并联在电路中。当电路发生短路或严重过载时，过电流脱扣器3线圈中的磁通急剧增加，将衔铁吸合并使之逆时针旋转，使自由脱扣机构2动作，主触点1在弹簧作用下分开，从而切断电路。当电路过载时，热脱扣器5的热元件使双金属片向上弯曲，推动自由脱扣机构2动作。当线路发生失电压或欠电压故障时，失压脱扣器6线圈中的磁通下降，使电磁吸力下降或消失，衔铁在弹簧作用下向上移动，推动自由脱扣机构2动作，使主触点1在弹簧作用下被拉向左方，使电路分断。分励脱扣器4用于远距离分断电路。

低压断路器的图形符号及文字符号如图1-48所示。

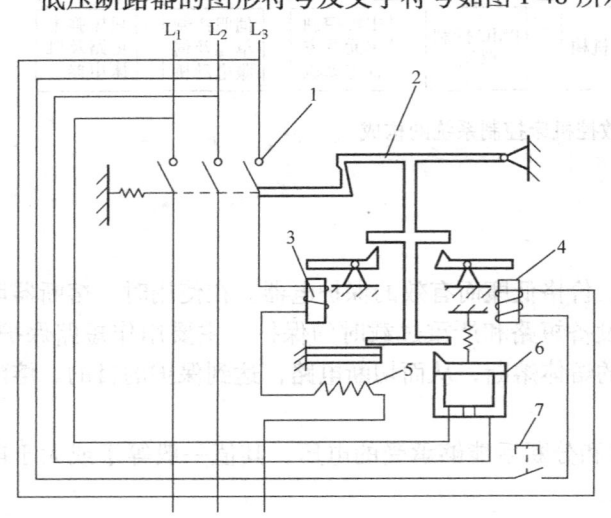

图1-47 低压断路器的结构及工作原理图
1—主触点 2—自由脱扣机构 3—过电流脱扣器 4—分励脱扣器 5—热脱扣器 6—失电压脱扣器 7—按钮

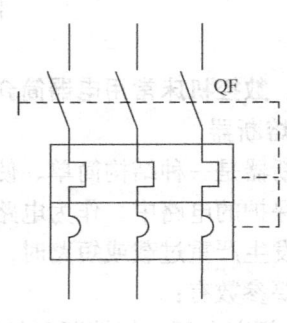

图1-48 低压断路器的图形符号及文字符号

3. 接触器

接触器是一种用来频繁地接通或分断电路带有负载（如电动机）的自动控制电制器。接触器由电磁机构、触点系统、灭弧装置及其他部件四部分组成。其工作原理是当线圈通电后，铁心产生电磁力将衔铁吸合。衔铁带动触点系统动作，使常闭触点断开，常开触点闭合。当线圈断电时，电磁力消失，衔铁在弹簧的作用下释放，触点系统随之复位。

接触器按其主触点通过电流的种类不同，分为直流、交流两种，机床上应用最多的是交流接触器。接触器的主要技术参数有：

（1）额定电压 接触器铭牌上标注的额定电压是指主触头的额定电压。

（2）额定电流 接触器铭牌上标注的额定电流是指主触头的额定电流。

（3）线圈的额定电压 接触器选用时，一般交流负载用交流接触器，直流负载用直流接触器。直流接触器的线圈额定电压等级有24V、48V、100V、220V、440V；交流接触器的线圈额定电压等级有36V、110V、127V、220V、380V等。

（4）接通和分断能力 指接触器主触点在规定条件下能可靠地接通和分断的电流值。在此电流值下，接触器接通时主触点不应发生熔焊；接触器分断时主触点不应发生长时间的燃弧。若超出此电流值，其分断则是熔断器、断路器等保护电器的任务。

接触器的图形符号和文字符号如图1-49所示。

图1-49 接触器的图形符号及文字符号

4. 热继电器

电动机在实际运行时，短时过载是允许的，但如果长期过载、欠电压运行或断相运行等，都可能使电动机的电流超过其额定值，这样将引起电动机发热。绕组温升超过额定温升，将损坏绕组的绝缘层，缩短电动机的使用寿命，严重时甚至会烧毁电动机绕组，因此必须采取过载保护措施。最常用的是利用热继电器进行过载保护。

热继电器主要由热元件、双金属片、触点和动作机构组成，其结构如图1-50所示。热元件12串联在电动机定子绕组中，绕组电流即为流过热元件的电流。当电动机正常工作时，热元件产生的热量虽然能使双金属片弯曲，但不足以使其触点动作。当过载时，流过热元件12的电流增大，其产生的热量增加，使主双金属片11产生的弯曲位移增大，从而推动导板13，带动温度补偿双金属片15和与之相连的动作机构使热继电器动作，切断电动机的控制电路。

热继电器的图形符号和文字符号如图1-51所示。

5. 按钮

按钮是一种结构简单、应用广泛的主令电器，在低压控制电路中用于手动发出控制信号。按钮常做成复合式结构，即具有常开和常闭触点。按下时常闭触点先断开，然后常开触点闭合。去掉外力后在复位弹簧的作用下，常开触点断开，常闭触点复位。按钮的结构示意图如图 1-52 所示,图形符号及文字符号如图 1-53 所示。

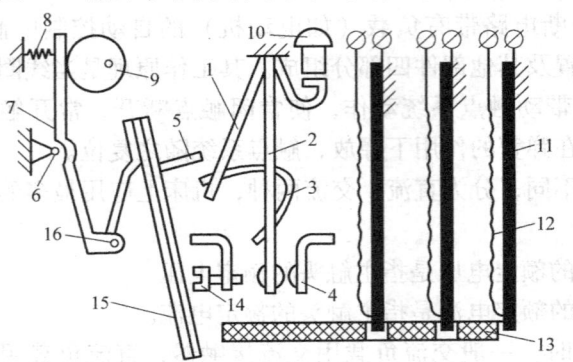
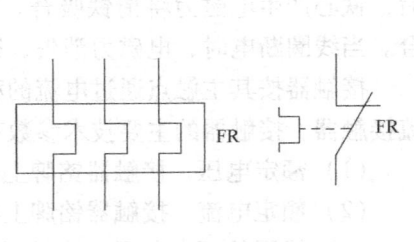

图 1-50　热继电器结构示意图
1、2—片簧　3—弓簧　4—触点　5—推杆　6—固定转轴
7—杠杆　8—压簧　9—凸轮　10—手动复位按钮
11—主双金属片　12—热元件　13—导板　14—调
节螺钉　15—温度补偿双金属片　16—轴

图 1-51　热继电器的图形符号
及文字符号

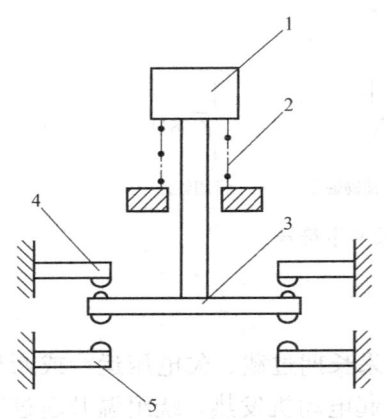
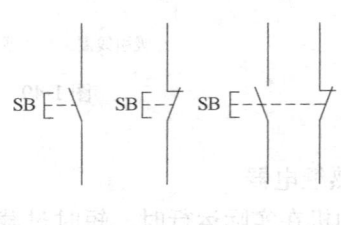

图 1-52　按钮结构示意图
1—按钮帽　2—复位弹簧　3—桥式动触点
4—动断静触点　5—动合静触点

图 1-53　按钮的图形符号
及文字符号

6. 继电器

继电器是一种根据输入信号的变化接通或断开控制电路的电器。继电器的输入信号可以是电流、电压等电量,也可以是温度、速度、压力等非电量,输出为相应的触点动作。继电器的种类很多,按输入信号的性质分为:电压继电器、电流继电器、时间继电器、温度继电器、速度继电器等。按工作原理可分为:电磁式继电器、感应式继电器、电动式继电器、热继电器等。

(1) 电磁式继电器的结构和工作原理　与电磁式接触器相似,电磁式继电器也是由电磁机构、触点系统和释放弹簧等部分组成。它根据外来信号(电压或电流)使衔铁产生闭合动作,从而带动触点动作,使控制电路接通或断开,实现控制电路的状态改变。值得注意的是，继电器的触点不能用来接通和分断负载电路，这也是继电器和接触器的区别。电磁式继电器分为电流继电器、电压继电器以及中间继电器等。电磁式继电器的图形和文字符号如图 1-54 所示。

图 1-54　电磁式继电器的图形符号及文字符号

（2）时间继电器的结构及工作原理　时间继电器是一种用来实现触点延时接通或断开的控制电器，按其动作原理与构造不同，可分为电磁式、空气阻尼式、电动式和晶体管式等类型。机床控制电路中应用较多的是空气阻尼式时间继电器，晶体管式时间继电器也获得越来越广泛的应用。时间继电器的图形及文字符号如图 1-55 所示。

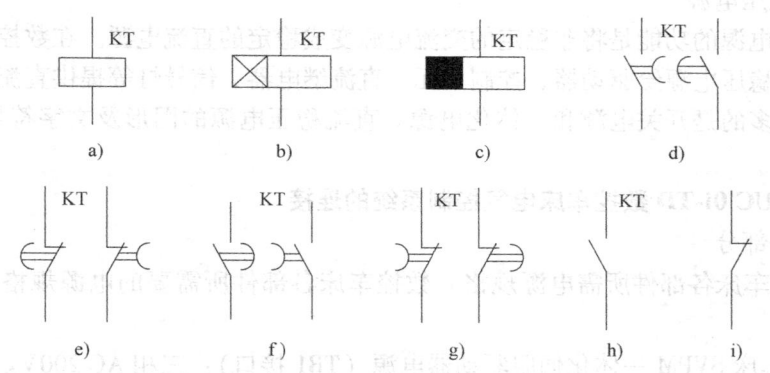

图 1-55　时间继电器的图形符号及文字符号
a）线圈一般符号　b）通电延时线圈　c）断电延时线圈　d）延时闭合常开触点
e）延时断开常闭触点　f）延时断开常开触点　g）延时闭合常闭触点
h）瞬时常开触点　i）瞬时常闭触点

7. 行程开关

行程开关是根据运动部件位置而切换电路的自动控制电器，用来控制运动部件的运动方向、行程或实现位置保护。如果把行程开关安装在工作机械的各种行程终点处，限制其行程，它就称为限位开关或终端开关，因此行程开关、限位开关和终端开关是同一开关。它们被广泛用于各类机床和起重机械，以控制这些机械的行程。当工作机械运动到某一预定位置时，行程开关就通过机械可动部分的动作将机械信号变换为电信号，以实现对机械的电气控制。行程开关的图形及文字符号如图 1-56 所示。

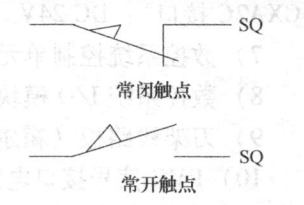

图 1-56　行程开关的图形符号及文字符号

8. 机床变压器

机床变压器是一种将某一数值的交流电压变换成频率相同但数值不同的交流电压的电器。用于机床控制变压器的适用频率为 50～60Hz、输入电压不超过交流 660V 的电路，常作为各类机床、机械设备中一般电器的控制电源和步进电动机驱动器、局部照明及指示灯的电源。双绕组变压器及三相变压器的文字及图形符号分别如图 1-57、图 1-58 所示。

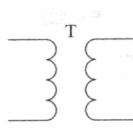

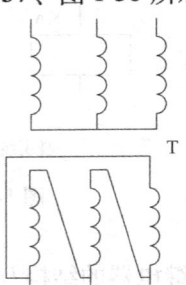

图 1-57 双绕组变压器的图形符号及文字符号

图 1-58 三相变压器星形-三角形联结的图形符号及文字符号

9. 直流稳压电源

直流稳压电源的功能是将非稳定的交流电源变成稳定的直流电源。在数控机床电气控制系统中，需要稳压电源给驱动器、控制单元、直流继电器、信号灯等提供直流电源。在数控机床中用得较多的是开关电源和一体化电源。直流稳压电源的图形及文字符号如图 1-59 所示。

三、FANUC 0i-TD 数控车床电气控制系统的连接

1. 主电路部分

（1）数控车床各部件所需电源规格　数控车床各部件所需要的电源规格是不同的，具体如下。

1）数控车床 SVPM 一体化伺服驱动器电源（TB1 接口）：三相 AC 200V。

2）主轴电动机风扇电源：三相 AC 200V。

3）回转刀架电动机电源：三相 AC 380V。

4）数控车床 SVPM 一体化伺服驱动器控制电源（CX3 接口）：单相 AC 110V。

5）控制电路电源：DC 24V。

6）数控车床 SVPM 一体化伺服驱动器伺服电源（CXA2C 接口）：DC 24V。

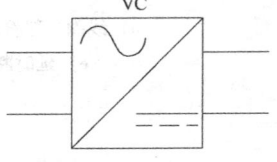

图 1-59 直流稳压电源的图形符号及文字符号

7）数控系统控制单元电源（CP1 接口）：DC 24V。

8）数控系统 I/O 模块电源（CP1 接口）：DC 24V。

9）刀架线路板（霍尔元件板）工作电源：DC 24V。

10）PMC 信号接口电源：DC 24V。

（2）数控车床电气控制主电路　数控车床的电气控制主电路原理图如图 1-60 所示，实物接线图如图 1-61 所示。

项目三　数控机床电气控制系统的连接

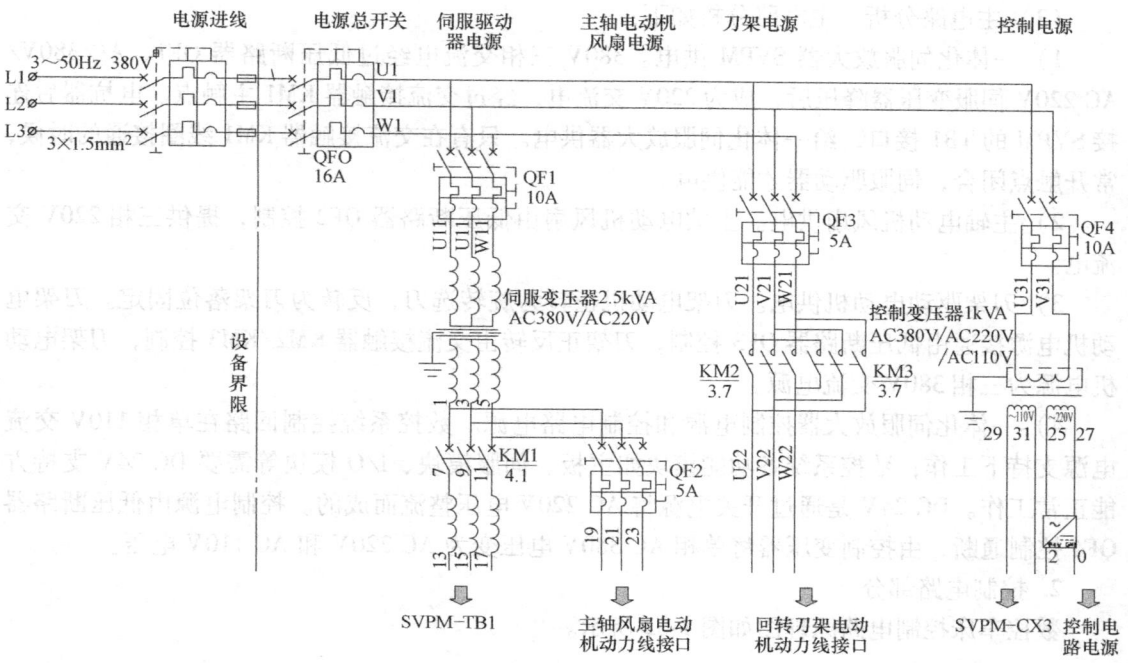

图 1-60　数控车床电气控制主电路原理图

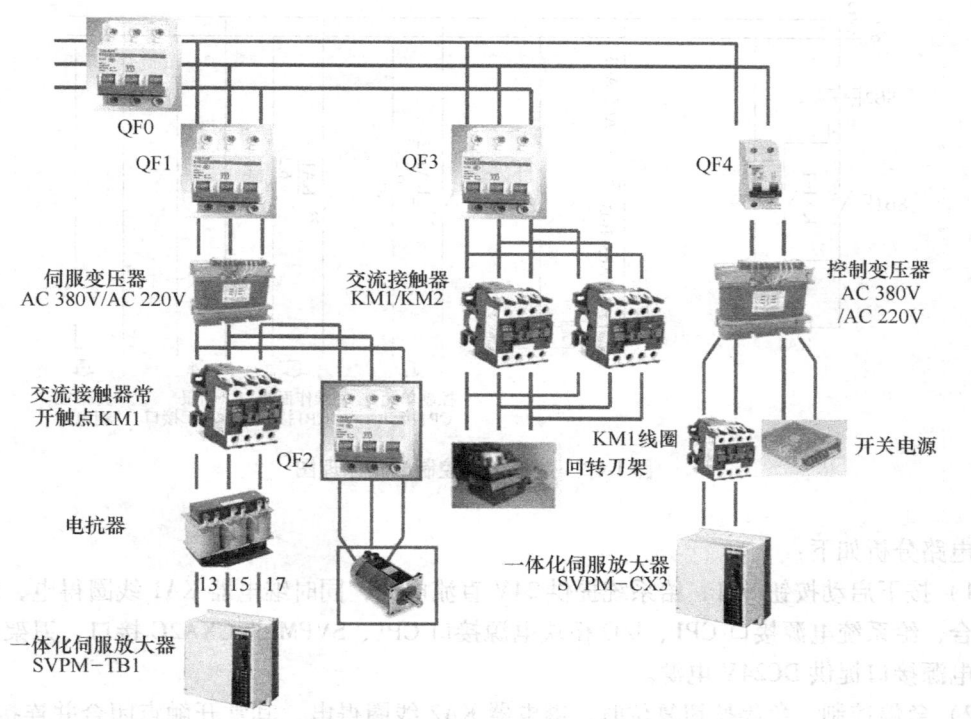

图 1-61　数控车床电气控制主电路实物接线图

（3）主电路分析 主电路分析如下：

1）一体化伺服放大器 SVPM 供电。380V 三相交流电经过低压断路器 QF1、AC 380V/AC 220V 伺服变压器降压后，成为 220V 交流电，经过交流接触器 KM1 主触点、电抗器后连接 SVPM 的 TB1 接口，给一体化伺服放大器供电。只有在交流接触器 KM1 线圈接通的时候，常开触点闭合，伺服驱动器才能供电。

2）主轴电动机风扇供电。主轴电动机风扇由低压断路器 QF2 控制，提供三相 220V 交流电。

3）刀架驱动电动机供电。刀架电动机正转为旋转选刀，反转为刀架落位固定。刀架电动机电源接通由低压断路器 QF3 控制，刀架正反转由交流接触器 KM2/KM3 控制，刀架电动机电源为三相 380V 交流电源。

4）一体化伺服放大器控制电源和控制电路电源。数控系统控制回路在单相 110V 交流电源支持下工作；数控系统各功能模块如主板、伺服模块、I/O 模块等需要 DC 24V 支持方能正常工作。DC 24V 是通过开关电源将 AC 220V 电压整流而成的。控制电源由低压断路器 QF4 控制通断，由控制变压器将单相 AC 380V 电压变为 AC 220V 和 AC 110V 电压。

2. 控制电路部分

数控车床控制电路原理图如图 1-62 所示。

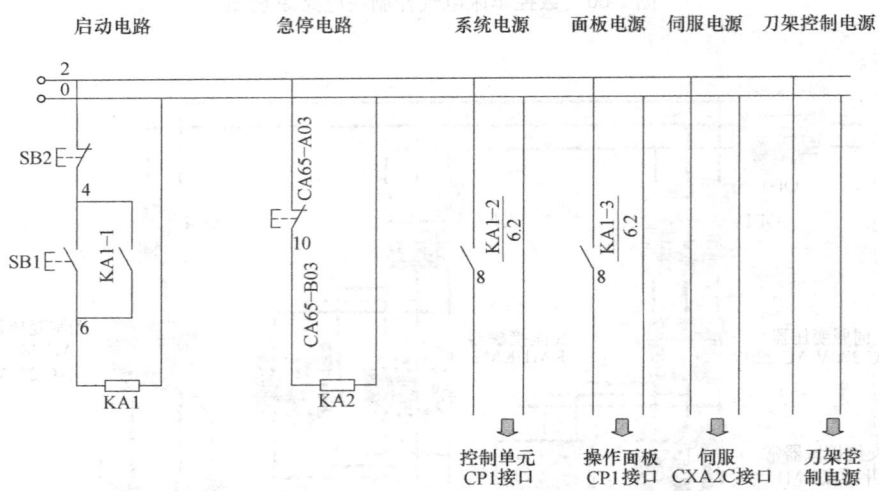

图 1-62 数控车床控制电路原理图

电路分析如下：

1）按下启动按钮 SB1，给系统提供 24V 直流电源，同时继电器 KA1 线圈得电，常开触点闭合，给系统电源接口 CP1、I/O 模块电源接口 CP1、SVPM 的 CXA2C 接口、刀架线路板工作电源接口提供 DC24V 电源。

2）急停控制。急停按钮复位时，继电器 KA2 线圈得电，其常开触点闭合并连接 SVPM 的 CX4 接口。使 SVPM 正常工作。一旦进行急停操作，则通过 CX4 接口切断 SVPM 的工作电源。

3. PMC 控制部分

PMC 控制部分的原理图如图 1-63 所示，涉及以下几种信号的控制。
1）控制刀架选刀传感器霍尔元件的信号传递。
2）控制急停信号的输入。
3）PMC 通过控制中间继电器 KA3、KA4，去触发刀架正反转接触器 KM2、KM3。

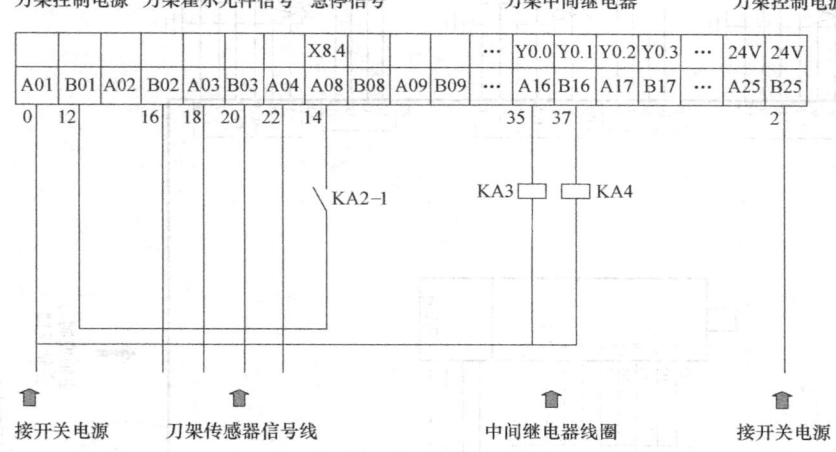

图 1-63 PMC 控制部分原理图

4. 电动刀架控制部分

电动刀架的控制原理图如图 1-64 所示。电动刀架的控制包括以下内容：
1）控制刀架回转电动机动力电源 AC 380V。
2）控制刀位信号。
3）控制刀架控制电源 DC 24V。

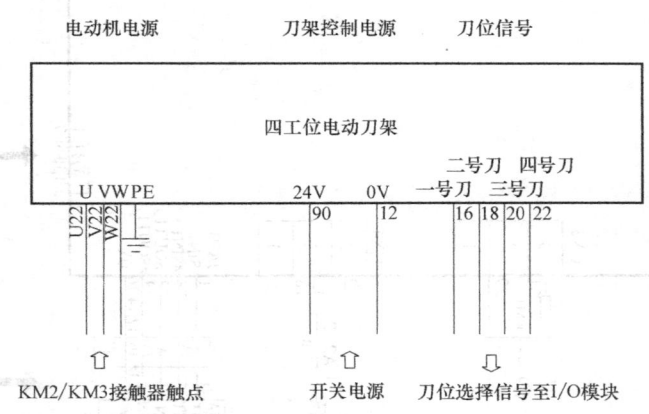

图 1-64 电动刀架控制原理图

5. 一体化伺服驱动控制部分

一体化伺服驱动控制原理图如图 1-65 所示。伺服驱动控制包括以下内容。
（1）电源部分 一体化伺服驱动器有以下工作电源：

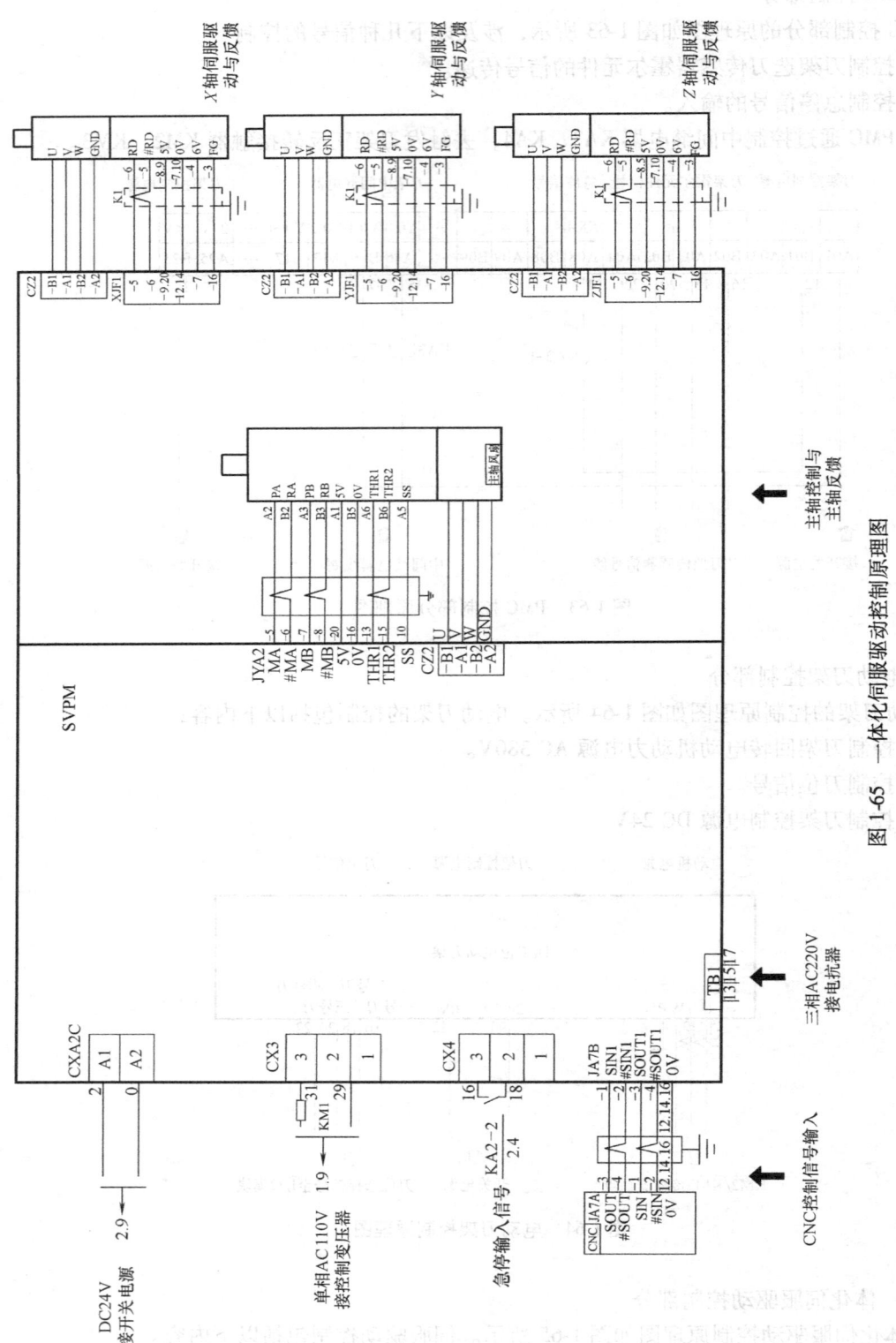

图 1-65 一体化伺服驱动控制原理图

1) 伺服驱动器输入三相电源 AC 220V，通过 TB1 接口输入。

2) 伺服驱动器控制电源单相 AC 110V，通过接触器 KM1 线圈后由接口 CX3 输入，伺服驱动器内部自检合格后控制 KM1 通断，从而控制 TB1 强电接口电源的通断。

3) 伺服驱动器控制电源 DC 24V，由 CXA2C 接口输入。

4) 伺服驱动器电源切断信号，由急停中间继电器常开触点通过接口 CX4 输入。

（2）数控系统控制部分　来自控制单元 CNC 的控制信号由 JA7A 输出，通过伺服驱动器 JA7B 输入。

（3）伺服驱动部分　包括主轴驱动及主轴速度反馈，即 X、Y、Z 轴驱动及其反馈。

6. 数控系统控制单元与操作面板的连接

数控系统控制单元与操作面板连接原理图如图 1-66 所示，通过开关电源分别给控制单元和 I/O 模块 CP1 接口提供 DC24V 电源。

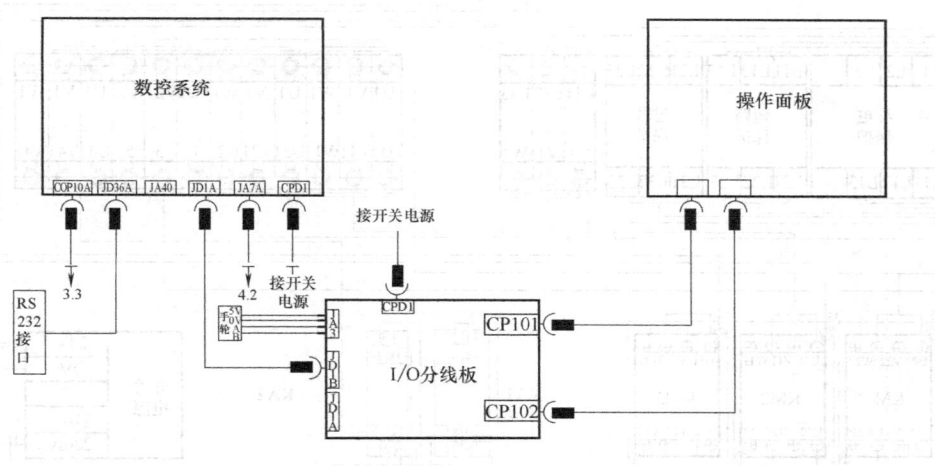

图 1-66　数控系统控制单元与操作面板连接原理图

7. 数控车床的电器布局

数控车床的电器布局图如图 1-67 所示。

四、FANUC 0i-MD 数控铣床电气控制系统的连接

数控铣床电气控制系统的控制原理分析可参照数控车床进行。

1. 数控铣床主电路部分

数控铣床主电路原理图如图 1-68 所示。

2. 数控铣床控制电路部分

数控铣床控制电路原理图如图 1-69 所示。

3. 数控铣床 PMC 接口部分

数控铣床 PMC 接口部分原理图如图 1-70 所示。

4. 数控铣床伺服驱动部分

数控铣床伺服驱动部分控制原理图如图 1-71 所示。

5. 数控铣床的电器部分

数控铣床机床电器布局图如图 1-72 所示。

6. 数控铣床数控系统及 I/O 模块部分

数控铣床数控系统及 I/O 模块控制原理图如图 1-73 所示。

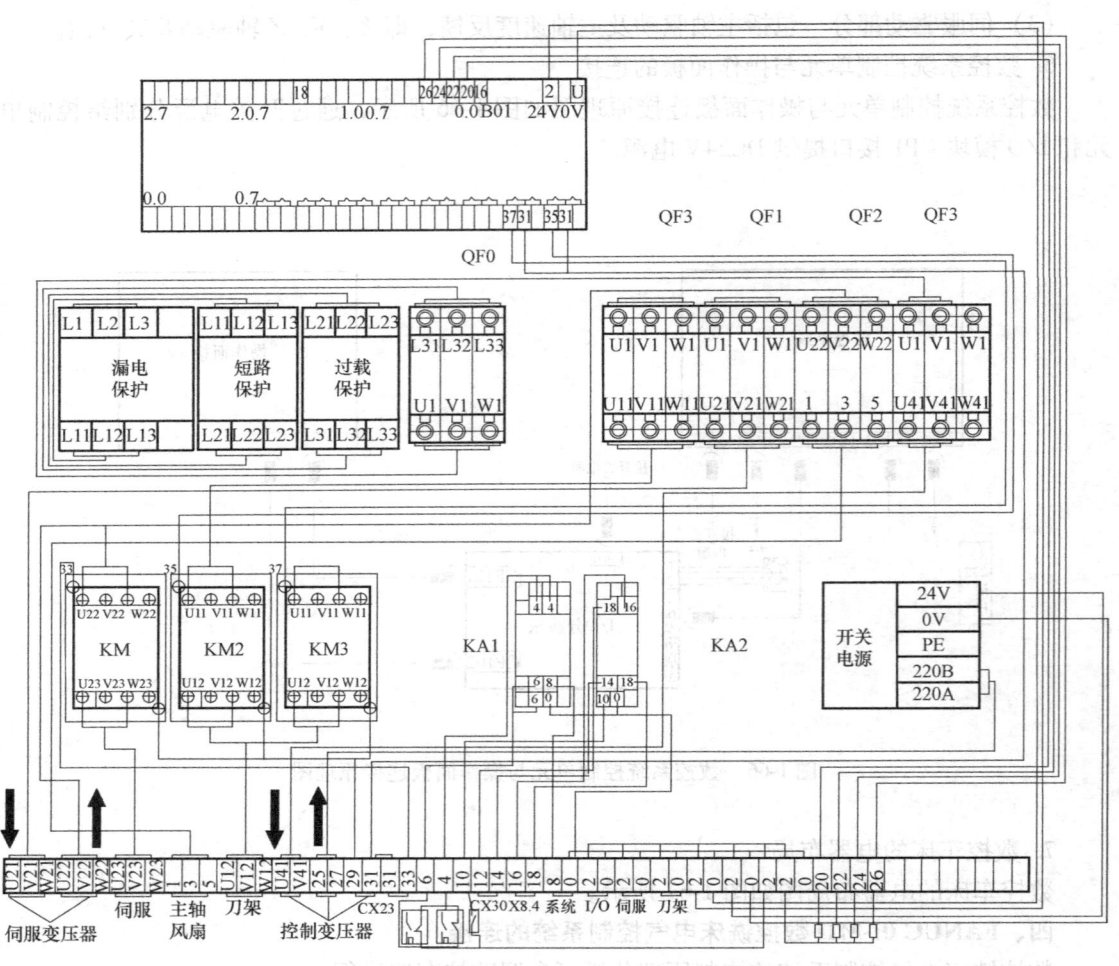

图 1-67 数控车床的机床电器布局图

项目三 数控机床电气控制系统的连接

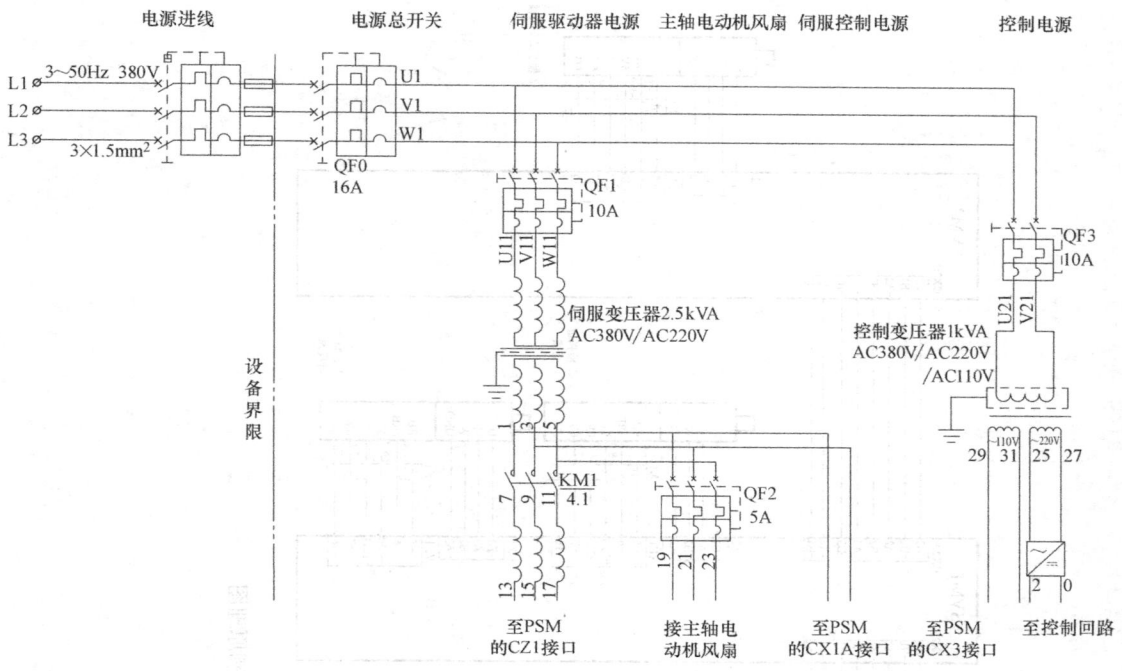

图 1-68　数控铣床主电路原理图

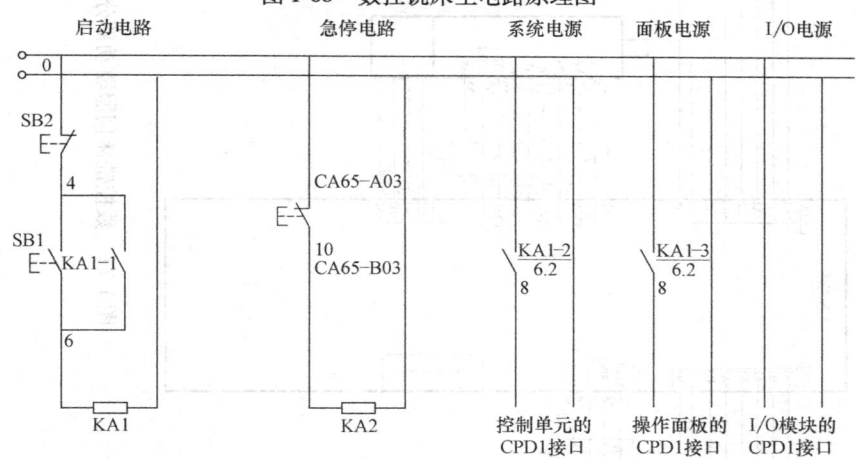

图 1-69　数控铣床控制电路原理图

图 1-70　数控铣床 PMC 接口原理图

模块一 数控系统硬件连接

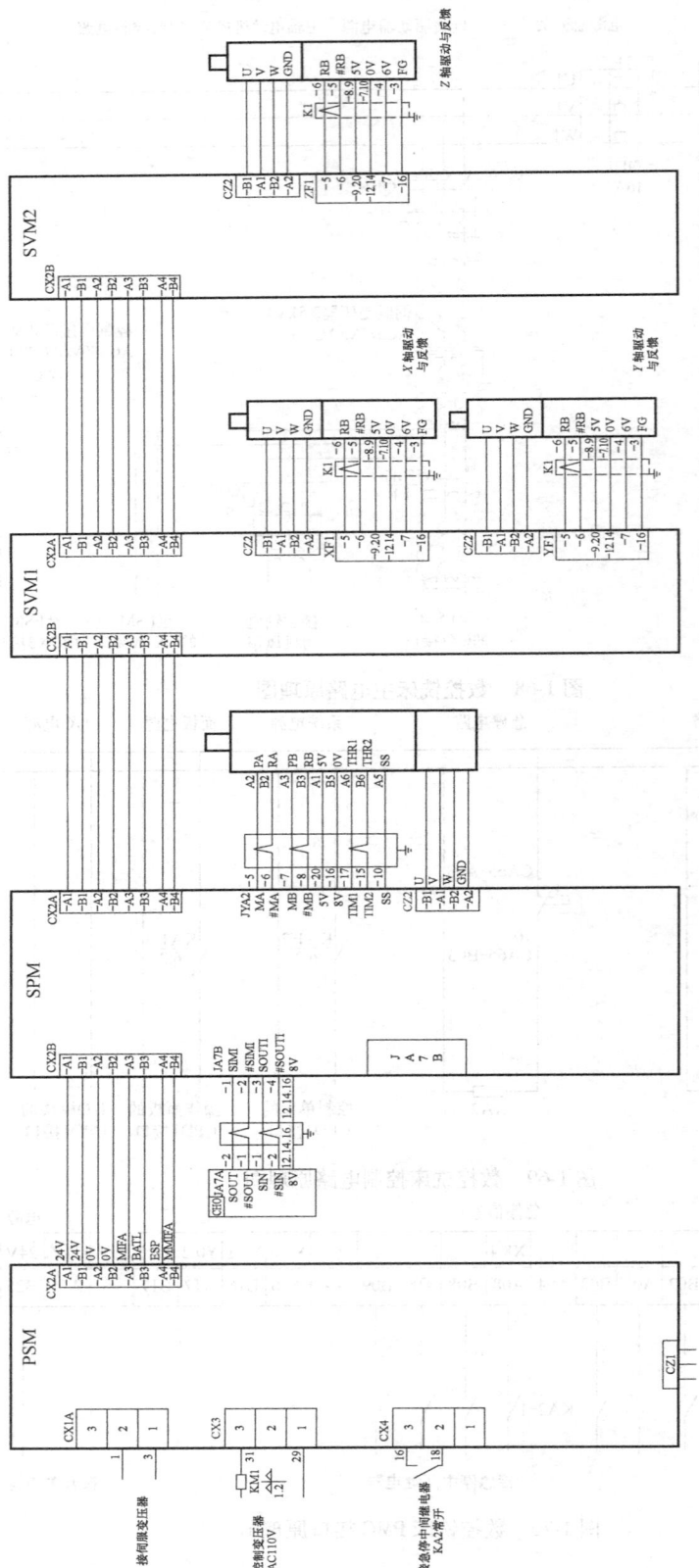

图 1-71 数控铣床伺服驱动部分控制原理图

项目三 数控机床电气控制系统的连接

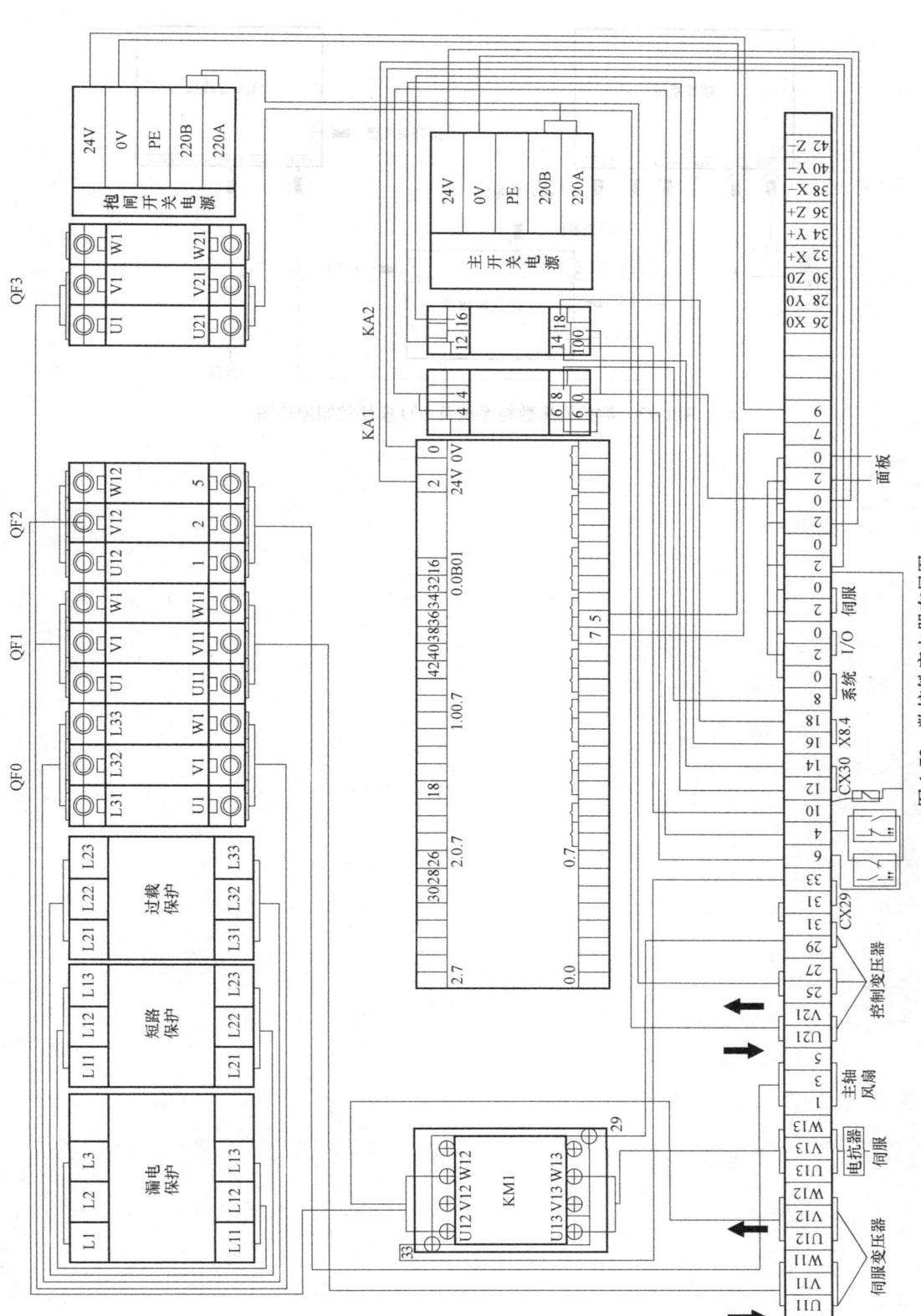

图 1-72 数控铣床电器布局图

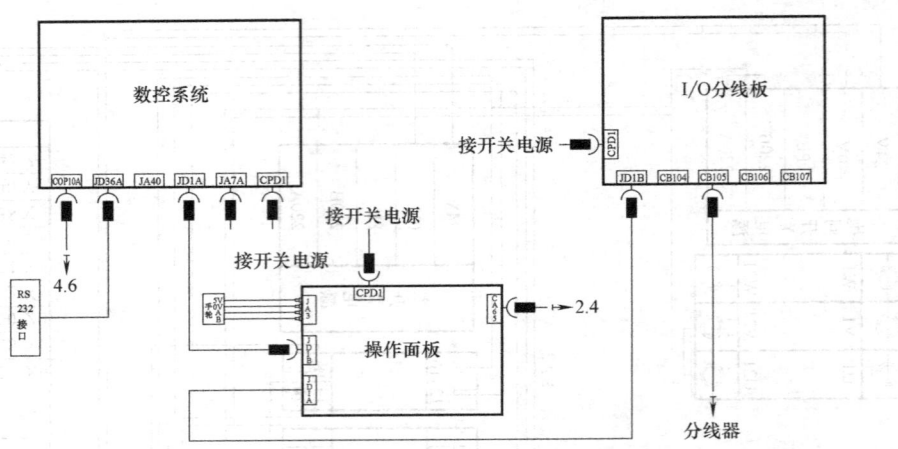

图 1-73 数控铣床数控系统及 I/O 模块控制原理图

模块二 数控系统参数设定

项目四 FANUC 0i-D 数控系统参数设定

项目导读

FANUC 0i-D/0i Mate-D 数控系统参数的类型
典型参数的表达方式
参数显示与搜索
用 MDI 方式设定参数
数据备份与加载
数控系统上电全清

操作要领及关联知识

FANUC 0i-D 数控系统具有丰富的机床参数。数控系统参数是数控系统用来匹配数控机床及其功能的一系列数据，数控系统硬件连接完成后，要对其进行系统参数的设定和调整，才能保证数控机床正常运行，达到机床加工功能要求和精度要求；同时，参数设置在数控机床调试与维修中起着重要的作用。

一、FANUC 0i-D/0i Mate-D 数控系统参数的类型

1. 按照数控系统参数的控制功能分

根据数控系统各参数的控制功能，FANUC 0i-D/0i Mate-D 数控系统参数类型及其功能见表 2-1。

表 2-1 FANUC 0i-D/0i Mate-D 数控系统参数控制功能类型

序号	参 数 类 型	参数号	序号	参 数 类 型	参数号
1	与"SETTING"相关的参数	0000~0012	6	与系统配置相关的参数	0980~0983
2	与阅读机接口相关的参数	0020~0123	7	与轴控制/设定单位相关的参数	1001~1031
3	与 CNC 界面显示功能相关的参数	0300	8	与坐标系相关的参数	1201~1290
4	与以太网/数据服务器功能相关的参数	0901~0930	9	与存储式行程检测相关的参数	1300~1327
5	与 POWER MATE CNC 管理器相关的参数	0960~0961	10	与卡盘尾座限位（T 系列）相关的参数	1330~1348

(续)

序号	参数类型	参数号	序号	参数类型	参数号
11	与进给速度相关的参数	1401~1466	37	与刀具寿命管理相关的参数（其1）	6800~6846
12	与加/减速控制相关的参数	1601~1783	38	与位置开关功能相关的参数	6901~6965
13	与伺服相关的参数（其1）	1800~2282	39	与手动运行/自动运行相关的参数	7001~7066
14	与DI/DO相关的参数（其1）	3001~3033	40	与手轮进给、手轮进给中断、刀具轴向手轮进给相关的参数	7100~7134
15	与显示和编辑相关的参数（其1）	3100~3301	41	与撞块式参考点设定相关的参数	7181~7187
16	与程序相关的参数（其1）	3400~3460	42	与软式操作面板相关的参数	7200~7399
17	与螺距误差相关的参数	3601~3681	43	与程序再开始相关的参数	7300~7310
18	与主轴控制相关的参数	3700~4974	44	与多边形加工（T系列）相关的参数	7600~7643
19	与刀具偏置相关的参数（其1）	5000~5043	45	与电子齿轮箱（M系列）和通用回退相关的参数	7700~7773
20	与固定循环相关的参数	5101~5183	46	与基于PMC轴控制相关的参数（其1）	8001~8040
21	与刚性攻螺纹相关的参数（其1）	5200~5382	47	与2路径控制（T系列）相关的参数	8100~8111
22	与比例缩放（M系列）/坐标旋转（M系列）相关的参数	5400~5421	48	与0i-D/0i Mate-D相关的参数	8130~8137
23	与单向定位（M系列）相关的参数	5431~5440	49	与路径间干涉检测（T系列）相关的参数	8140~8152
24	与极坐标插补（T系列）相关的参数	5450~5464	50	与同步控制、混合控制和重叠控制（T系列）相关的参数（其1）	8160~8194
25	与法线方向控制（M系列）相关的参数	5480~5483	51	与倾斜轴控制相关的参数	8200~8212
26	与分度台分度（M系列）相关的参数	5500~5512	52	与进给同步控制相关的参数	8301~8338
27	与简易直线度补偿（M系列）相关的参数	5711~5764	53	与顺序号核对停止相关的参数	8341~8342
28	与斜度补偿相关的参数	5861~5874	54	与先行控制/AI先行控制/AI轮廓控制相关的参数（其1）	8459~8466
29	与用户宏程序相关的参数	6000~6096	55	其他参数	8650~8813
30	与模型数据输入相关的参数	6101~6110	56	与维修相关的参数	8900~8950
31	与跳过功能相关的参数	6200~6287	57	与错误操作防止功能相关的参数	10000~10334
32	与外部数据输入相关的参数	6300~6310	58	与自动数据备份相关的参数	10340~10342
33	与手轮回退相关的参数（其1）	6400~6490	59	与界面显示颜色相关的参数（其2）	10421~10475
34	与图形功能相关的参数	6500~6515			
35	与画面显示颜色相关的参数（其1）	6581~6595			
36	与工作时间、零件数显示相关的参数	6700~6758			

(续)

序号	参数类型	参数号	序号	参数类型	参数号
60	与波形诊断相关的参数	10600~10719	76	与手轮相关的参数	12300~12351
61	与基于伺服电动机的主轴控制功能相关的参数	11000~11090	77	与同步控制、混合控制和重叠控制(T系列)相关的参数(其2)	12600
62	与英制/米制、直径/半径相关的参数(其1)	11222	78	与基于PMC轴控制相关的参数(其3)	12730~12738
63	与DI/DO相关的参数(其2)	11223	79	与显示和编辑相关的参数(其5)	13101~13141
64	与进给速度控制和加/减速控制相关的参数	11240	80	与刀具寿命管理相关的参数(其2)	13221~13266
65	与坐标系相关的参数	11275~11277	81	与加工条件选择功能相关的参数	13600~13663
66	与显示和编辑相关的参数(其2)	11300~11309	82	与参数校验和功能相关的参数	13730~13770
67	与显示和编辑相关的参数(其3)	11318~11328	83	与英制/米制、直径/半径相关的参数(其2)	14000
68	与图形功能相关的参数(其2)	11329~11349	84	与带有绝对地址参考位置的直线尺相关的参数	14010
69	与显示和编辑相关的参数(其4)	11350~11363			
70	与刀具偏置相关的参数(其2)	11400	85	与FSSB相关的参数	14340~14476
71	与刚性攻螺纹相关的参数	11420~11480	86	与图形功能相关的参数(其3)	14713~14717
72	与程序相关的参数(其2)	11630	87	与嵌入式以太网相关的参数	14880~14892
73	与基于PMC轴控制相关的参数(其2)	11850	88	与手轮回退相关的参数(其2)	18060~18066
74	与PMC相关的参数	11931	89	与先行控制/AI先行控制/AI轮廓控制相关的参数(其2)	19500~19515
75	与防止错误操作相关的参数	12255~12256	90	与刀具偏置相关的参数(其3)	19607~19625

2. 按照参数的表达形式分

按照参数的表达形式，FANUC 0i-D/0i Mate-D 数控系统参数分为位型、字型、字节型等，见表2-2。

表2-2 FANUC 0i-D/0i Mate-D 数控系统参数的数据类型

数据类型	数据范围	备注
位型	0 或 1	
位轴型		
字节型	−128~127	有些参数中不使用符号
字节轴型	0~255	
字型	−32768~32767	
字轴型	0~65535	
双字型	−99999999~99999999	
双字轴型		

二、典型参数的表达方式

1. 位型参数

位型参数格式如图 2-1 所示，是用 8 位的二进制数表示参数的位为 0 或为 1 的状态，第 1 位与位 0 对应，第 8 位与位 7 对应。

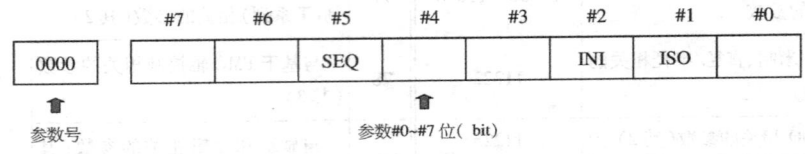

图 2-1 位参数的表达方式

在表达某参数第几位的时候可写为："××××#×"或"××××bit×"，如 0000#5 或 0000 bit5 均表示 0000 参数的位 5。

2. 其他参数

除位型参数外，其他参数的表达方式如图 2-2 所示。

图 2-2 其他参数的表达方式

其中参数值表示输入的具体数值，如 1010 参数值为 3 等。

三、参数显示与搜索

1. 进入参数显示界面

进入数控系统的参数显示界面有两种方式，分别如下：

1）图 2-3 所示为数控装置的 MDI 键盘，按 MDI 键盘上的功能键 SYSTEM 数次后，即可进入图 2-4 所示的参数显示界面。

2）按 MDI 键盘上的功能键 SYSTEM 一次后，再按【参数】软键，即可进入图 2-4 所示的参数显示界面。

2. 参数搜索

参数界面由多页组成，可以通过以下两种方式进入指定参数所在界面。

1）用 MDI 键盘上的翻页键或光标移动键，逐页寻找所要显示的参数界面。

2）通过 MDI 键盘输入想要显示的参数号，然后按软键【号搜索】，这样可以显示指定参数所在的界面，光标同时处于指定参数位置，如图 2-5 所示。

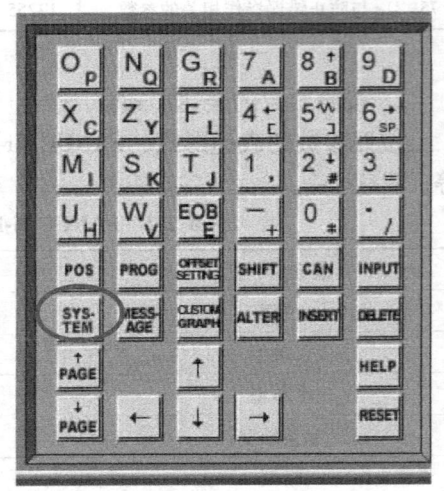

图 2-3 数控装置的 MDI 键盘

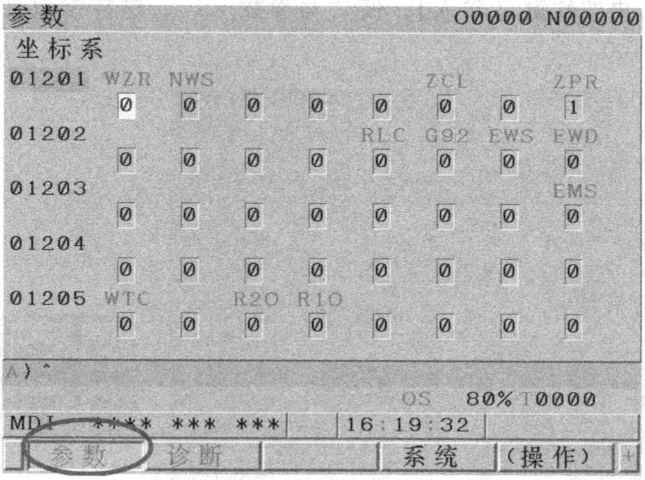

项目四　FANUC 0i-D 数控系统参数设定

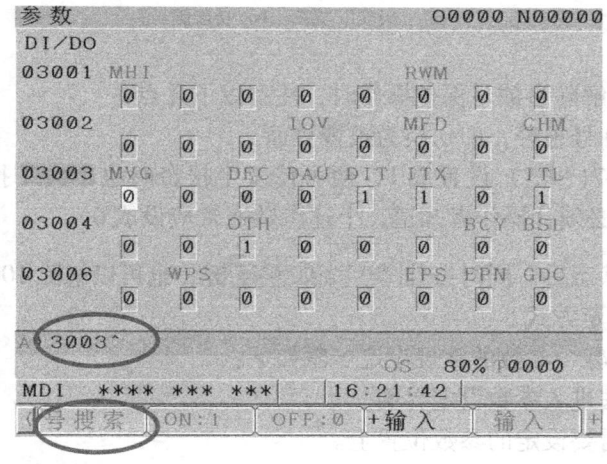

图 2-4　参数显示界面

图 2-5　通过号搜索方式显示参数

四、MDI 方式下的参数设定

1. 参数改写状态

（1）写保护的解除　数控系统参数设定完成后，处于写保护状态，在该状态下不允许更改参数。要想修改或调整参数，应使参数置于可写状态，即需要解除写保护，操作步骤如下：

1）将数控系统置于 MDI 方式或急停方式。

2）按 MDI 键盘上 [OFFSET SETTING] 功能键数次后，或者按 [OFFSET SETTING] 功能键一次后再按软键【设定】，可显示"设定"界面主页，如图 2-6 所示。

3）将光标移至"写参数"行。

4）按【操作】软键。

45

5) 输入"1",再按软键【输入】,使"写参数=1",这样参数处于可写状态,同时 CNC 发生 P/S 报警 100。

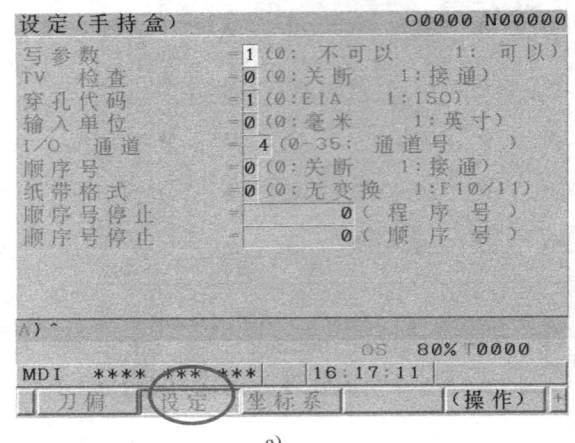
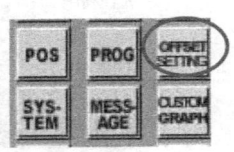

图 2-6 写参数允许界面
a) "设定"界面 b) 功能键

(2) 注意事项 解除参数写保护操作时,注意以下几点:
1) 如果发生 100 号报警,即切换为报警界面。
2) 把参数 3111#7(NPA) 设置成 1,便可使发生报警时也不会切换成报警界面(通常情况下,发生报警时必须让操作者知道,上述参数通常应设成 0)。
3) 在解除急停状态后,同时按住 CAN 和 RESET 键,也可以解除 100 号报警。

2. 参数的常规设定方式

(1) 参数设定步骤 参数的常规设定步骤如下:
1) 按照前述方法进入参数设定界面。
2) 将光标置于需要设定的参数位置上。
3) 输入数据,然后按【输入】软键,输入的数据将被设定到光标指定的参数中。

(2) 参数输入 参数输入方式有以下几种:
1) 对于位型参数,按软键【ON:1】,则将光标位置置 1;按软键【OFF:0】,则将光标位置置 0。
2) 输入参数值后,使用软键【+输入】,则把输入值加到原来值上。
3) 输入参数值后,使用软键【输入】,则输入新的参数值。
参数值的输入界面如图 2-7 所示。

当然,输入参数后,也可以用 MDI 键盘上的 INPUT 键完成写参数操作。

3. 参数的快捷输入方式

(1) 不同数据的连续输入 如果需要连续输入一组参数,则在参数之间插入 EOB 键,最后按 INPUT 键,即可输入一组参数,如图 2-8 所示。

项目四 FANUC 0i-D 数控系统参数设定

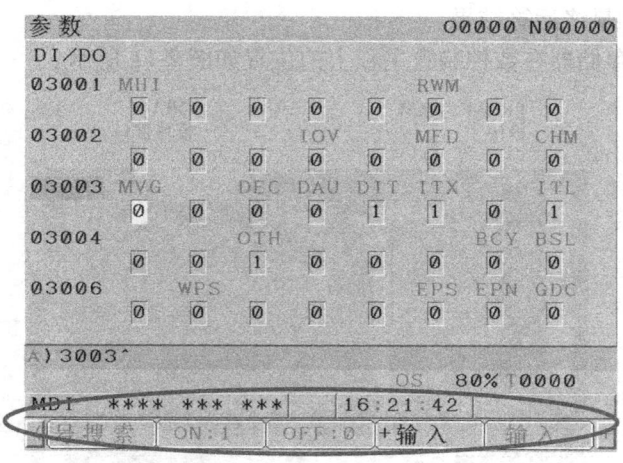

图 2-7 参数值的输入界面

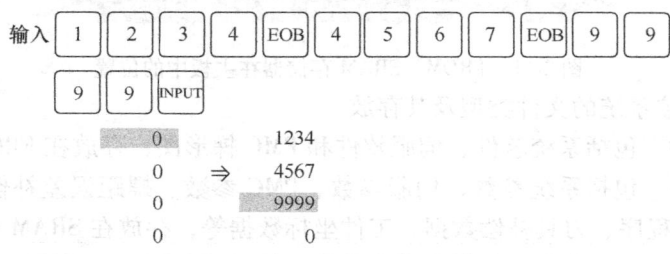

图 2-8 不同参数的快捷输入

（2）相同数据的连续输入 如果需要连续输入一组相同数据，则在写入参数后，根据参数数量输入若干 EOB = 键，最后按 INPUT 键即可，如图 2-9 所示。

（3）位参数的连续输入 位参数的快捷输入如图 2-10 所示。

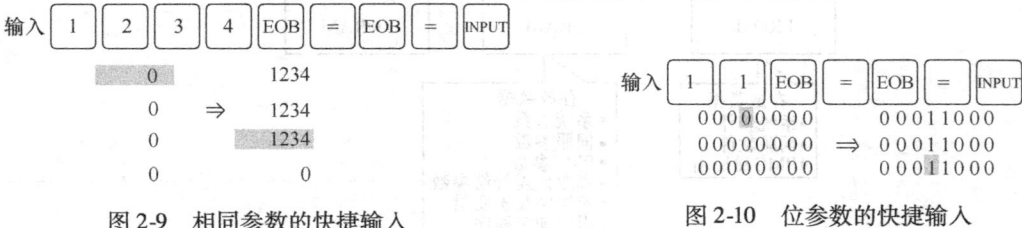

图 2-9 相同参数的快捷输入　　　　　　图 2-10 位参数的快捷输入

五、数据备份与加载

1. FANUC 数控系统内部存储器类型及特点

FANUC 数控系统有几种类型的存储器，分别是：

（1）FROM 只读存储器，在数控系统中主要用于存放数控系统文件和机床厂文件。

（2）SRAM 静态随机存储器，在数控系统中主要用于存放用户数据。SRAM 中的数据在数控系统断电后依靠电池记忆数据，因此要确保电池电压的有效性。当系统提示电池电压低后，应及时更换电池，防止 SRAM 中的数据丢失。

（3）DRAM 动态随机存储器，作为工作缓存区域，暂时存放正在执行的程序、原始数据、中间运算结果和最终运算结果。

FROM、SRAM 存储器在数控装置主板上的位置如图 2-11 所示。

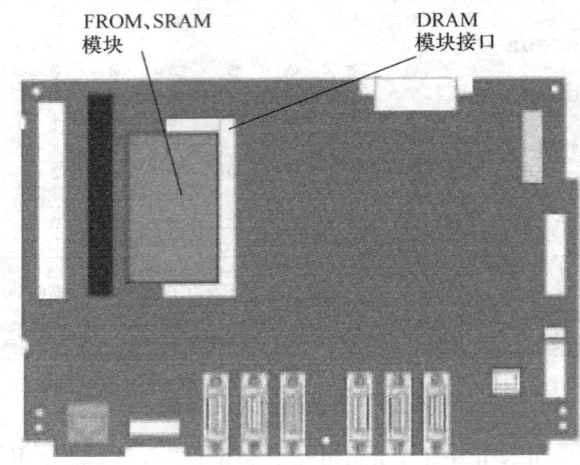

图 2-11　FROM、SRAM 存储器在主板中的位置

2. FANUC 数控系统的文件类型及其存放

（1）系统文件　包括系统软件、伺服软件和 PMC 梯形图，存放在 FROM 存储器中。

（2）用户文件　包括系统参数、伺服参数、PMC 参数、螺距误差补偿数据、宏程序及宏变量、用户加工程序、刀具补偿数据、工件坐标数据等，存放在 SRAM 中。

数控系统 CPU、总线和各存储器之间的数据交换关系如图 2-12 所示。

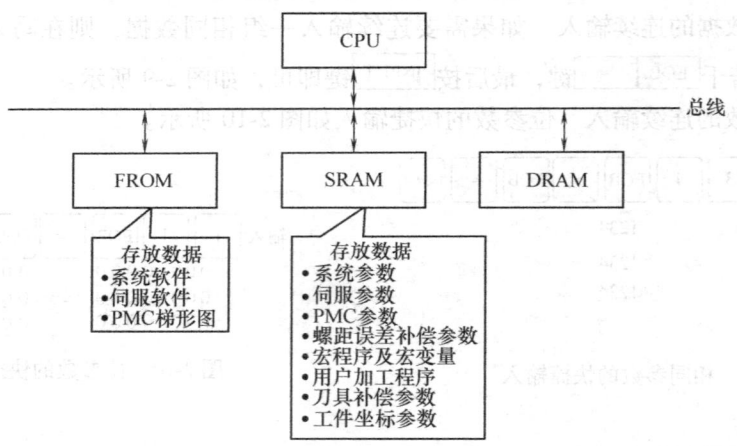

图 2-12　数控系统的数据类型及其存放

3. 数据备份及加载方法

存储在 SRAM 中的数据在系统断电后需要有电池保持数据，在电池电压不足时数据容易丢失，因此数据备份和数据加载非常重要。常用的数据备份和加载有两种方法，分别是：

1）开机时通过数据备份及加载引导界面进行。

2）数控系统工作时通过数据输入、输出方式进行。

数据备份的常用载体是 CF（Compact Flash，压缩闪存）卡，它是一种固态产品，即工作时没有运动部件,不需要电池来维持其中存储的数据。对所保存的数据来说,CF 卡比传统的磁盘驱动器更具安全性和保护性。CF 卡用于 FANUC 数控系统时,需要配套 FANUC 公司生产的闪存卡适配器,即将 CF 卡安装到 CF 卡适配器上,再由 CF 卡适配器与数控系统卡插槽相连,CF 卡、CF 卡适配器及其安装如图 2-13 所示。

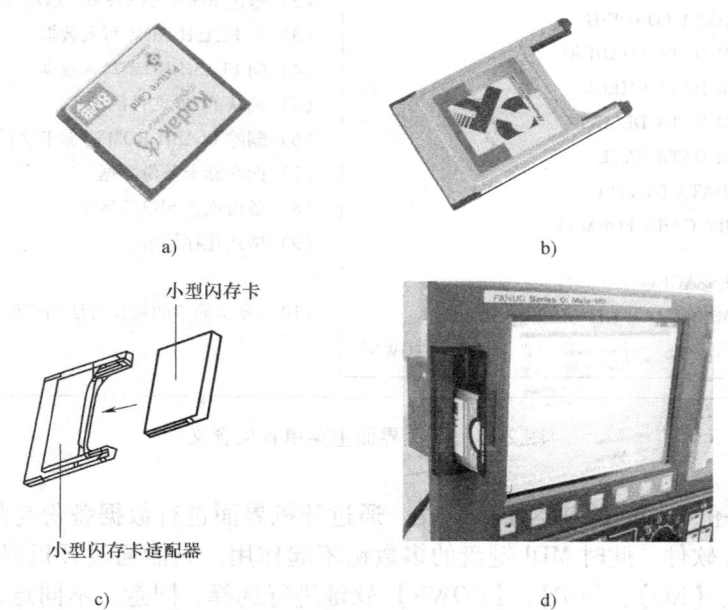

图 2-13 CF 卡、CF 卡适配器及其在数控系统上的安装
a) CF 卡 b) CF 卡适配器 c) CF 卡和适配器的安装 d) 适配器在数控装置上的安装

4. 通过开机引导界面的数据备份与加载

通过开机引导界面备份的数据以文件方式保存到 CF 卡中,这种方式保存的文件输入到个人电脑后是无法用写字板或 Word 方式打开的。

(1) 开机引导界面的进入 同时按住显示器下方最右侧两个软键,与此同时接通数控系统电源,数秒钟后即进入开机界面主菜单,如图 2-14 所示。

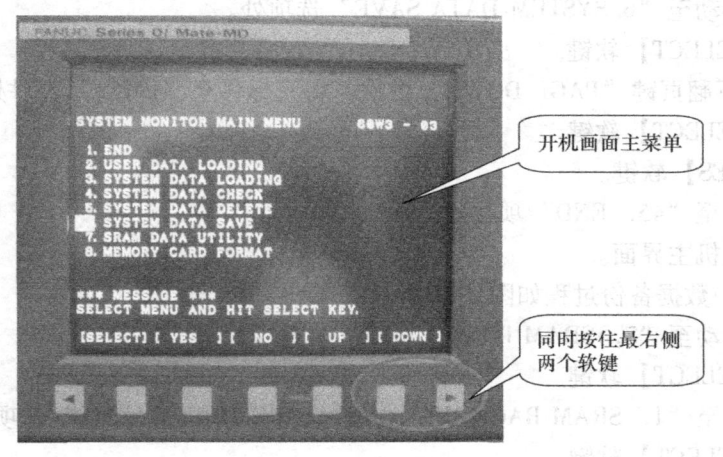

图 2-14 开机界面主菜单

(2) 开机界面主菜单各项含义　开机界面主菜单各项含义如图2-15所示。

```
(1)  SYSTEM MONITOR MAIN MENU  60W3-01
(2)  1. END
(3)  2. USER DATA LOADING
(4)  3. SYSTEM DATA LOADING
(5)  4. SYSTEM DATA CHECK
(6)  5. SYSTEM DATA DELETE
(7)  6. SYSTEM DATA SAVE
(8)  7. SRAM DATA UTILITY
(9)  8. MEMORY CARD FORMAT

     * * * MESSAGE * * *
(10) SELECT MENU AND HIT SELECT KEY.
     [SELECT][YES ][  NO ][  UP ][DOWN]
```

(1) 显示标题。右端显示出 BOOT SYSTEM 的系列版本。
(2) 退出 BOOT SYSTEM，启动 CNC。
(3) 向 FLASH ROM 写入数据。
(4) 向 FLASH ROM 写入数据。
(5) 确认 ROM 文件的版本。
(6) 删除 FLASH ROM 存储卡文件。
(7) 向存储卡备份数据。
(8) 备份恢复 SRAM 区。
(9) 格式化存储卡。
(10) 显示简单的操作方法和错误信息。

图2-15　开机界面主菜单各项含义

（3）数据备份与加载的基本操作流程　通过开机界面进行数据备份与加载时，由于系统尚未启动 CNC 软件，此时 MDI 键盘的多数键不起作用，只能通过开机界面下方的【SELECT】、【YES】、【NO】、【UP】、【DOWN】软键进行选择、同意、不同意、光标上下移动等相关操作，基本操作过程如下：

1）通过按下【UP】、【DOWN】软键上下移动光标到所选择的项目。
2）通过按下【SELECT】软键确定光标所在处项目即为所要进行操作的项目。
3）通过按下【YES】、【NO】软键对即将进行的动作进行确认。
4）通过选择"END"选项返回上一级菜单。

（4）数据备份　包括系统数据备份（主要是 PMC 梯形图）和 SRAM 数据备份。

1）系统数据备份过程如图2-16所示：

①将光标移动至"6. SYSTEM DATA SAVE"选项处。

②按下【SELECT】软键。

③按 MDI 下翻页键"PAGE DOWN"数次，将光标移至"PMC1"文件处。

④按下【SELECT】软键。

⑤按下【YES】软键。

⑥将光标移至"45．END"项目处。

⑦退回到开机主界面。

2）SRAM 中数据备份过程如图2-17所示：

①将光标移动至"7．SRAM DATA UTILITY"选项处。

②按下【SELECT】软键。

③将光标移至"1. SRAM BACK UP（CNC - > MEMORY CARD）"选项处。

④按下【SELECT】软键。

⑤按下【YES】软键。

⑥按下【SELECT】软键。
⑦将光标移至"4. END"处。
⑧按下【YES】软键。
⑨按下【YES】软键。
此时则退出了数据备份界面。

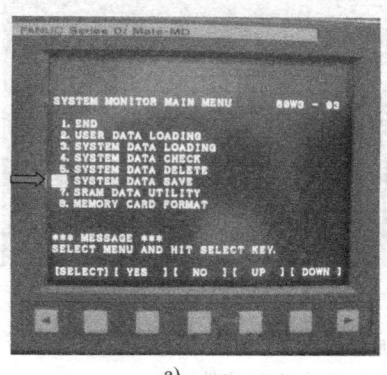 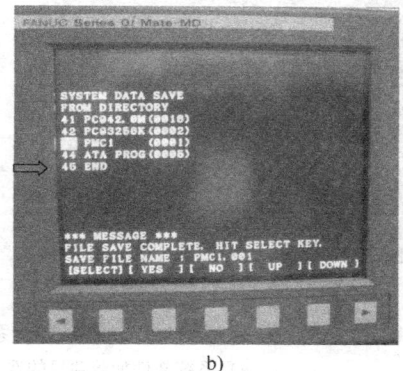

a)   b)

图 2-16　系统数据备份过程

a）系统数据备份项目的选择与确定　b）系统数据中 PMC1 的备份

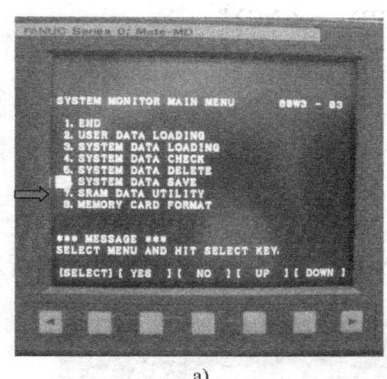 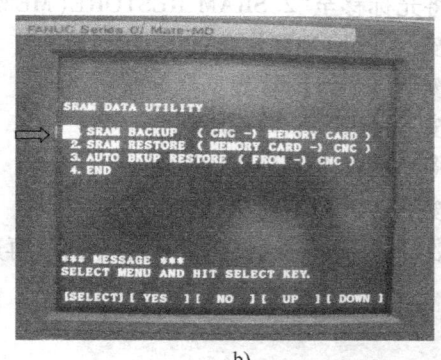

a)   b)

图 2-17　SRAM 数据备份过程

a）SRAM 数据备份项目的选择与确定　b）SRAM 数据实用程序的备份

(5) 数据加载　就是将 CF 卡中备份的数据写入 ROM 的过程。

1) 进入开机主画面后系统文件（主要是 PMC 梯形图）加载过程如图 2-18 所示：

①将光标移至"2. USER DATA LOADING"选项处。

②按下【SELECT】软键，进入文件选择界面。

③将光标移至需要加载的梯形图文件，如"PMC1. 001"。

④按下【SELECT】软键。

⑤按下【YES】软键。

⑥按下【SELECT】软键。

⑦将光标移至"5. END"。

⑧按下【SELECT】软键。

系统文件加载结束，界面返回到上一级菜单。

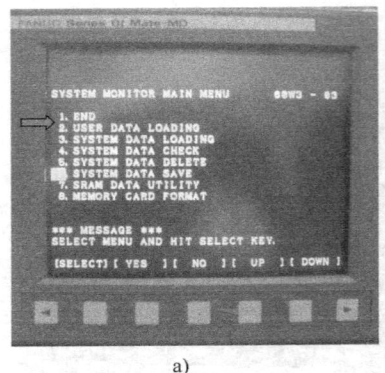
a)

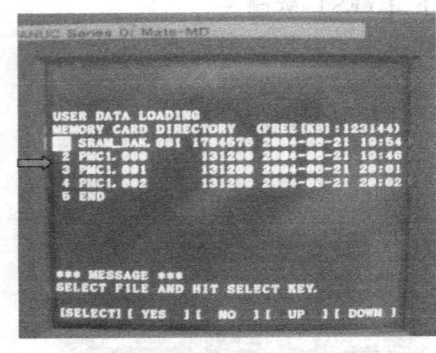
b)

图 2-18　系统文件加载过程

a) 系统文件加载项目的选择与确定　b) 选择 PMC1 文件加载

2) 进入开机主界面后，SRAM 中参数的加载过程如图 2-19 所示：

①将光标移至"7. SRAM DATA UTILITY"选项处。

②按下【SELECT】软键，进入操作项目选择界面。

③将光标移至"2. SRAM RESTORE(MEMORY CARD –> CNC)"。

④按下【SELECT】软键。

⑤按下【YES】软键。

⑥按下【SELECT】软键。

⑦将光标移至"4. END"处。

⑧按下【SELECT】软键。

参数加载结束并返回到开机主界面，再选择"END"，则数控系统开始启动运行。

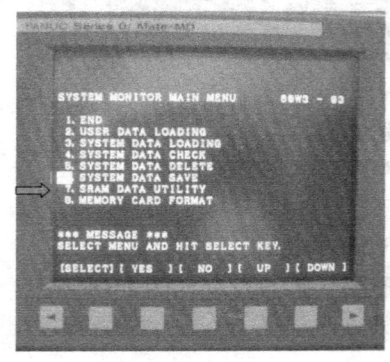
a)

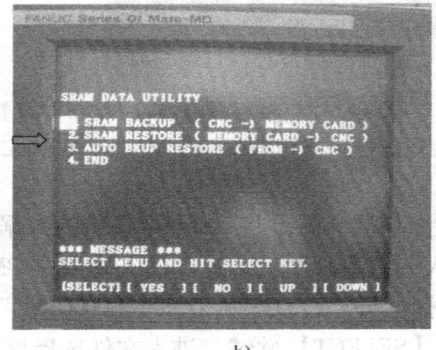
b)

图 2-19　SRAM 数据加载过程

a) SRAM 数据加载项目的选择与确定　b) 选择 SRAM 数据加载

5. 通过输入、输出方式的数据备份与加载

通过输入、输出方式的数据备份与加载主要以 CF 卡或 RS232 接口为载体，将数据保留

在 CF 卡中或外接计算机中,或者将数据保留在 CF 卡中或外接计算机中的数据写入 CNC。采用 CF 卡或是采用 RS232 方式传递数据需要对#20 参数进行设定。通过输入、输出方式保存的数据可以在个人电脑中以写字板方式进行阅读。

(1) 通过输入、输出方式备份和加载的数据　能够通过输入、输出方式备份和加载的数据包括用户加工程序、刀具补偿参数、数控系统参数、螺距误差补偿数据、用户宏程序及宏变量、PMC 参数、PMC 梯形图等。

(2) 用户程序加载　将 CF 卡插入卡插槽中,通过 CF 卡将用户加工程序输入至 CNC 中的步骤如下(图 2-20):

1) 使数控系统处于 EDIT(编辑)模式。
2) 按下 PROG 功能键,显示程序内容或程序目录界面。
3) 按下【操作】软键(OPRT)。
4) 按最右边的【▷】软键(扩展软键)。
5) 输入地址 O 后,并输入程序号。
6) 按下【读入】或【READ】软键,然后按【执行】或【EXEC】软键即可。

进行用户程序加载时一定要注意钥匙开关处于关的位置,否则会出现"对照程序不存在"报警。

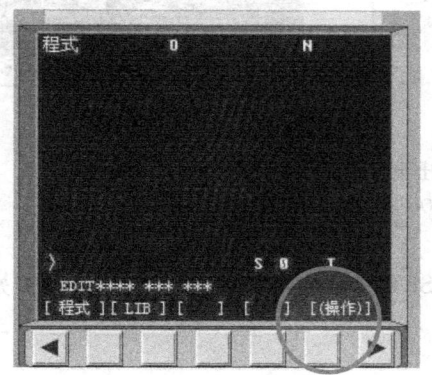
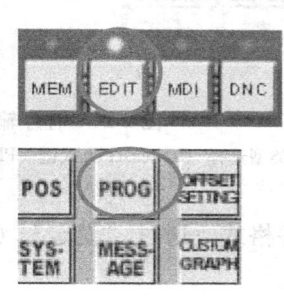

a)

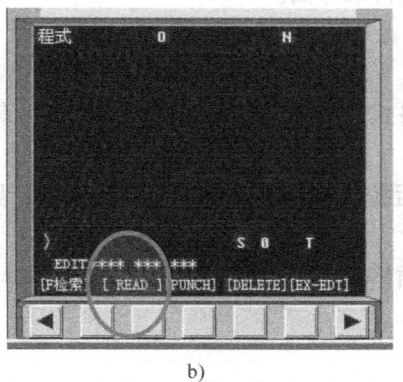
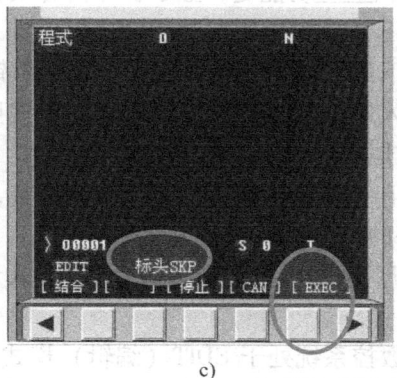

b)　　　　　　　　　　　　　　　c)

图 2-20　通过 CF 卡的程序输入过程
a) EDIT 方式键—PROG 功能键—操作软键　b) 读程序操作　c) 程序号输入-执行操作

(3) 用户程序备份 将 CF 卡插入卡插槽中，通过 CF 卡进行用户加工程序备份过程如下（图 2-21）：

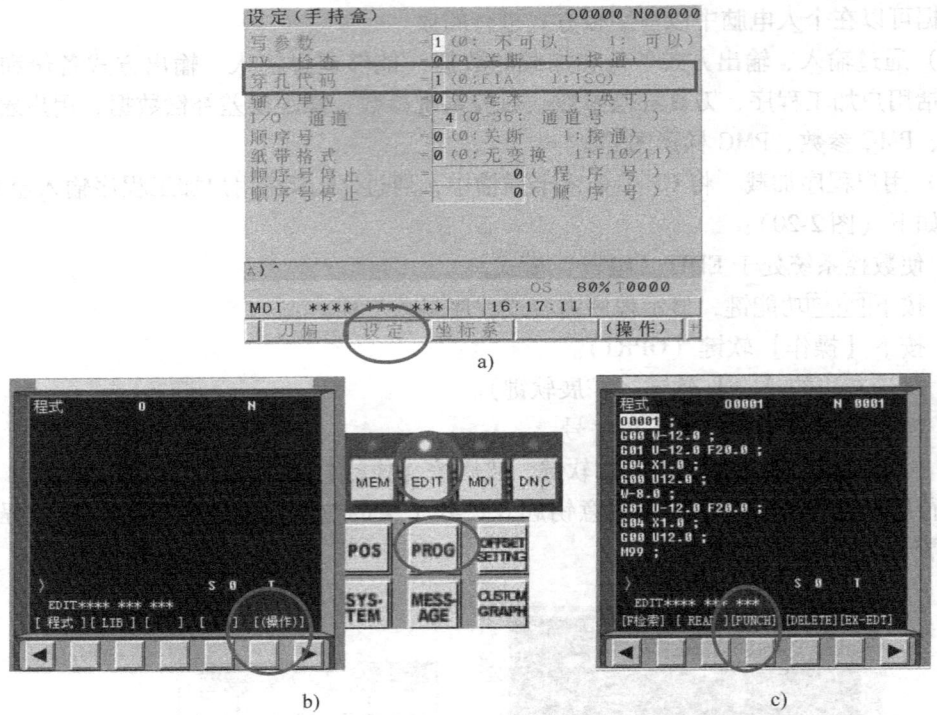

图 2-21 程序输出至 CF 卡的过程
a) 代码类型选择 b) EDIT 方式键—PROG 功能键—操作软键 c) 程序输出操作

1) 选定输出文件格式。通过"设定"（SETTING）界面，指定文件代码类别（ISO 或 EIA）。

2) 使数控系统处于 EDIT（编辑）模式。

3) 按下 PROG 功能键，显示程序内容或程序目录界面。

4) 按下【操作】软键（OPRT）。

5) 按下最右边的【▷】软键（扩展软键）。

6) 输入地址 O 后并输入程序号，或按照格式"O××××，O××××"输入连续几个程序的首尾程序号。

7) 按下【输出】或【PUNCH】软键，然后按【执行】或【EXEC】软键，则提示一个或多个程序的输出路径，加工程序备份。

(4) 刀具补偿参数加载 将 CF 卡插入卡插槽中，其中的刀具补偿参数输入至 CNC 中的过程如下：

1) 使数控系统处于 EDIT（编辑）模式。

2) 按下 OFFSET SETTING 功能键，显示刀具补偿界面（图 2-22a）。

3) 按下【操作】软键（OPRT）。

4) 按下最右边的【▷】软键（扩展软键）。

5)按下【F 输入】软键(图 2-22b),然后按【执行】或【EXEC】软键,则刀具补偿参数被输入。

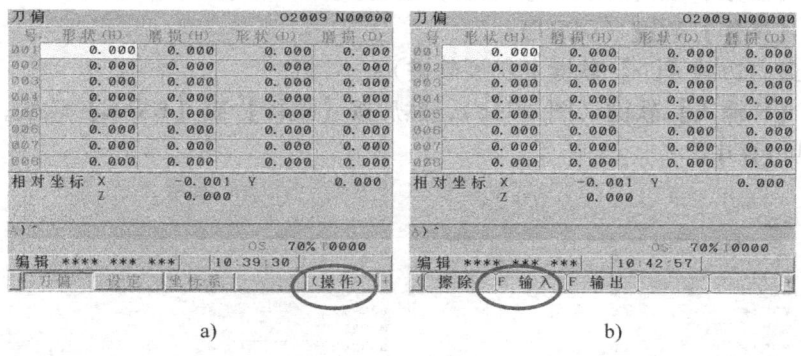

图 2-22 刀具补偿参数的加载过程
a)进入刀具补偿界面 b)刀补参数的输入

(5)刀具补偿参数备份 将 CF 卡插入卡插槽中,将 CNC 中的刀具补偿参数备份至 CF 卡中的过程如下:

1)使数控系统处于 EDIT(编辑)模式。

2)按下 OFFSET SETTING 功能键,显示刀具补偿界面,如图 2-23a 所示。

3)按下【操作】软键(OPRT)。

4)按下最右边的【▷】软键(扩展软键)。

5)按下【F 输出】软键(图 2-23b),然后按【执行】或【EXEC】软键,则刀具补偿参数备份完成。

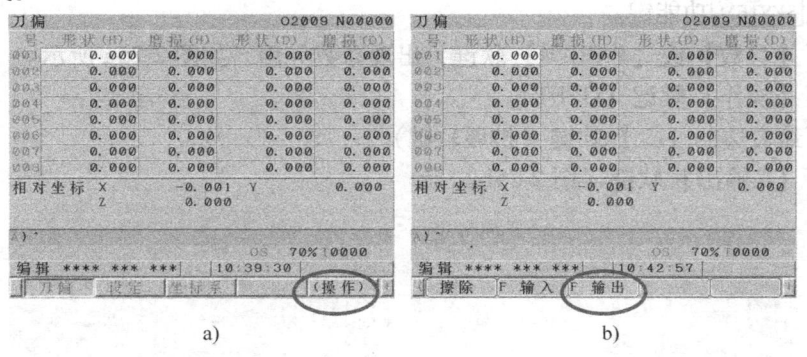

图 2-23 刀具补偿参数的备份过程
a)进入刀具补偿界面 b)刀补参数的输出

(6)数控系统参数加载 将 CF 卡插入卡插槽中,CF 卡中的数控系统参数输入至 CNC 中的过程如下:

1)使数控系统处于急停状态。

2)按下 OFFSET SETTING 功能键,使系统进入 SETTING 界面。

3)在 SETTING 界面中,将参数写入置 1。

4）按下 SYSTEM 功能键。

5）按下【参数】或【PARAM】软键，出现参数界面（图 2-24a）。

6）按下【操作】软键（OPRT）。

7）按下最右边的【▷】软键（扩展软键）。

8）按下【F 输入】软键（图 2-24b），然后按【执行】或【EXEC】软键，则数控系统参数被加载到内存中。

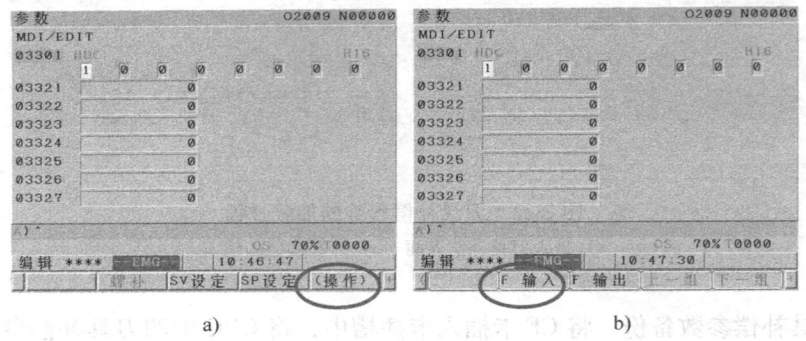

图 2-24 数控系统参数的加载过程
a）进入数控系统参数界面 b）数控系统参数输入

（7）数控系统参数备份　将 CF 卡插入卡插槽中，将 CNC 中的数控系统参数备份至 CF 卡中的过程如下：

1）通过设定界面指定输出代码（ISO 或 EIA）。

2）使数控系统处于急停状态。

3）按下 SYSTEM 功能键。

4）按下【参数】或【PARAM】软键，出现参数界面，如图 2-25a 所示。

5）按下【操作】软键（OPRT）。

6）按下最右边的【▷】软键（扩展软键）。

7）按下【F 输出】软键（图 2-25b）。

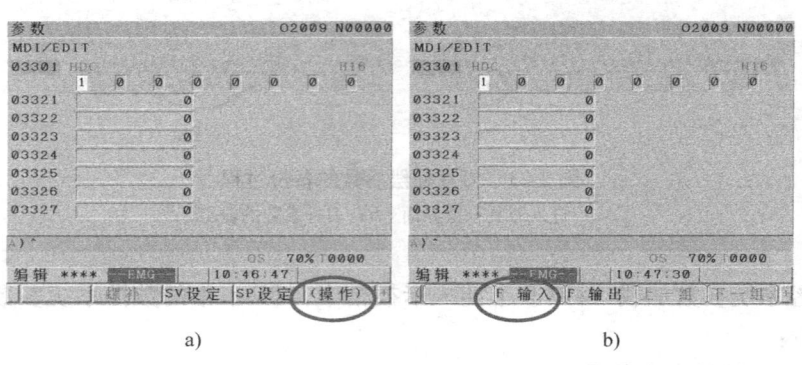

图 2-25 数控系统参数的备份过程
a）进入数控系统参数界面 b）数控系统参数的输出

8）如要输出所有参数，按下【ALL】软键；如要输出设置为非 0 参数，按下【NON-0】软键。

9）按【执行】或【EXEC】软键，则数控系统的参数备份完成。

（8）螺距误差补偿参数加载　将 CF 卡插入卡插槽中，卡中的螺距误差补偿参数输入至 CNC 中的过程如下（图 2-26）：

1）使数控系统处于急停状态。

2）按下【SETING】或【设置】软键，进入设置界面。

3）将"参数写入"项置 1，使系统处于参数允许写入状态。

4）按下 SYSTEM 功能键。

5）按下最右边的【▷】软键（扩展软键）。

6）按下【螺补】或【PITCH】软键。

7）按下【操作】软键（OPRT）。

8）按下最右边的【▷】软键（扩展软键）。

9）按下【F 输入】或【READ】软键，然后按【执行】或【EXEC】软键，则螺距误差补偿参数被加载到内存中。

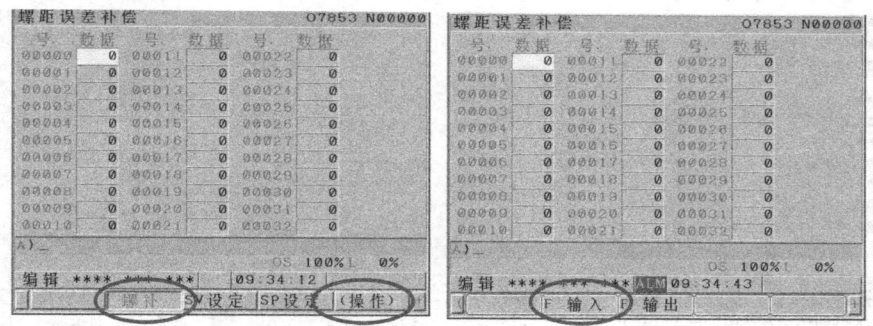

图 2-26　螺距误差补偿参数的加载过程

（9）螺距误差补偿参数备份　将 CF 卡插入卡插槽中，将 CNC 中的螺距误差补偿参数备份至 CF 卡中的过程如下（图 2-27）：

1）通过参数指定输出代码（ISO 或 EIA）。

2）使数控系统处于编辑状态。

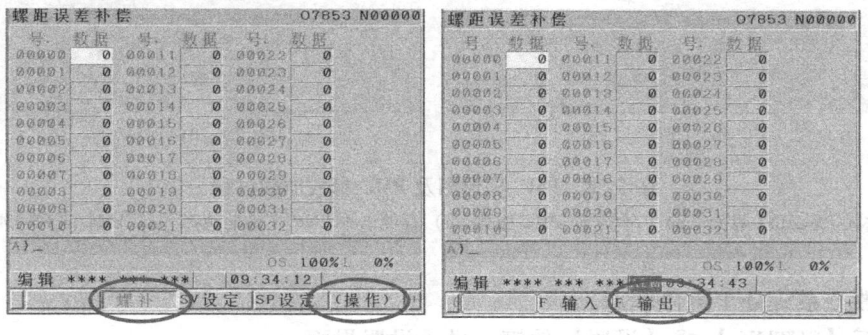

图 2-27　螺距误差补偿系统参数的备份过程

3）按下 SYSTEM 功能键。

4）按下最右边的【▷】软键（扩展软键）。

5）按下【螺补】或【PITCH】软键。

6）按下【操作】软键（OPRT）。

7）按下最右边的【▷】软键（扩展软键）。

8）按下【F输出】或【PUNCH】软键，然后按【执行】或【EXEC】软键，则螺距误差补偿参数按照指定格式备份至 CF 卡中。

（10）PMC 梯形图及 PMC 参数加载　PMC 梯形图和 PMC 参数从 CF 卡中加载到数控系统 FROM 中，需要分两步进行：

1）将 PMC 梯形图和 PMC 参数从 CF 卡加载到数控系统的 DRAM 中。由于数控系统断电再开机时会对 DRAM 进行初始化，传入的数据将自动丢失，因此保存在 DRAM 中数据必须保存到 FROM 中。

2）将 PMC 梯形图和 PMC 参数从 DRAM 加载到数控系统的 FROM 中。

将 CF 卡插入卡插槽中，CF 卡中的 PMC 梯形图及 PMC 参数输入至数控系统 FROM 中的过程如图 2-28 所示，步骤如下：

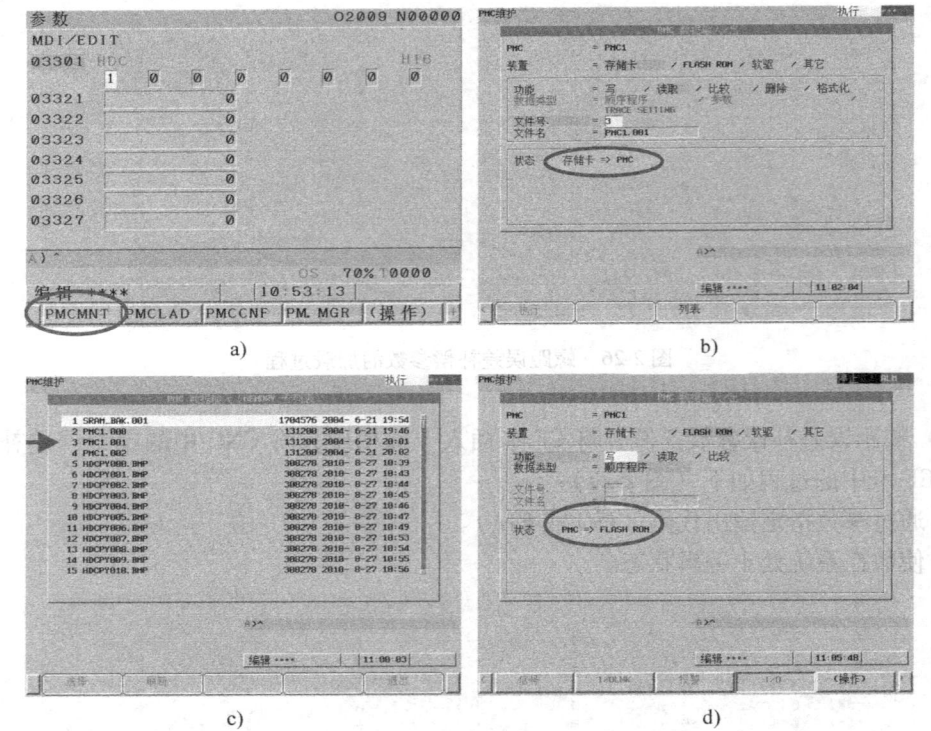

图 2-28　PMC 梯形图及 PMC 参数加载过程

a）进入 PMCMNT 界面　b）存储卡向 PMC 加载　c）存储卡中 PMC 文件的选择　d）PMC 向 FROM 加载

①使数控系统处于急停状态。

②按下【SETING】或【设置】软键，进入设置界面。

③将"参数写入"项置 1，使系统处于参数允许写入状态。

④按下 SYSTEM 功能键。

⑤按下最右边的【▷】软键（扩展软键）。

⑥按下【PMCMNT】软键。

⑦按下【I/O】软键，选择"装置＝存储卡"，"功能＝读取"，"文件号＝3"（"3"为 CF 卡中 PMC 文件保存的顺序号，如图 2-28c 图所示），此时显示器上状态显示为"存储卡→PMC"。

⑧按【执行】软键，则 PMC 梯形图及 PMC 参数被加载到 DRAM 中，存放在 DRAM 中的参数在断电后再开机是会丢失的，所以必须继续写入 FROM 中。

⑨再次回到"PMC I/O"界面。

⑩选择"装置＝FLASH ROM"，"功能＝写"，"数据类型＝顺序程序"，此时显示器上状态显示为"PMC→FLASH ROM"。

⑪按【执行】或【EXEC】软键，则 DRAM 中的 PMC 梯形图连同 PMC 参数被加载到 FROM 中。

按照这种方式从 CF 卡中读入 PMC 程序时，PMC 参数也一同读入。

(11) PMC 梯形图备份　将 CF 卡插入卡插槽中，将 CNC 中的 PMC 梯形图备份至 CF 卡中，过程如下（图 2-29）：

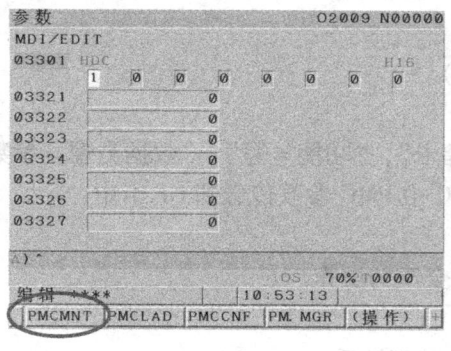
a)

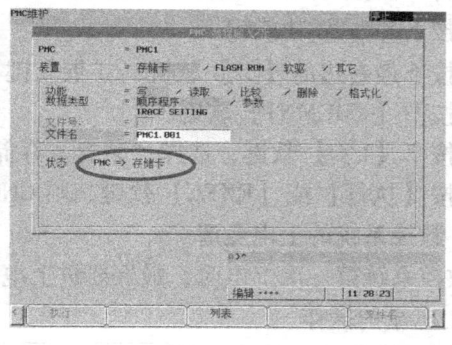
b)

图 2-29　PMC 梯形图备份过程
a) 进入 PMCMNT 界面　b) PMC 程序的备份

1) 使数控系统处于急停状态。

2) 按下【SETING】或【设置】软键，进入设置界面。

3) 将"参数写入"项置 1，使系统处于参数允许写入状态。

4) 按下 SYSTEM 功能键。

5) 按下最右边的【▷】软键（扩展软键）。

6) 按下【PMCMNT】软键。

7) 按下【I/O】软键，选择"装置＝存储卡"，"功能＝写"，"数据类型＝顺序程序"，"文件名＝PMC1.001"，此时显示器上状态显示为"PMC→存储卡"。

8) 按【执行】或【EXEC】软键，则数控系统中 PMC 梯形图备份到 CF 卡中。

(12) PMC 参数备份　PMC 梯形图的备份和 PMC 参数的备份是分开独立进行的。将 CF

卡插入卡插槽中，CNC 中的 PMC 参数备份至 CF 卡中的过程如下（图 2-30）：

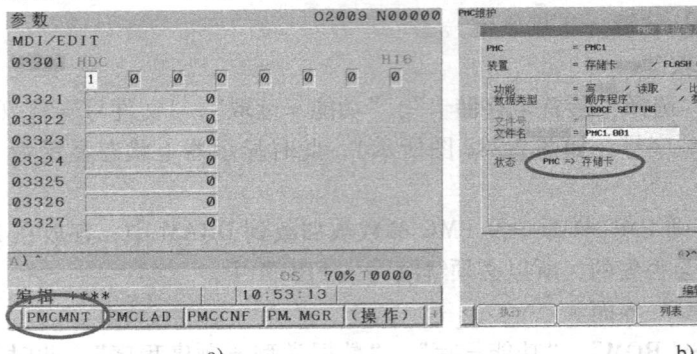

图 2-30　PMC 参数的备份过程
a）进入 PMCMNT 界面　b）PMC 参数备份

1）使数控系统处于急停状态。
2）按下【SETTING】或【设置】软键，进入设置界面。
3）将"参数写入"项置 1，使系统处于参数允许写入状态。
4）按下 SYSTEM 功能键。
5）按下最右边的【▷】软键（扩展软键）。
6）按下【PMCMNT】软键。
7）按下【I/O】软键，选择"装置＝存储卡"，"功能＝写"，"数据类型＝参数"。
8）按【执行】或【EXEC】软键，则 CNC 中 PMC 参数传送到 CF 卡中。

六、数控系统的上电全清

当数控系统第一次上电时，最好要进上电全清的操作。

1. 上电全清操作

1）同时按住 MDI 键盘上的 RESET DELETE 键不松手。
2）此时系统接通电源，直到存储器全部清除界面出现为止，如图 2-31 所示。

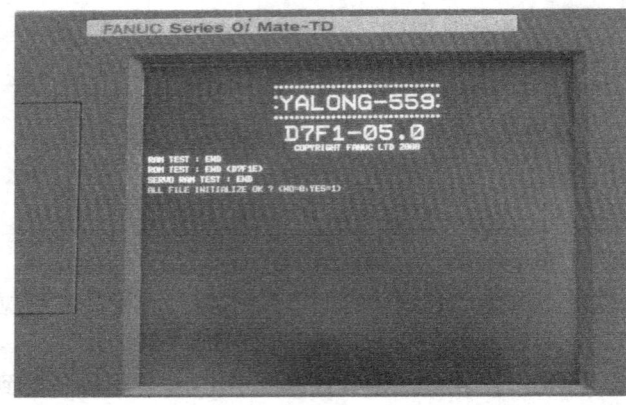

图 2-31　上电全清界面

3）用 MDI 键盘上的数字键输入 1，表示全部清除被执行。

2. 上电全清后出现的报警

数控系统进行上电全清操作后，会出现系列报警，各报警号及其含义见表 2-3。

表 2-3　上电全清时出现报警及其含义

序号	报警号	报警号含义	附　注
1	100	参数可写入或参数写保护打开	
2	506/507	硬超程报警，数控系统中没有处理硬超程信号	设定参数 3004#5 可消除报警
3	417	伺服参数设定不正确	
4	5136	FSSB 放大器数目少	参数 1023 设定为 –1，可消除报警

上电全清后对系统参数进行重新设定，并加载 PMC 梯形图，可消除上述报警，重新启动系统可正常工作。

项目五 与编程关联的参数设定

项目导读

与"设定（SETTING）"相关的参数设定
与接口相关的参数设定
与轴控制及移动单位相关的参数设定
与坐标系相关的参数设定
与卡盘和尾座结构相关的参数设定
与进给速度相关的参数设定
与加/减速相关的参数设定

操作要领及关联知识

一、与"设定"（SETTING）相关的参数设定

1. "设定"参数0000（位型参数）

	#7	#6	#5	#4	#3	#2	#1	#0
0000			SEQ			INI	ISO	TVC

（1）TVC 是否进行 TV 检查。

1）0000#0 = 0 时，不进行检查。

2）0000#0 = 1 时，进行检查。

（2）ISO 是数据输出时的代码格式。在通过输入、输出方式向外设、CF 卡备份用户加工程序、刀具补偿数据、系统参数、螺距误差补偿数据等文件时都要指定输出文件格式。

1）0000#1 = 0 时，EIA 代码。

2）0000#1 = 1 时，ISO 代码。

（3）INI 表示数据输入单位，由此可以确定编程时和长度有关的数据单位。

1）0000#2 = 0 时，米制单位。

2）0000#2 = 1 时，英制单位。

（4）SEQ 编程时是否进行顺序号的自动插入。

1）0000#5 = 0 时，不进行自动插入。

2）0000#5 = 1 时，进行自动插入。

0000 参数各位的设定也可以通过"设定"界面完成，连续按几次 `OFFSET SETTING` 功能键，进入"设定"界面，其中就有参数的设定项目，如图 2-32 所示。

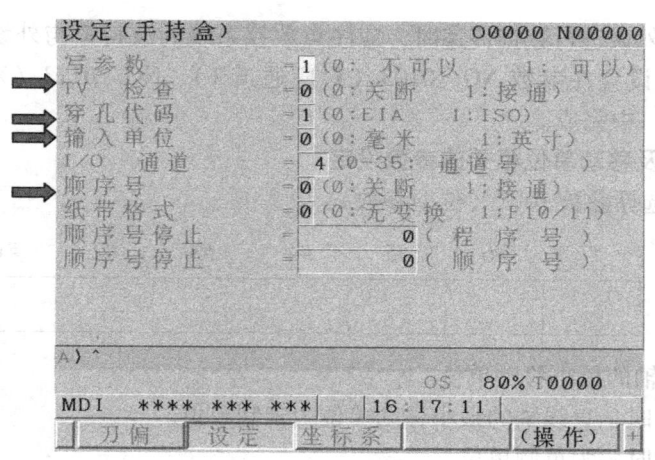

图 2-32 "设定"界面中的参数

2. 回参考点方式参数 0002（位型参数）

0002	#7	#6	#5	#4	#3	#2	#1	#0
	SJZ							

SJZ 表示手动返回参考点的设定。

1）0002#7 = 0 时，如果参考点未建立，利用减速挡块进行参考点返回；如果已经建立了参考点，与减速挡块无关，向参考点快速定位。

2）0002#7 = 1 时，总是利用减速挡块进行参考点返回。

二、与接口相关的参数设定

接口选择参数 0020（字节型参数）的表达方式如下：

0020	I/O 通道：选择输入、输出设备或选择前台的输入、输出设备

数控系统与外部设备进行数据交换时有多种方式，如通过 RS232 接口连接外设，通过数据服务器对外进行数据交换，或者使用存储卡、通过以太网对外交换数据。与外设进行数据交换时使用不同的数据传递方式需要设置不同的 I/O 通道值。

各通道选择对应的参数见表 2-4。

表 2-4 与接口相关的参数设定

设定值	对应 I/O 通道号	所选择外设接口
0，1	通道 1	RS232 串行口 1
2	通道 2	RS232 串行口 2
4	通道 4	存储卡接口
5	通道 5	数据服务器接口
6	通道 6	运行 DNC 或 FOCAS/Ethernet 指定的 M198
9	通道 9	嵌入式以太网接口

在使用接口与外设进行数据传递时，应注意数控系统的波特率与外设的波特率要一致。数控系统波特率的设置在参数 NO. 0103（对应通道1）、NO. 0113（对应通道1）、NO. 0123（对应通道2）中完成。

三、与轴控制及移动单位相关的参数设定

1. 米制/英制选择参数 1001（位型参数）

	#7	#6	#5	#4	#3	#2	#1	#0
1001								INM

INM 表示直线轴的最小移动单位。

1）1001#0 = 0 时，直线轴的最小移动单位为米制单位。

2）1001#0 = 1 时，为英制单位。

2. 联动轴数控制参数 1002（位型参数）

	#7	#6	#5	#4	#3	#2	#1	#0
1002	IDG			XIK	AZR			JAX

（1）JAX 表示 JOG 进给、手动快速进给及手动返回参考点时，同时控制的轴数。

1）1002#0 = 0 时，同时控制 1 轴。

2）1002#0 = 1 时，同时控制 3 轴。

（2）AZR 表示参考点尚未建立时的 G28 指令。

1）1002#3 = 0 时，执行与手动返回参考点相同的、借助减速挡块的参考点返回操作。

2）1002#3 = 1 时，显示 PS0304 号报警，含义是"未建立零点即指令 G28"。

3. 最小设定单位放大参数 1004（位型参数）

	#7	#6	#5	#4	#3	#2	#1	#0
1004	IPR							

IPR 表示是否将不带小数点进行指定的各轴的最小设定单位设定为最小移动单位的 10 倍。

1）1004#7 = 0 时，不设定为 10 倍。

2）1004#7 = 1 时，设定为 10 倍。

4. 回参、硬极限有效性参数 1005（位轴型参数）

	#7	#6	#5	#4	#3	#2	#1	#0
1005	RMB_x	MCC_x	EDM_x	EDP_x	HJZ_x		DLZ_x	ZRN_x

（1）ZRN_x 参考点没有建立，在自动运行（MEM、RMT、MDI）方式下，指定了除 G28 以外的移动指令时，系统是否报警。

1）1005#0 = 0 时，出现 NO. 0224 报警，含义为"回零未结束"。

2）1005#0 = 1 时，不报警并且进行操作。

（2）DLZ_x 无挡块参考点设定功能是否有效。

1) 1005#1 = 0 时，无效。

2) 1005#1 = 1 时，有效。

(3) HJZ_X 当参考点已经建立再进行手动参考点返回时：

1) 1005#3 = 0 时，利用减速挡块进行参考点返回。

2) 1005#3 = 1 时，与减速挡块无关，根据 0002#7 的设定来选择快速定位到参考点或利用减速挡块进行参考点返回。

(4) EDP_X 表示切削进给时各轴正方向的外部减速信号。

1) 1005#4 = 0 时，只对快速进给有效。

2) 1005#4 = 1 时，对快速进给和切削进给都有效。

(5) EDM_X 表示切削进给时各轴负方向的外部减速信号。

1) 1005#5 = 0 时，只对快速进给有效。

2) 1005#5 = 1 时，对快速进给和切削进给都有效。

5. 直线轴/旋转轴设定参数 1006（位轴型参数）

	#7	#6	#5	#4	#3	#2	#1	#0
1006			ZMI_X		DIA_X		ROS_X	ROT_X

(1) ROT_X、ROS_X 联合设定直线轴或旋转轴，具体设定见表 2-5。

表 2-5 直线轴与旋转轴的参数设定

ROS_X	ROT_X	设定含义
0	0	直线轴
0	1	旋转轴（A 型）
1	1	旋转轴（B 型）

(2) DIA_X 设定各轴的移动量。

1) 1006#3 = 0 时，半径指定。

2) 1006#3 = 1 时，直径指定。

(3) ZMI_X 设定各轴返回参考点的方向。

1) 1006#5 = 0 时，正方向。

2) 1006#5 = 1 时，负方向。

6. 设定单位选择参数 1013（位型参数）

	#7	#6	#5	#4	#3	#2	#1	#0
1013	$IESP_X$						ISC_X	ISA_X

ISC_X、ISA_X 设定最小输入单位和最小指令单位，具体设定单位见表 2-6。

表 2-6 用参数设定最小设定单位

设定单位简称	ISC	ISA	最小输入单位，最小指令单位
IS-A	0	1	0.01mm，0.01° 或 0.001in
IS-B	0	0	0.001mm，0.001° 或 0.0001in
IS-C	1	0	0.0001mm，0.0001° 或 0.00001in

四、与坐标系相关的参数设定

1. 坐标系相关参数 1201（位型参数）

1201	#7	#6	#5	#4	#3	#2	#1	#0
	WZR	NWS				ZCL		ZPR
	WZR					ZCL		ZPR

（1）ZPR　确定在进行手动返回参考点操作时，是否进行自动坐标系的设定。该参数在不带工件坐标系时有效；在带有工件坐标系时，不管本参数设定如何，在进行手动返回参考点操作时，始终以工件原点偏置量为基准建立工件坐标系。

1）1201#0 = 0 时，不进行自动坐标系设定。
2）1201#0 = 1 时，进行自动坐标系设定。

（2）ZCL　手动参考点返回完成后，是否取消局部坐标系。

1）1201#2 = 0 时，不取消。
2）1201#2 = 1 时，取消。

（3）NWS　是否显示工件坐标系偏移量界面。

1）1201#6 = 0 时，显示。
2）1201#6 = 1 时，不显示。

2. 工件坐标系原点偏移量参数

（1）1220 参数（双字轴型参数）

1220	各轴外部工件原点偏移量

这是确定工件坐标系（G54～G59）原点位置的一个参数。本参数是对所有工件坐标系都有效的公共偏移量，可用外部数据输入功能，通过 PMC 设定该值。

偏移量设定单位和参数 1013#0、1013#1 设定有关，见表 2-7。

表 2-7　用参数设定偏移量最小设定单位

设定单位	IS-A	IS-B	IS-C	单位
直线轴米制输入	0.01	0.001	0.0001	mm
直线轴英制输入	0.001	0.0001	0.00001	in
旋转轴	0.01	0.001	0.0001	(°)

（2）1221、1222、1223、1224、1225、1226 参数（双字轴型参数）

1221	工件坐标系 1（G54）的原点偏移量

1222	工件坐标系 2（G55）的原点偏移量

1223	工件坐标系 3（G56）的原点偏移量

| 1224 | 工件坐标系 4（G57）的原点偏移量 |

| 1225 | 工件坐标系 5（G58）的原点偏移量 |

| 1226 | 工件坐标系 6（G59）的原点偏移量 |

以上参数用于设定工件坐标系 1~6 的原点偏移量，如图 2-33 所示。

当然，工件坐标系原点偏移量设定也可以在工件坐标系设定界面上进行，如图 2-34 所示。

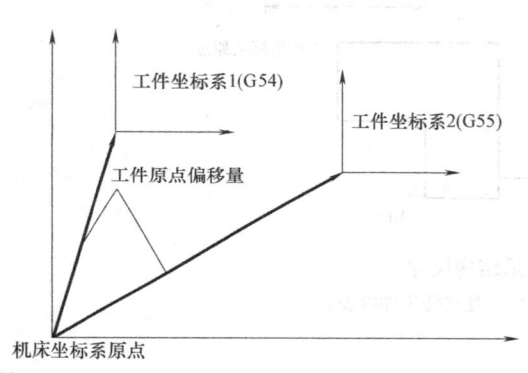
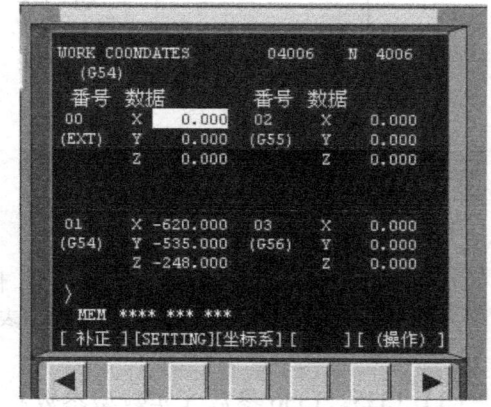

图 2-33　通过参数设定工件坐标系　　　图 2-34　通过工件坐标系设定界面设定
　　G54~G59 的原点偏移量　　　　　　　　G54~G59 的原点偏移量

五、与卡盘和尾座结构相关的参数设定

对于数控车床，涉及卡盘和尾座的使用，相关参数设定如下。

1. 卡盘类型及结构尺寸参数的设定

（1）1330 参数（双字型参数）是卡盘形状参数。

| 1330 | 卡盘类型 |

1）设置为 0 时，表示选用内径夹持卡盘。
2）设置为 1 时，表示选用外径夹持卡盘。

（2）1331~1334 参数（实数型参数）是卡盘的卡爪结构尺寸参数。

| 1331 | 卡盘卡爪尺寸（L） |

| 1332 | 卡盘卡爪尺寸（W） |

| 1333 | 卡爪夹持工件部分的尺寸（$L1$） |

| 1334 | 卡爪夹持工件部分的尺寸（W1） |

卡盘卡爪尺寸标注如图 2-35 所示。

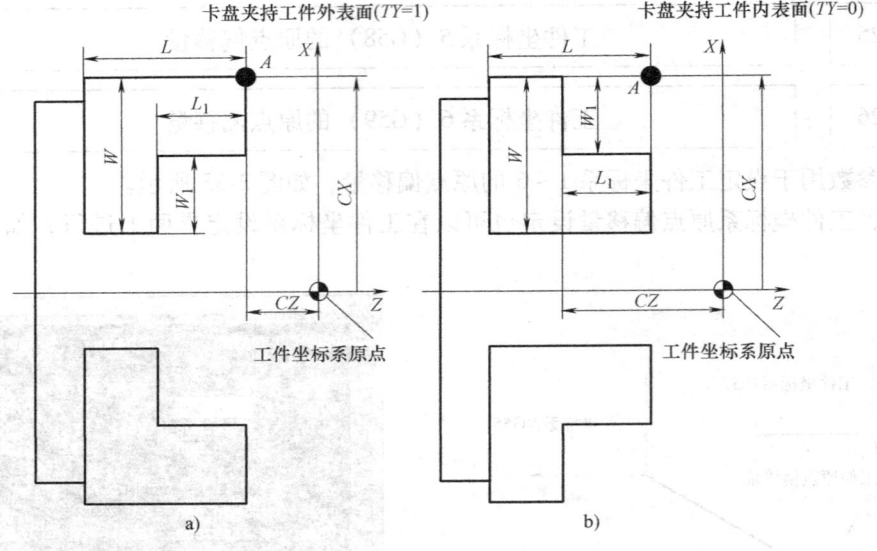

图 2-35 卡盘卡爪结构尺寸
a) 卡盘夹持工件外表面　b) 卡盘夹持工件内表面

(3) 1335、1336 参数（实数型参数）　为卡盘的位置参数，这两个参数用于设定工件坐标系中卡盘 X、Z 方向的坐标值，CX、CZ 尺寸标注如图 2-35 所示。

| 1335 | 卡盘的位置 CX（X 轴） |
| 1336 | 卡盘的位置 CZ（Z 轴） |

2. 尾座结构尺寸参数的设定

(1) 1341～1347 参数（双字型参数）　为尾座结构尺寸设定参数，结构尺寸单位取决于参数 1013#0、1013#1 的设定。尾座结构尺寸标注如图 2-36 所示。

1341	尾座的长度（L）
1342	尾座的直径（D）
1343	尾座套筒的长度（$L1$）
1344	尾座套筒的直径（$D1$）
1345	顶尖的长度（$L2$）

1346	顶尖的直径（D2）

1347	顶尖孔的直径（D3）

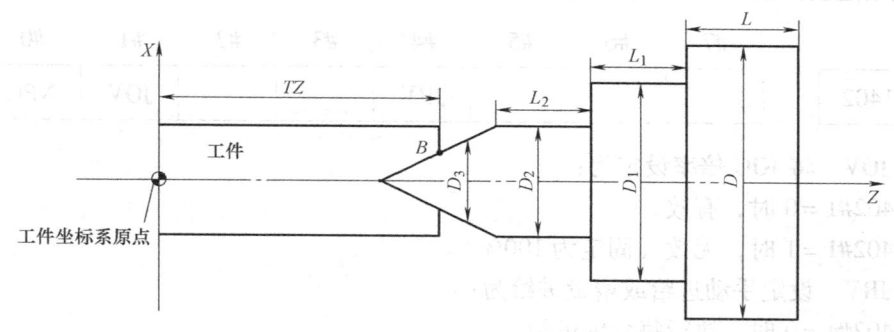

图 2-36 尾座结构尺寸标注

（2）1348 参数（双字型参数） 确定尾座在工件坐标系中的位置，尺寸参数如图 2-36 所示。

1348	尾座的 Z 坐标（TZ 轴）

六、与进给速度相关的参数设定

1. 进给速度参数 1401（位型参数）

	#7	#6	#5	#4	#3	#2	#1	#0
1401		RDR	TDR	RF0		JZR	LRP	RPD

（1）RPD 通电后参考点返回完成之前，将手动快速移动设定为：

1）1401#0 = 0 时，无效。

2）1401#0 = 1 时，有效。

（2）LRP 确定 G00 运行轨迹。

1）1401#1 = 0 时，非直线插补型定位，刀具各轴分别快速移动。

2）1401#1 = 1 时，直线插补型定位，刀具运动轨迹为直线。

（3）JZR 表示是否用 JOG 进给速度进行手动返回参考点操作。

1）1401#2 = 0 时，不进行。

2）1401#2 = 1 时，进行。

（4）RF0 快速移动且切削进给速度倍率为 0%：

1）1401#4 = 0 时，刀具不停止移动。

2）1401#4 = 1 时，刀具停止移动。

（5）TDR 螺纹切削或攻螺纹操作时（G74、G84 以及刚性攻螺纹）将空运行设定为：

1）1401#5 = 0 时，有效。

2) 1401#5 =1 时，无效。

(6) RDR 对快速运行指令，空运行：

1) 1401#6 =0 时，无效。

2) 1401#6 =1 时，有效。

2. 进给速度参数 1402（位型参数）

	#7	#6	#5	#4	#3	#2	#1	#0
1402				JRV			JOV	NPC

(1) JOV 将 JOG 倍率设定为：

1) 1402#1 =0 时，有效。

2) 1402#1 =1 时，无效（固定为 100%）。

(2) JRV 设定手动进给或增量进给为：

1) 1402#4 =0 时，执行每分钟进给。

2) 1402#4 =1 时，执行每转进给。

3. 进给速度参数 1403（位型参数）

	#7	#6	#5	#4	#3	#2	#1	#0
1403	RTV		HTG	ROC				
			HTG					

(1) ROC 在螺纹切削循环指令 G92、G76 中，设定螺纹切削完成后的回退动作中快速移动倍率设定是否有效。

1) 1403#4 =0 时，有效。

2) 1403#4 =1 时，无效（倍率固定在 100%）。

(2) HTG 指定螺旋插补的速度：

1) 1403#5 =0 时，用圆弧的切线速度来指定。

2) 1403#5 =1 时，用包含直线轴的切线速度来指定。

(3) RTV 设定螺纹切削循环中刀具回退时快速移动倍率设定是否有效。

1) 1403#7 =0 时，有效。

2) 1403#7 =1 时，无效。

4. 进给速度参数 1404（位型参数）

	#7	#6	#5	#4	#3	#2	#1	#0
1404	FC0					FM3	DLF	
	FC0						DLF	

(1) DLF 设定参考点建立后的手动返回参考点操作速度。

1) 1404#1 =0 时，在快速移动速度（由参数 1420 设定）下定位到参考点。

2) 1404#1 =1 时，在手动快速移动速度（由参数 1424 设定）下定位到参考点。

（2）FM3　确定每分钟进给时不带小数点的 F 指令的设定单位。
1）1404#2 = 0 时，1mm/min。
2）1404#2 = 1 时，0.001mm/min。
（3）FC0　设定自动运行时，运行进给速度 F = 0 的程序段（G01、G02、G03 等）时的工作情况。
1）1404#7 = 0 时，发生 PS0011 报警。
2）1404#7 = 1 时，不发生报警而在进给速度为 0 情况下执行该程序段。

5. 进给速度参数 1405（位型参数）

	#7	#6	#5	#4	#3	#2	#1	#0
1405			EDR			PCL		
			EDR			PCL	FR3	

（1）FR3　确定每转进给时不带小数点的 F 指令的设定单位。
1）1405#1 = 0 时，0.01mm/r。
2）1405#1 = 1 时，0.001mm/r。
（2）PCL　确定是否使用不带位置编码器的周速恒定控制功能。
1）1405#2 = 0 时，不使用。
2）1405#2 = 1 时，使用。

6. 空运行速度参数 1410（实数路径型参数）

1410	空运行速度

该参数用于设定手动进给（JOG）倍率为 100% 时的空运行速度，设定值范围见表 2-8。

表 2-8　速度设定值范围

设定单位	数据单位	有效的数据范围		
		IS-A	IS-B	IS-C
米制机床	mm/min	0.00 ~ +999000.00	0.000 ~ +999000.000	0.0000 ~ +99999.9999
英制机床	in/min	0.000 ~ +96000.000	0.0000 ~ +9600.0000	0.00000 ~ +4000.00000

7. 进给速度参数 1411（实数路径型参数）

1411	切削进给速度

该参数用于加工过程中不怎么需要改变切削进给速度的情形，此时通过参数来指定切削进给速度，而不用在用户编制的加工程序中指定。该参数设定的进给速度在以下几种情况下有效：
1）系统接通电源时。
2）数控加工程序处于复位状态。
3）通过程序给定 F 进给速度之前。

当加工程序中给定了进给速度,给定的进给速度有效。
切削进给速度设定值范围见表2-8。

8. 快移速度参数 1420 (实数轴型参数)

1420	各轴快速移动速度

该参数为每个轴设定快速移动倍率为100%时的快速移动速度,各轴快速移动速度范围见表2-8。

9. 快移速度参数 1421 (实数轴型参数)

1421	各轴快速移动倍率的F0速度

该参数为每个轴设定快速移动倍率的F0速度,数据设定范围见表2-8。
对应各轴快速移动倍率的F0~100%,快速移动倍率信号与倍率之间关系见表2-9。

表 2-9 快速移动倍率和信号之间对应关系

快速移动倍率信号		对应倍率值	快速移动倍率信号		对应倍率值
ROV2	ROV1		ROV2	ROV1	
0	0	100%	1	0	25%
0	1	50%	1	1	F0

10. 手动进给速度参数 1423 (实数轴型参数)

1423	每个轴的JOG进给速度

该参数分别被每个轴的手动快速移动速度钳制起来,数据设定范围见表2-8。

11. 手动快移速度参数 1424 (实数轴型参数)

1424	每个轴的手动快速移动速度

该参数为每个轴设定快速移动倍率为100%时的手动快速移动速度,数据设定范围见表2-8。

12. 手动返回参考点速度参数 1425 (实数轴型参数)

1425	各轴手动返回参考点的FL速度

该参数为每个轴设定返回参考点时减速后各轴的速度(FL速度),数据设定范围见表2-8。

13. 进给速度参数 1426 (实数路径型参数)

1426	切削进给时的外部减速速度

该参数设定切削进给或直线插补型定位G00时的外部减速速度,数据设定范围见表2-8。

14. 快速移动速度参数 1427 (实数轴型参数)

| 1427 | 每个轴快速移动时的外部减速速度 |

该参数为每个轴设定快速移动时的外部减速速度，数据设定范围见表2-8。

15. 各轴返回参考点速度参数1428（实数轴型参数）

| 1428 | 每个轴参考点返回速度 |

该参数设定采用减速挡块参考点返回，或尚未建立参考点时参考点返回下的快速移动速度，数据设定范围见表2-8。

16. 轴最大切削进给速度参数1430（实数轴型参数）

| 1430 | 各轴最大切削进给速度 |

该参数用于设定各轴最大切削进给速度。在切削过程中，各轴的进给速度分别钳制在各轴的最大切削进给速度，数据设定范围见表2-8。

17. 手轮进给最大速度参数1434（实数轴型参数）

| 1434 | 各轴手动手轮进给最高速度 |

该参数为每个轴设定手动手轮进给的最大进给速度，数据设定范围见表2-8。

七、与加/减速相关的参数设定

1. 机床各轴移动时的加/减速方式

数控机床加工零件时，根据加工要求需要快速移动、手动进给、切削进给等多种工作方式交替进行，这就表现为电动机的频繁起动、工作、停止、换向。因此，无论哪种工作方式，都存在一个加/减速的问题，从速度为0加速到所要求的工作速度进行加工，或从工作速度减速为0停止加工。加/减速的方式有直线加/减速或铃型加/减速，加/减速快慢通常用加速时间常数和减速时间常数来衡量。其中，直线型加/减速方式如图2-37所示，铃型加/减速方式如图2-38所示。

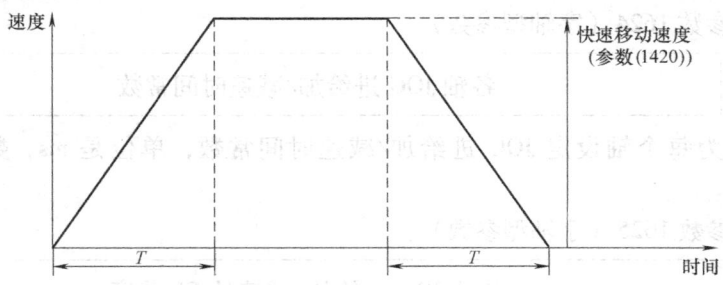

图2-37 机床各轴移动时的直线型加/减速方式

2. 加/减速参数1620（字轴型参数）

| 1620 | 各轴快速移动直线型加/减速的时间常数（T）
各轴快速移动铃型加/减速的时间常数（T_1） |

该参数用于为每个轴设定快速移动的加/减速时间常数，单位是ms，数据范围为0 ~

4000。

3. 加/减速参数 1621（字轴型参数）

| 1621 | 各轴快速移动铃型加/减速的时间常数（T_2） |

该参数用于为每个轴设定快速移动时铃型加/减速时间常数 T_2，单位是 ms，数据范围为 0～1000。

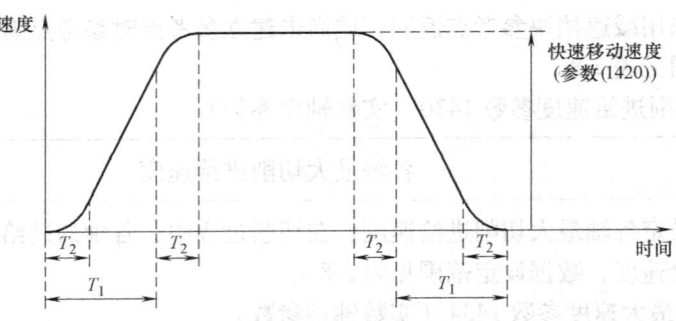

图 2-38　机床各轴移动时的铃型加/减速方式

4. 加/减速参数 1622（字轴型参数）

| 1622 | 各轴切削进给加/减速的时间常数 |

该参数用于为每个轴设定切削进给加/减速时间常数，单位是 ms，数据范围为 0～4000。

5. 加/减速参数 1623（字轴型参数）

| 1623 | 各轴切削进给插补后加/减速的 FL 速度 |

该参数用于为每个轴设定切削进给的指数函数型加/减速的下限速度（FL 速度），该值务必设定为 0，单位是 mm/min。

6. 加/减速参数 1624（字轴型参数）

| 1624 | 各轴 JOG 进给加/减速时间常数 |

该参数用于为每个轴设定 JOG 进给加/减速时间常数，单位是 ms，数据范围为 0～4000。

7. 加/减速参数 1625（字轴型参数）

| 1625 | 各轴 JOG 进给加/减速的 FL 速度 |

该参数用于为每个轴设定 JOG 进给加/减速的下限速度（FL 速度），参数设定范围见表 2-8，单位是 mm/min。

8. 加/减速参数 1626（字轴型参数）

| 1626 | 各轴螺纹切削循环中加/减速时间常数 |

该参数用于为每个轴设定螺纹切削循环（G92、G76）中插补后加/减速时间常数，单位是 ms，数据范围为 0~4000。

9. 加/减速参数 1627（实数轴型参数）

1627	各轴螺纹切削循环加/减速的 FL 速度

该参数用于为每个轴设定螺纹切削循环（G92、G76）中插补后加/减速的下限速度 FL 速度，单位是 mm/min，一般设置为 0。

项目六 与伺服关联的参数设定

项目导读

伺服驱动方式与检测装置
数控机床回参考点方式
伺服电动机的选用及其与放大器的匹配
伺服参数的设置
各轴软限位参数的设定

操作要领及关联知识

一、伺服驱动方式与检测装置

1. 伺服驱动方式分类

（1）按照控制水平高低分类　按照伺服驱动装置控制水平的高低分为开环数控系统、半闭环数控系统和闭环检测系统。其特点如下：

1）开环控制数控机床。图2-39所示为开环进给伺服系统控制原理图。这类方式配置的数控机床没有检测反馈装置，通常使用步进电动机作为驱动，加工精度相对来说较低。机床结构简单，成本低，工作较稳定，调试方便。

2）半闭环控制数控机床。图2-40所示为半闭环进给伺服系统控制原理图。位置检测装置安装于驱动电动机轴端或安装在传动丝杠端部，间接地测量移动部件（工作台）的实际位置或位移。机床精度高于开环系统机床，低于闭环系统

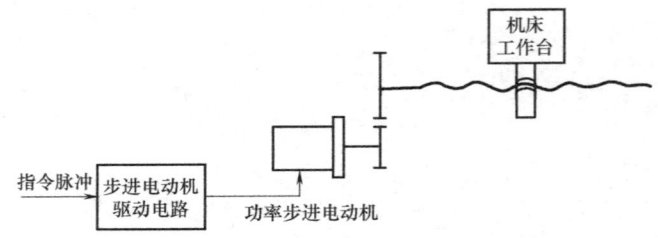

图2-39　开环进给伺服系统控制原理图

机床。由于半闭环伺服系统的性能价格比较好，目前广泛用于中小型数控机床中。

3）闭环控制数控机床。图2-41所示为闭环进给伺服系统控制原理图。位置检测装置直接安装于机床运动部件上。采用闭环控制的数控机床可以消除传动部件的机械误差对加工精度的影响，可以获得很高的加工精度。闭环系统的设计和调整都有很大的难度，造价高，通常用于精度和速度都要求较高的精密大型数控机床。

（2）按照伺服驱动机械传动方式分类　数控机床工作台的移动，是由伺服电动机根据伺服放大器信号，通过滚珠丝杠螺母副，将电动机的旋转运动转变为机床的直线运动而实现。伺服驱动机械传动通常有两种实现方式。

1）电动机-丝杠直联式。如图2-42所示，电动机通过弹性联轴器直接与丝杠相联，电动机的旋转速度和丝杠旋转速度相同，工作台的直线移动速度由电动机转速和丝杠导程决

定。此时电动机端部安装有光电编码器，属于半闭环控制方式，反馈信号与伺服放大器 JF1 接口相连。

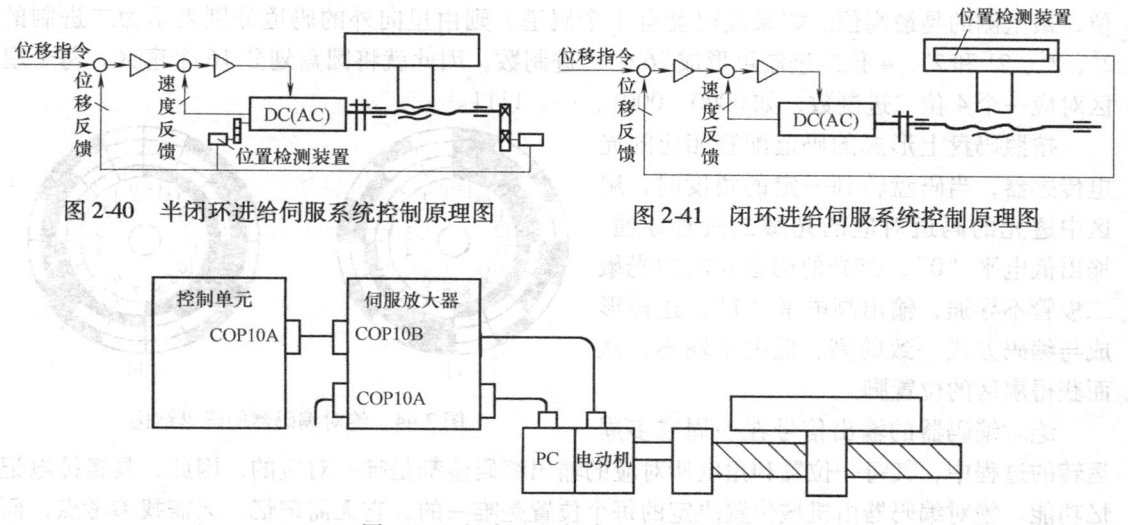

图 2-40　半闭环进给伺服系统控制原理图　　　　图 2-41　闭环进给伺服系统控制原理图

图 2-42　电动机-丝杠直联式伺服传动

2）电动机-齿轮副（或同步带轮副）-丝杠联接方式。如图 2-43 所示，电动机的旋转运动通过齿轮副或带轮副降速后传递给丝杠，进而带动工作台直线运动。工作台的移动速度由电动机转速、齿轮副（带轮副）传动比以及丝杠导程决定。位移检测元件直接安装在工作台上，构成全闭环系统，反馈信号与分离型检测器相关接口相连。

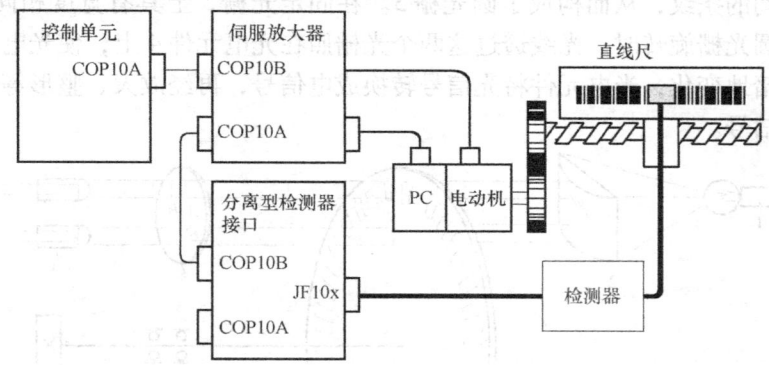

图 2-43　电动机-齿轮副-丝杠伺服传动

FANUC 数控系统均采用半闭环或全闭环控制方式。

2. 数控机床常用检测装置

数控机床电动机转速、工作台位移检测装置常用的有绝对式光电编码器、增量式光电编码器、光栅尺等。

（1）绝对式光电编码器　绝对式光电编码器由光源、透镜、码盘、光敏二极管和驱动电子线路等构成。图 2-44 所示为绝对编码器码盘结构，通过读取编码盘上的二进制编码信息来表示绝对位置信息。编码盘是按照一定的编码形式制成的圆盘。图 2-44 所示是二进制的编码盘，其中空白部分是透光的，用"0"来表示；涂黑的部分是不透光的，用"1"来表示。通常将组成编码的圈称为码道，每个码道表示二进制数的一位，其中最外侧的是最低位，最里侧的是最高位。如果编码盘有 4 个码道，则由里向外的码道分别表示为二进制的 2^3、2^2、2^1 和 2^0，4 位二进制可形成 16 个二进制数，因此就将圆盘划分 16 个扇区，每个扇区对应一个 4 位二进制数，如 0000、0001、…、1111。

按照码盘上形成的码道配置相应的光电传感器，当码盘转到一定的角度时，扇区中透光的码道对应的光敏二极管导通，输出低电平"0"，遮光的码道对应的光敏二极管不导通，输出高电平"1"，这样形成与编码方式一致的高、低电平输出，从而获得扇区的位置脚。

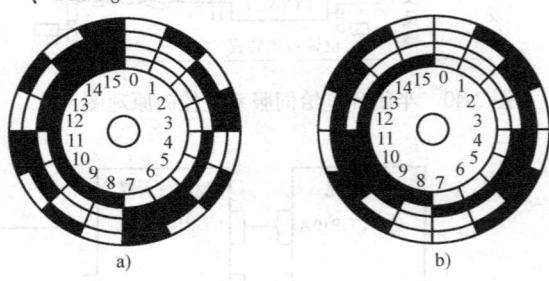

图 2-44 绝对编码器的码盘结构

绝对编码器的输出信号在一周或多周运转的过程中，其每一位置和角度所对应的输出编码值都是唯一对应的，因此，具备掉电记忆功能。绝对编码器由机械位置决定的每个位置是唯一的，它无需记忆，无需找参考点，而且不用一直计数，什么时候需要知道位置，什么时候就去读取它的位置。这样，编码器的抗干扰特性、数据的可靠性大大提高。

（2）增量式光电编码器　如图 2-45 所示，增量式光电编码器由光源 1、聚光镜 2、圆光栅 3、光电元件 4、固定光栅 5 等构成。在玻璃圆盘上用真空镀膜的方法镀上一层不透光的金属薄膜，再涂上一层均匀的感光材料，然后用精密照相腐蚀的方法，制成沿圆周等距的透光与不透光相间的条纹，从而构成了圆光栅 3。在固定光栅 5 上具有宽度相同的透光条纹。当电动机带动圆光栅旋转时，光线透过这两个光栅照在光电元件 4 上，使光电元件接收到的光通量时明时暗地变化，光电元件将光信号转换成电信号，再经放大、整形等处理，便形成了输出的方波信号。

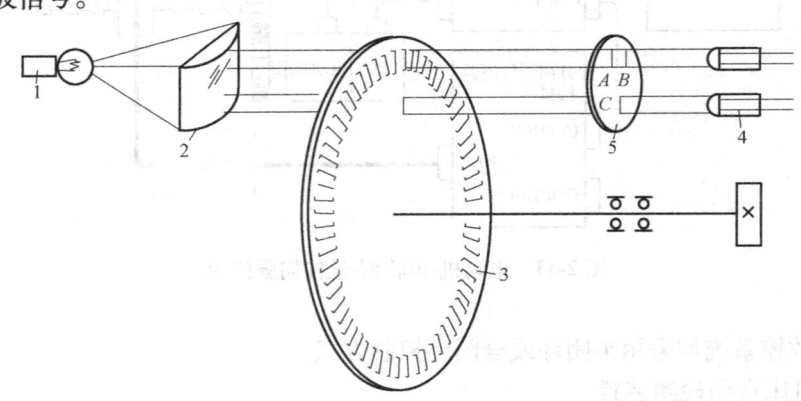

图 2-45 增量式光电编码器的结构
1—光源　2—聚光镜　3—圆光栅　4—光电元件　5—固定光栅

如图 2-45 所示，光电编码器的固定光栅上有两段条纹组 A 和 B，每组条纹的间距（称为节距）与圆光栅相同，而 A 组与 B 组的条纹彼此错开 1/4 节距，两组条纹相对应的光电元件所感应的信号相位彼此相差90°。当电动机正转时，A 信号超前 B 信号90°，当电动机反转时，B 信号超前 A 信号90°。数控装置正是利用这一相位关系判断电动机的转动方向，同时利用 A 信号（或 B 信号）的脉冲数计算电动机的转角。因此，采用光电编码器所构成的位置闭环控制的分辨率主要取决于圆光栅一圈的条纹数。图 2-46 所示为增量式光电编码器工作原理。

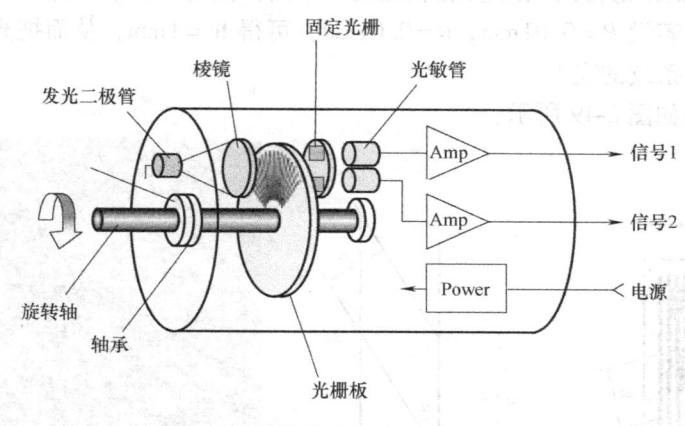

图 2-46 增量式光电编码器工作原理

此外，在光电编码器的里圈还有一条透光条纹 C，每转产生一个零位脉冲信号。在进给电动机所用的光电编码器上，零位脉冲用于精确确定机床的参考点，而在主轴电动机上，则可用于主轴准停以及螺纹加工等。

（3）光栅尺　光栅尺（也称光栅）通常作为高精度数控机床的位置检测元件，它将机械位移或模拟量转变为数字脉冲，反馈给数控装置，实现闭环位置控制。光栅可以按光线在光栅中是反射还是透射分为反射光栅和透射光栅；还可以按形状分为圆光栅和长光栅。圆光栅用于测量转角位移，长光栅用于测量直线位移。目前，光栅的制作精度通过激光技术可达到微米级，通过细分电路可以做到 $0.1\mu m$ 甚至更高的分辨率。

光栅尺结构如图 2-47 所示，主要由光源、聚光镜、标尺光栅（长光栅）、指示光栅（短光栅）和光敏元件等组成。

光栅是在一块长方形的光学玻璃上或金属镜面上均匀地刻有许多与运动方向垂直的线纹，常用的光栅每毫米刻有50、100 或 200 线纹。相邻线纹之间的距离称为栅距，栅距可以根据测量精度确定。标尺光栅安装在机床的移动部件上，指示光栅安装在机床的固定部件上。两块光栅刻线密度必须相同，且相互平行并保持一定的间隙。

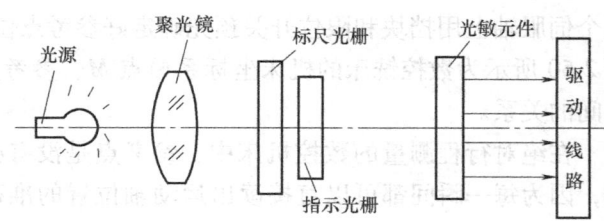

图 2-47 光栅尺基本构成

当指示光栅上的线纹与标尺光栅上的线纹成一小角度 θ 时，两光栅尺上的线纹相互交叉，如图 2-48 所示。在光源的照射下，交叉点附近的区域内黑线重叠，透明区域变大，挡光效应最弱，透光的累积使该区域出现亮带；而距交叉点越远的区域，两光栅不透明黑线的重叠部分越少，黑线的挡光效应增强，该区域出现暗带。这种明暗相间且与光栅线纹几乎垂直的条纹称为莫尔条纹。莫尔条纹具有放大作用。如图 2-48 所示，当两光栅尺线纹之间的夹角 θ 很小时，莫尔条纹的节距 W 和栅距 P 之间关系为

$$W = \frac{P}{\sin\theta} \approx \frac{P}{\theta}$$

由此可见，莫尔条纹的节距是光栅栅距的 $1/\theta$ 倍。因为 θ 很小，所以 $W \gg P$，即莫尔条纹具有放大作用。若设 $P=0.01\text{mm}$，$\theta=0.01\text{rad}$，可得 $W=1\text{mm}$，从而把光栅的栅距转换成放大 100 倍的莫尔条纹的宽度。

光栅尺的实物如图 2-49 所示。

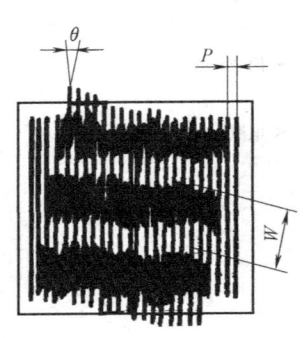 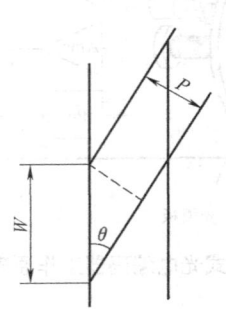 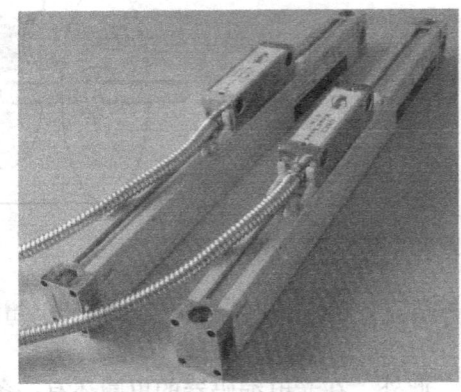

图 2-48　光栅尺工作原理　　　　　　　图 2-49　光栅尺实物

二、数控机床回参考点方式

1. 机床参考点定义

数控机床坐标系是机床固有的坐标系统，机床坐标系原点 M 是机床上一个固定的点。机床参考点 R 是由机床制造厂家定义的另一个点。R 和 M 的坐标位置关系是固定的，其位置参数存放在数控系统中，当通过回参考点方式找到了机床参考点，也就间接找到了机床坐标系原点。因此，当数控系统启动时，要执行返回参考点 R 的操作，由此建立机床坐标系。

机床参考点 R 多位于机床加工区域的边缘位置，在每个伺服轴上用挡块和限位开关预先确定好参考点位置。图 2-50 所示为数控铣床的机床坐标系原点 M、参考点 R 之间的关系。

在绝对行程测量的数控机床中，参考点是没有必要的，因为每一瞬间都可以直接读出运动轴位置的准确坐标值。而在增量（相对）行程测量的数控机床中，设置参考点是必要的，它可用来确定起始位置。因此，参考点主要是针对采用增量式行程测量的控制系统而言的。

2. 机床参考点的确定方式

（1）利用相对位置检测系统确定机床参考点。相对位置检测系统由于在关机后位置数据丢失，所以在机床每次开机后都要求先回零点才可加工运行，一般使用挡

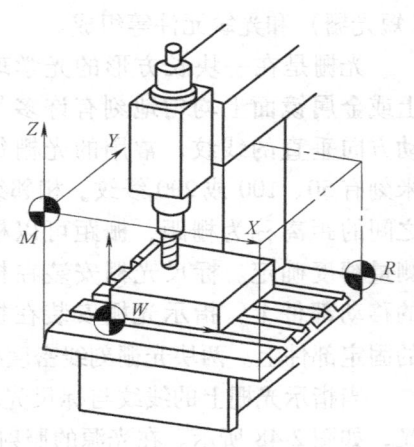

图 2-50　数控铣床的机床原点和参考点的关系

块式零点回归。

(2) 利用绝对位置检测系统确定机床参考点。绝对位置检测系统即使在电源切断后也能检测机械的移动量,所以机床每次开机后不需要进行原点回归。由于在关机后位置数据不会丢失,因此具有很高的可靠性。当更换绝对位置检测器或绝对位置丢失时,应设定参考点。绝对位置检测系统一般使用无挡块式零点回归。

3. 利用相对编码器及机械挡块的回参考点

工作台利用机械挡块回参考点过程如图 2-51 所示。当将机床运行状态设定为手动回参考点 "REF" 后,一旦在操作面板上选定了进给轴和进给方向选择按钮,该轴将以快速进给速度向参考点方向运动。当返回参考点减速信号(＊DEC1、＊DEC2、＊DEC3……)触点断开时(此时运动部件压上减速开关),进给速度立即下降,之后机床便以固定的低速 FL 继续运行。当减速开关释放后,减速信号触点重新闭合,之后系统检测一转信号(C 脉冲)。如该信号由高电平变为低电平(检测 C 脉冲的下降沿),则运动停止,同时机床坐标值清零,表明返回到了参考点准确位置。

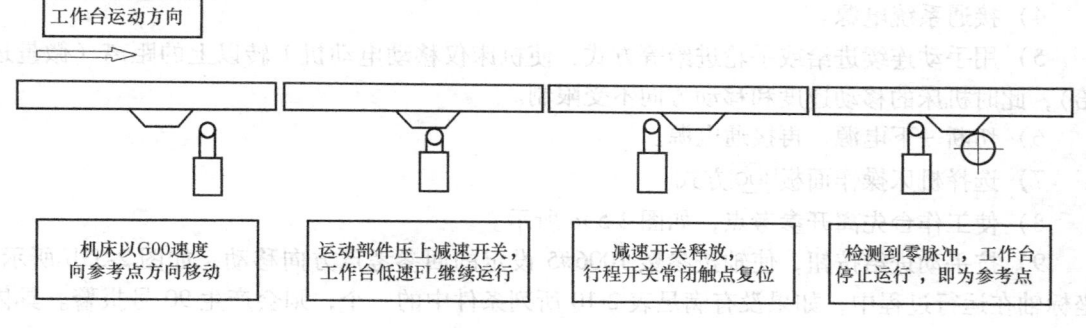

图 2-51 工作台利用机械挡块回参考点过程

工作台减速后的运行速度 FL 由参数 1425 设定。工作台回参考点的速度变化及行程开关触点状态变化如图 2-52 所示。

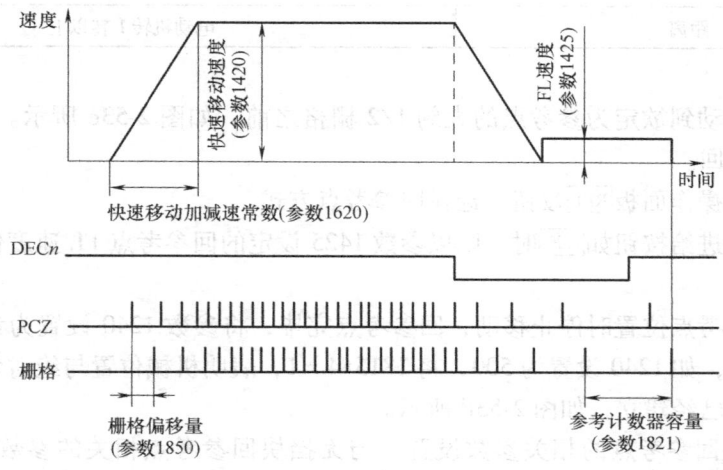

图 2-52 利用机械挡块回参考点速度及行程开关的状态变化

4. 利用绝对编码器的无挡块回参考点

利用绝对编码器的无挡块回参考点，只要设定一次参考点后，在通常的电源接通和断开情况下不会丢失参考点机械位置，具有参考点位置记忆功能，同时无需安装机械挡块和行程限位开关，因此这种方式得到广泛应用。

（1）参考点设定步骤

1）设定相关参数，使绝对编码器无挡块回参考点方式有效，主要包括以下参数设置。

① 1005#1 = 1，无挡块参考点功能方式有效。

② 1815#4 = 0，机械位置与绝对位置检测器之间的位置对应关系尚未建立。

③ 1815#5 = 1，使用绝对脉冲编码器。

④ 1006#5 = 0，进给轴正方向回参考点。

⑤ 1425 设置为 300~400。

2）切断系统电源，断开主断路器。

3）把绝对脉冲编码器用锂电池导线连接到伺服放大器 CX5X 接口上。

4）接通系统电源。

5）用手动连续进给或手轮进给等方式，使机床仅移动电动机1转以上的距离（微量进给），此时机床的移动速度和移动方向不受限制。

6）切断一下电源，再接通电源。

7）选择机床操作面板 JOG 方式。

8）使工作台先离开参考点，如图 2-53a 所示。

9）按手动进给按钮，使轴按参数 1006#5 设定的回参考点方向移动，如图 2-53b 所示。坐标轴在运行过程中，如果没有满足表 2-10 所列条件中的一个，则会产生 90 号报警。具体项目及指标要求见表 2-10。

表 2-10　不会产生 90 号报警满足条件

项　目	指　标　要　求
速度	300mm/min 以上
方向	参数 1006#5 中规定的方向
距离	电动机转 1 转以上

10）把轴移动到欲定为参考点的大约 1/2 栅格之前，如图 2-53c 所示。如果移动过量，也可以反方向返回。

11）按机床操作面板 REF 按钮，选择回参考点方式。

12）按手动进给按钮如 +X 时，则以参数 1425 设定的回参考点 FL 速度使工作台沿回参考点方向移动。

13）到达参考点位置时停止移动，回参考点完毕，将参数 1240 设置为参考点距离机床坐标原点距离值，如 1240 设置为 500，将 1815#4 = 1，表明机械位置与绝对位置检测器之间的位置对应关系已经建立，如图 2-53d 所示。

（2）无挡块回参考点的相关参数设置　与无挡块回参考点相关的参数有 1005、1815、1006、1425 参数等。

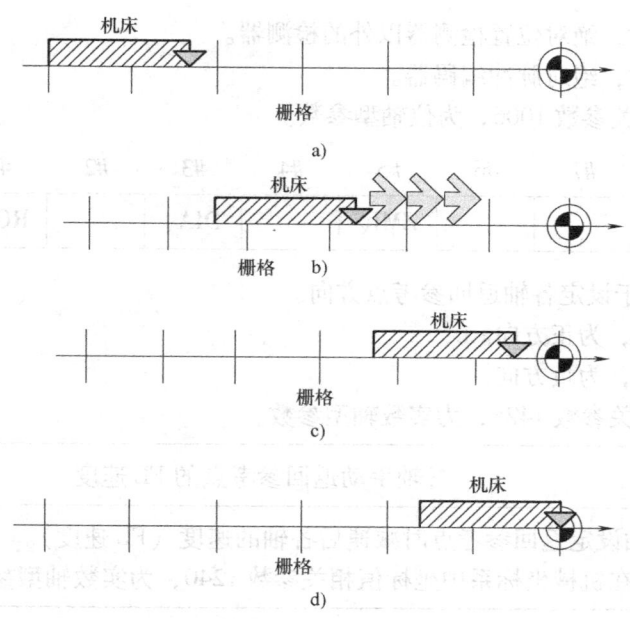

图 2-53 利用绝对编码器的无挡块回参考点过程
a) 工作台先离开参考点 b) 工作台向参考点方向移动 c) 工作台到达栅格 1/2 处 d) 工作台到达栅格零点处

1) 回参考点相关参数 1005，为位轴型参数。

	#7	#6	#5	#4	#3	#2	#1	#0
1005	RMB_X	MCC_X	EDM_X	EDP_X	HJZ_X		DLZ_X	ZRN_X

其中，DLZ_X 设定无挡块参考点功能方式是否有效。
① 1005#1 = 0 时，设定为无效。
② 1005#1 = 1 时，设定为有效。

2) 回参考点相关参数 1815，为位轴型参数。

	#7	#6	#5	#4	#3	#2	#1	#0
1815			RON_X	APC_X	APZ_X	DCR_X	DCL_X	OPT_X	RVS_X

① OPT_X 用于确定使用位置检测器类型。
● 1815#1 = 0 时，不使用分离式脉冲编码器。
● 1815#1 = 1 时，使用分离式脉冲编码器。
② APZ_X 用于确定使用绝对式位置检测器时，机械位置与绝对位置检测器之间的位置对应关系是否建立。
● 1815#4 = 0 时，尚未建立。
● 1815#4 = 1 时，已经建立。
③ APC_X 用于确定绝对编码器类型。

- 1815#5 = 0 时，绝对位置检测器以外的检测器。
- 1815#5 = 1 时，绝对脉冲编码器。

3）回参考点相关参数 1006，为位轴型参数。

	#7	#6	#5	#4	#3	#2	#1	#0
1006			ZMI_X		DIA_X		ROS_X	ROT_X

其中，ZMI_X 用于设定各轴返回参考点方向。

① 1006#5 = 0 时，为正方向。
② 1006#5 = 1 时，为负方向。

4）回参考点相关参数 1425，为实数轴型参数。

1425	各轴手动返回参考点的 FL 速度

该参数为每个轴设定返回参考点时减速后各轴的速度（FL 速度）。

5）第 1 参考点在机械坐标系中坐标值相关参数 1240，为实数轴型参数。

1240	第 1 参考点在机械坐标系中的坐标值

第 2 参考点至第 4 参考点设定分别在参数 1241～1243 中设定。

(3) 无挡块回参考点方式的注意事项

使用无挡块方式回参考点，一旦参考点建立，正常开关系统电源是不会丢失参考点数据的，因为机床微量位移信息被保存在编码器电路的 SRAM 中，并由绝对编码器电池保持数据。因此，再次开机也无需进行回参考点操作。但是，一旦更换伺服电动机或伺服放大器，由于将反馈线与电动机航空插头脱开，或电动机反馈线与伺服放大器脱开，必将导致编码器电路与电池脱开，SRAM 中位置信息即刻丢失，再

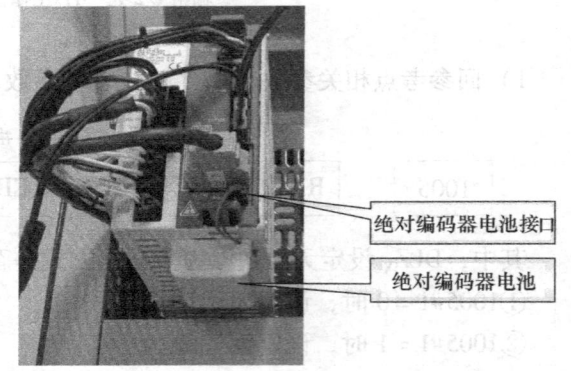

图 2-54 绝对编码器电池的安装位置

开机会出现报警，需要重新进行建立机床零点的操作。绝对编码器电池在伺服放大器中的安装位置如图 2-54 所示。

三、伺服电动机的选用及其与放大器的匹配

伺服电动机是机床进给运动的动力源，每个方向的进给运动均由独立的伺服电动机驱动。伺服电动机应该具备平滑的旋转特性、优秀的加速性能以及高的可靠性。此外，伺服电动机配置光电编码器能够实现高精度定位和位移控制。

1. FANUC 伺服电动机类型及主要技术参数

（1）按照伺服电动机的电压高低分类　FANUC 伺服电动机按照驱动电压的高低不同，分为低压伺服电动机（200V）和高压伺服电动机（400V）两大类。

（2）按照电动机的特性不同分类　按照电动机特性的不同，分为 αi 系列和 βi 系列两大类。其中，αi 系列伺服电动机，根据电动机惯量及转速的不同，又分为 αiF 和 αiS 系列，见

表 2-11。

表 2-11 伺服电动机按照特性不同的分类

电动机型号	所属系列	驱动电压	电动机的特点
αiF	αi	200V	中惯量，适合于进给驱动轴
αiS			小型、高速、大功率，优越的高加速性能
βiS	βi		高性价比，紧凑型电动机
αiF（HV）	αi（HV）	400V	αiF 电动机的高电压信号
αiS（HV）			αiS 电动机的高电压信号
βiS（HV）	βi（HV）		βi 电动机的高电压信号

（3）低电压电动机（200V）的主要技术参数　低电压电动机是目前最常用的电动机，其产品系列包括 αiF、αiS、βiS 三个系列，主要技术参数见表 2-12。

表 2-12 低压伺服电动机主要技术参数

电动机类型	电动机额定功率/kW	输出转矩/N·m	电动机材质
αiF	0.5~9	1~53	铁氧体电动机
αiS	0.75~60	2~500	强力稀土磁体电动机
βiS	0.05~3	0.16~20	稀土磁体电动机

2. 伺服电动机与光电编码器的匹配

（1）αi 系列伺服电动机与光电编码器的匹配　αi 系列伺服电动机与光电编码器的配置见表 2-13。

表 2-13 αi 系列伺服电动机与光电编码器的匹配

编码器类型	分辨率/（脉冲/r）	绝对式/增量式	可适用电动机类型
α1000iA	1000000	绝对式	αi 全系列电动机
α1000iI	1000000	增量式	
α16000iA	16000000	绝对式	

（2）βi 系列伺服电动机与光电编码器的匹配　βi 系列伺服电动机与光电编码器的配置见表 2-14。

表 2-14 βi 系列伺服电动机与光电编码器的匹配

编码器类型	分辨率/（脉冲/r）	绝对式/增量式	可适用电动机类型
βA64B	65536	绝对式	β0.2iS，β0.3iS
β64iA	65536	绝对式	β0.4iS~β1iS
β128iA	131072	绝对式	β2iS~β22iS

3. 伺服电动机规格

（1）αiS 伺服电动机规格见表 2-15。

表 2-15　αiS 伺服电动机规格

电机型号	输出功率/kW	堵转转矩/(N·m)	最高转速/(r/min)	转动惯量/(kg·m²)	电动机代码	放大器(αi SV)	产品规格号
αiS2/5000	0.75	2	5000	0.00029	162(262)	20i	A06B-0212-Bxyz
αiS2/6000	1	2	6000	0.00029	—(284)	20i	A06B-0218-Bxyz
αiS4/5000	1	4	5000	0.00052	165(265)		A06B-0215-Bxyz
αiS8/4000	2.5	8	4000	0.0012	185(285)	80i	A06B-0235-Bxyz
αiS8/6000	2.2	8	6000	0.0012	—(290)	80i	A06B-0232-Bxyz
αiS12/4000	2.7	12	4000	0.0023	188(288)		A06B-0238-Bxyz
αiS22/4000	4.5	22	4000	0.0053	215(315)		A06B-0265-Bxyz
αiS30/4000	5.5	30	4000	0.0076	218(318)	160i	A06B-0268-Bxyz
αiS40/4000	5.5	40	4000	0.0099	222(322)		A06B-0272-Bxyz
αiS50/3000	5	53	3000	0.0145	224(324)		A06B-0275-Bx0z
αiS50/3000（带风扇）	14	75	3000	0.0145	225(325)		A06B-0275-Bxlz
αiS100/2500	11	100	2500	0.025	235(335)	360i	A06B-0285-Bxyz
αiS200/2500	16	180	2500	0.043	238(338)		A06B-0288-Bxyz
αiS300/2000	52	300	2000	0.079	115(342)		A06B-0292-Bxyz
αiS500/2000	60	500	2000	0.13	245(345)	360i*2	A06B-0295-Bxyz

规格含义		
x	0	锥轴
	1	直轴
	2	直轴带键
	3	锥轴，带抱闸（8N·m，DC24V）
	4	直轴，带抱闸
	5	直轴带键、带抱闸
y	0	标准类型
z	0	编码器 α1000iA
	1	编码器 α1000iI
	2	编码器 α16000iA

注：表格中电动机代码括号外为 HRV1 电动机代码，括号中为 HRV2 电动机代码。

（2）αiF 伺服电动机规格见表 2-16。

表 2-16　αiF 伺服电动机规格

电机型号	输出功率/kW	堵转转矩/(N·m)	最高转速/(r/min)	转动惯量/(kg·m²)	电动机代码	放大器(αi SV)	产品规格号
αiF1/5000	0.5	1	5000	0.00031	152(252)	20i	A06B-0202-Bxyz
αiF2/5000	0.75	2	5000	0.00053	155(255)		A06B-0205-Bxyz
αiF4/5000	1.4	4	5000	0.0014	—	40i	A06B-0223-Bxyz
αiF8/3000	1.6	8	3000	0.0026	177(277)		A06B-0227-Bxyz

（续）

电机型号	输出功率/kW	堵转转矩/(N·m)	最高转速/(r/min)	转动惯量/(kg·m²)	电动机代码	放大器(αi SV)	产品规格号
αiF12/3000	3	12	3000	0.0062	193（293）	80i	A06B-0243-Bxyz
αiF22/3000	4	22	3000	0.012	197（297）	80i	A06B-0247-Bxyz
αiF30/3000	7	30	3000	0.017	203（303）	160i	A06B-0253-Bxyz
αiF40/3000	6	38	3000	0.022	207（307）	160i	A06B-0257-Bx0z
αiF40/3000（带风扇）	9	53	3000	0.022	208（308）	160i	A06B-0257-Bx1z
规格含义	x	0：锥轴					
		1：直轴					
		2：直轴带键					
		3：锥轴，带抱闸（8N·m，DC24V）					
		4：直轴，带抱闸					
		5：直轴带键、带抱闸					
	y	0：标准类型					
	z	0：编码器 α1000iA					
		1：编码器 α1000iI					
		2：编码器 α16000iA					

注：表格中电动机代码括号外为HRV1电动机代码，括号中为HRV2电动机代码。

（3）βiS 伺服电动机规格见表2-17。

表2-17　βiS 伺服电动机规格

电机型号	输出功率/kW	堵转转矩/(N·m)	最高转速/(r/min)	转动惯量/(kg·m²)	电动机代码	放大器(αi SV)	产品规格号
βiS0.2/5000	0.05	0.16	5000	0.0000019	—（260）	4i	A06B-0111-Bxyz
βiS0.3/5000	0.1	0.32	5000	0.0000034	—（261）	4i	A06B-0112-Bxyz
βiS0.4/5000	0.13	0.4	5000	0.00001	—（280）	20i	A06B-0114-Bxyz
βiS0.5/5000	0.2	0.65	5000	0.000018	—	20i	A06B-0115-Bxyz
βiS1/5000	0.4	1.2	5000	0.000034	—	20i	A06B-0116-Bxyz
βiS2/4000	0.5	2	4000	0.00029	153（253）154（254）	20i	A06B-0061-Bxyz
βiS4/4000	0.75	3.5	4000	0.00052	156（256）157（257）	20i	A06B-0063-Bxyz
βiS8/3000	1.2	7	3000	0.0012	158（258）159（259）	20i	A06B-0075-Bxyz
βiS12/2000	1.4	11	2000	0.0023	169（269）	20i	A06B-0077-Bxyz
βiS12/3000	1.8	11	3000	0.0023	172（272）	40i	A06B-0078-Bxyz
βiS22/1500		20	1500	0.0053	—	40i	A06B-0084-Bxyz

(续)

电机型号	输出功率/kW	堵转转矩/(N·m)	最高转速/(r/min)	转动惯量/(kg·m²)	电动机代码	放大器(αi SV)	产品规格号
βiS22/2000	2.5	20	2000	0.0053	174(274)	40i	A06B-0085-Bxyz
βiS22/3000	3.0	20	3000	0.0053	-(313)	80i	A06B-0082-Bxyz

规格含义		
规格含义	x	0：锥轴
		1：直轴
		2：直轴带键
		3：锥轴，带抱闸（8N·m，DC24V）
		4：直轴，带抱闸
		5：直轴带键、带抱闸
	y	0：标准类型
	z	0：编码器 α1000iA
		1：编码器 α1000iI
		2：编码器 α16000iA

注：表格中电动机代码括号外为 HRV1 电动机代码，括号中为 HRV2 电动机代码。

4. 伺服放大器的选用

(1) αi 系列伺服放大器的配置见表 2-18。

表 2-18　αi 系列伺服放大器的配置

类型	名称	规格号	类型	名称	规格号
αi SV-1 单轴	αi SV 20i	A06B-6114-H103	αi SV-1 双轴	αi SV 4/4i	A06B-6114-H201
	αi SV 40i	A06B-6114-H104		αi SV 20/20i	A06B-6114-H205
	αi SV 80i	A06B-6114-H105		αi SV 20/40i	A06B-6114-H206
	αi SV 160i	A06B-6114-H106		αi SV 40/40i	A06B-6114-H207
	αi SV 360i	A06B-6114-H109		αi SV 40/80i	A06B-6114-H208
αi SV-1 三轴	αi SV 4/4/20i	A06B-6114-H301		αi SV 80/80i	A06B-6114-H209
	αi SV 20/20/20i	A06B-6114-H303		αi SV 80/160i	A06B-6114-H210
	αi SV 20/20/40i	A06B-6114-H304		αi SV 160/160i	A06B-6114-H211

(2) βi 系列伺服放大器的配置见表 2-19。

表 2-19　βi 系列伺服放大器的配置

类型	名称	规格号	类型	名称	规格号
βi SV-1 轴 光缆连接	βi SV 4i	A06B-6130-H001	βi SV-1 轴 I/O Link 连接	βi SV 4i	A06B-6132-H001
	βi SV 20i	A06B-6130-H002		βi SV 20i	A06B-6132-H002
	βi SV 40i	A06B-6130-H003		βi SV 40i	A06B-6132-H003
	βi SV 80i	A06B-6130-H004		βi SV 80i	A06B-6132-H004
βi SV-2 轴 光缆连接	βi SV 20/20i	A06B-6136-H201			

四、伺服参数的设置

1. 基本轴参数的设置

(1) 基本轴参数　基本轴参数包括米制/英制选择、最小输入单位设置、数控系统控制轴数以及各轴命名等，见表 2-20。

表 2-20　基本轴参数设置

序号	基本轴参数	轴参数功能	附　注
1	1001	米制/英制单位选择	见"与编程关联的参数设置"
2	1002	手动方式同时控制轴数设置	见"与编程关联的参数设置"
3	1005	设置未回零执行自动运行	见"与编程关联的参数设置"
4	1006	直线轴/旋转轴设定	见"与编程关联的参数设置"
5	1013	最小输入单位设置	见"与编程关联的参数设置"
6	1020	各轴程序名称设置	
7	1022	设定各轴属性	
8	1023	各轴的伺服轴号设置	

(2) 各轴名称命名参数 1020（字节轴型参数）　格式如下：

1020	各轴名称

该参数用于设定各伺服轴名称，设定值与轴名称之间的对应关系见表 2-21。

表 2-21　各轴名称及其设定值

轴名称	设定值	轴名称	设定值	轴名称	设定值
X	88	U	85	A	65
Y	89	V	86	B	66
Z	90	W	87	C	67

(3) 轴属性设定参数 1022（字节轴型参数）　格式如下：

1022	基本坐标系中各轴的属性

该参数用于设定各控制轴是基本坐标系中的基本 3 轴 X、Y、Z 中的一轴，或是与这些轴平行的平行轴。基本 3 轴每轴只能设定一个轴，分别是 X、Y、Z；平行轴每个方向可以设定 2 轴以上，设定值及其含义见表 2-22。

表 2-22　轴属性设定

设定值	意　义	设定值	意　义
0	旋转轴（既不是基本 3 轴，也不是其平行轴）	3	基本三轴中的 Z 轴
		5	X 轴的平行轴
1	基本三轴中的 X 轴	6	Y 轴的平行轴
2	基本三轴中的 Y 轴	7	Z 轴的平行轴

(4) 各轴伺服轴号设置参数1023（字节轴型参数）

1023	各轴的伺服轴号

数据范围：1、2、3……控制轴数。该参数用于设定各控制轴为对应的第几号伺服轴。通常，控制轴号与伺服轴号的设定值相同。

2. 伺服参数初始化

在对 FANUC 数控系统进行调试时，完成了数控系统基本轴参数设置后，就应进行伺服参数初始化设置。

FANUC 数控系统内部存储器包括 FROM、SRAM、DRAM 三种类型，其中 FROM 用于存放系统软件和伺服软件。FROM 中存放的伺服数据是 FANUC 所有电动机型号规格的伺服数据，但是对于确定的数控机床而言，其伺服驱动的轴数目以及各方向伺服驱动电动机型号规格是唯一的，因此必须明确本机床各进给轴伺服电动机型号规格，即从 FROM 的所有 FANUC 伺服电动机参数中将本机床的伺服电动机参数写入 SRAM 中，这个过程就是伺服参数初始化过程。具体过程如下：

1）数控系统第一次调试时，确定各伺服通道的电动机规格，将相应的伺服数据写入 SRAM 中。

2）之后每次上电时，由 SRAM 向 DRAM 中写入相应的伺服参数，工作时进行实时运算。

3. 显示"伺服设定"界面

对伺服参数进行初始化设定，可以通过"伺服设定"界面集中设置。而要显示"伺服设定"界面，需要对参数 3111 进行设定。

3111 参数为位路径型参数，其参数格式为：

	#7	#6	#5	#4	#3	#2	#1	#0
3111								SVS

其中，SVS 位设置是否显示伺服设定、伺服调整界面。

1) 3111#0 = 0 时，不显示。

2) 3111#0 = 1 时，显示。

4. 进入"伺服设定"界面

参数 3111 设定完毕后，就可以进入伺服参数设定界面，步骤如下：

1）在急停状态下接通数控系统电源。

2）按功能键 SYSTEM 几次，进入"参数设定支援"界面，如图 2-55 所示。

3）将光标移动至"伺服设定"，按下【操作】软键。

4）按下【选择】软键，进入"伺服设定"界面。

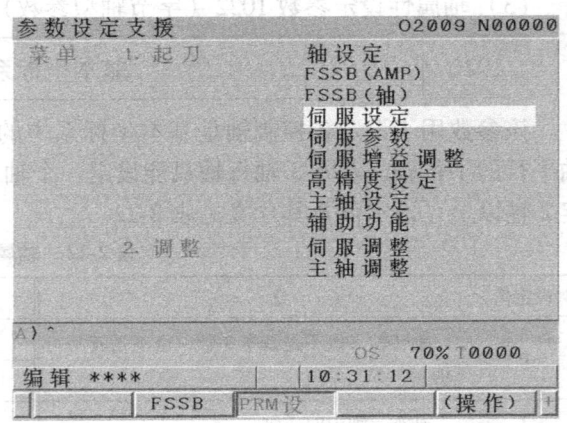

图 2-55 "参数设定支援"界面上的伺服设定

"伺服设定"界面有两种显示方式,分别为:单轴显示界面如图2-56所示;多轴显示界面如图2-57所示。

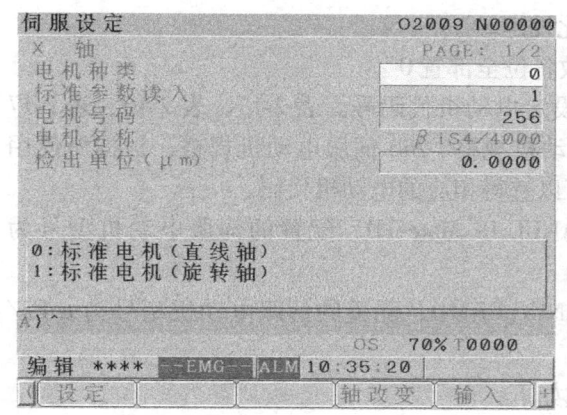

图2-56 单轴"伺服设定"界面 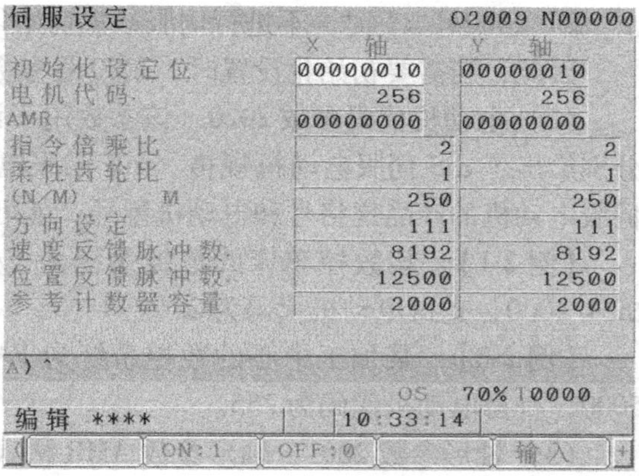　　　　图2-57 多轴"伺服设定"界面

这两个界面之间可以相互切换,在当前伺服设定界面下,按下【+】扩展软键,再按【切换】软键即可实现界面切换,如图2-58所示。

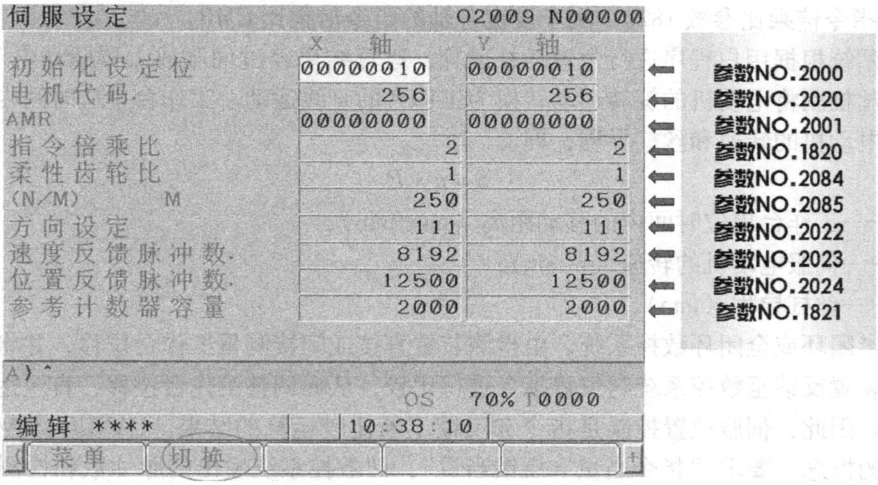

图2-58 伺服设定界面的切换

图2-58所示的"伺服设定"界面中,要对"初始化设定位"等十项参数进行设定,分别对应1820~2085号中的参数。因此,伺服参数的初始化设定,可以在"伺服设定"界面集中设定,也可以通过输入参数号逐个设定。

5. 伺服参数的设定

每项伺服参数的含义及其设定如下所述。

（1）初始化设定位参数2000　格式如下:

	#7	#6	#5	#4	#3	#2	#1	#0
2000							DGPR	PLC0

其中，DGPR 表示伺服参数初始化设定与否。

1） 2000#1 = 0 时，进行伺服参数初始化设定。

2） 2000#1 = 1 时，不进行伺服参数初始化设定。

因此，当需要初始化设置时，2000 号参数各位全部置 0

（2）电动机代码参数 2020　该参数用于设定电动机代码号。表 2-15、表 2-16、表 2-17 分别给出了 αiS 伺服电动机规格、αiF 伺服电动机规格、βiS 伺服电动机规格，根据所使用伺服电动机的产品规格号和电动机型号，就可以查得相应的电动机代码。

【例 2-1】　某数控车床的数控系统为 FANUC 0i Mate-TD，配置的伺服电动机型号为 βiS4/4000，查得电动机代码为 256。

【例 2-2】　某加工中心的数控系统为 FANUC 0i-MD，配置的伺服电动机型号为 αiF2/5000，查得电动机代码为 255。

（3）轴形参数 2001　轴形参数 AMR 格式如下：

	#7	#6	#5	#4	#3	#2	#1	#0
2001	AMR7	AMR6	AMR5	AMR4	AMR3	AMR2	AMR1	AMR0

设定时，AMR 设定为"00000000"。

（4）指令倍乘比参数 1820　用于设定各轴的指令倍乘比 CMR。

数控系统根据用户程序进行位置插补运算，运算结果经过伺服放大器驱动电动机运转，再由滚珠丝杠副将电动机的旋转运动转换为工作台的直线运动。工作台单位时间内的移动距离取决于电动机的转速和丝杠导程，即

$$S = n \cdot P$$

式中　S——工作台单位时间内的移动距离（mm/min）；

　　　n——伺服电动机的转速（r/min）；

　　　P——丝杠导程（mm）。

对于半闭环或全闭环数控系统，由检测装置直接或间接测量工作台位移，并将检测结果通过反馈装置反馈至数控系统与位移指令进行比较，从而调整工作台位移，直至达到指令要求值为止。因此，伺服位置控制是指令和反馈不断比较运算的结果。FANUC 数控伺服系统引进当量的概念，要求"指令当量 = 反馈当量"，即数控系统发出的脉冲数和检测装置反馈的脉冲数应该相匹配。CMR（指令倍乘比）和 DMR（柔性齿轮比）就是用来调整指令当量和脉冲当量的参数，通过合理设置，在指令脉冲数和反馈脉冲数之间建立一个合理的关系。

数控系统的伺服驱动模型如图 2-59 所示。

CMR 用于设定从数控系统到伺服系统的移动量的指令倍率。其中

$$最小指令增量 = CMR \times 检测单位$$

$$检测单位 = \frac{电动机每转移动量}{DMR \times 检测器每转脉冲数}$$

指令倍乘比参数的格式如下：

1820	指令倍乘比

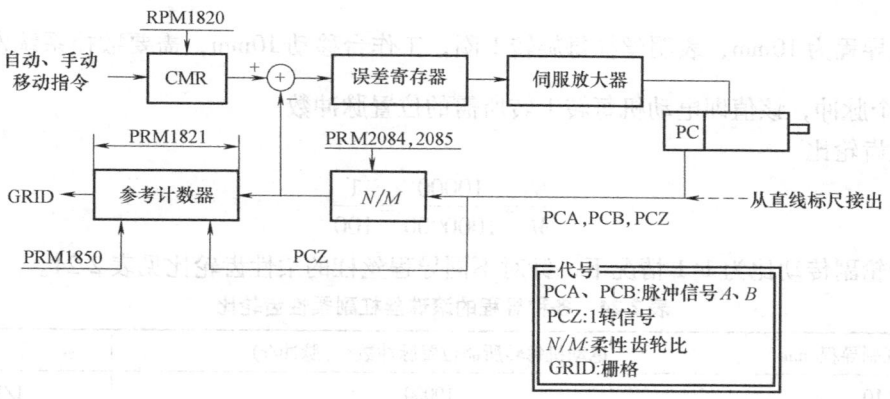

图 2-59 数控系统的伺服驱动模型

通过计算得出 CMR 数据后，按照以下原则进行 1820 参数设置，见表 2-23。

表 2-23 指令倍乘比设定原则

CMR 为 1/27～1/2	CMR 为 0.5～48
设定值 = $\dfrac{1}{\text{CMR}} + 100$	设定值 = 2CMR

（5）柔性进给齿轮参数 2084、2085 用于设定柔性进给齿轮（F·FG）。通过使来自脉冲编码器、分离式检测器的位置反馈脉冲可变，即可相对于各类滚珠丝杠的导程、减速比而轻而易举地设定检测单位。

根据全闭环系统、半闭环系统，电动机与滚珠丝杠直联方式、电动机与滚珠丝杠减速联接方式等不同结构形式，分别采用不同的方法计算。

1) αi 脉冲编码器和半闭环系统柔性齿轮比计算的表达式为

$$\frac{N}{M} = \frac{\text{电动机每转 1 转所需的位置脉冲数}}{1000000}\text{的约分数}$$

通过以下例子可以帮助理解"电动机每转 1 转所需的位置脉冲数"。

【例 2-3】 伺服电动机和工作台之间的传动关系如图 2-60 所示。设齿轮副之间的传动比为 1∶1，丝杠导程为 10mm，求柔性齿轮比 DMR。

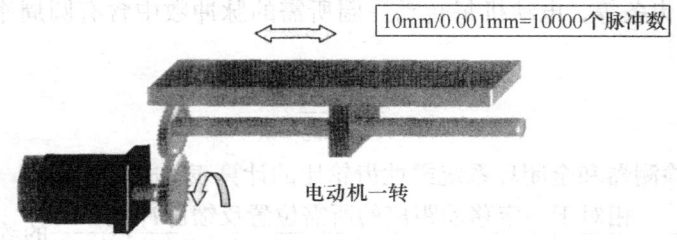

图 2-60 直线进给运动柔性齿轮比计算图例

根据参数 1013 设定，长度数据最小设定单位为 0.001mm，即数控系统脉冲当量为 0.001，表明数控系统每发出 1 个脉冲，工作台移动 0.001mm。

丝杠导程为 10mm，表明丝杠每旋转 1 圈，工作台移动 10mm，需要数控系统发出 $\frac{10}{0.001}$ =10000 个脉冲，该值即电动机每转 1 转所需的位置脉冲数。

柔性齿轮比

$$\frac{N}{M} = \frac{10000}{1000000} = \frac{1}{100}$$

在齿轮副传动比为 1:1 情况下，针对不同导程丝杠的柔性齿轮比见表 2-24。

表 2-24　各种导程的滚珠丝杠副柔性齿轮比

滚珠丝杠副导程/mm	电动机每转所需位置脉冲数/（脉冲/r）	F·FG
10	10000	1/100
20	20000	1/50
30	30000	3/100

【例 2-4】　如图 2-61 所示的回转工作台，伺服电动机经过齿轮副带动回转工作台。脉冲当量为 0.001°，齿轮副传动比为 1:10，计算回转进给运动的柔性齿轮比。

由于齿轮副传动比为 1:10，电动机旋转 1 圈，工作台旋转 36°；数控系统脉冲当量为 0.001°，数控系统每发出一个脉冲，工作台旋转 0.001°。因此，工作台旋转 36°，需要数控系统提供 36/0.001 = 36000 个脉冲，此即电动机每转动 1 圈所需要的位置反馈脉冲数。

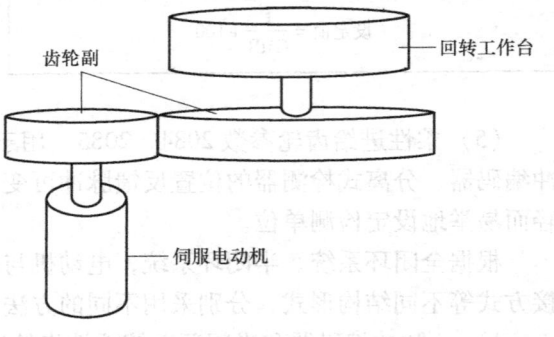

图 2-61　回转工作台柔性齿轮比计算

柔性齿轮比

$$\frac{N}{M} = \frac{36000}{1000000} = \frac{36}{1000}$$

关于柔性齿轮比表达式，有以下几点说明：

①对于 F·FG 的分子、分母，其约分后的最大设定值均为 32767。

②αi 脉冲编码器与分辨率无关，在设定 F·FG 时，电动机每转动一圈作为 100 万脉冲处理。

③对于齿轮、齿条等，电动机每转动一圈所需的脉冲数中含有圆周率 π 时，π 按照下式取值计算

$$\pi = \frac{355}{113}$$

2）外置位置检测器和全闭环系统柔性齿轮比的计算表达式为

$$\frac{N}{M} = \frac{相对于一定移动距离的所需位置反馈脉冲数}{相对于一定移动距离的外置检测器的位置反馈脉冲数} 的约分数$$

【例 2-5】　使用 0.5μm 光栅尺检测 1μm 时，柔性齿轮比的设定计算如下

$$\frac{F·FG 的分子}{F·FG 的分母} = \frac{L/1}{L/0.5} = \frac{1}{2}$$

全闭环系统的柔性齿轮比计算示例见表2-25。

表2-25　全闭环系统的柔性齿轮比计算示例

滚珠丝杠副		1/1000（mm）	1/10000（mm）
电动机转动一圈	8mm	$N=1$，$M=125$	$N=2$，$M=25$
	10mm	$N=1$，$M=100$	$N=1$，$M=10$
	12mm	$N=3$，$M=250$	$N=3$，$M=25$

（6）方向设定参数2022　用于设定电动机旋转方向，格式如下：

2022	电动机旋转方向

1）设定值为111时，电动机正向旋转。

2）设定值为-111时，电动机反向旋转。

其中，正向为从脉冲编码器一侧看沿顺时针方向旋转，反向为从脉冲编码器一侧看沿逆时针方向旋转。

（7）速度反馈脉冲数参数2023和位置反馈脉冲数2024　速度反馈脉冲数参数、位置反馈脉冲数参数的设定值见表2-26。

表2-26　速度反馈脉冲数参数和位置反馈脉冲数参数的设定值

相关参数规定	半闭环	全闭环		
		并行型	串行光栅尺	串行旋转光栅尺
指令单位/μm	1/0.1	1/0.1	1/0.1	1/0.1
初始化设定位	bit0=0	bit0=0	bit0=0	bit0=0
速度反馈脉冲数	8192	8192	8192	8192
位置反馈脉冲数	12500	见例2-6	见例2-6	见例2-7

对于全闭环数控系统，位置反馈脉冲数为设定电动机旋转一圈时从外置检测器反馈的脉冲数，该值与柔性齿轮无关。

【例2-6】　工作台进给运动采用电动机丝杠直联方式，所使用滚珠丝杠导程为10mm，外置检测器具有1脉冲0.5μm的分辨率。电动机每转动一圈来自外置检测器的反馈脉冲数为10/0.0005=20000。因此，位置反馈脉冲数为20000。

【例2-7】　使用每转动1圈具有100万脉冲分辨率的串行旋转光栅尺时，位置反馈脉冲数由下面公式计算

$$12500 \times （电动机与工作台之间的减速比）$$

例如，电动机和工作台之间的减速比为1∶10，则位置反馈脉冲数为12500×（1/10）=1250。

（8）参考计数器容量参数1821　参考计数器的设定主要用于栅格方式回原点。根据参考计数器的容量，每隔该容量脉冲数溢出产生一个栅格脉冲，栅格（电气栅格）脉冲与光电编码器中一转信号（物理栅格）通过1850号参数设置偏移后，作为回零的基准栅格。

指令格式如下：

| 1821 | 每个轴的参考计数器容量 |

1）对于半闭环系统，参考计数器容量参数按照下面表达式计算

参考计数器容量参数＝电动机每转动一圈所需的位置反馈脉冲数或其整数分之一

对于使用 αi 脉冲编码器的电动机丝杠直联式半闭环数控系统，参考计数器容量参数的设定值见表2-27。

表2-27 半闭环参考计数器容量参数的设定

滚珠丝杠导程/mm	所需位置反馈脉冲数	参考计数器容量参数
10	10000	10000
20	20000	20000
30	30000	30000

2）对于全闭环系统，参考计数器容量参数按照下面表达式计算

参考计数器容量参数＝Z相（参考点）的间隔/检测单位或者其整数分之一

【例2-8】 Z相的间隔＝50mm，检测单位＝1μm 的情形：

参考计数器容量参数＝50000/1＝50000

【例2-9】 旋转轴上检测单位＝0.001°的情形：

参考计数器容量参数＝360/0.001＝360000

【例2-10】 线性标尺等Z相只有一个的情形：

为参考计数器设定10000、50000 等整数值。

6. 伺服放大器 FSSB（AMP）的设定

FSSB 伺服总线将 CNC 和多个伺服放大器联系起来，因此需要对控制轴和放大器的相关数据进行参数设定。

(1) FSSB（AMP）设定界面的进入 按照下面的步骤进入伺服放大器设定界面。

1）按下功能键 SYSTEM 几次，直至出现"参数设定支援"界面。

2）移动光标至"FSSB（AMP）"，如图2-62所示。

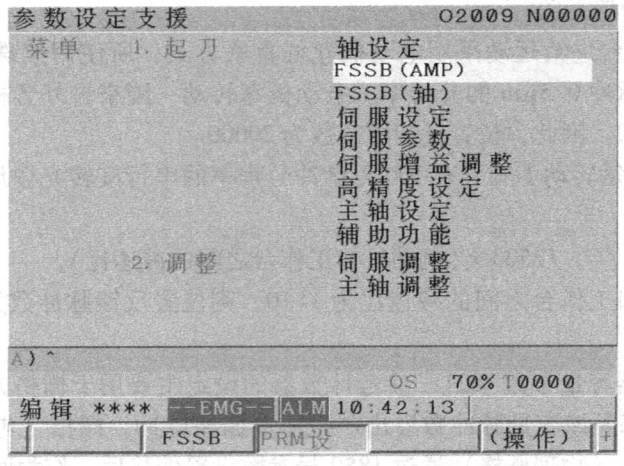

图2-62 "参数设定支援"界面

3) 按软键【操作】，按软键【选择】，即进入"放大器设定"界面，如图 2-63 所示。

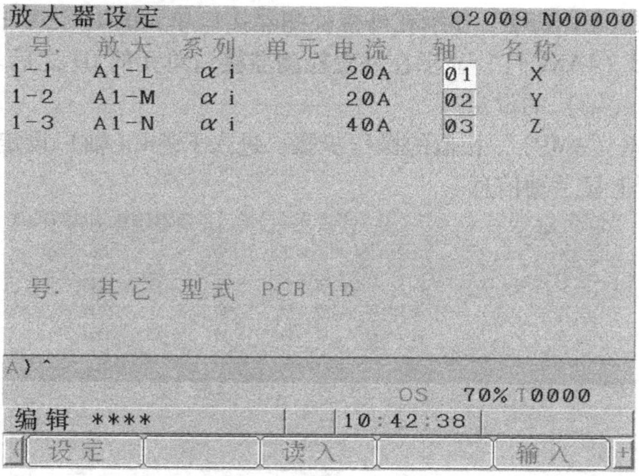

图 2-63 "放大器设定"界面

在"放大器设定"界面上，将各从控装置的信息分为放大器和外置检测器接口单元予以显示，界面之间可通过翻页键进行切换。

（2）"放大器设定"界面中的各项含义

1）"号"，表示从控装置号。对于由 FSSB 连接的从控装置，从最靠近 CNC 数起的编号，每个 FSSB 线路最多显示 10 个从控装置，其中放大器最多显示 8 个，对外置检测器接口单元最多显示 2 个。"放大器设定"界面中的从控装置号中，表示 FSSB 第 1 行的"1"后面带有"-"（连字符），而后连接的是从控装置的编号，从靠近 CNC 的一侧按照顺序显示。

2）"放大"表示放大器类型。在表示放大器开头字符的"A"后面，列出从靠近 CNC 一侧数起显示表示第几台放大器的数字和表示放大器中第几轴的字母（L：第 1 轴，M：第 2 轴，N：第 3 轴）。

3）"轴"表示控制轴号。若参数 DFS（No. 14476#0）= 0，则显示在参数（No. 14340 ~14349）中所设定的值上加 1 的轴号；若参数 DFS（No. 14476#0）= 1，则显示在参数（No. 1910 ~1919）所设定的值上加 1 的轴号。所设定的值处在数据范围外时，显示"0"。

4）"名称"表示控制轴名称，显示对应于控制轴号的参数（No. 1020）的轴名称。控制轴号为"0"时，显示"-"。

5）界面中还显示下列放大器的信息

① "系列"，表示伺服放大器的系列。

② "单元"，表示伺服放大器单元的种类。

③ "电流"，表示最大电流值。

6）此外，外置检测器接口单元信息如下：

① "其它"，在表示外置检测器接口单元的开头字母"M"之后，显示从靠近 CNC 一侧数起的表示第几台外置检测器接口单元的数字。

② "型式"，外置检测器接口单元的型式，以字母显示。

③ "PCB ID",是以 4 位 16 进制数显示外置检测器接口单元的 ID。如果是外置检测器模块（8 轴），"SDU（8AXES）"显示在外置检测器接口单元的 ID 之后；如果是外置检测器模块（4 轴），"SDU（4AXES）"显示在外置检测器接口单元的 ID 之后。

7. 伺服轴 FSSB（轴）的设定

按照进入"FSSB（AMP）"相似的操作步骤，进入 FSSB（轴）设定界面，如图 2-64 所示。"轴设定"界面上显示轴信息。

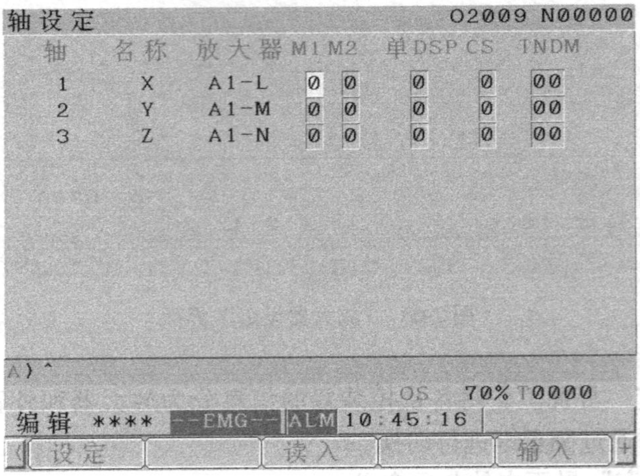

图 2-64 "轴设定"界面

"轴设定"界面上的各项含义如下：

1) "轴"表示控制轴号，按照数控系统的控制轴顺序显示。

2) "名称"表示控制轴名称。

3) "放大器"表示连接在每个轴上的放大器类型。

4) "M1"表示用于外置检测器接口单元 1 的连接器号，即显示保持在 SRAM 上的用于外置检测器接口单元 1 的连接器号。

5) "M2"表示用于外置检测器接口单元 2 的连接器号，即显示保持在 SRAM 上的用于外置检测器接口单元 2 的连接器号。

6) "轴专有"表示伺服 HRV3 控制轴上以一个 DSP 进行控制的轴数有限制时，显示可由保持在 SRAM 上的一个 DSP 进行控制可能的轴数。"0"表示没有限制。

7) "CS"表示 C_s 轮廓控制轴，显示保持在 SRAM 上的值。在 C_s 轮廓控制轴上显示主轴号。

8) "双电"表示显示保持在 SRAM 上的值。对于进行串联控制时的主控轴和从控轴，显示奇数和偶数连续的编号。

五、各轴软限位参数设定

1. 软限位坐标的确定

软限位坐标的确定如图 2-65 所示。序号 1、序号 2 分别为某直线进给轴正、负方向的行程开关，用于确定正、负方向的硬极限位置。当工作台挡块碰到这个极限位置时，系统便会出现超程报警。因此，正、负方向软限位坐标值的确定应该在硬极限的范围之内。

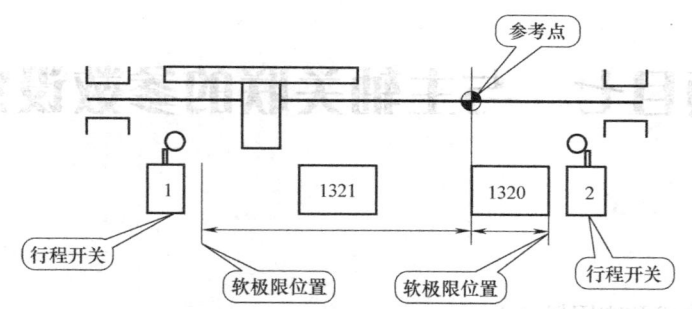

图 2-65 各轴的软限位坐标的确定

正、负方向软限位坐标值的确定应该在系统回参考点之后进行。

（1）正方向边界值的确定　系统回参考点之后，用手轮方式操作工作台朝正方向移动，碰到行程开关后，会出现超程报警，观察坐标值，取稍小于它的值作为正方向边界值输入到参数 1320。

（2）负方向边界值的确定　系统回参考点之后，先快速沿负方向移动工作台，接近负方向行程开关时，用手轮方式操作工作台继续朝负方向移动。碰到行程开关后，会出现超程报警，观察坐标值，取稍大于它的值作为负方向边界值输入到参数 1321。

2. 软限位参数设定

软限位参数包括 1320、1321，属实数轴型参数，格式如下：

1320	各轴存储式行程检测 1 的正方向边界的坐标值

1321	各轴存储式行程检测 1 的负方向边界的坐标值

项目七 与主轴关联的参数设定

项目导读

主运动实现方式及应用场合
主轴驱动电动机与主轴特性的匹配
主轴分段无级变速的换挡方式
主轴电动机类型及型号规格
主轴参数设定流程
"主轴设定"界面操作
其他主轴参数的设定
主运动检测装置的配置及相关参数的设置

操作要领及关联知识

一、主运动实现方式及应用场合

数控机床的主运动传动有三种配置方式,分别是分段无级变速、带传动变速以及电动机直接驱动方式。图2-66所示为数控机床主运动传动的三种配置方式。

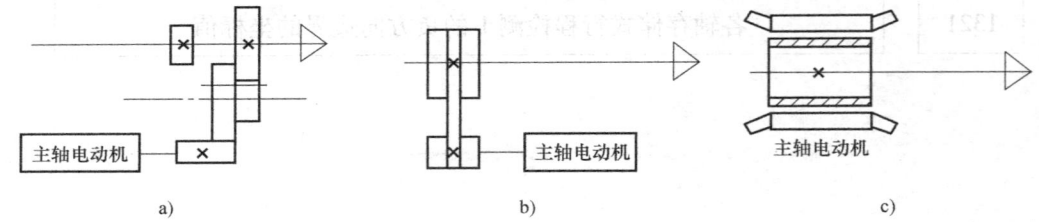

图2-66 数控机床主运动传动的三种配置方式
a) 分段无级变速 b) 带传动变速 c) 电动机直接驱动

1. 数控机床主轴分段无级变速

数控机床在实际生产中并不需要在整个变速范围内均为恒功率,一般要求在中、高速段为恒功率传动,在低速段为恒转矩传动。为了确保数控机床主轴低速运转时有较大的转矩和主轴的变速范围尽可能大,有的数控机床在交流电动机无级变速的基础上配以齿轮变速,用以解决电动机驱动和主轴传动功率的匹配问题,使之成为分段无级变速,如图2-66a所示。

在带有齿轮变速的分段无级变速系统中,主轴的正、反向起动与停止、制动是由控制电动机来实现的,主轴变速则由电动机无级变速与齿轮有级变速相配合来实现。这种配置适合于大中型数控机床,确保主轴低速运转时输出大转矩、高速运转时输出恒功率特性的要求。对于这种配置形式,机械设计时都带有主轴换挡机构。

2. 数控机床主轴带传动变速

主轴带传动变速主要是将电动机的旋转运动通过带传动传递给主轴。这种传动方式多见于数控车床和中、小型加工中心，它可避免齿轮传动引起的振动与噪声。这种结构的配置形式如图 2-66b 所示。

数控机床主轴带传动变速常采用多楔带或同步带。多楔带又称复合 V 带，横向断面呈多个楔形，楔角为 40°，传递负载主要靠强力层。强力层中有多根钢丝绳或涤纶绳，具有伸长率小和较大的拉伸强度和抗弯疲劳强度。带的基底及缓冲楔部分采用橡胶或聚氨酯。多楔带综合了 V 带和平带的优点，运转时振动小，发热少，运转平稳，重量轻，因此可在 40m/s 的线速度下使用。此外，多楔带与带轮的接触好，负载分布均匀，即使瞬时超载，也不会产生打滑，而传动功率比 V 带大 20% ~ 30%，因此能够满足加工中

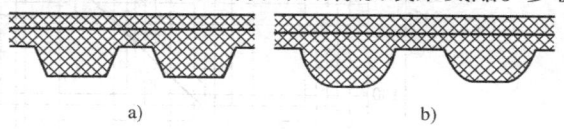

图 2-67 同步带的纵向断面图
a）梯形 b）圆弧形

心主传动要求的转速、大转矩和不打滑的条件。楔带安装时需要较大的张紧力，使得主轴和电动机承受较大的径向负载，这是多楔带的一大缺点。

同步带的纵向断面图如图 2-67 所示。

3. 调速电动机直接驱动主轴传动

数控机床一般采用交流主轴伺服电动机直接驱动主轴实现主轴无级变速，如图 2-66c 所示。

交流主轴电动机及交流变频驱动装置（笼型感应交流电动机配置矢量变换变频调速系统），由于没有电刷不产生火花，所以使用寿命长，且性能已达到直流驱动系统的水平，甚至在噪声方面还有所降低。因此，目前应用较为广泛。

主轴直接驱动还有一种方式是内置电动机主轴变速。将调速电动机与主轴合成一体（电动机转子轴即为机床主轴），称为电主轴，这是近年来新出现的一种结构。这种变速方式大大简化了主轴箱体与主轴的结构，有效地提高了主轴部件的刚度，但主轴的输出转矩较小，电动机发热对主轴精度影响较大。

图 2-68 电主轴结构

电主轴结构如图 2-68 所示。

二、主轴驱动电动机与主轴特性的匹配

数控机床采用交流主轴伺服电动机驱动主轴实现变速。主轴传递的功率或转矩与转速之间的关系如图 2-69 所示，当机床处在连续运转状态时，主轴的转速为 437 ~ 3500r/min，主轴传递电动机的全部功率为 11kW，为主轴的恒功率区域 Ⅱ（图中实线部分）。在这个区域内，主轴的最大输出转矩（245N·m）随着主轴转速的增高而变小。主轴转速为 35 ~ 437r/min 范围内，主轴的输出转矩不变，称为主轴的恒转矩区域 Ⅰ（图中实线部分）。在这个区域内，主轴所能传递的功率随着主轴转速的降低而减小。图中虚线表示电动机超载（允许

超载30min）时的恒功率区域和恒转矩区域。电动机的超载功率为15kW，超载的最大输出转矩为334 N·m。

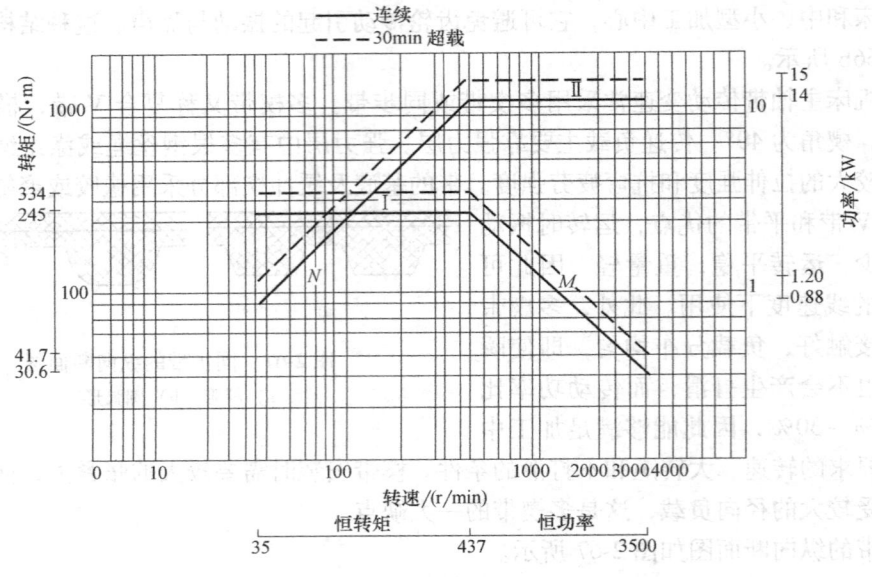

图2-69 主轴功率转矩特性

三、主轴分段无级变速的换挡方式

对于分段无级变速的主轴，其换挡的方式有两种：M型换挡和T型换挡，其中M系列的系统可以采用M型和T型两种换挡方式，通过参数3706#4进行设定。如果系统使用恒表面切削速度控制功能，则不管该参数如何设定，都认为是T型换挡。T系列的系统则只能使用T型换挡。

1. M型换挡方式

对于M型换挡，如同直接由S指令选择一样，CNC依据事先在参数3741～3744中定义的各齿轮挡的速度范围来选择齿轮挡，并且通过使用齿轮挡选择信号（GR30，GR20，GR10）通知PMC选择相应的齿轮挡；同时，CNC根据选择的齿轮挡位输出主轴电动机速度指令。

2. T型换挡方式

对于T型换挡，由齿轮挡选择信号（GR1，GR2）确定机床当前使用的齿轮挡（共4个齿轮挡）。由加工者决定如何使用各齿轮挡位，CNC输出与齿轮挡位相对应的速度指令。

3. 两种换挡方式的区别

M型换挡和T型换挡的最大区别在于：M型换挡会根据设定的各挡位的最高转速，发出换挡信号（GR30，GR20，GR10），结合PMC控制外围换挡机构（液压、电器驱动件等）选择合适的挡位工作；而T型换，需要在主轴转动之前，人为切换主轴挡位机构，并处理与之对应的齿轮挡位信号（GR1，GR2），使得CNC输出与齿轮挡位相对应的速度指令。

4. 主轴电动机最高、最低钳制速度的确定

根据主轴电动机的具体型号，可以确认主轴电动机的最高转速，在主轴电动机初始化完成后，该值自动设定在参数4020中。对于M系列系统，实际电动机输出的最高转速和最低转速与参数 3736 及参数 3735 的设定有关,这两个参数作为串行主轴数字量输出的钳制条件。主轴电动机的最高、最低钳制速度与参数设置的对应关系如图 2-70 所示。

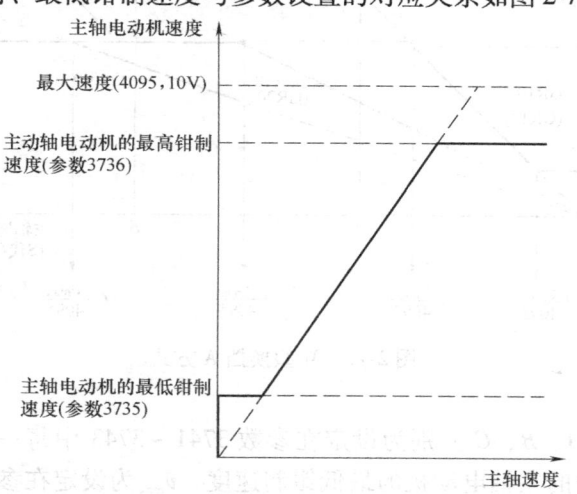

图 2-70　主轴电动机最高、最低钳制速度与参数设置的对应关系

一般情况下,需要钳制主轴电动机的速度,可以通过参数 3735、3736 实现,而参数 4020 使用电动机初始化默认设定值。

5. 主轴各挡位最高转速的确定

根据主轴电动机的最高转速和高低挡位的变速比,可以确定主轴各挡位的最高转速,每一挡位的主轴最高转速设定在参数 3741~3744 中。

【例 2-11】　使用 α8/8000i 主轴电动机,第一挡变速比为 0.245,第二挡变速比为 0.865,设置主轴的最高、最低钳制速度参数 3735、参数 3736,各挡位最高转速参数 3741 及参数 3742。

【解】　1) 设定参数 3735。参数 3735 设定为 50,为主轴电动机的最低钳制速度。

2) 设定参数 3736。参数 3736 按照下面的表达式进行设定

$$参数 3736 设定值 = \frac{主轴电动机最高钳制速度}{主轴电动机最高转速} \times 4095$$

如果主轴电动机的最高钳制速度即为主轴电动机的最高转速,则参数 3736 设定为 4095。

3) 设定参数 3741、3742。参数 3741 用于确定第一挡主轴的最高转速,设定值为 8000 × 0.245 = 1960;参数 3742 用于确定第二挡主轴的最高转速,设定值为 8000 × 0.865 = 6920。

值得注意的是,各挡位的主轴最高转速如果设定不准确,将会造成实际主轴转速的不正确。

6. M 型换挡类型

根据切换挡位速度点的不同,M 型换挡又分为 A 型换挡和 B 型换挡。通过参数 3705#2 进行 A 型换挡或 B 型换挡方式的设定。

(1) A 型换挡　当 3705#2 = 0 时,确定为 A 型换挡,表明切换挡位的速度点为每一挡的最高速度,如图 2-71 所示。

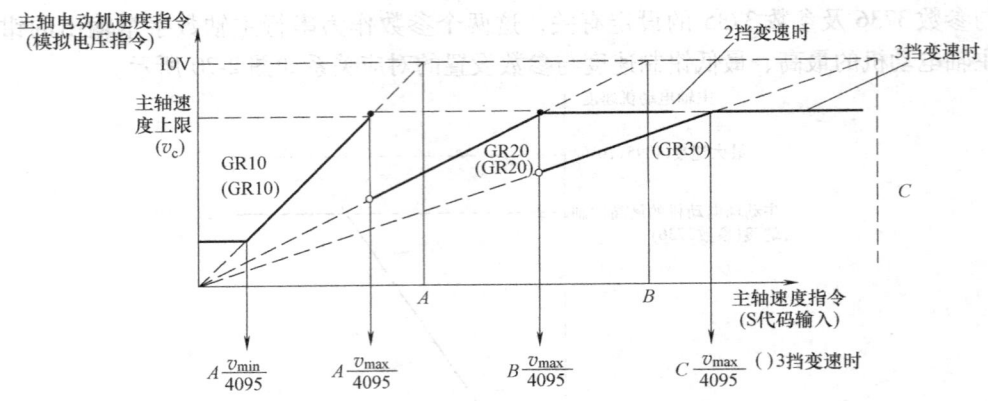

图 2-71　M 型换挡 A 方式

如图 2-71 所示，A、B、C 分别为设定在参数 3741~3743 中每一挡位的最高转速，v_{min} 为设定在参数 3735 中的主轴电动机的最低钳制速度，v_{max} 为设定在参数 3736 中的主轴电动机的最高钳制速度。

【例 2-12】　使用 α8/8000i 主轴电动机，第一挡变速比为 0.245，第二挡变速比为 0.865，进行相关参数的设定。

【解】　1）参数 3735 设定为 50。

2）3736 设定为 4095。

3）参数 3741 设定值为 8000×0.245=1960。

4）参数 3742 设定值为 8000×0.865=6920。

5）参数 3705#2 设定位 0，表明使用 A 方式换挡。

6）第一挡切换挡位速度点为 1960，第二挡切换挡位速度点为 6920。当指定 S 代码时，S 代码速度值和 1960 以及 6920 比较，确定对应的运行挡位，系统自动发出 GR30、GR20、GR10 信号，结合该信号，在 PMC 中进行处理并驱动外围换挡机构。

（2）B 型换挡　当 3705#2=1 时，确定为 B 型换挡，表明切换挡位的速度点低于每一挡的最高速度，如图 2-72 所示。

其中挡位 1~2 切换点速度的设定（数字量设定）对应参数 3751；挡位 2~3 切换点速度的设定（数字量设定）对应参数 3752。

【例 2-13】　使用 α8/8000i 主轴电动机，第一挡变速比为 0.245，第二挡变速比为 0.865，进行相关参数的设定。

【解】　1）参数 3735 设定为 50。

2）参数 3736 设定为 4095。

3）参数 3741 设定为 8000×0.245=1960，参数 3742 设定为 8000×0.865=6920。

4）参数 3705#2 设定位 1，表明使用 B 方式换挡。

5）要求设计挡位 1~2 的切换速度点为 1500，挡位 2~3 的切换速度点为 4000，各挡位切换点速度设定值按照下面的公式计算

$$各挡位速度切换点设定值 = \frac{某挡位切换点速度}{该挡位最高转速} \times 4095$$

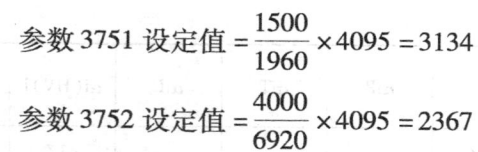

$$参数3751设定值 = \frac{1500}{1960} \times 4095 = 3134$$

$$参数3752设定值 = \frac{4000}{6920} \times 4095 = 2367$$

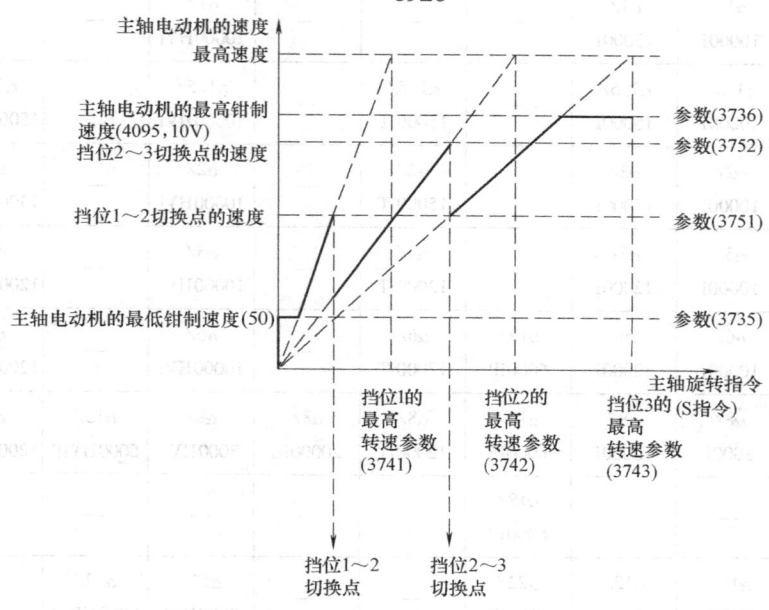

图 2-72　M 型换挡 B 方式

四、主轴电动机类型及型号规格

FANUC 数控系统配置的主轴电动机类型分为 αi 系列、βi 系列和 αCi 系列。

1. αi 主轴电动机的常用系列及特征

FANUC αi 主轴电动机的常用系列及其特征见表 2-28。

表 2-28　αi 主轴电动机系列及其特征

系列	额定输出功率/kW	特征	适用机床
αi	0.55 ~ 45	机床主轴标准电动机	车床和加工中心
αiP	5.5 ~ 30	能够实现超范围恒定输出	车床和加工中心
$\alpha (HV) i$	0.55 ~ 100	αi 系列适用 400V 电源	
αiT	1.5 ~ 22	用于加工中心主轴	加工中心
αiL	7.5 ~ 30	液体冷却主轴,直接用于高精密加工中心主轴	加工中心

2. αi 主轴电动机的常用规格（表 2-29）

表 2-29　αi 主轴电动机的常用规格

连续额定输出功率(kW)	αi	αiP	αiT	αiL	$\alpha i(HV)i$	$\alpha(HV)iP$	$\alpha(HV)iT$	$\alpha(HV)iL$
0.55	α0.5/10000i	—	—	—	α0.5/10000HVi	—	—	—

(续)

连续额定输出功率(kW)	αi	αiP	αiT	αiL	αi(HV)i	α(HV)iP	α(HV)iT	α(HV)iL
1.1	α1/10000i	α1/15000i	—	—	α1/10000HVi	—	—	—
1.5	α1.5/10000i	α1.5/15000i	—	α1.5/15000iT	α1.5/10000HVi	—	α1.5/15000HViT	—
2.2	α2/10000i	α2/15000i	—	α2/15000iT	α2/10000HVi	—	α2/15000HViT	—
3.7	α3/10000i	α3/12000i	—	α3/12000iT	α3/10000HVi	—	α3/12000HViT	—
5.5	α6/10000i	α6/12000i	α12/6000iP	α6/12000iT	α6/10000HVi	—	α6/12000HViT	—
7.5	α8/8000i	α8/10000i	α15/6000iP	α8/12000iT	α8/20000iL	α8/8000HVi	α15/6000HViP	α8/12000HViT	α8/20000HViL
9	—	—	α18/6000iP	—	—	—	—	—	—
11	α12/7000i	α12/10000i	α22/6000iP	—	—	α12/7000HVi	α22/6000HViP	—	—
15	α15/7000i	α15/10000i	α30/6000iP	α15/12000iT	α15/15000iL	α15/7000HVi	—	α15/12000HViT	α15/15000HViL
18.5	α18/7000i	α18/10000i	α40/6000iP	—	—	—	—	—	—
22	α22/7000i	α22/10000i	α50/6000iP	α22/10000iT	22/7000HVi	α50/6000HViP	α22/10000HViT	—	—
30	α30/6000i	—	α60/4500iP	—	α26/15000iL	α30/6000HVi	α60/4500HViP	—	α26/15000HViL
37	α40/6000i	—	—	—	—	α40/6000HVi	—	—	—
45	α50/4500i	—	—	—	—	—	—	—	—
60	—	—	—	—	—	α60/4500HVi	—	—	—
100	—	—	—	—	—	α100/4000HVi	—	—	—

3. 主轴电动机代码、电动机型号及对应的主轴放大器型号

主轴电动机代码、主轴电动机型号及对应的主轴放大器型号见表2-30。

表 2-30 主轴电动机代码、主轴电动机型号及主轴放大器的匹配

电动机代码	电动机型号	放大器型号
336	βiI3/10000 (2000/10000min^{-1})	βiSVSP*-7.5
337	βiI3/10000 (2000/10000min^{-1})	βiSVSP*-11
338	βiI3/10000 (2000/10000min^{-1})	βiSVSP*-15
333	βiI6/10000 (2000/10000min^{-1})	βiSVSP*-11
339	βiI6/10000 (2000/10000min^{-1})	βiSVSP*-15
341	βiI8/10000 (2000/10000min^{-1})	βiSVSP*-11
342	βiI8/10000 (2000/10000min^{-1})	βiSVSP*-15
343	βiI12/8000 (2000/8000min^{-1})	βiSVSP*-15
350	βiIP15/6000 (1200/6000min^{-1})	βiSVSP*-11
351	βiIP15/6000 (1200/6000min^{-1})	βiSVSP*-15
353	βiIP18/6000 (1000/6000min^{-1})	βiSVSP*-11
352	βiIP18/6000 (1000/6000min^{-1})	βiSVSP*-15
301	αiI0.5/10000 (3000/10000min^{-1})	αiSP2.2
302	αiI1/10000 (3000/10000min^{-1})	αiSP2.2
304	αiI1.5/10000 (1500/10000min^{-1})	αiSP5.5
305	αiI1.5/15000 (3000/15000min^{-1})	αiSP15
306	αiI2/10000 (1500/10000min^{-1})	αiSP5.5
306	αiI2/10000 (1500/10000min^{-1})	αiSP5.5
307	αiI 2/15000 (3000/15000min^{-1})	αiSP22
308	αiI 3/10000 (1500/10000min^{-1})	αi SP5.5
309	αiI 3/12000 (1500/12000min^{-1})	αiSP11
310	αiI 6/10000 (1500/10000min^{-1})	αiSP11
311	αiI 0.5/10000HV (3000/10000min^{-1})	αiSP5.5HV
312	αiI 8/8000 (1500/8000min^{-1})	αiSP11
313	αiI 1/10000HV (3000/10000min^{-1})	αiSP5.5HV
314	αiI 12/7000 (1500/7000min^{-1})	αiSP15
315	αiI 1.5/10000HV (1500/10000min^{-1})	αiSP5.5HV
316	αiI 15/7000HV (1500/7000min^{-1})	αiSP22
317	αiI 2/10000HV (1500/10000min^{-1})	αiSP5.5HV
318	αiI 18/7000 (1500/7000min^{-1})	αiSP22
319	αiI 3/10000 (1500/10000min^{-1})	αiSP5.5HV
320	αiI 22/7000 (1500/7000min^{-1})	αiSP26
321	αiI 6/10000HV (1500/10000min^{-1})	αiSP11HV
322	αiI 30/6000 (1150/6000min^{-1})	αiSP45
323	αiI 40/6000 (1500/6000min^{-1})	αiSP45
324	αiI 50/4500 (1150/4500min^{-1})	αiSP55

（续）

电动机代码	电动机型号	放大器型号
325	αiI 8/8000HV (1500/8000min^{-1})	αiSP11HV
326	αiI 12/7000HV (1500/7000min^{-1})	αiSP15HV
327	αiI 15/7000HV (1500/7000min^{-1})	αiSP30HV
328	αiI 22/7000HV (1500/7000min^{-1})	αiSP30HV
329	αiI 30/6000HV (1150/6000min^{-1})	αiSP45HV
401	αiI 6/12000 (1500/12000min^{-1}, 4000/12000min^{-1})	αiSP11
402	αiI 8/10000 (1500/10000min^{-1}, 4000/10000min^{-1})	αiSP11
403	αiI 12/10000 (1500/10000min^{-1}, 4000/10000min^{-1})	αiSP15
404	αiI 15/10000 (1500/10000min^{-1}, 4000/10000min^{-1})	αiSP22
405	αiI 18/10000 (1500/10000min^{-1}, 4000/10000min^{-1})	αiSP22
406	αiI 22/10000 (1500/10000min^{-1}, 4000/10000min^{-1})	αiSP26
407	αiIP 12/6000 (500/1500min^{-1}, 750/6000min^{-1})	αiSP11
408	αiIP 15/6000 (500/1500min^{-1}, 750/6000min^{-1})	αiSP15
409	αiIP 18/6000 (500/1500min^{-1}, 750/6000min^{-1})	αiSP15
410	αiIP 22/6000 (500/1500min^{-1}, 750/6000min^{-1})	αiSP22
411	αiIP 30/6000 (400/1500min^{-1}, 575/6000min^{-1})	αiSP22
412	αiIP 40/6000 (400/1500min^{-1}, 575/6000min^{-1})	αiSP26
413	αiIP 50/6000 (575/1500min^{-1}, 1200/6000min^{-1})	αiSP26
414	αiIP 60/4500 (400/1500min^{-1}, 750/4500min^{-1})	αiSP30
415	αiI 100/4000HV (1000/3000min^{-1}, 2000/4000min^{-1})	αiSP75HV
418	αiIP 40/6000HV (400/1500min^{-1}, 575/6000min^{-1})	αiSP30HV

五、主轴参数设定

1. 确定与主轴参数设定相关部件的规格

在进行主轴参数设定前，应确定与主轴硬件连接的相关部件型号规格，具体如下：

1) 确定 CNC 型号规格。
2) 确定主轴电动机型号。
3) 确定电源模块型号。
4) 确定主轴放大器型号。
5) 确定主轴检测系统的型号规格。

2. 主轴参数的设定流程

主轴参数设定流程如图 2-73 所示。

在参数 4133 中输入电动机代码，把 4019#7 设定为 1 进行自动初始化，断电后再上电，系统会自动加载部分主轴电动机参数，然后再参考主轴参数说明书，对诸如主轴串行输出类型、主轴运行最高、最低钳制

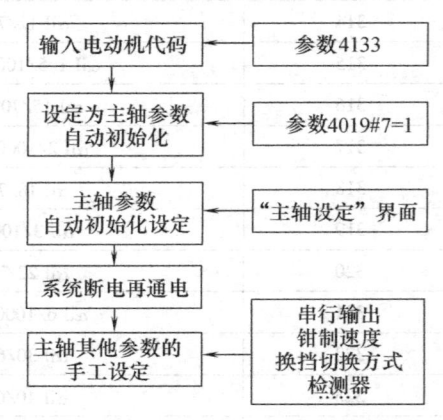

图 2-73 主轴参数的设定流程

速度、主轴换挡方式、主轴反馈装置、主轴准停等参数进行手工设定。

六、"主轴设定"界面的操作

1. 进入"主轴设定"界面的进入

1) 在急停状态下接通数控系统电源。

2) 按下功能键 SYSTEM 几次，进入"参数设定支援"界面，如图2-74所示。

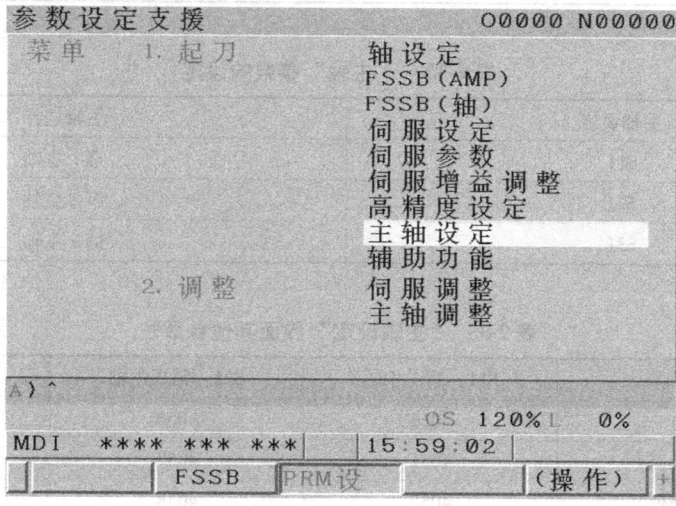

图2-74 "参数设定支援"界面上的主轴设定

3) 选择"主轴设定"，即进入"主轴设定"界面，如图2-75所示。

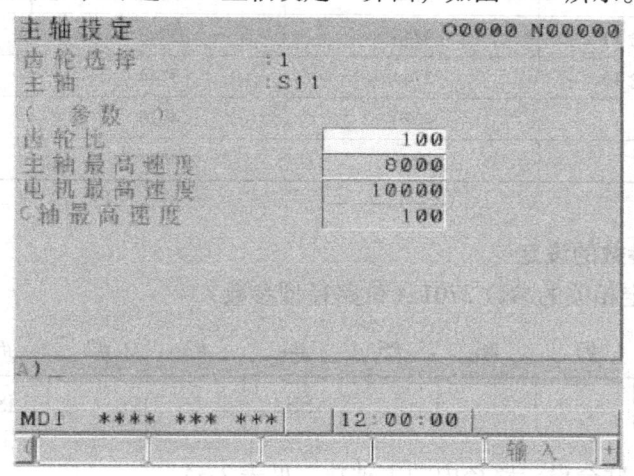

图2-75 "主轴设定"界面

2. "主轴设定"界面的相关参数

1) "齿轮选择"←显示机床一侧的齿轮选择状态，参数值的设定选择见表2-31。

2) "主轴"←选择主轴的数据，参数设定值见表2-32。

3) 其他对应参数："齿轮比"、"主轴最高速度"、"C轴最高速度"对应参数见表2-33。

表 2-31 "齿轮选择"参数的设定

齿轮选择	离合器/齿轮信号		齿轮选择	离合器/齿轮信号	
	CTH1n	CTH2n		CTH1n	CTH2n
1	0	0	3	1	0
2	0	1	4	1	1

表 2-32 "主轴"参数的设定

主轴设定	主轴选择
S11	第 1 主轴
S21	第 2 主轴
S31	第 3 主轴

表 2-33 "主轴设定"界面其他参数表

参 数 项 目	S11：第 1 主轴	S21：第 2 主轴	S31：第 3 主轴
齿轮比（高）	4056	4056	4056
齿轮比（中等偏高）	4057	4057	4057
齿轮比（中等偏低）	4058	4058	4058
齿轮比（低）	4059	4059	4059
主轴最高速度（齿轮 1）	3741	3741	3741
主轴最高速度（齿轮 2）	3742	3742	3742
主轴最高速度（齿轮 3）	3743	3743	3743
主轴最高速度（齿轮 4）	3744	3744	3744
电动机最高速度	4020	4020	4020
C 轴最高速度	4021	4021	4021

七、其他主轴参数的设定

1. 与主轴数设定相关的参数 3701（位路径型参数）

	#7	#6	#5	#4	#3	#2	#1	#0
3701				SS2			ISI	

其中，ISI、SS2 联合设定路径内的主轴数，见表 2-34。

表 2-34 设定路径内的主轴数

SS2	ISI	路径内的主轴数	SS2	ISI	路径内的主轴数
0	1	0	0	0	1
1	1	0	1	0	2

2. 与齿轮选择相关的参数 3705（位路径型参数）

3705	#7	#6	#5	#4	#3	#2	#1	#0
		SFA		EVS		SGT	SGB		ESF
		SFA	NSF			SGT	SGB	GST	ESF

其中，SGB 位表示齿轮换挡切换点的选择。

1）3705#2 = 0 时，根据参数 3741～3743（对应于各齿轮的最大转速）进行齿轮的选择（方式 A）。

2）3705#2 = 1 时，根据参数 3751～3752（各齿轮切换点的主轴速度）进行齿轮的选择（方式 B）。

3. 与主轴齿轮选择方式、主轴旋转方向相关的参数 3706（位路径型参数）

3706	#7	#6	#5	#4	#3	#2	#1	#0
	TCW	CWM	ORM		PCS	MPA		
	TCW	CWM	ORM	GTT		MPA		

（1）GTT 主轴齿轮选择方式。

1）3706#4 = 0 时，选择 M 型换挡方式。

2）3706#4 = 1 时，选择 T 型换挡方式。

（2）CWM、TCW 二者联合确定主轴速度输出时的电压极性，具体见表 2-35。

表 2-35 主轴速度输出时的电压极性

TCW	CWM	电 压 极 性	TCW	CWM	电 压 极 性
0	0	M03、M04 均为正	1	0	M03 为正、M04 为负
0	1	M03、M04 均为负	1	1	M03 为负、M04 为正

4. 与恒线速度、主轴倍率相关的参数 3708（位路径型参数）

3708	#7	#6	#5	#4	#3	#2	#1	#0
		TSO	SOC				SAT	SAR
		TSO	SOC					SAR

（1）SOC 位表示恒线速度中（G96 方式），基于主轴最高转速钳制指令（M 系列：G92 S_；T 系列：G50 S_；）的速度钳制。

1）3708#5 = 0 时，在应用主轴速度倍率前执行。

2）3708#5 = 1 时，在应用主轴速度倍率后执行。

（2）TSO 表示螺纹切削、攻螺纹循环中的主轴倍率。

1）3708#6 = 0 时，无效，被固定在 100% 上。

2）3708#6 = 1 时，有效。

5. 与主轴倍率信号选择相关的参数 3713（位型参数）

3713	#7	#6 MPC	#5	#4 EOV	#3 MSC	#2	#1	#0

其中，EOV 位表示是否使用各主轴倍率信号。
1）3713#4 = 0 时，不使用。
2）3713#4 = 1 时，使用。

6. 与主轴电动机类型相关的参数 3716（位主轴型参数）

3716	#7	#6	#5	#4	#3	#2	#1	#0 A/S_S

其中，A/S_S 位决定主轴电动机的种类选择。
1）3716#0 = 0 时，模拟主轴。
2）3716#0 = 1 时，串行主轴。

7. 与主轴配置相关的参数 3717（字节主轴型参数）

3717	各主轴的主轴放大器号

此参数设定分配给各主轴电动机的主轴放大器号，具体如下：
1）0：放大器尚未连接。
2）1：使用连接于 1 号放大器的主轴电动机。
3）2：使用连接于 2 号放大器的主轴电动机。
4）3：使用连接于 3 号放大器的主轴电动机。

需要注意的是，在使用模拟主轴的情况下，请在主轴配置的最后设定模拟主轴。例如，数控系统共控制 3 台主轴，串行主轴 2 台，模拟主轴 1 台，则将模拟主轴放大器号的设定值设定为 3。

8. 与主轴显示相关的参数 3718（字节主轴型参数）

3718	串行主轴或模拟主轴的主轴显示下标

此参数设定位置显示界面等中主轴速度显示的下标。

9. 与位置编码器相关的参数 3720（2 字主轴型参数）

3720	位置编码器的脉冲数

此参数用于设定位置编码器的脉冲数。

10. 与主轴电动机最低钳制速度相关的参数 3735（字路径型参数）

3735	主轴电动机的最低钳制速度

此参数用于设定主轴电动机的最低钳制速度，设定值按照以下表达式计算

$$设定值 = \frac{主轴电动机的最低钳制速度}{主轴电动机最高转速} \times 4095$$

11. 与主轴电动机最高钳制速度相关的参数 3736（字路径型参数）

3736	主轴电动机的最高钳制速度

此参数用于设定主轴电动机的最高钳制速度，设定值按照前面表达式计算。

12. 与分段无级变速主轴最高转速相关的参数 3741~3744（2 字主轴型参数）

3741	与齿轮 1 对应的各主轴最高转速
3742	与齿轮 2 对应的各主轴最高转速
3743	与齿轮 3 对应的各主轴最高转速
3744	与齿轮 4 对应的各主轴最高转速

这组参数用于设定与每个齿轮对应的主轴最高转速，如图 2-76 所示。

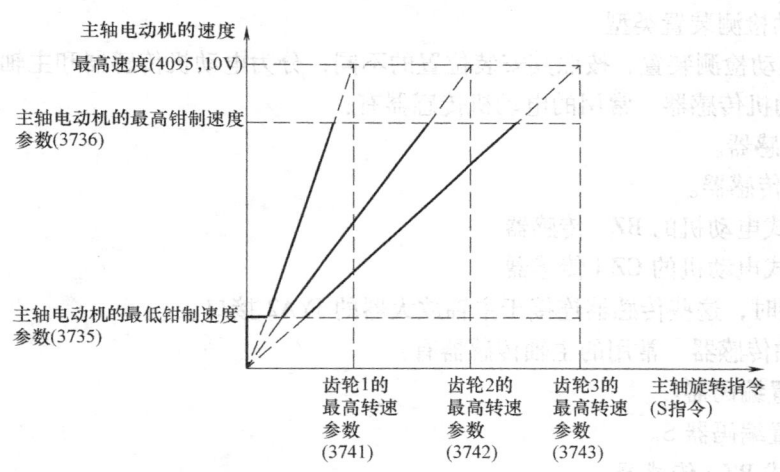

图 2-76　各级主轴最高转速设定

13. 与主轴换挡切换点速度相关的参数 3751~3752（字路径型参数）

3751	齿轮 1~2 切换点的主轴电动机速度

3752	齿轮 2~3 切换点的主轴电动机速度

此参数设定齿轮切换方式 B 情形下齿轮切换点的主轴电动机速度，设定值按照以下表达式计算

$$设定值 = \frac{齿轮切换点的主轴电动机转速}{主轴电动机最大转速} \times 4095$$

14. 与恒线速度加工时主轴最低转速相关的参数 3771（2 字路径型）

3771	恒线速度方式（G96）中主轴最低转速

此参数用于设定恒线速度方式（G96）中主轴最低转速。在进行恒线速度加工时，当主轴转速小于或等于参数设定转速时，主轴转速被钳制在参数设定的转速上。

15. 与主轴最高转速相关的参数 3772（2 字路径型）

3772	主轴最高转速

此参数用于设定主轴最高转速。当指定了超过主轴参数设定的最高转速，以及通过应用主轴速度倍率使得主轴转速超过了上限转速时，主轴实际转速被钳制在参数设定的上限转速上。

八、主运动检测装置的配置及相关参数设置

1. 主运动检测装置类型

关于主运动检测装置，按照其安装位置的不同，分为电动机传感器和主轴传感器。

（1）电动机传感器　常用的电动机传感器有：

1）Mi 传感器。

2）MZ i 传感器。

3）内装式电动机的 BZ i 传感器。

4）内装式电动机的 CZ i 传感器。

硬件连接时，这些传感器连接于主轴放大器的 JYA2 接口。

（2）主轴传感器　常用的主轴传感器有：

1）α 位置编码器。

2）α 位置编码器 S。

3）分离式 BZ i 传感器。

4）分离式 CZ i 传感器。

硬件连接时，这些传感器连接于主轴放大器的 JYA3 或 JYA4 接口。

2. 编码器或传感器与主轴放大器的连接方式及相关参数设置

（1）不进行位置控制时　不进行位置控制时的硬件连接及对应参数设置如图 2-77 所示。

（2）使用 α 位置编码器时　使用 α 位置编码器时的硬件连接及对应参数设置如图 2-78 所示。

（3）使用 α 位置编码器 S 时　使用 α 位置编码器 S 时的硬件连接及对应参数设置如图 2-79 所示。

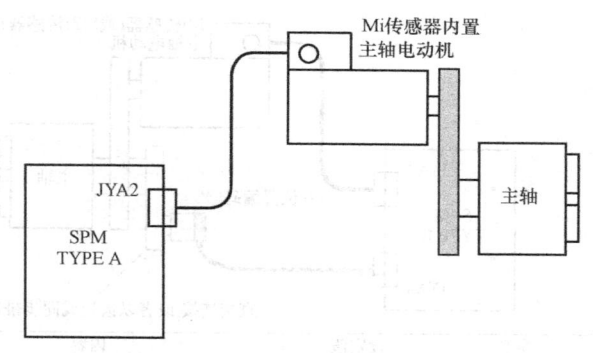

参数	设定值	内容
4002 #3,2,1,0	0,0,0,0	不进行位置控制
4010 #2,1,0	根据检测器而定	电动机传感器种类的设定
4011 #2,1,0	根据检测器而定	电动机传感器的轮齿的设定

图 2-77 不进行位置控制时的硬件连接及参数设置

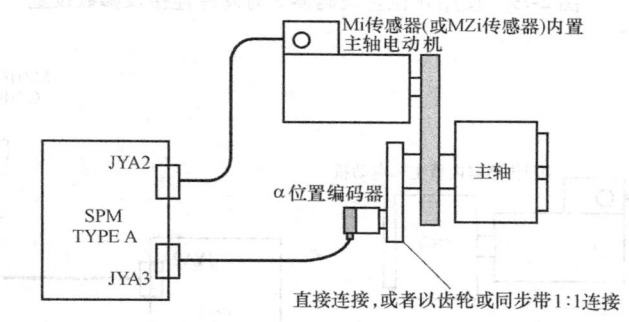

参数	设定值	内容
4000 #0	根据配置而定	主轴与电动机的旋转方向
4001 #4	根据配置而定	主轴传感器的安装方向
4002 #3,2,1,0	0,0,1,0	在主轴传感器上使用α位置编码器
4003 #7,6,5,4	0,0,0,0	主轴传感器的轮齿的设定
4010 #2,1,0	根据检测器而定	电动机传感器种类的设定
4011 #2,1,0	根据检测器而定	电动机传感器的轮齿的设定
4056～4059	根据配置而定	主轴与电动机之间的齿轮比

图 2-78 使用 α 位置编码器时的硬件连接及参数设置

（4）使用 MZi、BZi、CZi 传感器时　使用 MZi、BZi、CZi 传感器时的硬件连接及对应参数设置如图 2-80 所示。

（5）使用分离式 BZi、CZi 传感器时　使用分离式 BZi、CZi 传感器时的硬件连接及对应参数设置如图 2-81 所示。

（6）使用外部一次旋转信号（接近开关）时　使用外部一次旋转信号（接近开关）时的硬件连接及对应参数设置如图 2-82 所示。

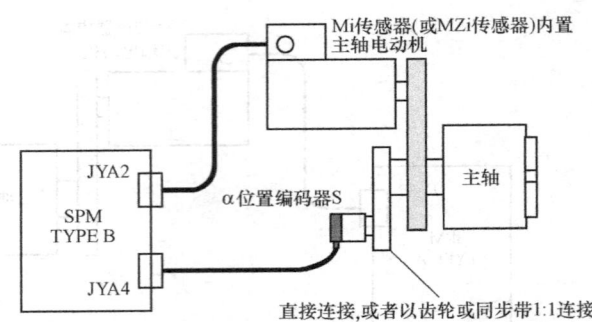

参数	设定值	内容
4000#0	根据配置而定	主轴与电动机的旋转方向
4001#4	根据配置而定	主轴传感器的安装方向
4002#3,2,1,0	0,1,0,0	在主轴传感器上使用α位置编码器S
4003#7,6,5,4	0,0,0,0	主轴传感器的轮齿的设定
4010#2,1,0	根据检测器而定	电动机传感器种类的设定
4011#2,1,0	根据检测器而定	电动机传感器的轮齿的设定
4056～4059	根据配置而定	主轴与电动机之间的齿轮比

图 2-79 使用 α 位置编码器 S 时硬件连接及参数设置

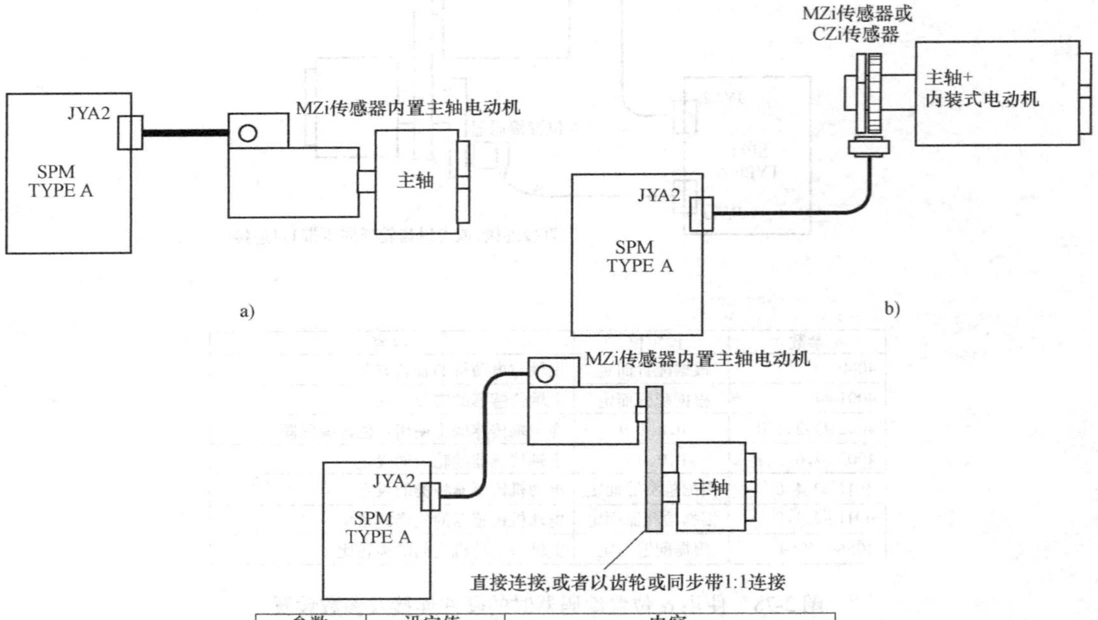

参数	设定值	内容
4000#0	0	主轴与电动机的旋转方向
4002#3,2,1,0	0,0,0,1	将电动机传感器使用于位置反馈
4010#2,1,0	0,0,1	在电动机传感器中使用MZi传感器、BZi传感器、CZi传感器
4011#2,1,0	根据检测器而定	电动机传感器的轮齿的设定
4056～4059	100 or 1000	主轴与电动机之间的齿轮比为1:1

c)

图 2-80 使用 MZi、BZi、CZi 传感器时的硬件连接及参数设置

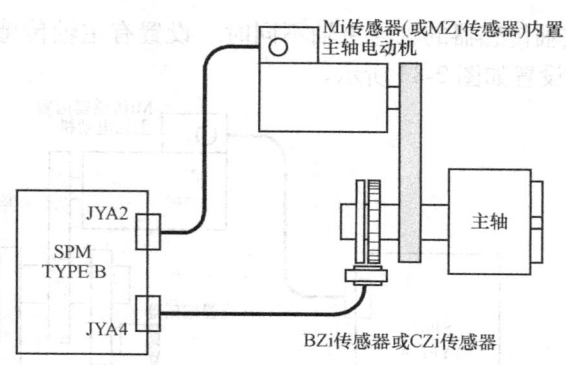

参数	设定值	内容
4000#0	根据配置而定	主轴与电动机的旋转方向
4001#4	根据配置而定	主轴传感器的安装方向
4002#3,2,1,0	0,0,1,1	在主轴传感器上使用BZi传感器、CZi传感器
4003#7,6,5,4	根据检测器而定	主轴传感器的轮齿的设定
4010#2,1,0	根据检测器而定	电动机传感器的种类的设定
4011#2,1,0	根据检测器而定	电动机传感器的轮齿的设定
4056~4059	根据配置而定	主轴与电动机之间的轮齿比

图 2-81　使用分离式 BZi、CZi 传感器时的硬件连接及参数设置

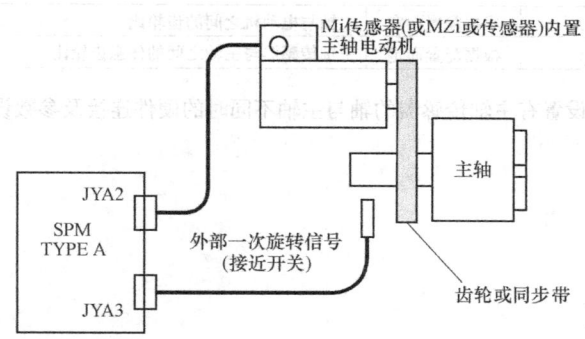

参数	设定值	内容
4000#0	根据配置而定	主轴与电动机的旋转方向
4002#3,2,1,0	0,0,0,1	将电动机传感器使用于位置反馈
4004#2	1	外部一次旋转信号
4004#3	根据检测器而定	外部一次旋转信号的类型的设定
4010#2,1,0	根据检测器而定	电动机传感器的种类的设定
4011#2,1,0	根据检测器而定	电动机传感器的轮齿的设定
4056~4059	根据配置而定	主轴与电动机之间的齿轮比
4171~4174	根据配置而定	电动机传感器与主轴之间的任意齿轮比

图 2-82　使用外部一次旋转信号（接近开关）时的硬件连接及参数设置

（7）设置有主轴传感器的轴与主轴不同时　设置有主轴传感器的轴与主轴不同时的硬件连接及对应参数设置如图 2-83 所示。

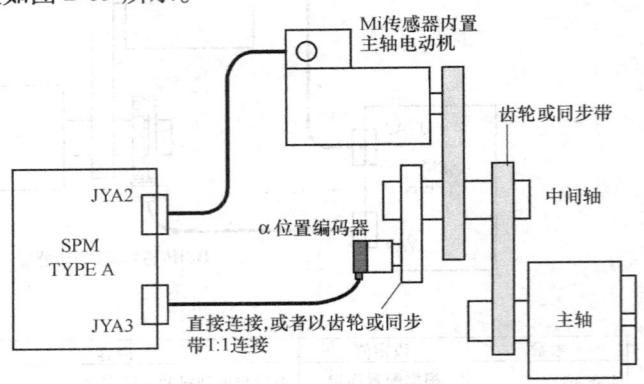

参数	设定值	内容
4000#0	根据配置而定	主轴与电动机的旋转方向
4001#4	根据配置而定	主轴传感器的安装方向
4002#3,2,1,0	根据配置而定	主轴传感器的种类
4003#7,6,5,4	根据检测器而定	主轴传感器的轮齿的设定
4010#2,1,0	0,0,0	在电动机传感器上使用Mi传感器
4011#2,1,0	根据检测器而定	电动机传感器的轮齿的设定
4007#6	1	不检测与位置反馈信号相关的报警(非C_s轮廓控制方式)
4016#5	0	不检测与位置反馈信号相关的报警(C_s轮廓控制方式)
4056～4059	根据配置而定	主轴与电动机之间的齿轮比
4500～4503	根据配置而定	主轴传感器与主轴之间的任意齿轮比

图 2-83　设置有主轴传感器的轴与主轴不同时的硬件连接及参数设置

项目八　数控系统的其他参数设定

项目导读

与 DI/DO 相关的参数设定
与显示和编辑相关的参数设定
与程序相关的参数设定
与基于 PMC 轴控制相关的参数设定

操作要领及关联知识

一、与 DI/DO 相关的参数设定

1. 与轴互锁选择相关的参数 3003（位路径型参数）

	#7	#6	#5	#4	#3	#2	#1	#0
3003	MVG		DEC	DAU	DIT	ITX		ITL
			DEC		DIT	ITX		ITL

（1）ITL　确定所有轴互锁信号的有效性。

1) 3003#0 = 0 时，有效。

2) 3003#0 = 1 时，无效。

（2）ITX　确定各轴互锁信号的有效性。

1) 3003#2 = 0 时，有效。

2) 3003#2 = 1 时，无效。

（3）DIT　确定不同轴向上互锁信号的有效性。

1) 3003#3 = 0 时，有效。

2) 3003#3 = 1 时，无效。

（4）DEC　用于确定参考点返回操作的减速信号（*DEC1、*DEC2……）的高、低电平有效方式。

1) 3003#5 = 0 时，在信号为 0 时减速。

2) 3003#5 = 1 时，在信号为 1 时减速。

2. 与超程信号检查相关的参数 3004（位主轴型参数）

	#7	#6	#5	#4	#3	#2	#1	#0
3004			OTH				BCY	BSL

其中 OTH 位表示是否进行超程信号检查。

1) 3004#5 = 0 时，进行超程信号检查。

2) 3004#5 = 1 时，不进行超程信号检查。

3. 与返回参考点减速信号地址相关的参数 3013（字轴型参数）

3013	分配用于参考点返回操作时减速信号的 X 地址

此参数用于分配各轴参考点返回操作时的减速信号（*DECn）地址。

4. 与返回参考点减速信号地址相关的参数 3014（字轴型参数）

3014	分配用于参考点返回操作时减速信号 X 地址的位(bit)位置

此参数用于分配各轴用于参考点返回操作的减速信号（*DECn）的位位置。

5. 与 M、S、T 代码位数相关的参数 3030~3032（字节路径型参数）

3030	M 代码允许位数
3031	S 代码允许位数
3032	T 代码允许位数

此组参数用于设定 M、S、T 代码的允许位数。

二、与显示和编辑相关的参数设定

1. 与速度显示相关的参数 3105（位路径型参数）

	#7	#6	#5	#4	#3	#2	#1	#0
3105						DPS	PCF	DPF

（1）DPF　是否显示实际速度。

1) 3105#0 = 0 时，不显示。

2) 3105#0 = 1 时，显示。

（2）PCF　是否将 PMC 控制轴的移动加到实际速度显示。

1) 3105#1 = 0 时，加上去。

2) 3105#1 = 1 时，不加上去。

（3）DPS　是否显示实际主轴转速、T 代码。

1) 3105#2 = 0 时，不显示。

2) 3105#2 = 1 时，显示。

2. 与主轴倍率显示相关的参数 3106（位型参数）

	#7	#6	#5	#4	#3	#2	#1	#0
3106			SOV	OPH				

(1) OPH 是否显示操作记录界面。
1) 3106#4 = 0 时，不显示。
2) 3106#4 = 1 时，显示。
(2) SOV 是否显示主轴倍率值。
1) 3106#5 = 0 时，不显示。
2) 3106#5 = 1 时，显示。

3. 与进给速度和程序显示相关的参数 3107（位路径型参数）

	#7	#6	#5	#4	#3	#2	#1	#0
3107				SOR	GSC			

(1) GSC 设定进给速度显示单位。
1) 3107#3 = 0 时，为每分钟进给速度。
2) 3107#3 = 1 时，进给速度显示取决于参数 3191#5 的设定。
(2) SOR 显示程序一览。
1) 3107#4 = 0 时，按照程序的登录顺序显示。
2) 3107#4 = 1 时，按照程序的名称顺序显示。

4. 与软键显示相关的参数 3111（位路径型参数）

	#7	#6	#5	#4	#3	#2	#1	#0
3111	NPA	OPS	OPM			SVP	SPS	SVS

(1) SVS 是否显示用来显示伺服设定界面的软键。
1) 3111#0 = 0 时，不显示。
2) 3111#0 = 1 时，显示。
(2) SPS 是否显示用来显示主轴设定界面的软键。
1) 3111#1 = 0 时，不显示。
2) 3111#1 = 1 时，显示。
(3) NPA 是否在报警发生时以及操作信息输入时切换到报警/信息界面
1) 3111#7 = 0 时，切换。
2) 3111#7 = 1 时，不切换。

5. 与界面切换相关的参数 3114（位型参数）

	#7	#6	#5	#4	#3	#2	#1	#0
3114		ICU	IGR	IMS	ISY	IOF	IPR	IPO

(1) IPO 决定在显示当前位置界面的过程中按下功能键 POS 时界面是否切换。
1) 3114#0 = 0 时，切换界面。
2) 3114#0 = 1 时，不切换界面。

(2) IPR 决定在显示程序界面的过程中按下功能键 PROG 时界面是否切换。

1) 3114#1 = 0 时，切换界面。

2) 3114#1 = 1 时，不切换界面。

(3) IOF 决定在显示偏置和设定界面的过程中按下功能键 OFFSET SETING 时界面是否切换。

1) 3114#2 = 0 时，切换界面。

2) 3114#2 = 1 时，不切换界面。

(4) ISY 决定在显示系统界面的过程中按下功能键 SYSTEM 时界面是否切换。

1) 3114#3 = 0 时，切换界面。

2) 3114#3 = 1 时，不切换界面。

(5) IMS 决定在显示信息界面的过程中按下功能键 MESSAGE 时界面是否切换。

1) 3114#4 = 0 时，切换界面。

2) 3114#4 = 1 时，不切换界面。

(6) IGR 决定在显示图形界面的过程中按下功能键 GRAPH 时界面是否切换。

1) 3114#5 = 0 时，切换界面。

2) 3114#5 = 1 时，不切换界面。

(7) ICU 决定在显示用户自定义界面的过程中按下功能键 CUSTOM 时界面是否切换。

1) 3114#6 = 0 时，切换界面。

2) 3114#6 = 1 时，不切换界面。

6. 与位置、坐标显示相关的参数 3115（位轴型参数）

	#7	#6	#5	#4	#3	#2	#1	#0
3115					NDF_x		NDA_x	NDP_x

(1) NDP_x 是否进行当前位置显示。

1) 3115#0 = 0 时，显示当前位置。

2) 3115#0 = 1 时，不显示当前位置。

(2) NDA_x 是否进行绝对坐标和相对坐标中的当前位置以及待走量的显示。

1) 3115#1 = 0 时，显示当前位置。

2) 3115#1 = 1 时，不显示当前位置。

7. 与清除 100 号报警相关的参数 3116（位路径型参数）

	#7	#6	#5	#4	#3	#2	#1	#0
3116	MDC	T8D				PWR		

(1) PWR 将设定参数 PWE（8900#0）为 1 时发生报警 SW100（参数写开关处于打开位置）时的清除操作。

1) 3116#2 = 0 时，通过"CAN"键 + "RESET"键操作来清除。

2) 3116#2 = 1 时，通过"RESET"键操作或外部复位"ON"键来清除。

(2) T8D 确定 T 代码显示位数。

1) 3116#6 = 0 时，以 4 位数进行显示。

2) 3116#6 = 1 时，以 8 位数进行显示。

8. 与程序号插入间隔相关的参数 3216（2 字路径型参数）

3216	顺序号自动插入时的增量值

该参数用于设定进行顺序号自动插入时（参数 0000#5 = 1）各程序段之间顺序号的增量值。

9. 与语言显示相关的参数 3281（字节型参数）

3281	显示语言

该参数用于设定系统显示语言。设定值与语言的对应关系见表 2-36。

表 2-36 设定值与语言的对应关系

设定值	0	1	2	3	4	5	6	7	8
语言	英语	日语	德语	法语	中文（繁体）	意大利语	韩语	西班牙语	荷兰语
设定值	9	10	11	12	13	14	15	16	17
语言	丹麦语	葡萄牙语	波兰语	匈牙利语	瑞士语	捷克语	中文（简体）	俄语	土耳其语

10. 与操作禁止相关的参数 3290（位路径型参数）

	#7	#6	#5	#4	#3	#2	#1	#0
3290	KEY	MCM		IWZ	WZO		GOF	WOF

(1) WOF 设定是否禁止从 MDI 键入操作的刀具偏置量（刀具磨损偏置量）。

1) 3290#0 = 0 时，不禁止。

2) 3290#0 = 1 时，禁止。

(2) GOF 设定是否禁止从 MDI 键入操作的刀具形状偏置量。

1) 3290#1 = 0 时，不禁止。

2) 3290#1 = 1 时，禁止。

(3) WZO 设定是否禁止从 MDI 键入操作的工件原点偏置量和工件坐标系偏置量。

1) 3290#3 = 0 时，不禁止。

2) 3290#3 = 1 时，禁止。

(4) IWZ 设定是否禁止自动运行停止中的、从 MDI 键入操作的工件原点偏置量和工件坐标系偏移量（T 系列）。

1) 3290#4 = 0 时，不禁止。

2) 3290#4 = 1 时，禁止。

(5) MCM 设定从 MDI 键入操作的用户宏程序变量。

1) 3290#6 = 0 时，可以设定变量而与方式无关。

2) 3290#6 = 1 时，只有在 MDI 方式下可以进行。

(6) KEY 设定存储器保护键信号。

1) 3290#7 = 0 时，使用 KEY1、KEY2、KEY3 和 KEY4 信号。

2) 3290#7 = 1 时，仅使用 KEY1 信号。

KEY 为 0 的情形与 KEY 为 1 的情形，信号用途是不同的，见表 2-37。

表 2-37 KEY 为不同值时的信号用途

3290#7 = 0				3290#7 = 1			
KEY1	KEY2	KEY3	KEY4	KEY1	KEY2	KEY3	KEY4
允许刀具偏置量、刀具原点偏置量、工件坐标系偏移量（T 系列）的输入	允许设定数据、宏变量、刀具寿命数据的输入	允许程序的登录、编辑，并允许 PMC 数据的输入	允许 PMC 数据（计数器、数据表）的输入	允许程序的登录、编辑，并允许 PMC 数据的输入	不使用		

11. 与界面硬复制相关的参数 3301（位路径型参数）

	#7	#6	#5	#4	#3	#2	#1	#0
3301	HDC							H16

(1) H16 设定界面硬复制的位图数据。

1) 3301#0 = 0 时，256 色。

2) 3301#0 = 1 时，16 色。

(2) HDC 设定界面硬复制功能。

1) 3301#7 = 0 时，无效。

2) 3301#7 = 1 时，有效。

三、与程序相关的参数设定

1. 与小数点输入、绝对/增量方式相关的参数 3401（位路径型参数）

	#7	#6	#5	#4	#3	#2	#1	#0
3401	GSC	GSB	ABS	MAB				DPI
			ABS	MAB				DPI

(1) DPI 设定在可以省略小数点的地址中省略小数点时的数据输入单位。

1) 3401#0 = 0 时，视为最小设定单位（标准型小数点输入）。

2) 3401#0 = 1 时，将其视为 mm、in、度、s 单位（计算器型小数点输入）。

(2) MAB 设定在 MDI 运转中,绝对/增量指令的切换方式。
1) 3401#4 = 0 时,取决于 G90/G91。
2) 3401#4 = 1 时,取决于参数 3401#5。
(3) ABS 设定 MDI 运转中的程序指令为绝对或增量方式。
1) 3401#5 = 0 时,视为增量指令。
2) 3401#5 = 1 时,视为绝对指令。

2. 与开机默认状态设定相关的参数 3402(位路径型参数)

3402	#7	#6	#5	#4	#3	#2	#1	#0
	G23	CLR		FPM	G91			G01
	G23	CLR	G70		G91	G19	G18	G01

(1) G01 设定通电时以及指令清除后运动的默认状态。
1) 3402#0 = 0 时,G00 方式。
2) 3402#0 = 1 时,G01 方式。
(2) G18、G19 设定通电时以及指令清除后平面插补的默认状态,见表 2-38。

表 2-38 平面插补默认状态设定

G19	G18	平面插补默认状态的选择
0	0	G17 方式
0	1	G18 方式
1	0	G19 方式

(3) G91 设定通电时以及指令清除后绝对/相对指令的默认状态。
1) 3402#3 = 0 时,G90 方式。
2) 3402#3 = 1 时,G91 方式。
(4) FPM 设定通电时以及指令清除后进给速度单位的默认状态。
1) 3402#4 = 0 时,G99 或 G95 方式(每转进给)。
2) 3402#4 = 1 时,G98 或 G94 方式(每分钟进给)。
(5) G70 设定英制输入和米制输入指令。
1) 3402#5 = 0 时,G20 为英制输入方式,G21 为米制输入方式。
2) 3402#5 = 1 时,G70 为英制输入方式,G71 为米制输入方式。
(6) CLR 设定 RESET 功能键的作用。
1) 3402#6 = 0 时,置于复位状态。
2) 3402#6 = 1 时,置于清除状态。

3. 与圆弧插补指令相关的参数 3403(位路径型参数)

3403	#7	#6	#5	#4	#3	#2	#1	#0
			CIR					

其中 CIR 设定在圆弧插补指令（G02/G03）、螺旋插补指令（G02/G03）中，没有指定从圆弧起点到圆弧中心坐标增量（I、J、K）和圆弧半径 R 时系统的工作方式。

1) 3403#5 = 0 时，以直线方式移动到终点。
2) 3403#5 = 1 时，发出报警（PS0022）。

4. 与暂停时间单位设定相关的参数 3405（位路径型参数）

	#7	#6	#5	#4	#3	#2	#1	#0
3405			DDP	CCR			DWL	AUX
							DWL	AUX

其中，DWL 设定暂停指令 G04 的时间单位。

1) 3405#1 = 0 时，为每秒钟暂停。
2) 3405#1 = 1 时，在每分钟进给方式下为每秒钟暂停，在每转进给方式下为每转暂停。

四、与基于 PMC 轴控制相关的参数设定

PMC 通过 I/O 模块驱动伺服放大器及伺服电动机，其硬件连接如图 2-84 所示。

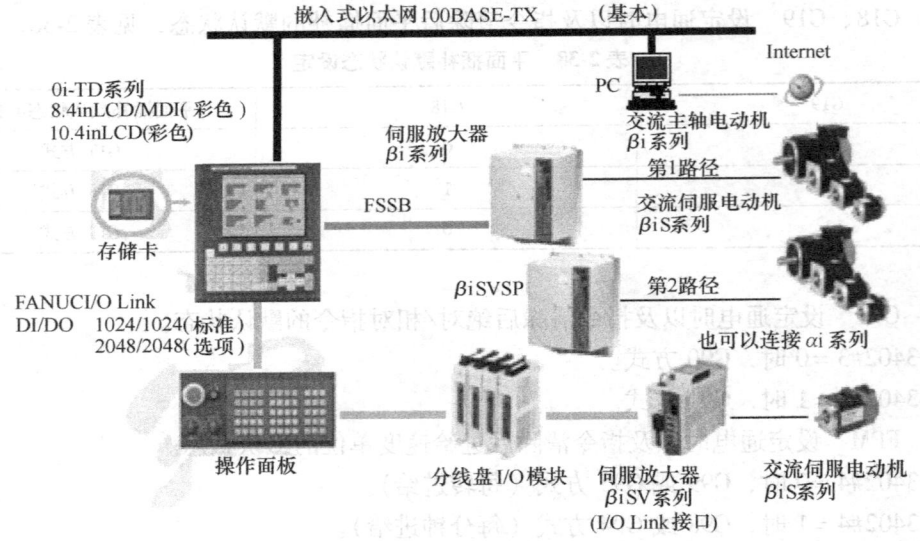

图 2-84 PMC 轴控制硬件连接

1. 与 PMC 轴控制锁住、倍率相关的参数 8001（位路径型参数）

	#7	#6	#5	#4	#3	#2	#1	#0
8001	SKE	AUX	NCC		RDE	OVE		MLE

（1）MLK 设定在 PMC 轴控制中，全轴机械锁住信号 MLK 对 PMC 控制轴是否有效。

1) 8001#0 = 0 时，有效。
2) 8001#0 = 1 时，无效。

（2）OVE 设定在 PMC 轴控制中，与空运行、倍率相关的信号工作方式。

1) 8001#2 = 0 时，使用与 CNC 相同的信号。

2) 8001#2 = 1 时，使用为 PMC 轴控制指定的信号。

PMC 轴控制中，空运行、倍率的设定见表 2-39。

表 2-39 PMC 轴控制中空运行、倍率的设定

信号	8001#2 = 0 （与 CNC 相同的信号）	8001#2 = 1 （为 PMC 轴控制指定的信号）
进给速度倍率信号	*FV0 ~ *FV7 G012	*EFV0 ~ *EFV7 G151
倍率取消信号	OVC G006.4	EOVC G150.5
快速移动倍率信号	ROV1,2 G014.0,G014.1	EROV1,2 G150.0,G150.1
空运行信号	DRN G46.7	EDRN G150.7
快速移动选择信号	RT G19.7	ERT G150.6

（3）RDE 设定在 PMC 轴控制中，空运行在快速移动指令中是否有效。

1) 8001#3 = 0 时，无效。

2) 8001#3 = 1 时，有效。

2. 与 PMC 轴控制速度、暂停时间相关的参数 8002（位路径型参数）

	#7	#6	#5	#4	#3	#2	#1	#0
8002	FR2	FR1	PF2	PF1	F10		DWE	RPD

（1）RPD 设定在 PMC 轴控制中的快速移动速度。

1) 8002#0 = 0 时，为利用参数 1420 设定的进给速度。

2) 8002#0 = 1 时，为由 PMC 轴控制指令的进给速度数据所指定的进给速度。

（2）DWE 设定在 PMC 轴控制中设定单位为 IS-C 时的暂停指令单位。

1) 8002#1 = 0 时，1ms。

2) 8002#1 = 1 时，0.1ms。

（3）F10 设定在 PMC 轴控制中切削进给指令（每分钟进给）的进给速度单位，见表 2-40。

表 2-40 在 PMC 轴控制中切削进给指令速度单位设定

	F10	IS-A	IS-B	IS-C
米制输入时 （mm/min）	0	10	1	0.1
	1	100	10	1
英制输入时 （in/min）	0	0.1	0.01	0.001
	1	1	0.1	0.01

项目九 数控系统参数的综合设定

项目导读

数控系统的参数设定流程
数控系统基本参数综合设定

操作要领及关联知识

对于一个新的数控系统，首先要进行数控系统基本参数的设置，保证实现数控系统的基本运行功能；然后根据工作要求和机床本体刚性进行伺服调整，达到数控机床的最大工作效能以及加工精度。

一、数控系统的基本参数设定流程

数控系统的基本参数设定流程如图 2-85 所示。

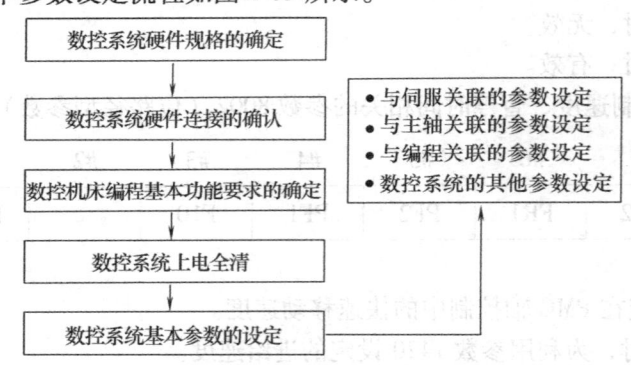

图 2-85 数控系统的基本参数设定流程

1. 数控系统硬件规格的确定

数控系统很多参数的设定与数控系统各部件的型号规格相关，特别是伺服参数的设定、主轴参数的设定等。此外，数据系统参数的设定还与数控机床主运动、进给运动机械传动方式相关。因此，进行数控系统参数设定前要确定数控系统硬件的型号规格及运动的传动方式，具体内容如图 2-86 所示。

2. 数控系统硬件连接的确认

参数设定前，数控系统的硬件必须正确连接，硬件连接需要确认的内容如图 2-87 所示。

3. 数控机床编程的基本功能要求

参数设定应满足数控系统的编程功能要求，具体要求如图 2-88 所示。

4. 数控系统上电全清

新安装的数控系统或是经过维修后的数控系统，第一次通电时最好先进行上电全清操作，上电全清后出现系列报警，如图 2-89 所示。当参数设定完整后可消除这些报警。

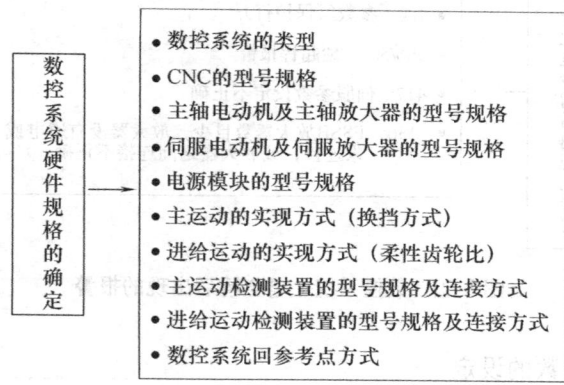

图 2-86　数控系统硬件规格的确定

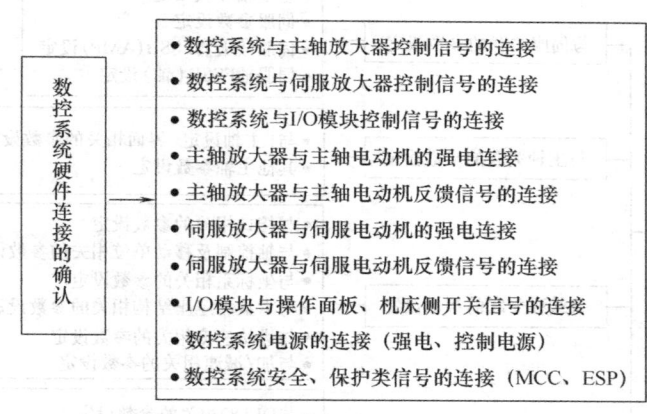

图 2-87　数控系统硬件连接的确认

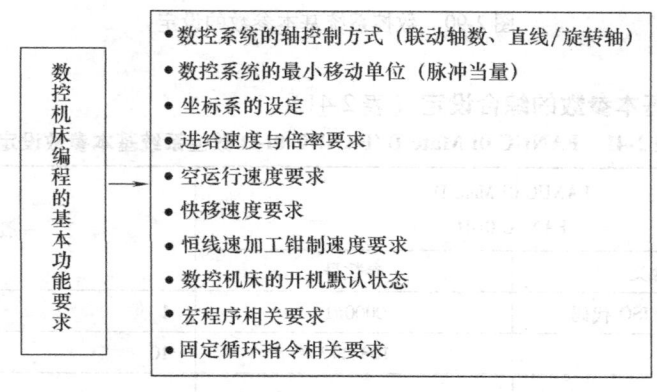

图 2-88　数控机床编程的基本功能要求

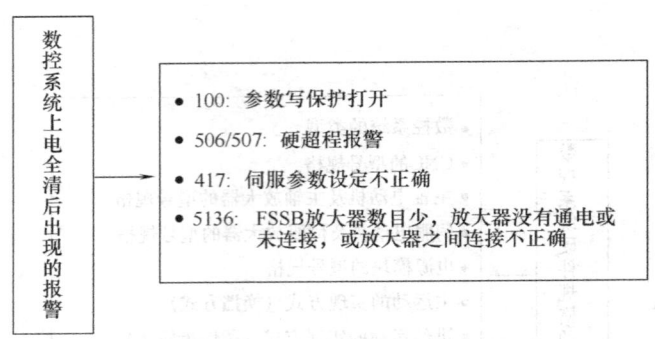

图 2-89　数控系统上电全清后出现的报警

5. 数控系统基本参数的设定

数控系统基本参数的设定内容如图 2-90 所示。

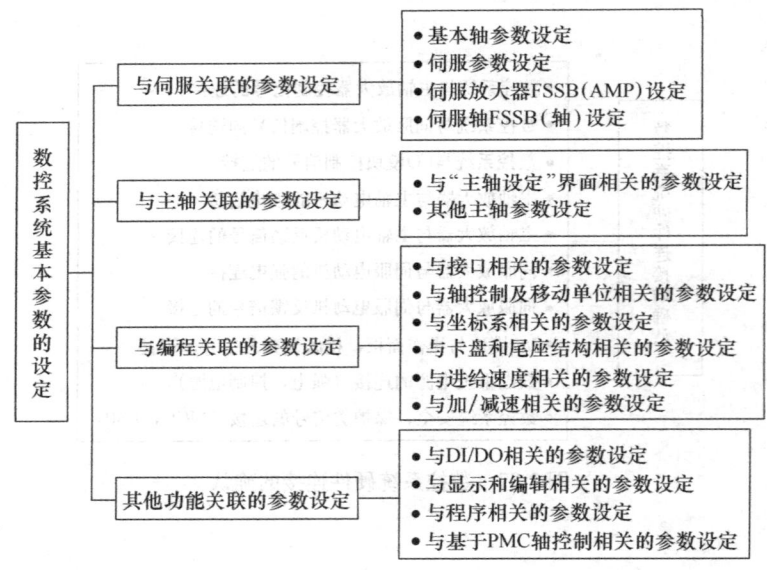

图 2-90　数控系统基本参数的设定

二、数控系统基本参数的综合设定（表 2-41）

表 2-41　FANUC 0i Mate-D/FANUC 0i-D 数控系统基本参数设定

序号	参数含义	FANUC 0i Mate-D / FANUC 0i-D 参数号	一般推荐值
1	程序输出格式为 ISO 代码	0000#1	1
2	数据传输波特率	103,113	10
3	I/O 通道	20	0,1 为 232 口,4 为存储卡

(续)

序号	FANUC 0i Mate-D / FANUC 0i-D 参数含义	参数号	一般推荐值
4	米制/英制	1001#0	0 为米制单位 1 为英制单位
5	联动轴数	1002#0	0 为 1 轴控制 1 为 3 轴控制
6	未回零执行自动运行	1005#0	调试时为 1
7	无挡块回参考点设定为有效	1005#1	1
8	设定直线轴/旋转轴	1006#1　1006#0	0、0 为直线轴 0、1 为旋转轴
9	设定半径编程/直径编程	1006#3	0 为半径编程 1 为直径编程
10	手动返回参考点方向	1006#5	0 为正方向 1 为负方向
11	最小输入单位	1013#1、1013#0	0、0 为最小输入单位为 IS-B
12	轴名称	1020	88(X),89(Y),90(Z),65(A),66(B),67(C)
13	轴属性	1022	1,2,3
14	轴连接顺序	1023	1,2,3
15	存储行程限位正极限	1320	调试为 99999999
16	存储行程限位负极限	1321	调试为 -99999999
17	未回零执行手动快速	1401#0	调试为 1
18	G00 运行轨迹设定	1401#1	0 为非直线插补定位
19	空运行速度	1410	1000 左右
20	各轴快移速度	1420	8000 左右
21	各轴手动速度	1423	4000 左右
22	各轴手动快移速度	1424	可为 0,同 1420
23	各轴返回参考点 FL 速度	1425	300~400
24	最大切削进给速度	1430	8000 左右
25	快移时间常数	1620	50~200
26	切削时间常数	1622	50~200
27	JOG 时间常数	1624	50~200
28	分离型位置检测器	1815#1	1 为全闭环
29	电动机绝对编码器	1815#5	1 为伺服带电池
30	各轴指令倍乘比 CMR	1820	计算确定
31	各轴参考计数器容量	1821	计算确定
32	各轴位置环增益	1825	3000

（续）

序号	FANUC 0i Mate-D / FANUC 0i-D 参数含义	参数号	一般推荐值
33	各轴到位宽度	1826	20~100
34	各轴移动位置偏差极限	1828	调试 10000
35	各轴停止位置偏差极限	1829	200
36	各轴反向间隙	1851	实际测量确定
37	FSSB 自动设定方式	1902#0	0
38	P-I 控制方式	2003#3	1
39	单脉冲消除功能	2003#4	1 为停止时微小振动设
40	虚拟串行反馈功能	2009#0	1 为如果不带电动机
41	电动机代码	2020	根据实际使用电动机查表确定，如 256
42	负载惯量比	2021	200 左右
43	电动机旋转方向	2022	111 为顺时针旋转 -111 为逆时针旋转
44	速度反馈脉冲数	2023	8192
45	位置反馈脉冲数	2024	12500 为半闭环电动机一转时移动的微米数，全闭环
46	柔性齿轮比（分子）N	2084,2085	根据转动比计算
47	互锁信号无效	3003#0	*IT(G8.0),调试时设为 1
48	各轴互锁信号无效	3003#2	*ITX - *IT4(G130),调试时设为 1
49	各轴方向互锁信号无效	3003#3	*ITX - *IT4(G132,G134),调试时设为 1
50	减速信号极性	3003#5	0 为行程（常闭）开关 1 为接近（常开）开关
51	超程信号无效	3004#5	出现 506,507 报警时设定为 1
52	实际进给速度显示	3105#0	1
53	主轴速度和 T 代码显示	3105#2	1
54	主轴倍率显示	3106#5	1
55	实际手动速度显示	3108#7	1
56	伺服调整界面显示	3111#0	1
57	主轴监控界面显示	3111#1	1
58	操作监控界面显示	3111#5	1
59	简体中文显示	3281	15
60	指令数值单位	3401#0	0 为 μm 1 为 mm
61	各轴参考点螺补号	3620	实测
62	各轴负极限螺补号	3621	

(续)

序号	FANUC 0i Mate-D / FANUC 0i-D 参数含义	参数号	一般推荐值
63	各轴正极限螺补号	3622	
64	螺补数据放大倍数	3623	
65	螺补间隔	3624	
66	主轴数设定	3701#1、4	0,0 为 1 个主轴
67	主轴齿轮选择方式	3706#4	0 为 M 类型 1 为 T 类型
68	主轴倍率信号使用	3713#4	0 为不使用 1 为使用
69	使用串行主轴	3716#0	1
70	主轴放大器号	3717	1
71	主轴显示的下标	3718	80
72	位置编码器的脉冲数	3720	4096
73	主轴电动机最低钳制速度	3735	计算确定
74	主轴电动机最高钳制速度	3736	限制值/最大值 4095
75	各挡主轴最高转速	3741~3744	计算确定
76	是否使用位置编码器	4002#1	1 为使用
77	主轴电动机参数初始化位	4019#7	1
78	主轴电动机代码	4133	332
79	CNC 控制轴数	8130	
80	手轮是否有效	8131#0	0 为不使用 1 为使用

模块三　数控系统 PMC 编程

项目十　认识数控机床用 PMC

项目导读

PMC 的基本结构
PMC 的工作原理
数控机床用 PMC 的类型
数控机床用 PMC 与外部的信号交换
PMC 的程序结构及工作过程
FANUC 0i-D 系列的 PMC 基本规格

操作要领及关联知识

数控机床作为自动控制设备，是根据用户程序要求自动进行工作的。数控机床除了对坐标轴进给运动进行位置伺服控制外，还要对机床辅助运动进行顺序控制。顺序控制主要以 CNC 内部和机床的各种行程开关、传感器、操作面板按钮、继电器等开关量信号状态为触发条件，按照预先设计的逻辑顺序实现对诸如主轴正转、反转、起动和停止，刀具交换，工件夹紧、松开，工作台交换，切削液开、关和润滑系统起停等的顺序控制。数控机床用可编程序控制器（Programmable Machine Control，PMC）可完成顺序逻辑控制。

一、PMC 基本结构

1. PMC 的硬件结构

PMC 实质上是一种工业控制用的专用计算机，由硬件系统和软件系统两大部分组成。PMC 的基本构成如图 3-1 所示，CPU 是 PMC 的核心部件，其上不仅有 CPU 集成芯片，而且还有一定数量的内存储器 RAM 和系统程序存储器 EPROM。CPU、各种存储器和输入/输出（I/O）模块之间采用总线结构。

2. PMC 的软件结构

PMC 的软件包括系统程序和用户程序。

（1）系统程序　系统程序包括监控程序、编译程序及诊断程序等。监控程序又称为管理程序，主要用于管理整机；编译程序用来把程序语言翻译成机器语言；诊断程序用来诊断机器故障。系统程序由 PMC 生产厂家提供，并固化在 EPROM 中，用户不能直接存取，故也不需要用户干预。

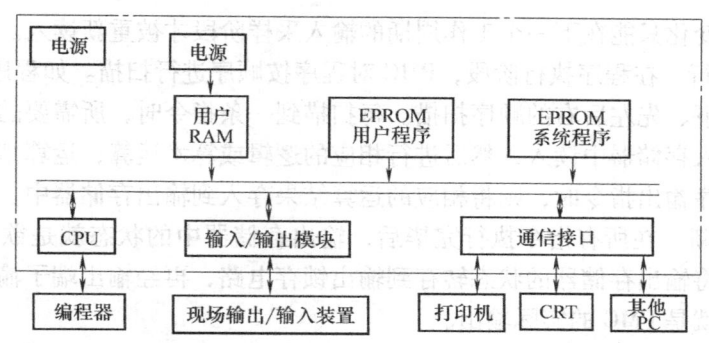

图 3-1　PMC 基本构成

（2）用户程序　用户程序是用户根据机床控制需要，用 PMC 程序语言编制的应用程序，用以实现各种控制要求。FANUC 数控系统的 PMC 用户程序可以通过数控系统梯形图编辑界面在线编辑或通过 LADDER 专用软件编辑。小型数控机床的 PMC 用户程序比较简单，不需要分段，可按顺序编制；多轴联动数控机床的 PMC 用户程序很长，比较复杂。为使用户程序简单清晰，可按功能结构或使用目的将用户程序划分成各个程序模块，每个模块用来解决一个确定的技术功能，这样使编制的程序容易理解，同时程序人员能方便地对程序进行调试和修改。

二、PMC 工作原理

用户程序输入到用户存储器，CPU 对用户程序循环扫描并顺序执行，这是 PMC 的基本工作原理。所谓扫描与顺序执行是指，只要 PMC 接通电源，CPU 就对用户存储器的程序进行扫描，即从第一条用户程序开始顺序执行，直到用户程序的最后一条，形成一个扫描周期，周而复始。用梯形图形象地说就是从上至下，从左至右，逐行扫描执行梯形图所描述的逻辑功能。目前在 PMC 中，执行每条指令的平均时间可达微秒（μs）级。

对用户程序的扫描、执行过程可分为三个阶段，即输入采样、程序执行和输出刷新。无论是哪个阶段，均采用扫描的工作方式，如图 3-2 所示。

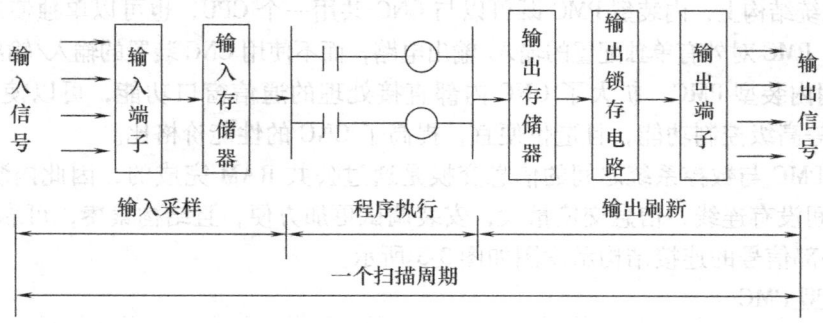

图 3-2　PMC 的一个扫描周期

（1）输入采样　在输入采样阶段，PMC 以扫描方式将所有输入端的输入信号状态（ON/OFF 状态）读入到输入存储器中，称为对输入信号的采样。接着进入程序执行阶段，在程序执行期间，即使外部信号状态变化，输入存储器的内容在一个扫描周期中也不会改变，输入状态的变化只能在下一个工作周期的输入采样阶段才被重新读入。

（2）程序执行 在程序执行阶段，PMC 对程序按顺序进行扫描。如程序用梯形图表示，则总是按先上后下、先左后右的顺序扫描。每扫描到一条指令时，所需要的输入状态或其他元素的状态从输入存储器中读入，然后进行相应的逻辑或算术运算，运算结果再存入专用寄存器。若执行程序输出指令时，则将相应的运算结果存入到输出存储器中。

（3）输出刷新 在所有指令执行完毕后，输出存储器中的状态就是欲输出的状态。在输出刷新阶段，将输出存储器的状态转存到输出锁存电路，再经输出端子输出信号去驱动用户输出设备，这就是 PMC 的实际输出。

PMC 重复地执行上述三个阶段，每重复一次就是一个工作周期（或称扫描周期），而工作周期的长短与程序的长短有关。

三、数控机床用 PMC 的类型

数控机床用 PMC 分为两类：一类是专为实现数控机床顺序控制而设计制造的内装型 PMC；另一类是输入/输出技术规范的，输入/输出点数、程序存储容量以及运算和控制功能等均能满足数控机床控制要求的独立型 PMC。

1. 内装型 PMC

内装型 PMC 从属于 CNC 装置，PMC 与数控系统之间的信号传送在 CNC 装置内部就可完成，而 PMC 与机床侧的信息传送则要通过输入/输出接口来完成。

内装型 PMC 具有如下特点：

1）内装型 PMC 实际上是 CNC 装置带有的 PMC 功能，一般是作为一种可选功能提供给用户。

2）内装型 PMC 的性能指标（如输入/输出点数、程序最大步数、每步执行时间、程序扫描周期、功能指令数目等）是根据所从属的 CNC 系统的规格、性能、适用机床的类型等确定的，其硬件和软件部分是被作为 CNC 系统的基本功能或附加功能与 CNC 系统一起统一设计制造的。因此，PMC 的硬件和软件整体结构十分紧凑，其所具有的功能针对性强，技术指标较合理、实用，适用于单台数控机床的场合。

3）在系统结构上，内装型 PMC 既可以与 CNC 共用一个 CPU，也可以单独使用一个 CPU。单独使用时，PMC 对外有单独配置的输入/输出电路，而不使用 CNC 装置的输入/输出电路。

4）采用内装型 PMC，扩大了 CNC 内部直接处理的通信窗口功能，可以使用梯形图的编辑和传送等高级控制功能，且造价便宜，提高了 CNC 的性能价格比。

内装型 PMC 与数控系统之间的信息交换是通过公共 RAM 完成的，因此内装型 PMC 与数控系统之间没有连线，信息交换量大，安装调试更加方便，且结构紧凑，可靠性好。内装型 PMC 与外部信号的连接结构示意图如图 3-3 所示。

2. 独立型 PMC

独立型 PMC 又称通用型 PMC。独立型 PMC 独立于 CNC 装置，有完整的硬件和软件结构，是能独立完成规定控制任务的装置。数控机床用独立型 PMC，一般采用模块化结构，装在插板式笼箱内，它的 CPU 系统程序、用户程序、输入/输出电路、通信等均设计成独立的模块。独立型 PMC 主要用于 FMS、CIMS 形式中的 CNC 机床，具有较强的数据处理、通信和诊断功能，成为 CNC 与上级计算机联网的重要设备。独立型 PMC 与外部信号的连接如图 3-4 所示。

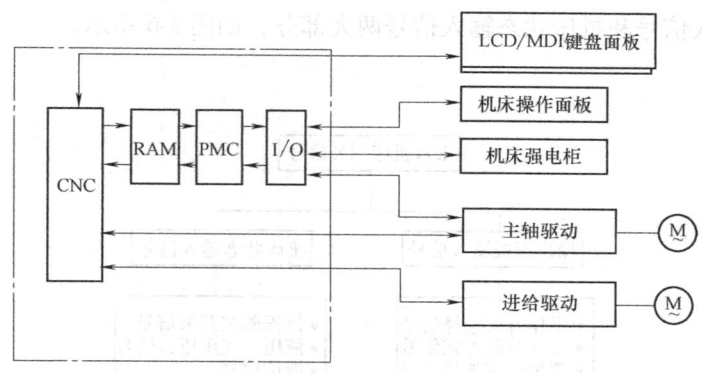

图3-3 内装型PMC与外部信号的连接

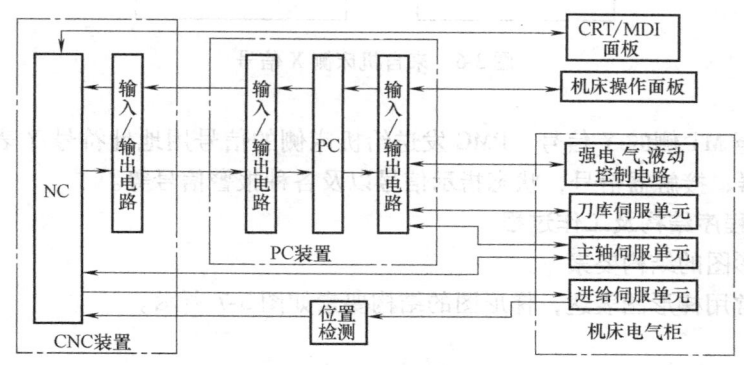

图3-4 独立型PMC与外部信号的连接

四、数控机床用PMC与外部的信号交换

数控机床用PMC与外部的信号交换包括PMC与CNC的信号交换以及PMC与机床侧的信号交换,如图3-5所示。

图3-5 PMC与外部的信息交换

1. PMC与CNC的信号交换

(1) 来自CNC侧的F信号 PMC接收到的来自CNC侧的信号用地址符号F表示,包括各种功能指令代码M、S、T的信息,手动、自动方式的信息以及各种使能信号。

(2) 发送至CNC侧的G信号 PMC发送至CNC侧的信号用地址符G表示,包括实现M、S、T功能的应答信号,各坐标轴对应的机床参考点信号等。

所有CNC送至PMC或PMC送至CNC的信息含义及地址均由数控系统厂家定义,PMC的编程用户只能够使用这些信号,不能改变或增删。

2. PMC与MT的信号交换

(1) 来自MT侧的X信号 PMC接收到的来自机床侧的信号用地址符号X表示,包括机床操作面板输入信号和机床状态输入信号两大部分，如图3-6所示。

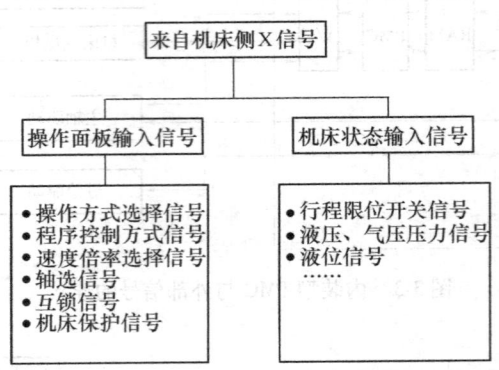

图3-6 来自机床侧X信号

（2）发送至MT侧的Y信号 PMC发送给机床侧的信号用地址符号Y表示，包括驱动电磁阀、继电器、接触器信号，状态指示信号以及各种报警信号等。

五、PMC程序结构及工作过程

1. PMC梯形图的结构要素

PMC程序常用梯形图表达，梯形图的结构要素如图3-7所示。

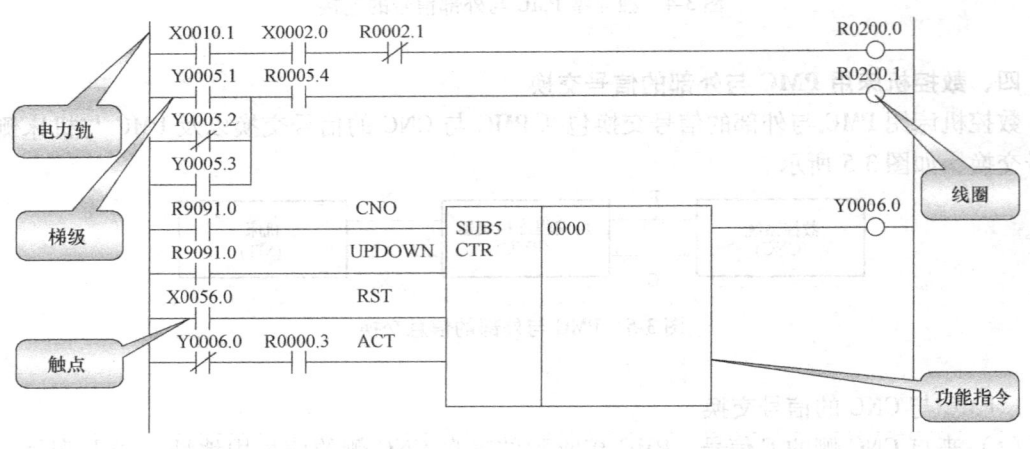

图3-7 PMC梯形图的结构要素

图中左右两条竖直线为母线，两母线之间的横线为梯级，每个梯级又由一行或数行构成。每行由触点（常开、常闭）、继电器线圈、功能指令模块等构成。

2. PMC程序结构及执行过程

PMC程序由第一级程序、第二级程序和若干个子程序构成，如图3-8所示。

(1) 第一级程序 第一级程序又称高级程序，每 8ms 执行一次，用于处理短脉冲信号，包括急停、各轴超程、返回参考点减速、外部减速、跳步、到达测量位置和进给暂停等信号。一级程序用功能符号 END1 结束。

(2) 第二级程序 第二级程序称为通常程序，其处理的优先级别低于第一级程序。一级程序在每个 8ms 扫描周期都先扫描执行。8ms 当中的 1.25ms 用于执行第一级和第二级程序，剩余时间由数控系统使用。每个 8ms 中的 1.25ms 时间内扫描完第一级程序后，在剩余时间再扫描二级程序，如果二级程序在一个 8ms 规定时间内不能扫描完成，它会被分割成 n 段来执行。二级程序用功能符号 END2 结束。

(3) PMC 程序的扫描周期 由此看来，一级程序的长短决定了二级程序的分隔数，也就决定了整个程序的循环处理周期。因此一级程序编制时应尽量短，只把一些需要快速响应的程序放在一级程序中。PMC 程序的扫描周期如图 3-9 所示。

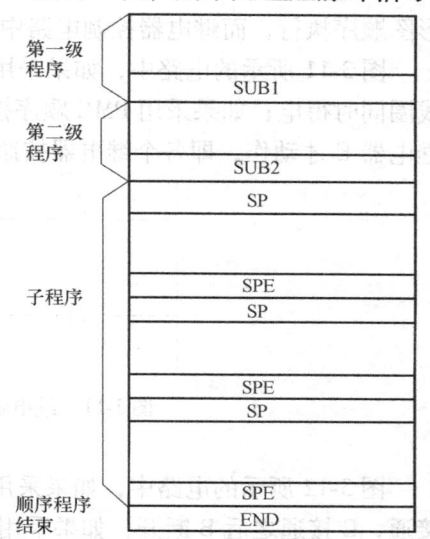

图 3-8 PMC 的程序结构

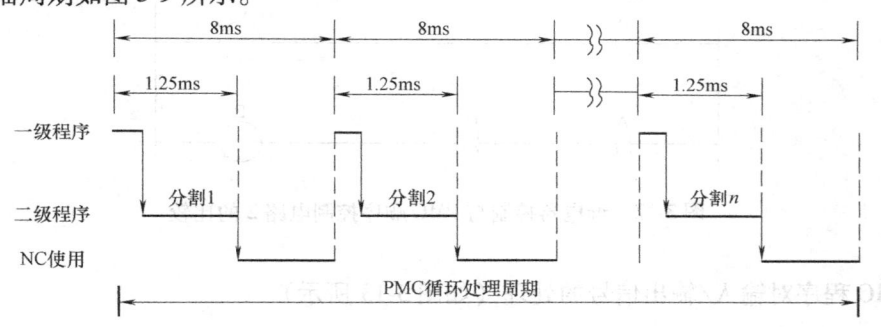

图 3-9 PMC 程序的扫描周期

(4) PMC 功能模块 PMC 程序使用了结构化功能模块编程，即将每一个功能模块用子程序表达。子程序必须在第二级程序后指定，以符号 SP 开始，以符号 SPE 结束。整个子程序必须在顺序程序结束指令 END 之前结束。子程序结构如图 3-10 所示。

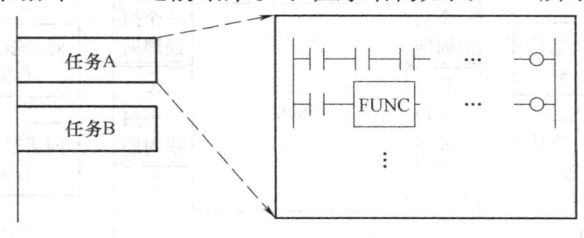

图 3-10 子程序结构

3. PMC 程序的顺序执行特点

PMC 程序由内部软件控制，和传统继电器控制电路有着根本的区别。PMC 程序按照梯形图顺序执行，而继电器控制电路中同一触点可以实现同时动作。

图 3-11 所示的电路中，如果采用继电器控制，当继电器触点 A 闭合时，继电器 D 和 E 线圈同时得电；如果采用 PMC 顺序控制，则当继电器 A 动作时，继电器 D 首先动作，然后继电器 E 才动作，即各个继电器按照梯形图中的顺序动作。

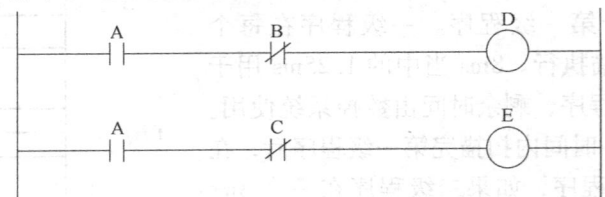

图 3-11　继电器控制与 PMC 顺序控制电路 1 的比较

图 3-12 所示的电路中，如果采用继电器控制，当继电器触点 A 接通后，B、C 线圈同时接通，C 接通之后 B 断开；如果采用 PMC 顺序控制，继电器触点 A 接通后 C 接通，C 常闭触点断开，继电器线圈 B 并不接通，这是因为 PMC 程序执行时，是按照梯形图从上到下、从左到右顺序执行。

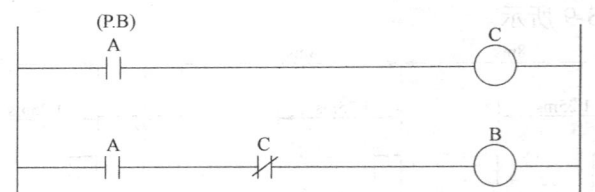

图 3-12　继电器控制与 PMC 顺序控制电路 2 的比较

4. PMC 程序对输入/输出信号的处理（如图 3-13 所示）

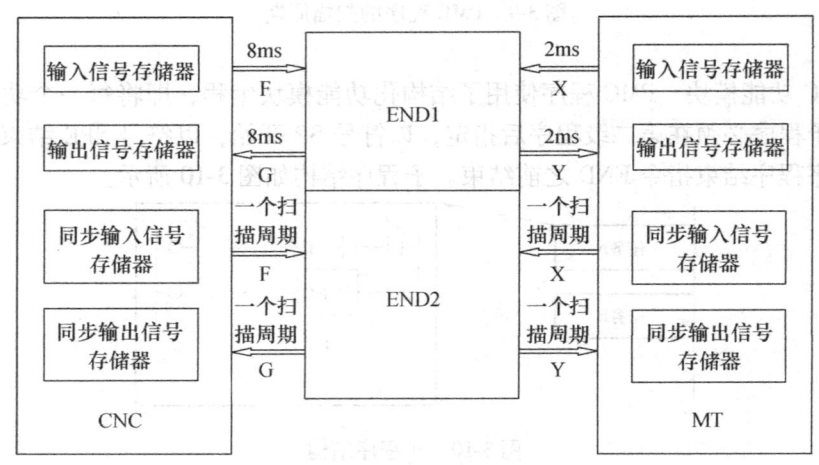

图 3-13　PMC 程序对输入/输出信号的处理

(1) 关于输入信号的处理 来自 CNC 侧和来自机床侧的输入信号存放在相应的存储器中，工作过程如下：

1) 来自 CNC 侧的输入信号（一级程序用）存放在 CNC 侧的输入信号存储器中，此类信号每隔 8ms 被传送至 PMC，一级程序直接读取此存储器中的信号。

2) 来自机床侧的输入信号（一级程序用）存放在机床侧的输入信号存储器中，此类信号每隔 2ms 被读取和传送至 PMC，一级程序直接读取此存储器中的信号。

3) 来自 CNC 侧、机床侧的输入信号（二级程序用）存放在二级程序同步输入信号存储器中，此存储器中存储的输入信号（CNC、机床侧）专门传送至二级程序进行处理，只有在开始执行二级程序时，存储器中的信号才会被二级程序读取。换句话说，在二级程序的执行当中，此存储器中的信号不随外部输入信号的变化而变化。

(2) 关于输出信号的处理 PMC 输出信号的处理过程如下：

1) 至 CNC 侧的输出信号（一级程序处理结果）存放在 CNC 侧的输出信号存储器中，每隔 8ms 输出到此存储器中。

2) 至机床侧的输出信号（一级程序处理结果）存放在机床侧的输出信号存储器中。此存储器上存储的至机床侧的输出信号，每隔 2ms 传送至机床侧。

由此可以看出，第一级程序对于输入信号的读取和相应输入信号的状态是同步的，而输出是以 8ms 为周期进行输出且不受二级程序长短的影响；二级程序的输入信号因为受同步输入存储器和 PMC 执行周期的影响，产生采样的滞后和缺失，故输出也相对于一级程序的扫描而延迟。

六、FANUC 0i-D 系列 PMC 基本规格

FANUC 0i-D 系列 PMC 基本规格见表 3-1。

表 3-1 FANUC 0i-D 系列 PMC 基本规格

功能		0i-D 系列的 PMC	0i-D/0i Mate-D 系列的 PMC/L
编程语言		梯形图	梯形图
梯形图级别数		3	2
级别 1 执行周期		8ms	8ms
处理速度	●基本指令	25ns/步	1μs/步
程序容量	●梯形图 ●符号/注释 ●信息	最大约 32,000 步 1 KB ~ 231.6 KB 8 KB ~ 231.6 KB	最大约 8,000 步 1 KB ~ 77.6 KB 8 KB ~ 77.6 KB
指令	●基本指令 ●功能指令	14 93（105）	14 92（105）
指令（有 PMC 梯形图指令扩展功能选项的情形）	●基本指令 ●功能指令	24 218（230）	24 217（230）
CNC 接口	●输入（F） ●输出（G）	768 B×2 768 B×2	768 B 768 B

(续)

功能		0i-D 系列的 PMC	0i-D/0i Mate-D 系列的 PMC/L
DI/DO	• I/O Link • 输入(X) • 输出(Y)	最大 2 048 点 最大 2 048 点	最大 1 024 点 最大 1 024 点
符号/注释 (注释5)	• 符号字符数 • 注释字符数	40 个字符 255 个字符	40 个字符 255 个字符
程序保存区(FLASH ROM)		最大 384 KB	128 KB
PMC 存储器			
	• 内部继电器(R)	8 000 B	1 500 B
	• 系统继电器 (R9000)	500 B	500 B
	• 扩展继电器(E)	10 000 B	10 000 B
信息显示(A)	• 显示请求 • 状态显示	2 000 点 2 000 点	2 000 点 2 000 点
保持型存储器			
定时器(T)	• 可变定时器 • 定时器精度	500 B(250 个) 500 B(250 个)	80 B(40 个) 80 B(40 个)
计数器(C)	• 可变计数器 • 固定计数器	400 B(100 个) 200 B(100 个)	80 B(20 个) 40 B(20 个)
保持继电器 (K)	• 用户区域 • 系统区域	100 B 100 B	20 B 100 B
	• 数据表(D)	10 000 B	3 000 B
功能指令			
	• 可变定时器(TMR)	250 个	40 个
	• 固定定时器(TMRB/TMRBF)	500 个	100 个
	• 可变计数器(CTR)	100 个	20 个
	• 固定计数器(CTRB)	100 个	20 个
	• 上升沿/下降沿检测(DIFU/DIFD)	1 000 个	256 个
	• 标签(LBL)	9 999 个	9 999 个
	• 子程序(SP)	5 000 个	512 个

项目十一　DI/DO 接口的信号定义及地址分配

项目导读

PMC 信号地址
PMC 信号地址表
I/O Link 接口的设定

操作要领及关联知识

一、PMC 信号

PMC 与外部设备之间交换的信号包括来自机床侧的输入信号 X，来自数控系统侧的输入信号 F，向机床侧的输出信号 Y，向数控系统侧的输出信号 G。其中，有些来自机床侧的输入信号，其接口地址是固定的，直接从机床侧输入到 CNC 中，成为高速处理信号。由 MT 向 CNC 的输入信号（DI）和由 CNC 向 MT 的输出信号（DO）之间的传递关系如图 3-14 所示。

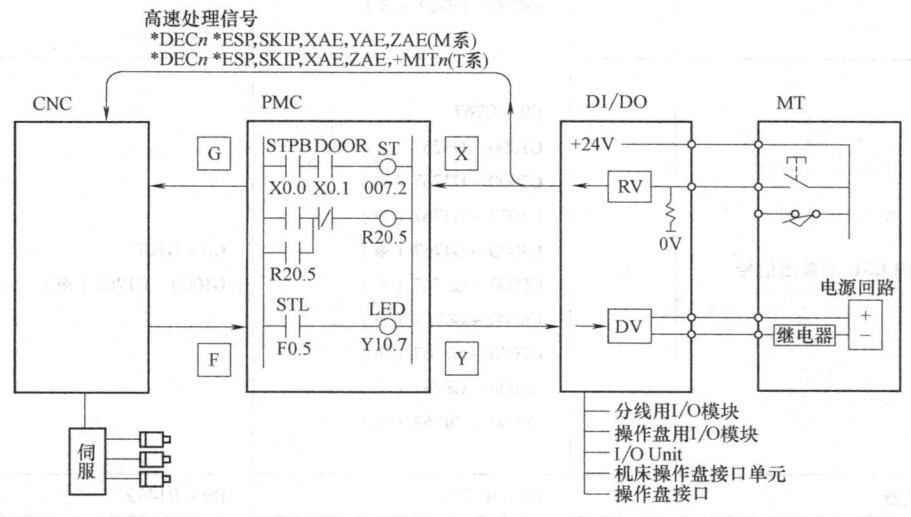

图 3-14　CNC、MT 之间的信号传递

1. PMC 信号地址

FANUC 0i-D 系列数控系统的 PMC 信号地址表示方法是用一个指定的字母表示信号的类型，用字母后的数字表示信号地址。FANUC 0i-D 系列数控系统的 PMC 信号地址见表 3-2。

表 3-2　FANUC 0i-D 系列 PMC 信号地址一览表

信号的种类		符号	0i-D 系列的 PMC	0i-D/0i Mate-D 系列的 PMC/L
从机床向 PMC 的输入信号		X	X0～X127 X200～X327 X400～X527（※） X600～X727（※） X1000～X1127（※）	X0～X127 X200～X327（※） X1000～X1127（※）
从 PMC 向机床的输出信号		Y	Y0～Y127 Y200～Y327 Y400～Y527（※） Y600～Y727（※） Y1000～Y1127（※）	Y0～Y127 Y200～Y327（※） Y1000～Y1127（※）
从 CNC 向 PMC 的输入信号		F	F0～F767 F1000～F1767 F2000～F2767（※） F3000～F3767（※） F4000～F4767（※） F5000～F5767（※） F6000～F6767（※） F7000～F7767（※） F8000～F8767（※） F9000～F9767（※）	F0～F767 F1000～F1767（※）
从 PMC 向 CNC 的输出信号		G	G0～G767 G1000～G1767 G2000～G2767（※） G3000～G3767（※） G4000～G4767（※） G5000～G5767（※） G6000～G6767（※） G7000～G7767（※） G8000～G8767（※） G9000～G9767（※）	G0～G767 G1000～G1767（※）
内部继电器		R	R0～R7999	R0～R1499
系统继电器		R	R9000～R9499	R9000～R9499
扩展继电器		E	E0～E9999	E0～E9999
信息显示	● 显示请求 ● 状态显示	A	A0～A249 A9000～A9249	A0～A249 A9000～A9249

(续)

信号的种类		符号	0i-D 系列的 PMC	0i-D/0i Mate-D 系列的 PMC/L
定时器	● 可变定时器 ● 可变定时器精度用(※)	T	T0 ~ T499 T9000 ~ T9499	T0 ~ T79 T9000 ~ T9079
计数器	● 可变计数器 ● 固定计数器	C	C0 ~ C399 C5000 ~ C5199	C0 ~ C79 C5000 ~ C5039
保持继电器	● 用户区 ● 系统区	K	K0 ~ K99 K900 ~ K999	K0 ~ K19 K900 ~ K999
数据表		D	D0 ~ D9999	D0 ~ D2999
标签		L	L1 ~ L9999	L1 ~ L9999
子程序		P	P1 ~ P5000	P1 ~ P512

注：表中带※的地址请勿在用户程序中使用，它们是 PMC 管理软件的预留区。

2. 地址固定的输入信号

FANUC 0i-D 系列数控系统从机床侧输入的高速信号地址是固定的，这些信号包括各轴测量位置到达信号、各轴返回参考点减速信号、跳转信号以及急停信号等，见表 3-3。在硬件连接时，务必保证这些信号连接在指定的地址上，确保数控系统在运行时能够直接引用这些地址信号。

表 3-3　接口地址固定的输入信号

	信号	符号	地址	
			当使用 I/O Link 时	当使用内装 I/O 卡时
T 系列	X 轴测量位置到达信号	XAE	X4.0	X1004.0
	Z 轴测量位置到达信号	ZAE	X4.1	X1004.1
	刀具补偿测量值直接输入功能 B(+X 方向信号)	+MIT1	X4.2	X1004.2
	刀具补偿测量值直接输入功能 B(-X 方向信号)	-MIT1	X4.3	X1004.3
	刀具补偿测量值直接输入功能 B(+Z 方向信号)	+MIT2	X4.4	X1004.4
	刀具补偿测量值直接输入功能 B(-Z 方向信号)	-MIT2	X4.5	X1004.5
M 系列	X 轴测量位置到达信号	XAE	X4.0	X1004.0
	Y 轴测量位置到达信号	YAE	X4.1	X1004.1
	Z 轴测量位置到达信号	ZAE	X4.2	X1004.2

(续)

信号		符号	地址	
			当使用 I/O Link 时	当使用内装 I/O 卡时
M、T系列共用	跳转(SKIP)信号	SKIP	X4.7	X1004.7
	急停信号	※ESP	X8.4	X1008.4
	第1轴参考点返回减速信号	※DEC1	X9.0	X1009.0
	第2轴参考点返回减速信号	※DEC2	X9.1	X1009.1
	第3轴参考点返回减速信号	※DEC3	X9.2	X1009.2
	第4轴参考点返回减速信号	※DEC4	X9.3	X1009.3
	第5轴参考点返回减速信号	※DEC5	X9.4	X1009.4
	第6轴参考点返回减速信号	※DEC6	X9.5	X1009.5
	第7轴参考点返回减速信号	※DEC7	X9.6	X1009.6
	第8轴参考点返回减速信号	※DEC8	X9.7	X1009.7

注：带※的信号为低电平有效。

3. 典型 PMC 地址信号的应用说明

(1) 内部继电器、系统继电器 R　在梯形图中，经常需要中间继电器做辅助运算。FANUC 0i-D 系统的内部继电器的地址是 R0～R7999、共 8000 个字节，FANUC 0i Mate-D 系统的内部继电器的地址是 R0～R1499、共 1500 个字节，均作为通用中间继电器使用。R9000～R9499 共 500 个字节作为 PMC 系统继电器的地址，是 PMC 管理软件为控制顺序程序而使用的区域，并且作为功能指令运算结果等的部分地址，在顺序程序中也可以作为控制条件使用。系统继电器不能用作梯形图中的线圈使用。

1) R9000 作为功能指令 ADDB、SUBB、MULB、DIVB、COMPB 的运算输出寄存器时，含义如下：

2) R9000 作为功能指令 EXIN、WINDR、WINDW 的错误输出寄存器时，含义如下：

3) R9002～R9005 作为功能指令 DIVB 的运算输出寄存器，输出执行功能指令 DIVB 的结果余数。

4）R9091 作为系统定时器，有 4 个信号可供使用，如下：

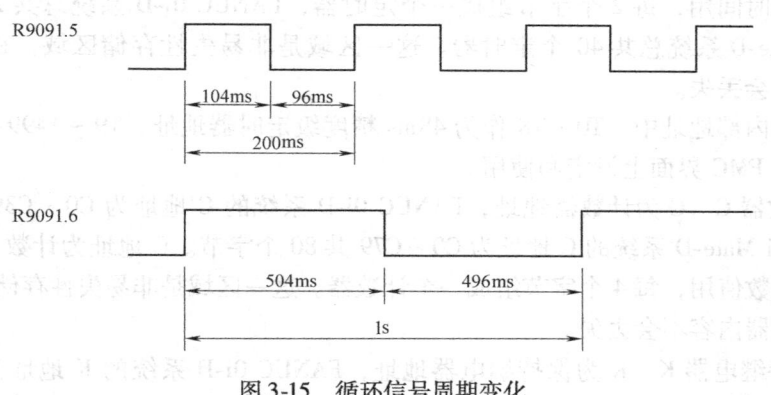

| | #7 | #6 | #5 | #4 | #3 | #2 | #1 | #0 |

R9091

         ⇑   ⇑   ⇑   ⇑

      1s 的循环信 200ms 的   始终 始终
      号 504msON，循环信号   ON   OFF
      496msOFF 104msON，   信号 信号
              96msOFF   （常1）（常0）

R9091#5、R9091#6 的循环信号周期变化如图 3-15 所示。

图 3-15 循环信号周期变化

（2）信息显示请求信号地址 A A 地址是表示信息显示请求的地址，其中 A0~A249 共 250 个字节用于显示请求，A9000~A9249 共 250 个字节用于显示状态。数控机床厂家把所能预见的不同的机床结构异常汇总后，编写出错误代码和报警信息。PMC 通过从机床侧各检测装置反馈信号和系统的部分状态信号，对机床所处的状态经过逻辑运算后进行自诊断，若发现状态有异时，将机床当时的情况判定为异常，并将对应于该种异常的 A 地址置 1。当指定的 A 地址被置 1 后，报警显示屏幕便会出现相关的信息，有助于查找和排除故障，而该故障信息是由机床制造厂家在编辑 PMC 程序时编写的。

【例 3-1】 主轴刀具夹紧、松开异常报警信息设定。设计思路是故障触发信息显示继电器 A，然后显示相应报警。

图 3-16 所示的梯形图中，X0.0 为主轴刀具夹紧，X0.1 为主轴刀具松开，X0.2 为异常复位，A1.0 为主轴刀具夹紧、松开异常。TMRB 为定时器，时间设定为 4s。

主轴刀具的夹紧和松开由一个液压缸控制，当液压缸动作不正常而影响主轴正常夹紧和松开刀具时，如液压缸卡在中间，夹紧和松开检测开关的状态都为 0，当这个状态持续超过 4s 以后，A1.0 置 1，同时屏幕上出现报警信息。

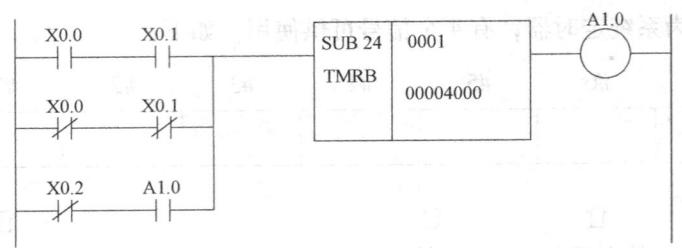

图 3-16　刀具夹紧、松开故障报警信息设定

只要 A1.0 一直保持 1 的状态，报警信息将一直显示，直到故障被排除，然后按下异常复位按钮，方可消除报警。

故障报警显示有助于定位故障点。当显示器出现报警时，其相应 A 地址也会置 1，查阅相关梯形图，找出使 A 置 1 的因素，就可以定位故障点了。

（3）定时器 T　T 为定时器地址，FANUC 0i-D 系统的 T 地址为 T0～T499 共 500 个字节，FANUC 0i Mate-D 系统 T 地址为 T0～T79 共 80 个字节。T 地址为定时器功能指令 TMR 用于存储设定时间用，每 2 个字节组成一个定时器，FANUC 0i-D 系统总共 250 个定时器，FANUC 0i Mate-D 系统总共 40 个定时器。这一区域是非易失性存储区域，在系统断电时，存储器内容不会丢失。

在定时器内部地址中，T0～T8 作为 48ms 精度级定时器地址、T9～T499 作为 8ms 精度级。定时器在 PMC 界面上设定和使用。

（4）计数器 C　C 为计数器地址，FANUC 0i-D 系统的 C 地址为 C0～C399 共 400 个字节，FANCU 0i Mate-D 系统的 C 地址为 C0～C79 共 80 个字节。C 地址为计数器 CTR 功能指令用于设定计数值用，每 4 个字节组成一个计数器。这一区域是非易失性存储区域，在系统断电时，存储器内容不会丢失。

（5）保持继电器 K　K 为保持继电器地址，FANUC 0i-D 系统的 K 地址为 K0～K99 共 100 个字节，FANUC 0i Mate-D 系统的 K 地址为 K0～K19 共 20 个字节。在数控系统运行时若发生停电，输出继电器和内部继电器全部为断开状态；当电源再次接通时，输出继电器和内部继电器都不可自动恢复到断电前的状态，而保持型继电器则具备保存功能。

（6）数据表 D　D 为数据表地址，FANUC 0i-D 系统的 D 地址为 D0～D9999 共 10000 个字节，FANUC 0i Mate-D 系统的 D 地址为 D0～D2999 共 3000 个字节。在 PMC 程序中，有时需要读写大量数字数据（数据表），D 地址就是用来存储这些数据的。这一区域是非易失性存储区域，在系统断电时，存储器内容也不会丢失。

（7）标签 L　L 为标签地址，共有 9999 个标记数，用于指定标记跳转 JMPB、JMPC 功能指令中的跳转目标标号。在 PMC 程序中，相同的标号可以出现在不同的 LBL 指令中，只要在主程序和子程序中是唯一的就可以。

（8）子程序号 P　P 为子程序标记，FANUC 0i-D 系统有 5000 个子程序数，FANUC 0i Mate-D 系统有 512 个子程序数。子程序号用于指定条件调用子程序 CALL 和无条件调用子程序 CALLU 功能指令中调用的目标子程序号。在 PMC 中，子程序号是唯一的。

二、PMC 信号地址表

为了使用户在 PMC 编程时查找信号方便，现将信号按照功能、符号和地址顺序三种方式进行排序。

1. 按照功能排序

按照功能排序的 PMC 信号地址表见表 3-4，其中"○"表示有效，"—"表示无效。

表 3-4　PMC 信号地址表（按功能排序）

功能	信号名称	符号	地址	T 系列	M 系列
通过 I/O Link 的数据输入/输出功能	Power Mate 后台操作信号	BGEN	G092#4	○	○
	Power Mate 读/写报警信号	BGIALM	G092#3	○	○
	Power Mate 读/写进行中信号	BGION	G092#2	○	○
	从装置诊断选择信号	EDGN	F177#7	○	○
	从装置参数选择信号	EPARM	F177#6	○	○
	从装置程序选择信号	EPRG	F177#4	○	○
	从装置外部读开始信号	ERDIO	F177#1	○	○
	从装置读/写停止信号	ESTPIO	F177#2	○	○
	从装置宏变量选择信号	EVAR	F177#5	○	○
	从装置外部写开始信号	EWTIO	F177#3	○	○
	外部阅读机开始信号	EXRD	G058#1	○	○
	外部阅读机/穿孔机停止信号	EXSTP	G058#2	○	○
	外部穿孔机开始信号	EXWT	G058#3	○	○
	I/O Link 检测信号	IOLACK	G092#0	○	○
	从装置 I/O Link 选择信号	IOLINK	F177#0	○	○
	I/O Link 指定信号	IOLS	G092#1	○	○
	阅读机/穿孔机报警信号	RPALM	F053#3	○	○
	阅读机/穿孔机忙信号	PRBSY	F53#2	○	○
	组号指定信号	SRLNI0 ~ SRLNI3	G091#0 ~ #3	○	○
	组号输出信号	SRLNO0 ~ SRLNO3	F178#0 ~ #3	○	○
外部 I/O 设备控制	外部阅读机开始信号	EXRD	G058#1	○	○
	外部穿孔机开始信号	EXWT	G058#3	○	○
	外部阅读机/穿孔机停止信号	EXSTP	G058#2	○	○
	后台编辑信号	BGEACT	F053#4	○	○
	阅读机/穿孔机忙信号	RPBSY	F053#2	○	○
	阅读机/穿孔机报警信号	RPALM	F053#3	○	○
报警信号	报警信号	AL	F001#0	○	○
	电池报警信号	BAL	F001#2	○	○
异常负载检测	异常负载检测忽略信号	IUDD1 ~ IUDD4	G125	○	○
	伺服轴异常负载检测信号	ABTQSV	F090#0	○	○
	第 1 主轴异常负载检测信号	ABTSP1	F090#1	○	○
	第 2 主轴异常负载检测信号	ABTSP2	F090#2	○	○
位置显示忽略	位置显示忽略信号	NPOS1 ~ MPOS4	G198	○	○

（续）

功能	信号名称	符号	地址	T系列	M系列
一个程序段内的多个M指令	第2M功能代码信号	M200~M215	F014~F015	○	○
	第3M功能代码信号	M300~M315	F016~F017	○	○
	第2M功能选通信号	MF2	F008#4	○	○
	第3M功能选通信号	MF3	F008#5	○	○
英/米制转换	英制输入信号	INCH	F002#0	○	○
分度转台分度功能(M系列)	B轴夹紧信号	BCLP	F061#1	—	○
	B轴夹紧完成信号	*BECLP	G038#7	—	○
	B轴松开信号	BUCLP	F061#0	—	○
	B轴松开完成信号	*BEUCP	G038#6	—	○
到位检测	到位检测信号	INP1~INP4	F104	○	○
在位检测无效信号	在位检测无效信号	NOINPS	G023#5	○	○
	各轴在位检测无效信号	NOINP1~NOINP4	G359#0~#3	○	○
AI先行控制	AI先行控制方式信号	AICC	F062#0	—	○
F1位数进给(M系列)	F1位进给选择信号	F1D	G016#7	—	○
误差检测(T系列)	误差检测信号	SMZ	G053#6	○	—
超程信号	超程信号	*+L1~*+L4	G114	○	○
		-L1~-L4	G116	○	○
倍率取消	倍率取消信号	OVC	G006#4	○	○
进给速度倍率	进给速度倍率信号	*FV0~*FV7	G012	○	○
跳过任选程序段/跳过附加任选程序段	选择跳过程序段信号	BDT1,BDT2~BDT9	G044#0,G045	○	○
	选择跳过程序段检测信号	MBDT1,MBDT2~MBDT9	F004#0,F005	○	○
外部键输入	外部键盘输入方式选择信号	ENBKY	G066#1	○	○
	键代码信号	EKC0~EKC7	G098	○	○
	键代码读信号	EKSET	G066#7	○	○
	键代码读取完成信号	EKENB	F053#7	○	○
	键输入无效信号	INHKY	F053#0	○	○
	编程屏幕显示方式信号	PRGDPL	F053#1	○	○
外部减速	外部减速信号	*+ED1~*+ED4	G118#0~#3	○	○
		-ED1~-ED4	G120#0~#3	○	○
	外部减速信号2	*+ED21~*+ED24	G101#0~#3	○	○
		-ED21~-ED24	G103#0~#3	○	○

(续)

功能	信号名称	符号	地址	T系列	M系列
外部减速	外部减速信号3	*+ED31~ *+ED34	G107#0~#3	○	○
		*-ED31~ *-ED34	G109#0~#3	○	○
外部数据输入	外部数据输入的数据信号	ED0~ED15	G000,G001	○	○
	外部数据输入的地址信号	EA0~EA6	G002#0~#6	○	○
	外部数据输入的读信号	ESTB	G002#7	○	○
	外部数据输入的读取完成号	EREND	F060#0	○	○
	外部数据输入的检索完成信号	ESEND	F060#1	○	○
	外部数据输入的检索取消信号	ESCAN	F060#2	○	○
外部运动功能 （M系列）	外部操作信号	EF	F008#0	—	○
外部程序输入	外部程序输入启动信号	MINP	G058#0	○	○
外部工件号检索	工件号检索信号	PN1，PN2，PN4，PN8,PN16	G009#0~#4	○	○
扩展型外部工件号检索	扩展工件号检索信号	EPN0~EPN13	G024#0~G025#5	○	○
	扩展工件号检索开始信号	EPNS	G025#7	○	○
用户宏程序接口信号	用户宏程序输入信号	UI000~UI015	G054,G055	○	○
	用户宏程序输出信号	UO000~UO015	F054,F055	○	○
		UO100~UO131	F056~F059	○	○
运行时间和零件的计数显示	所需零件计数达到信号	PRTSF	F062#7	○	○
	多种用途的积分器启动信号	TMRON	G053#0	○	○
清屏/自动清屏	自动清屏无效信号	*CRTOF	G062#1	○	○
屏幕硬复制功能	硬复制请求信号	HCREQ	G067#7	○	○
	硬复制请求信号停止	HCABT	G067#6	○	○
	硬复制处理中信号	HCEXE	F061#3	○	○
	硬复制复制停止信号	HCAB2	F061#2	○	○
简单同步控制	简单同步轴选择信号	SYNC1~SYNC4	G138#0~#3	○	○
	简单同步手动进给轴选择信号	SYNCJ1~SYNCJ4	G140#0~#3	—	○
斜轴控制	对于垂直轴角度控制轴无效	NOZAGC	G063#5	○	○
刀具寿命管理	换刀信号	TLCH	F064#0	○	○
	换刀复位信号	TLRST	G048#7	○	○
	独立换刀信号	TLCHI	F064#2	—	○
	刀具寿命到期通知信号	TLCHB	F064#3		○

(续)

功能	信号名称	符号	地址	T系列	M系列
刀具寿命管理	独立换刀复位信号	TLRSTI	G048#6	—	○
	刀具跳过信号	TLSKP	G048#5	○	○
	新刀具选择信号	TLNW	F064#1	○	○
	刀具组号选择信号	TL01～TL256	G047#0～G48#0	—	○
		TL01～TL64	G047#0～#6	○	—
	刀具寿命计数倍率信号	*TLV0～*TLV9	G049#0～G050#1	—	○
自动刀具长度测量(M系列)/自动刀具偏置(T系列)	测量位置到达信号	XAE	X004#0	—	○
		YAE	X004#1	—	○
		ZAE	X004#2	—	○
		ZAE	X004#1	○	—
刀具偏置值测量B的输入(T系列)	刀具偏移量写入方式选择信号	GOQSM	G039#7	○	—
	刀具偏移量写入信号	+MIT1,+MIT2	X004#2,#4	○	—
		−MIT1,−MIT2	X004#3,#5	○	—
	刀具偏移号选择信号	OFN0～OFN5	G039#0～#5	○	—
	工件坐标系偏移量写入方式选择信号	WOQSM	G039#6	○	—
	工件坐标系偏移量写入信号	WOSET	G040#7	○	—
刀具偏置值测量A的输入(T系列)	位置记录信号	PRC	G040#6	○	—
高速M/S/T/B接口	辅助功能结束信号	MFIN	G005#0	○	○
	主轴功能结束信号	SFIN	G005#2	○	○
	刀具功能结束信号	TFIN	G005#3	○	○
	第2辅助功能结束信号	BFIN	G005#4	○	○
		BFIN	G005#7	○	—
	第2M功能结束信号	MFIN2	G004#4	○	○
	第3M功能结束信号	MFIN3	G004#5	○	○
	高速接口的外部操作信号	EFD	F007#1	—	○
	外部操作功能结束信号	EFIN	G005#1	○	○
高速跳转信号	高速跳转状态信号	HD00	F122#0	○	○
故障诊断	故障预测信号	TDFSV1～TDFSV4	F298#0～#3	○	○
固定循环(M系列)/孔加工固定循环(T系列)	攻螺纹信号	TAP	F001#5	○	○
伺服关闭(机械手轮)	伺服关断信号	SVF1～SVF4	G126#0～#3	○	○

(续)

功能	信号名称	符号	地址	T系列	M系列
伺服电动机速度检测	电动机速度检测功能使能信号	SVSCK1～SVSCK4	G349#0～#3	○	○
	伺服电动机速度低报警信号	TSA1～TSA4	F349#0～#3	○	○
循环启动/进给暂停	循环启动	ST	G007#2	○	○
	进给暂停信号	*SP	G008#5	○	○
	自动运行信号	OP	F000#7	○	○
	循环启动灯信号	STL	F000#5	○	○
	进给暂停灯信号	SPL	F000#4	○	○
C_s轴工件坐标系建立功能	C_s轴工件坐标系建立请求信号	CSFI1	G274#4	○	
	C_s轴工件坐标系建立报警信号	CSF01	F274#4	○	
	C_s轴工件坐标系建立状态信号	CSPENA	F048#4	○	
C_s轮廓控制	C_s轮廓控制转换信号	CON	G027#7	○	
	C_s轮廓控制转换结束信号	FSCSL	F044#1	○	
	C_s轮廓控制方式精细加/减速功能无效信号	CDF1～CDF4	G127#0～#3	○	
轴运动状态的输出	轴移动信号	MV1～MV4	F102#0～#4	○	○
	轴移动方向信号	MVD1～MVD4	F106#0～#4	○	○
实际主轴速度输出	实际主轴速度信号	AR0～AR15	F040,F041	○	—
恒表面切削线速度控制	恒表面切削线速度信号	CSS	F002#2	○	○
多主轴控制(T系列)	主轴停止完成信号	SPSTP	G028#6	○	—
	主轴松开信号	SUCLP	F038#1	○	
	主轴松开完成信号	*SUCPF	G028#4	○	
	主轴夹紧信号	SCLP	F038#0	○	
	主轴夹紧完成信号	*SCPF	G028#5	○	
主轴定向	主轴定向外部停止位置指令信号	SHA00～SHA11	G078#0～G079#3	○	○
		SHB00～SHB11	G080#0～G081#3	○	○
主轴串行输出/主轴模拟输出	转矩限制指令LOW信号(串行主轴)	TLMLA	G070#0	○	○
		TLMLB	G074#0	○	○
	转矩限制指令HIGH信号(串行主轴)	TLMHA	G070#1	○	○
		TLMHB	G074#1	○	○
	离合器/齿轮信号(串行主轴)	CTH1A,CTH2A	G070#3,#2	○	○
		CTH1B,CTH2B	G074#3,#2	○	○

(续)

功能	信号名称	符号	地址	T系列	M系列
主轴串行输出/主轴模拟输出	CCW指令信号(串行主轴)	SRVA	G070#4	○	○
		SRVB	G074#4	○	○
	CW指令信号(串行主轴)	SFRA	G070#5	○	○
		SFRB	G074#5	○	○
	定向指令信号(串行主轴)	ORCMA	G070#6	○	○
		ORCMB	G074#6	○	○
	机床就绪信号(串行主轴)	MRDYA	G070#7	○	○
		MRDYB	G074#7	○	○
	报警复位信号(串行主轴)	ARSTA	G071#0	○	○
		ARSTB	G075#0	○	○
	急停信号(串行主轴)	*ESPA	G071#1	○	○
		*ESPB	G075#1	○	○
	主轴选择信号(串行主轴)	SPSLA	G071#2	○	○
		SPALB	G075#2	○	○
	动力线切换结束信号(串行主轴)	MCFNA	G071#3	○	○
		MCFNB	G075#3	○	○
	软启动/停止取消信号	SOCNA	G071#4	○	○
		SOCNB	G075#4	○	○
	速度积分信号(串行主轴)	INTGA	G071#5	○	○
		INTGB	G075#5	○	○
	输出切换请求信号(串行主轴)	RSLA	G071#6	○	○
		RSLB	G075#6	○	○
	动力线状态检测信号(串行主轴)	RCHA	G071#7	○	○
		RCHB	G075#7	○	○
	准停位置改变指令信号(串行主轴)	INDXA	G072#0	○	○
		INDXB	G076#0	○	○
	准停位置改变时的旋转方向指令信号(串行主轴)	ROTAA	G072#1	○	○
		ROTAB	G076#1	○	○
	准停位置改变时的最短距离指令信号(串行主轴)	NRROA	G072#2	○	○
		NRROB	G076#2	○	○
	速度微分方式指令信号(串行主轴)	DEFMDA	G072#3	○	○
		DEFMDB	G076#3	○	○
	模拟倍率信号(串行主轴)	OVRA	G072#4	○	○
		OVRB	G076#4	○	○
	增量指令外部设定定向信号(串行主轴)	INCMDA	G072#5	○	○
		INCMDB	G076#5	○	○

（续）

功能	信号名称	符号	地址	T系列	M系列
主轴串行输出/主轴模拟输出	主轴切换主MCC接点状态信号（串行主轴）	MFNHGA	G072#6	○	○
		MFNHGB	G076#6	○	○
	主轴切换HIGH MCC接点状态信号（串行主轴）	RCHHGA	G072#7	○	○
		RCHHGB	G076#7	○	○
	磁传感器定向指令信号（串行主轴）	MORCMA	G073#0	○	○
		MORCMB	G077#0	○	○
	从动运行方式指令信号（串行主轴）	SLVA	G073#1	○	○
		SLVB	G077#1	○	○
	电动机动力切断指令信号（串行主轴）	MPOFA	G073#2	○	○
		MPOFB	G077#2	○	○
	断线检测无效信号	DSCNA	G073#4	○	○
		DSCNB	G077#4	○	○
	报警信号（串行主轴）	ALMA	F045#0	○	○
		ALMB	F049#0	○	○
	速度零信号（串行主轴）	SSTA	F045#1	○	○
		SSTB	F049#1	○	○
	速度检测信号（串行主轴）	SDTA	F045#2	○	○
		SDTB	F049#2	○	○
	速度到达信号（串行主轴）	SARA	F045#3	○	○
		SARB	F049#3	○	○
	负载检测信号1（串行主轴）	LDT1A	F045#4	○	○
		LDT1B	F049#4	○	○
	负载检测信号2（串行主轴）	LDT2A	F045#5	○	○
		LDT2B	F049#5	○	○
	转矩限制信号（串行主轴）	TLMA	F045#6	○	○
		TLMB	F049#6	○	○
	定向结束（串行主轴）	ORARA	F045#7	○	○
		ORARB	F049#7	○	○
	动力线切换信号（串行主轴）	CHPA	F046#0	○	○
		CHPB	F050#0	○	○
	主轴切换完成信号（串行主轴）	CFINA	F046#1	○	○
		CFINB	F050#1	○	○
	输出切换信号（串行主轴）	RCHPA	F046#2	○	○
		RCHPB	F050#2	○	○
	输出切换完成信号（串行主轴）	RCFNA	F046#3	○	○
		RCFNB	F050#3	○	○

(续)

功能	信号名称	符号	地址	T系列	M系列
主轴串行输出/主轴模拟输出	从动运行状态信号(串行主轴)	SLVSA	F046#4	○	○
		SLVSB	F050#4	○	○
	位置编码器定向接近信号(串行主轴)	PORA2A	F046#5	○	○
		PORA2B	F050#5	○	○
	磁传感器定向完成信号(串行主轴)	MORA1A	F046#6	○	○
		MORA1B	F050#6	○	○
	磁传感器定向接近信号(串行主轴)	MORA2A	F046#7	○	○
		MORA2B	F050#7	○	○
	检测位置编码器一转信号状态(串行主轴)	PC1DTA	F047#0	○	○
		PC1DTB	F051#0	○	○
	增量定向方式信号(串行主轴)	INCSTA	F047#1	○	○
		INCSTB	F051#1	○	○
	电动机励磁关断状态信号	EXOFA	F047#4	○	○
		EXOFB	F051#4	○	○
主轴速度控制	主轴停止信号	*SSTP	G029#6	○	○
	主轴定向信号	SOR	G029#5	○	○
	主轴速度倍率信号	SOV0~SOV7	G030	○	○
	主轴速度到达信号	SAR	G029#4	○	○
	主轴使能信号	ENB	F001#4	○	○
	齿轮挡选择信号(M型换挡)	GR10,GR20,GR30	F034#0~#2	—	○
	齿轮挡选择信号(T型换挡)	GR1,GR2	G028#1,#2	○	○
	S12位代码信号	R010~R120	F036#0~F037#3	○	○
主轴速度波动检测	主轴速度波动检测报警信号	SPAL	F035#0	○	○
主轴同步控制	主轴同步控制信号	SPSYC	G038#2	○	○
	主轴同步相位控制信号	SPPHS	G038#3	○	○
	主轴速度同步控制结束信号	FSPSY	F044#2	○	○
	主轴相位同步控制结束信号	FSPPH	F044#3	○	○
	主轴同步控制报警信号	SYCAL	F044#4	○	○
手轮进给	手轮进给轴选择信号	HS1A~HS1D	G018#0~#3	○	○
		HS2A~HS2D	G018#4~#7	○	○
		HS3A~HS3D	G019#0~#3	○	○
	手轮进给量选择信号(增量进给信号)	MP1,MP2	G019#4,#5	○	○
手轮中断	手轮中断轴选择信号	HS1IA~HS1ID	G041#0~#3	○	○
		HS2IA~HS2ID	G041#4~#7	○	○
		HS3IA~HS3ID	G042#0~#3	—	○

(续)

功能	信号名称	符号	地址	T系列	M系列
手动返回参考位置	手动返回参考点选择信号	ZRN	G043#7	○	○
	手动返回参考点选择检测号	MREF	F004#5	○	○
	手动返回参考点减速信号	*DEC1~*DEC8	X009	○	○
	返回参考点结束信号	ZP1~ZP4	F094#0~#3	○	○
	参考点建立信号	ZRF1~ZRF4	F120#0~#3	○	○
JOG进给/增量进给	进给轴和方向选择信号	+J1~+J4	G100#0~#3	○	○
		-J1~-J4	F102#0~#3	○	○
	手动进给速度倍率信号	*JV0~*JV15	G010,G011	○	○
	手动快速移动选择信号	RT	G019#7	○	○
CNC就绪信号	CNC就绪信号	MA	F001#7	○	○
	伺服就绪信号	SA	F000#6	○	○
小孔步进钻孔循环(M系列)	过载转矩信号	SKIP	X004#7	—	○
	小深孔钻削进行中信号	PECK2	F066#5	—	○
状态输出信号	快速进给信号	RPDO	F002#1	○	○
	切削进给信号	CUT	F002#6	○	○
单程序段	单程序段信号	SBK	G046#1	○	○
	单程序段检测信号	MSBK	F004#3	○	○
跳转功能	跳转信号	SKIP	X004#7	○	○
		SKIPP	G006#6	○	—
启动锁住/互锁	启动锁住信号	STLK	G007#1	○	—
	互锁信号	*IT	G008#0	○	○
	各轴互锁信号	*IT1~*IT4	G130#0~#3	○	○
	各轴和各方向手动进给互锁信号	+MIT1,+MIT4	X004#2,#4	○	—
		-MIT1,-MIT2	X004#3,#5	○	—
	各轴和方向互锁信号	+MIT1~+MIT4	G132#0~#3	—	○
		-MIT1~-MIT4	G134#0~#3	—	○
	切削程序段开始互锁信号	*CSL	G008#1	○	○
	程序段开始互锁信号	*BSL	G008#3	○	○
存储行程极限检测1	坐标轴方向存储行程限位开关信号	+EXL1~+EXL4	G104#0~#3	○	○
		-EXL1~-EXL4	G105#0~#3	○	○
	存储行程极限选择信号	EXLM	G007#6	○	○
	存储行程外部设定信号	+LM1~+LM4	G110#0~#3	—	○
		-LM1~-LM4	G112#0~#3	—	○
	行程限位解除信号	RLSOT	G007#7	○	○
	行程限位到达信号	+OT1~+OT4	F124#0~#3	—	○
		-OT1~-OT4	F126#0~#3	—	○

(续)

功能	信号名称	符号	地址	T系列	M系列
存储行程极限检测2,3	行程限位3的解除信号	RLSOT3	G007#4	○	○
存储行程极限检查	超程报警中信号	OTP1 ~ OTP4	F124#0 ~ #3	○	○
绝对位置检测	绝对位置检测器电池零报警信号	PBATZ	F172#6	○	○
	绝对位置检测器电池电压低报警信号	PBATL	F172#7	○	○
控制轴脱开	控制轴脱开信号	DTCH1 ~ DTCH4	G124#0 ~ #3	○	○
	控制轴脱开状态信号	MDTCH1 ~ MDTCH4	F110#0 ~ #3	○	○
先行控制（M系列）	先行控制方式信号	G08MD	F066#0	—	○
软操作面板	软操作面板信号(MD1)	MD10	F073#0	○	○
	软操作面板信号(MD2)	MD20	F073#1	○	○
	软操作面板信号(DM4)	MD40	F073#2	○	○
	软操作面板信号(ZRN)	ZRN0	F073#4	○	○
	软操作面板信号(+J1 ~ +J4)	+J10 ~ +J40	F081#0,#2,#4,#6	○	○
	软操作面板信号(-J1 ~ -J4)	-J10 ~ -J40	F081#1,#3,#5,#7	○	○
	软操作面板信号(RT)	RT0	F077#6	○	○
	软操作面板信号(HS1A)	HS1A0	F077#0	○	○
	软操作面板信号(HS1B)	HS1B0	F077#1	○	○
	软操作面板信号(HS1C)	HS1C0	F077#2	○	○
	软操作面板信号(HS1D)	HS1D0	F077#3	○	○
	软操作面板信号(MP1)	MP10	F076#0	○	○
	软操作面板信号(MP2)	MP20	F076#1	○	○
	软操作面板信号(*JV0 ~ *JV15)	*JV00 ~ *JV150	F079,F080	○	○
	软操作面板信号(*FV0 ~ *FV7)	*FV00 ~ *FV70	F078	○	○
	软操作面板信号(ROV1)	ROV10	F076#4	○	○
	软操作面板信号(ROV2)	ROV20	F076#5	○	○
	软操作面板信号(BDT)	BDT0	F075#2	○	○
	软操作面板信号(SBK)	SBK0	F075#3	○	○
	软操作面板信号(MLK)	MLK0	F075#4	○	○
	软操作面板信号(DRN)	DRN0	F075#5	○	○
	软操作面板信号(KEY1 ~ KEY4)	KEY0	F075#6	○	○

(续)

功能	信号名称	符号	地址	T系列	M系列
软操作面板	软操作面板信号(*SP)	SP0	F075#7	○	○
	软操作面板通用开关信号	OUT0~OUT7	F072	○	○
返回第2参考位置/返回第3、第4参考位置	第2参考点返回结束信号	ZP21~ZP24	F096#0~#3	○	○
	第3参考点返回结束信号	ZP31~ZP34	F098#0~#3	○	○
	第4参考点返回结束信号	ZP41~ZP44	F100#0~#3	○	○
多极跳转	跳转信号	SKIP2~SKIP6,SKIP7,SKIP8	X004#2~#6,#0,#1	○	○
复合固定循环(M系列)/固定循环(T系列)	倒角信号	CDZ	G053#7	○	—
卡盘/尾座屏蔽(T系列)	尾座屏蔽选择信号	*TSB	G060#7	○	
撞块式参考点位置设定	冲撞式参考位置设定的扭矩极限到达信号	CLRCH1~CLRCH8	F180	○	○
DNC运行	DNC运行选择信号	DNCI	G043#5	○	○
	DNC运行选择确认信号	MRMT	F003#4	○	○
空运行	空运行信号	DRN	G046#7	○	○
	空运行检测信号	MDRN	F002#7	○	○
转矩限制跳转(T系列)	转矩限制到达信号	TRQL1~TRQL8	F114	○	—
补偿值输入	主轴测量选择信号	S2TLS	G040#5	○	○
	主轴1测量信号	S1MES	F062#3	○	○
	主轴2测量信号	S2MES	F062#4	○	○
螺纹切削	螺纹切削信号	THRD	F002#3	○	○
快速移动倍率	快速进给倍率信号	ROV1,ROV2	G014#0,#1	○	○
	1%快速进给倍率选择信号	HROV	G096#7	○	○
	1%快速进给倍率信号	*HROV0~*HROV6	G096#0~#6	○	○
通用回退	回退信号	RTRCT	G066#4	○	○
	回退完成信号	RTRCTF	F065#7	○	○
用PMC或个人计算机直接运行	直接运行选择信号	DMMC	G042#7	○	○
PMC轴控制	控制轴选择信号(PMC轴控制)	EAX1~EAX4	G136#0~#3	○	○
	轴控制高级指令信号	EASIP1~EASIP4	G200#0~#3	○	○

（续）

功能	信号名称	符号	地址	T系列	M系列
PMC轴控制	轴控制指令信号（PMC轴控制）	EC0A～EC6A	G143#0～#6	○	○
		EC0B～EC6B	G155#0～#6	○	○
		EC0C～EC6C	G167#0～#6	○	○
		EC0D～EC6D	G179#0～#6	○	○
	轴控制进给速度信号	EIF0A～EIF15A	G144,G145	○	○
		EIF0B～EIF15B	G156,G157	○	○
		EIF0C～EIF15C	G168,G169	○	○
		EIF0D～EIF15D	G180,G181	○	○
	轴控制指令读入信号（PMC轴控制）	EBUFA	G142#7	○	○
		EBUFB	G154#7	○	○
		EBUFC	G166#7	○	○
		EBUFD	G178#7	○	○
	轴控制数据信号（PMC轴控制）	EID0A～EID31A	G146～G149	○	○
		EID0B～EID31B	G158～G161	○	○
		EID0C～EID31C	G170～G173	○	○
		EID0D～EID31D	G182～G185	○	○
	控制轴指令读入完成信号（PMC轴控制）	EBSYA	F130#7	○	○
		EBSYB	F133#7	○	○
		EBSYC	F136#7	○	○
		EBSYD	F139#7	○	○
	复位信号（PMC轴控制）	ECLRA	G142#6	○	○
		ECLRB	G154#6	○	○
		ECLRC	G166#6	○	○
		ECLRD	G178#6	○	○
	轴控制暂停信号（PMC轴控制）	ESTPA	G142#5	○	○
		ESTPB	G154#5	○	○
		ESTPC	G166#5	○	○
		ESTPD	G178#5	○	○
	程序段停止信号（PMC轴控制）	ESBKA	G142#3	○	○
		ESBKB	G154#3	○	○
		ESBKC	G166#3	○	○
		ESBKD	G178#3	○	○
	程序段停无效信号（PMC轴控制）	EMSBKA	G143#7	○	○
		EMSBKB	G155#7	○	○
		EMSBKC	G167#7	○	○
		EMSBKD	G179#7	○	○

(续)

功能	信号名称	符号	地址	T系列	M系列
PMC轴控制	辅助功能代码信号（PMC轴控制）	EM11A~EM48A	F132,F142	○	○
		EM11B~EM48B	F135,F145	○	○
		EM11C~EM48C	F138,F148	○	○
		EM11D~EM48D	F141,F151	○	○
	辅助功能选通信号（PMC轴控制）	EMFA	F131#0	○	○
		EMFB	F134#0	○	○
		EMFC	F137#0	○	○
		EMFD	F140#0	○	○
	辅助功能结束信号（PMC轴控制）	EFINA	G142#0	○	○
		EFINB	G154#0	○	○
		EFINC	G166#0	○	○
		EFIND	G178#0	○	○
	伺服关闭信号（PMC轴控制）	ESOFA	G142#4	○	○
		ESOFB	G154#4	○	○
		ESOFC	G166#4	○	○
		ESOFD	G178#4	○	○
	缓冲禁止信号（PMC轴控制）	EMBUFA	G142#2	○	○
		EMBUFB	G154#2	○	○
		EMBUFC	G166#2	○	○
		EMBUFD	G178#2	○	○
	累积的零位检测信号	ELCKZA	G142#1	○	○
		ELCKZB	G154#1	○	○
		ELCKZC	G166#1	○	○
		ELCKZD	G178#1	○	○
	控制轴选择状态信号（PMC轴控制）	*EAXSL	F129#7	○	○
	到位信号（PMC轴控制）	EINPA	F130#0	○	○
		EINPB	F133#0	○	○
		EINPC	F136#0	○	○
		EINPD	F139#0	○	○
	零跟随误差检测信号（PMC轴控制）	ECKZA	F130#1	○	○
		ECKZB	F133#1	○	○
		ECKZC	F136#1	○	○
		ECKZD	F139#1	○	○
	报警信号（PMC轴控制）	EIALA	F130#2	○	○
		EIALB	F133#2	○	○
		EIALC	F136#2	○	○

(续)

功能	信号名称	符号	地址	T系列	M系列
PMC 轴控制	报警信号(PMC 轴控制)	EIALD	F139#2	○	○
	轴移动信号(PMC 轴控制)	EGENA	F130#4	○	○
		EGENB	F133#4	○	○
		EGENC	F136#4	○	○
		EGEND	F139#4	○	○
	辅助功能执行信号(PMC 轴控制)	EDENA	F130#3	○	○
		EDENB	F133#3	○	○
		EDENC	F136#3	○	○
		EDEND	F139#3	○	○
	负向超程信号(PMC 轴控制)	EOTNA	F130#6	○	○
		EOTNB	F133#6	○	○
		EOTNC	F136#6	○	○
		EOTND	F139#6	○	○
	正向超程信号(PMC 轴控制)	EOTPA	F130#5	○	○
		EOTPB	F133#5	○	○
		EOTPC	F136#5	○	○
		EOTPD	F139#5	○	○
	进给速度倍率信号(PMC 轴控制)	*FV0E ~ *FV7E	G151	○	○
	倍率取消信号(PMC 轴控制)	OVCE	G150#5	○	○
	快速进给倍率信号(PMC 轴控制)	ROV1E,ROV2E	G150#0,#1	○	○
	空运行信号(PMC 轴控制)	DRNE	G150#7	○	○
	手动快速进给选择信号(PMC 轴控制)	RTE	G150#6	○	○
	倍率0%信号(PMC 轴控制)	EOV0	F129#5	○	○
	跳转信号(PMC 轴控制)	ESKIP	X004#6	○	○
	分配结束信号(PMC 轴控制)	EADEN1 ~ EADEN1	F112#0 ~ #4	○	○
	缓冲器满信号(PMC 轴控制)	EABUFA	F131#1	○	○
		EABUFB	F134#1	○	○
		EABUFC	F137#1	○	○
		EABUFD	F140#1	○	○
	控制信号(PMC 轴控制)	EACNT1 ~ EACNT4	F182#0 ~ #4	○	○
PMC 的主轴输出控制	PMC 控制主轴速度输出控制信号	SIND	G033#7	○	○
		SIND2	G035#7	○	○
		SIND3	G037#7	○	○
	主轴电动机速度指令信号	R01I ~ R12I	G032#0 ~ G033#3	○	○
		R01I2 ~ R12I2	G034#0 ~ G035#3	○	○
		R01I3 ~ R12I3	G036#0 ~ G037#3	○	○

(续)

功能	信号名称	符号	地址	T系列	M系列
PMC 的主轴输出控制	主轴电动机指令输出极性选择信号	SSIN	G033#6	○	○
		SSIN2	G035#6	○	○
		SSIN3	G037#6	○	○
	主轴电动机指令极性选择信号	SGN	G033#5	○	○
		SGN2	G035#5	○	○
		SGN3	G037#5	○	○
急停	急停信号	*ESP	G008#4	○	○
		*ESP	X008#4	○	○
I/O Link 口 β 系列伺服电动机手轮接口（外部设备控制）	手摇脉冲发生器选择信号	IOLBH2	G199#0	○	○
		IOLBH3	G199#1	○	○
VRDY OFF 报警忽略信号	所有轴 VRDY OFF 报警忽略信号	IGNVRY	G066#0	○	○
		IGVRY1～IGVRY4	G192#0～#3	○	○
跟踪	跟踪信号	*FLWU	G007#5	○	○
程序再启动	程序再启动信号	SRN	G006#0	○	○
	程序再启动中信号	SRNMV	F002#4	○	○
位置开关	位置开关信号	PSW01～PSW16	F070,F071	○	○
辅助功能/第2轴辅助功能	辅助功能代码信号	M00～M31	F010～F013	○	○
	辅助功能选通信号	MF	F007#0	○	○
	M 译码信号	DM00	F009#7	○	○
		DM01	F009#6	○	○
		DM03	F009#5	○	○
		DM30	F009#4	○	○
	主轴功能代码信号	S00～S31	F022～F025	○	○
	主轴功能选通信号	SF	F007#2	○	○
	刀具功能代码信号	T00～T31	F026～F029	○	○
	刀具功能选通信号	TF	F007#3	○	○
	第2辅助功能选择通信号	BF	F007#4	○	○
		BF	F007#7	○	○
	结束信号	FIN	G004#3	○	○
	分配结束信号	DEN	F001#3	○	○
辅助功能锁住	辅助功能锁住信号	AFL	G005#6	○	○
	辅助功能锁住检查信号	MAFL	F004#4	○	○
多边形车削	多边形车削同步中信号	PSYN	F063#7	○	—
机床锁住	所有轴机床锁住信号	MLK	G044#1	○	○
	各轴机床锁住信号	MLK1～MLK4	G108#0～#3	○	○
	所有轴机床检测信号	MMLK	F004#1	○	○

(续)

功能	信号名称	符号	地址	T系列	M系列
手动绝对值 ON/OFF	手动绝对值开关信号	*ABSM	G006#2	○	○
	手动绝对值检测信号	MSBSM	F004#2	○	○
多主轴控制	主轴选择信号	SWS1	G027#0	○	○
		SWS2	G027#1	○	○
		SWS3	G027#2	○	○
	各主轴停信号	*SSTP1	G027#3	○	○
		*SSTP2	G027#4	○	○
		*SSTP3	G027#5	○	○
	齿轮挡选择信号(输入)	GR21	G029#0	○	○
	第2位置编码器选择信号	PC2SLC	G028#7	○	○
	主轴使能信号	ENB2	F038#2	○	○
		ENB3	F038#3	○	○
镜像	镜像信号	MI1~MI4	G106#0~#3	○	○
	镜像检测信号	MMI1~MMI4	F108#0~#3	○	○
存储器保护键	存储器保护信号	KEY1~KEY4	G046#3~#6	○	○
方式选择	方式选择信号	MD1,MD2,MD4	G043#0~#2	○	○
	手动数据输入选择检测信号	MMDI	F003#3	○	○
	自动运行选择检测信号	MMEM	F003#5	○	○
	存储器编辑选择检测信号	MEDT	F003#6	○	○
	手轮进给选择检测信号	MH	F003#1	○	○
	增量进给选择检测信号	MINC	F003#0	○	○
	JOG进给选择检测信号	MJ	F003#2	○	○
	示教选择检测信号	MTCHIN	F003#7	○	○
刚性攻螺纹	刚性攻螺纹信号	RGTAP	G061#0	○	○
	主轴的转向信号	RGSPP	F065#0	—	○
		RGSPM	F065#1	—	○
	刚性攻螺纹过程中信号	RTAP	F076#3	○	○
	刚性攻螺纹主轴选择信号	RGTSP1、RGTSP2	G061#4,#5	○	○
刚性攻螺纹回退	刚性攻螺纹回退启动信号	RTNT	G062#6	○	○
	刚性攻螺纹回退结束信号	RTPT	F066#1	—	○
复位和倒回	外部复位信号	ERS	G008#7	○	○
	复位和倒回信号	RRW	G008#6	○	○
	复位信号	RST	F001#1	○	○
	倒回信号	RWD	F000#0	○	○
中断型用户宏程序	用户宏程序中断信号	UNIT	G053#3	○	○

注：带*的信号为低电平有效。

2. 按照符号排序

按照符号排序的 PMC 信号地址表见表 3-5，其中"○"表示有效，"—"表示无效。

表 3-5　PMC 信号地址表（按符号排序）

组别	符 号	信号名称	地址	T 系列	M 系列
*	*+ED1～*+ED4	外部减速信号	G118#0~#3	○	○
	+ED21～+ED24	外部减速信号 2	G101#0~#3	○	○
	+ED31～+ED34	外部减速信号 3	G107#0~#3	○	○
	+L1～+L4	超程信号	G114#0~#3	○	○
	-ED1～-ED4	外部减速信号	G120#0~#3	○	○
	-ED21～-ED24	外部减速信号 2	G103#0~#3	○	○
	-ED31～-ED34	外部减速信号 3	G109#0~#3	○	○
	-L1～-L4	超程信号	G116#0~#3	○	○
	*ABSM	手动绝对值开关信号	G006#2	○	○
	*BECLP	B 轴夹紧完成信号	G038#7	—	○
	*BEUCP	B 轴松开完成信号	G038#6	—	○
	*BSL	程序段开始互锁信号	G008#3	○	○
	*CRTOF	自动清屏无效信号	G062#1	○	○
	*CSL	切削程序段开始互锁信号	G008#1	○	○
	*DEC1～*DEC8	手动返回参考点减速信号	X009	○	○
	*EAXSL	控制轴选择状态信号（PMC 轴控制）	F129#7	○	○
	*ESP	急停信号	G008#4	○	○
	*ESP		X008#4	○	○
	*ESPA	急停信号（串行主轴）	G071#1	○	○
	*ESPB		G075#1	○	○
	*FLWU	跟踪信号	G007#5	○	○
	*FV0～*FV7	进给速度倍率信号	G012	○	○
	*FV0E～*FV7E	进给速度倍率信号（PMC 轴控制）	G151	○	○
	*FV00～*FV70	软操作面板信号（*FV0～*FV7）	F078	○	○
	*HROV0～*HROV6	1% 快速进给倍率信号	G096#0~#6	○	○
	*IT	互锁信号	G008#0	○	○
	*IT1～*IT4	各轴互锁信号	G130#0~#3	○	○
	*JV0～*JV15	手动进给速度倍率信号	G010，G011	○	○
	*JV00～*JV150	软操作面板信号（*JV0～*JV15）	F079，F080	○	○
	*SCPF	主轴夹紧完成信号	G028#5	○	—
	*SP	进给暂停信号	G008#5	○	○
	*SSTP	主轴停止信号	G029#6	○	○
	*SSTP1	各主轴停止信号	G027#3	○	○
	*SSTP2		G027#4	○	○
	*SSTP3		G027#5	○	○

（续）

组别	符号	信号名称	地址	T系列	M系列
*	*SUCPF	主轴松开完成信号	G028#4	○	—
	*TLV0 ~ *TLV9	刀具寿命计数倍率信号	G049#0 ~ G050#1	—	○
	*TSB	尾座屏蔽选择信号	G060#7	○	—
+	+EXL1 ~ +EXL4	坐标轴方向存储行程限位开关信号	G104#0 ~ #3	○	○
	+J1 ~ +J4	进给轴和方向选择信号	G100#0 ~ #3	○	○
	+J10 ~ +J40	软操作面板信号(+J1 ~ +J4)	F081#0,#2,#4,#6	○	○
	+LM1 ~ +LM4	存储行程外部设定信号	G110#0 ~ #3	—	○
	+MIT1,+MIT2	刀具偏移量写入信号	X004#2,#4	○	—
	+MIT1,+MIT4	各轴和各方向手动进给互锁信号	X004#2,#4	—	○
	+MIT1 ~ +MIT4	各轴和方向互锁信号	G132#0 ~ #3	—	○
	+OT1 ~ +OT4	行程限位到达信号	F124#0 ~ #3	—	○
−	−EXL1 ~ −EXL4	坐标轴方向存储行程限位开关信号	G105#0 ~ #3	○	○
	−J10 ~ −J40	软操作面板信号(−J1 ~ −J4)	F081#1,#3,#5,#7	○	○
	−LM1 ~ −LM4	存储行程外部设定信号	G112#0 ~ #3	—	○
	−MIT1,−MIT2	各轴和各方向手动进给互锁信号	X004#3,#5	○	—
	−MIT1,−MIT2	刀具偏移量写入信号	X004#3,#5	○	—
	−MIT1 ~ −MIT4	各轴和方向互锁信号	G134#0 ~ #3	—	○
	−OT1 ~ −OT4	行程限位到达信号	F126#0 ~ #3	—	○
A	ABTQSV	伺服轴异常负载检测信号	F090#0	○	○
	ABTSP1	第1主轴异常负载检测信号	F090#1	○	○
	ABTSP2	第2主轴异常负载检测信号	F090#2	○	○
	AFL	辅助功能锁住信号	G005#6	○	○
	AICC	AI先行控制方式信号	F062#0	—	○
	AL	报警信号	F001#0	○	○
	ALMA	报警信号(串行主轴)	F045#0	○	○
	ALMB		F049#0	○	○
	AR0 ~ AR15	实际主轴速度信号	F040,F041	○	—
	ARSTA	报警复位信号(串行主轴)	G071#0	○	○
	ARSTB		G075#0	○	○
B	B00 ~ B31	第2轴辅助功能代码信号	F030 ~ F033	○	○
	BAL	电池报警信号	F001#2	○	○
	BCLP	B轴夹紧信号	F061#1	—	○
	BDT1,BDT2 ~ BDT9	选择跳过程序段信号	G044#0,G045	○	○
	BDTO	软操作面板信号(BDT)	F075#2	○	○
	BF	第2辅助功能选择通信号	F007#4	○	○
	BF		F007#7	○	○

（续）

组别	符 号	信号名称	地址	T系列	M系列
B	BFIN	第2辅助功能结束信号	G005#4	○	—
	BFIN		G005#7	—	○
	BGEACT	后台编辑信号	F053#4	○	○
	BGEN	Power Mate 后台操作信号	G092#4	○	○
	BGIALM	Power Mate 读/写报警信号	G092#3	○	○
	BGION	Power Mate 读/写进行中信号	G092#2	○	○
	BUCLP	B轴松开信号	F061#0	—	○
C	CDF1~CDF4	C_S 轮廓控制方式精细加/减速功能无效信号	G127#0~#3	○	○
	CDZ	倒角信号	G053#7	○	—
	CFINA	主轴切换完成信号（串行主轴）	F046#1	○	○
	CFINB		F050#1	○	○
	CHPA	动力线切换信号（串行主轴）	F046#0	○	○
	CHPB		F050#0	○	○
	CLRCH1~CLRCH8	冲撞式参考位置设定的扭矩极限到达信号	F180	○	○
	CON	C_S 轮廓控制转换信号	G027#7	○	○
	CSFI1	C_S 轴工件坐标系建立请求信号	G274#4	○	○
	CSFO1	C_S 轴工件坐标系建立报警信号	F274#4	○	○
	CSPENA	C_S 轴工件坐标系建立状态信号	F048#4	○	○
	CSS	恒表面线切削速度信号	F002#2	○	○
	CTH1A,CTH2A	离合器/齿轮信号（串行主轴）	G070#3,#2	○	○
	CTH1B,CTH2B		G074#3,#2	○	○
	CUT	切削进给信号	F002#6	○	○
D	DEFMDA	速度微分方式指令信号（串行主轴）	G072#3	○	○
	DEFMDB	速度微分方式指令信号（串行主轴）	G076#3	○	○
	DEN	分配结束信号	F001#3	○	○
	DM00	M译码信号	F009#7	○	○
	DM01		F009#6	○	○
	DM03		F009#5	○	○
	DM30		F009#4	○	○
	DMMC	直接运行选择信号	G042#7	○	○
	DNCI	DNC运行选择信号	G043#5	○	○
	DRN	空运行信号	G046#7	○	○
	DRNE	空运行信号（PMC轴控制）	G150#7	○	○
	DRNO	软操作面板信号（DRN）	F075#5	○	○
	DSCNA	断线检测无效信号	G073#4	○	○
	DSCNB		G077#4	○	○
	DTCH1~DTCH4	控制轴脱开信号	G124#0~#3	○	○

（续）

组别	符号	信号名称	地址	T系列	M系列
E	EA0 ~ EA6	外部数据输入的地址信号	G002#0 ~ #6	○	○
	EABUFA	缓冲器满信号（PMC 轴控制）	F131#1	○	○
	EABUFB		F134#1	○	○
	EABUFC		F137#1	○	○
	EABUFD		F140#1	○	○
	EACNT1 ~ EACNT4	控制信号（PMC 轴控制）	F182#0 ~ #4	○	○
	EADEN1 ~ EADEN1	分配结束信号（PMC 轴控制）	F112#0 ~ #4	○	
	EASIP1 ~ EASIP4	轴控制高级指令信号	G200#0 ~ #3	○	○
	EAX1 ~ EAX4	控制轴选择信号（PMC 轴控制）	G136#0 ~ #3	○	○
	EBSYA	控制轴指令读入完成信号（PMC 轴控制）	F130#7	○	○
	EBSYB		F133#7	○	○
	EBSYC		F136#7	○	○
	EBSYD		F139#7	○	○
	EBUFA	轴控制指令读入信号（PMC 轴控制）	G142#7	○	○
	EBUFB		G154#7	○	○
	EBUFC		G166#7	○	○
	EBUFD		G178#7	○	○
	EC0A ~ EC6A	轴控制指令信号（PMC 轴控制）	G143#0 ~ #6	○	○
	EC0B ~ EC6B		G155#0 ~ #6	○	○
	EC0C ~ EC6C		G167#0 ~ #6	○	○
	EC0D ~ EC6D		G179#0 ~ #6	○	○
	ECKZA	零跟随误差检测信号（PMC 轴控制）	F130#1	○	○
	ECKZB		F133#1	○	○
	ECKZC		F136#1	○	○
	ECKZD		F139#1	○	○
	ECLRA	复位信号（PMC 轴控制）	G142#6	○	○
	ECLRB		G154#6	○	○
	ECLRC		G166#6	○	○
	ECLRD		G178#6	○	○
	ED0 ~ ED15	外部数据输入的数据信号	G000，G001	○	○
	EDENA	辅助功能执行信号（PMC 轴控制）	F130#3	○	○
	EDENB		F133#3	○	○
	EDENC		F136#3	○	○
	EDEND		F139#3	○	○
	EDGN	从装置诊断选择信号	F177#7	○	○
	EF	外部操作信号	F008#0	—	○

(续)

组别	符 号	信号名称	地址	T系列	M系列
E	EFD	高速接口的外部操作信号	F007#1	—	○
	EFIN	外部操作功能结束信号	G005#1	—	○
	EFINA	辅助功能结束信号（PMC 轴控制）	G142#0	○	○
	EFINB		G154#0	○	○
	EFINC		G166#0	○	○
	EFIND		G178#0	○	○
	EGENA	轴移动信号（PMC 轴控制）	F130#4	○	○
	EGENB		F133#4	○	○
	EGENC		F136#4	○	○
	EGEND		F139#4	○	○
	EIALA	报警信号（PMC 轴控制）	F130#2	○	○
	EIALB		F133#2	○	○
	EIALC		F136#2	○	○
	EIALD		F139#2	○	○
	EID0A ~ EID31A	轴控制数据信号（PMC 轴控制）	G146 ~ G149	○	○
	EID0B ~ EID31B		G158 ~ G161	○	○
	EID0C ~ EID31C		G170 ~ G173	○	○
	EID0D ~ EID31D		G182 ~ G185	○	○
	EIF0A ~ EIF15A	轴控制进给速度信号	G144, G145	○	○
	EIF0B ~ EIF15B		G156, G157	○	○
	EIF0C ~ EIF15C		G168, G169	○	○
	EIF0D ~ EIF15D		G180, G181	○	○
	EINPA	到位信号（PMC 轴控制）	F130#0	○	○
	EINPB		F133#0	○	○
	EINPC		F136#0	○	○
	EINPD		F139#0	○	○
	EKC0 ~ EKC7	键代码信号	G098	○	○
	EKENB	键代码读取完成信号	F053#7	○	○
	EKSET	键代码读信号	G066#7	○	○
	ELCKZA	累积的零位检测信号	G142#1	○	○
	ELCKZB		G154#1	○	○
	ELCKZC		G166#1	○	○
	ELCKZD		G178#1	○	○
	EM11A ~ EM48A	辅助功能代码信号（PMC 轴控制）	F132, F142	○	○
	EM11B ~ EM48B		F135, F145	○	○
	EM11C ~ EM48C		F138, F148	○	○
	EM11D ~ EM48D		F141, F151	○	○

(续)

组别	符 号	信号名称	地址	T系列	M系列
E	EMBUFA	缓冲禁止信号（PMC 轴控制）	G142#2	○	○
	EMBUFB		G154#2	○	○
	EMBUFC		G166#2	○	○
	EMBUFD		G178#2	○	○
	EMFA	辅助功能选通信号（PMC 轴控制）	F131#0	○	○
	EMFB		F134#0	○	○
	EMFC		F137#0	○	○
	EMFD		F140#0	○	○
	EMSBKA	程序段停无效信号（PMC 轴控制）	G143#7	○	○
	EMSBKB		G155#7	○	○
	EMSBKC		G167#7	○	○
	EMSBKD		G179#7	○	○
	ENB	主轴使能信号	F001#4	○	○
	ENB2		F038#2	○	○
	ENB3		F038#3	○	○
	ENBKY	外部键盘输入方式选择信号	G066#1	○	○
	EOTNA	负向超程信号（PMC 轴控制）	F130#6	○	○
	EOTNB		F133#6	○	○
	EOTNC		F136#6	○	○
	EOTND		F139#6	○	○
	EOTPA	正向超程信号（PMC 轴控制）	F130#5	○	○
	EOTPB		F133#5	○	○
	EOTPC		F136#5	○	○
	EOTPD		F139#5	○	○
	EOV0	倍率0%信号（PMC 轴控制）	F129#5	○	○
	EPARM	从装置参数选择信号	F177#6	○	○
	EPN0～EPN13	扩展工件号检索信号	G024#0～G025#5	○	○
	EPNS	扩展工件号检索开始信号	G025#7	○	○
	EPRG	从装置程序选择信号	F177#4	○	○
	ERDIO	从装置外部读开始信号	F177#1	○	○
	EREND	外部数据输入的读取完成号	F060#0	○	○
	ERS	外部复位信号	G008#7	○	○
	ESBKA	程序段停止信号（PMC 轴控制）	G142#3	○	○
	ESBKB		G154#3	○	○
	ESBKC		G166#3	○	○
	ESBKD		G178#3	○	○

(续)

组别	符号	信号名称	地址	T系列	M系列
E	ESCAN	外部数据输入的检索取消信号	F060#2	○	○
	ESEND	外部数据输入的检索完成信号	F060#1	○	○
	ESKIP	跳转信号(PMC轴控制)	X004#6	○	○
	ESOFA	伺服关闭信号(PMC轴控制)	G142#4	○	○
	ESOFB		G154#4	○	○
	ESOFC		G166#4	○	○
	ESOFD		G178#4	○	○
	ESTB	外部数据输入的读信号	G002#7	○	○
	ESTPA	轴控制暂停信号(PMC轴控制)	G142#5	○	○
	ESTPB		G154#5	○	○
	ESTPC		G166#5	○	○
	ESTPD		G178#5	○	○
	ESTPIO	从装置读/写停止信号	F177#2	○	○
	EVAR	从装置宏变量选择信号	F177#5	○	○
	EWTIO	从装置外部写开始信号	F177#3	○	○
	EXLM	存储行程极限选择信号	G007#6	○	○
	EXOFA	电动机励磁关断状态信号	F047#4	○	○
	EXOFB		F051#4	○	○
	EXRD	外部阅读机开始信号	G058#1	○	○
	EXRD	外部阅读机开始信号	G058#1	○	○
	EXSTP	外部阅读机/穿孔机停止信号	G058#2	○	○
	EXSTP	外部阅读机/穿孔机停止信号	G058#2	○	○
	EXWT	外部穿孔机开始信号	G058#3	○	○
	EXWT	外部穿孔机开始信号	G058#3	○	○
F	F1D	F1位进给选择信号	G016#7	—	○
	FIN	结束信号	G004#3	○	○
	FSCSL	C_S轮廓控制转换结束信号	F044#1	○	○
	FSPPH	主轴相位同步控制结束信号	F044#3	○	○
	FSPSY	主轴速度同步控制结束信号	F044#2	○	○
G	G08MD	先行控制方式信号	F066#0	—	○
	GOQSM	刀具偏移量写入方式选择信号	G039#7	○	—
	GR1,GR2	齿轮挡选择信号(T型换挡)	G028#1,#2	○	○
	GR10,GR20,GR30	齿轮挡选择信号(M型换挡)	F034#0~#2	—	○
	GR21	齿轮挡选择信号(输入)	G029#0	○	○

（续）

组别	符号	信号名称	地址	T系列	M系列
H	HCAB2	硬复制复制停止信号	F061#2	○	○
	HCABT	硬复制请求信号停止	G067#6	○	○
	HCEXE	硬复制处理中信号	F061#3	○	○
	HCREQ	硬复制请求信号	G067#7	○	○
	HD00	高速跳转状态信号	F122#0	○	○
	HROV	1%快速进给倍率选择信号	G096#7	○	○
	HS1A ~ HS1D	手轮进给轴选择信号	G018#0 ~ #3	○	○
	HS1AO	软操作面板信号（HS1A）	F077#0	○	○
	HS1BO	软操作面板信号（HS1B）	F077#1	○	○
	HS1CO	软操作面板信号（HS1C）	F077#2	○	○
	HS1DO	软操作面板信号（HS1D）	F077#3	○	○
	HS1IA ~ HS1ID	手轮中断轴选择信号	G041#0 ~ #3	○	○
	HS2A ~ HS2D	手轮进给轴选择信号	G018#4 ~ #7	○	○
	HS2IA ~ HS2ID	手轮中断轴选择信号	G041#4 ~ #7	○	○
	HS3A ~ HS3D	手轮进给轴选择信号	G019#0 ~ #3	○	○
	HS3IA ~ HS3ID	手轮中断轴选择信号	G042#0 ~ #3	—	○
I	IGNVRY	所有轴 VRDY OFF 报警忽略信号	G066#0	○	○
	IGVRY1 ~ IGVRY4	所有轴 VRDY OFF 报警忽略信号	G192#0 ~ #3	○	○
	INCH	英制输入信号	F002#0	○	○
	INCMDA	增量指令外部设定定向信号（串行主轴）	G072#5	○	○
	INCMDB		G076#5	○	○
	INCSTA	增量定向方式信号（串行主轴）	F047#1	○	○
	INCSTB		F051#1	○	○
	INDXA	准停位置改变指令信号（串行主轴）	G072#0	○	○
	INDXB		G076#0	○	○
	INHKY	键输入无效信号	F053#0	○	○
	INP1 ~ INP4	到位检测信号	F104	○	○
	INTGA	速度积分信号（串行主轴）	G071#5	○	○
	INTGB		G075#5	○	○
	IOLACK	I/O Link 检测信号	G092#0	○	○
	IOLBH2	手摇脉冲发生器选择信号	G199#0	○	○
	IOLBH3		G199#1	○	○
	IOLINK	从装置 I/O Link 选择信号	F177#0	○	○
	IOLS	I/O Link 指定信号	G092#1	○	○
	IUDD1 ~ IUDD4	异常负载检测忽略信号	G125	○	○

(续)

组别	符 号	信号名称	地址	T系列	M系列
K	KEY1～KEY4	存储器保护信号	G046#3～#6	○	○
	KEY0	软操作面板信号(KEY1～KEY4)	F075#6	○	○
L	LDT1A	负载检测信号1(串行主轴)	F045#4	○	○
	LDT1B		F049#4	○	○
	LDT2A	负载检测信号2(串行主轴)	F045#5	○	○
	LDT2B		F049#5	○	○
M	M00～M31	辅助功能代码信号	F010～F013	○	○
	M200～M215	第2M功能代码信号	F014～F015	○	○
	M300～M315	第3M功能代码信号	F016～F017	○	○
	MA	CNC就绪信号	F001#7	○	○
	MAFL	辅助功能锁住检查信号	F004#4	○	○
	MBDT1,MBDT2～MBDT9	选择跳过程序段检测信号	F004#0,F005	○	○
	MCFNA	动力线切换结束信号(串行主轴)	G071#3	○	○
	MCFNB		G075#3	○	○
	MD1,MD2,MD4	方式选择信号	G043#0～#2	○	○
	MD10	软操作面板信号(MD1)	F073#0	○	○
	MD20	软操作面板信号(MD2)	F073#1	○	○
	MD40	软操作面板信号(DM4)	F073#2	○	○
	MDRN	空运行检测信号	F002#7	○	○
	MDTCH1～MDTCH4	控制轴脱开状态信号	F110#0～#3	○	○
	MEDT	存储器编辑选择检测信号	F003#6	○	○
	MF	辅助功能选通信号	F007#0	○	○
	MF2	第2M功能选通信号	F008#4	○	○
	MF3	第3M功能选通信号	F008#5	○	○
	MFIN	辅助功能结束信号	G005#0	○	—
	MFIN2	第2M功能结束信号	G004#4	○	○
	MFIN3	第3M功能结束信号	G004#5	○	○
	MFNHGA	主轴切换主MCC接点状态信号(串行主轴)	G072#6	○	○
	MFNHGB		G076#6	○	○
	MH	手轮进给选择检测信号	F003#1	○	○
	MI1～MI4	镜像信号	G106#0～#3	○	○
	MINC	增量进给选择检测信号	F003#0	○	○
	MINP	外部程序输入启动信号	G058#0	○	○
	MJ	JOG进给选择检测信号	F003#2	○	○
	MLK	所有轴机床锁住信号	G044#1	○	○
	MLK1～MLK4	各轴机床锁住信号	G108#0～#3	○	○

(续)

组别	符号	信号名称	地址	T系列	M系列
M	MLK0	软操作面板信号(MLK)	F075#4	○	○
	MMDI	手动数据输入选择检测信号	F003#3	○	○
	MMEM	自动运行选择检测信号	F003#5	○	○
	MMI1~MMI4	镜像检测信号	F108#0~#3	○	○
	MMLK	所有轴机床检测信号	F004#1	○	○
	MORA1A	磁传感器定向完成信号(串行主轴)	F046#6	○	○
	MORA1B		F050#6	○	○
	MORA2A	磁传感器定向接近信号(串行主轴)	F046#7	○	○
	MORA2B		F050#7	○	○
	MORCMA	磁传感器定向指令信号(串行主轴)	G073#0	○	○
	MORCMB		G077#0	○	○
	MP1,MP2	手轮进给量选择信号(增量进给信号)	G019#4,#5	○	○
	MP10	软操作面板信号(MP1)	F076#0	○	○
	MP20	软操作面板信号(MP2)	F076#1	○	○
	MPOFA	电动机动力切断指令信号(串行主轴)	G073#2	○	○
	MPOFB		G077#2	○	○
	MRDYA	机床就绪信号(串行主轴)	G070#7	○	○
	MRDYB		G074#7	○	○
	MREF	手动返回参考点选择检测号	F004#5	○	○
	MRMT	DNC运行选择确认信号	F003#4	○	○
	MSBK	单程序段检测信号	F004#3	○	○
	MSBSM	手动绝对值检测信号	F004#2	○	○
	MTCHIN	示教选择检测信号	F003#7	○	○
	MV1~MV4	轴移动信号	F102#0~#4	○	○
	MVD1~MVD4	轴移动方向信号	F106#0~#4	○	○
N	NOINP1~NOINP4	各轴在位检测无效信号	G359#0~#3	○	○
	NOINPS	在位检测无效信号	G023#5	○	○
	NOZAGC	对于垂直轴角度控制轴无效	G063#5	○	○
	NPOS1~MPOS4	位置显示忽略信号	G198	○	○
	NRROA	准停位置改变时的最短距离指令信号(串行主轴)	G072#2	○	○
	NRROB		G076#2	○	○
O	OFN0~OFN5,OFN6	刀具偏移号选择信号	G039#0~#5,G040#0	○	—
	OP	自动运行信号	F000#7	○	○
	ORARA	定向结束(串行主轴)	F045#7	○	○
	ORARB		F049#7	○	○
	ORCMA	定向指令信号(串行主轴)	G070#6	○	○
	ORCMB		G074#6	○	○

(续)

组别	符号	信号名称	地址	T系列	M系列
O	OTP1~OTP4	超程报警中信号	F124#0~#3	○	○
	OUT0~OUT7	软操作面板通用开关信号	F072	○	○
	OVC	倍率取消信号	G006#4	○	○
	OVCE	倍率取消信号(PMC轴控制)	G150#5	○	○
	OVRA	模拟倍率信号(串行主轴)	G072#4	○	○
	OVRB		G076#4	○	○
P	PBATL	绝对位置检测器电池电压低报警信号	F172#7	○	○
	PBATZ	绝对位置检测器电池零报警信号	F172#6	○	○
	PC1DTA	检测位置编码器一转信号状态(串行主轴)	F047#0	○	○
	PC1DTB		F051#0	○	○
	PC2SLC	第2位置编码器选择信号	G028#7	○	○
	PECK2	小深孔钻削进行中信号	F066#5	—	○
	PN1,PN2,PN4,PN8,PN16	工件号检索信号	G009#0~#4	○	○
	PORA2A	位置编码器定向接近信号(串行主轴)	F046#5	○	○
	PORA2B		F050#5	○	○
	PRBSY	阅读机/穿孔机忙信号	F53#2	○	○
	PRC	位置记录信号	G040#6	○	○
	PRGDPL	编程屏幕显示方式信号	F053#1	○	○
	PRTSF	所需零件计数达到信号	F062#7	○	○
	PSW01~PSW16	位置开关信号	F070,F071	○	○
	PSYN	多边形车削同步中信号	F063#7	○	—
R	R01I~R12I		G032#0~G033#3	○	○
	R01I2~R12I2	主轴电动机速度指令信号	G034#0~G035#3	○	○
	R01I3~R12I3		G036#0~G037#3	○	○
	R01O~R12O	S12位代码信号	F036#0~F037#3	○	○
	RCFNA	输出切换完成信号(串行主轴)	F046#3	○	○
	RCFNB		F050#3	○	○
	RCHA	动力线状态检测信号(串行主轴)	G071#7	○	○
	RCHB		G075#7	○	○
	RCHHGA	主轴切换HIGH MCC接点状态信号(串行主轴)	G072#7	○	○
	RCHHGB		G076#7	○	○
	RCHPA	输出切换信号(串行主轴)	F046#2	○	○
	RCHPB	输出切换信号(串行主轴)	F050#2	○	○
	RGSPM	主轴的转向信号	F065#1	—	○
	RGSPP		F065#0	—	○
	RGTAP	刚性攻螺纹信号	G061#0	○	○

（续）

组别	符号	信号名称	地址	T系列	M系列
R	RGTSP1、RGTSP2	刚性攻螺纹主轴选择信号	G061#4，#5	○	○
	RLSOT	行程限位解除信号	G007#7	—	○
	RLSOT3	行程限位3的解除信号	G007#4	○	○
	ROTAA	准停位置改变时的旋转方向指令信号（串行主轴）	G072#1	○	○
	ROTAB		G076#1	○	○
	ROV1，ROV2	快速进给倍率信号	G014#0，#1	○	○
	ROV1E，ROV2E	快速进给倍率信号（PMC轴控制）	G150#0，#1	○	○
	ROV10	软操作面板信号（ROV1）	F076#4	○	○
	ROV20	软操作面板信号（ROV2）	F076#5	○	○
	RPALM	阅读机/穿孔机报警信号	F053#3	○	○
	RPALM	阅读机/穿孔机报警信号	F053#3	○	○
	RPBSY	阅读机/穿孔机忙信号	F053#2	○	○
	RPD0	快速进给信号	F002#1	○	○
	RRW	复位和倒回信号	G008#6	○	○
	RSLA	输出切换请求信号（串行主轴）	G071#6	○	○
	RSLB		G075#6	○	○
	RST	复位信号	F001#1	○	○
	RT	手动快速移动选择信号	G019#7	○	○
	RTAP	刚性攻螺纹过程中信号	F076#3	○	○
	RTE	手动快速进给选择信号（PMC轴控制）	G150#6	○	○
	RTNT	刚性攻螺纹回退启动信号	G062#6	—	○
	RT0	软操作面板信号（RT）	F077#6	○	○
	RTPT	刚性攻螺纹回退结束信号	F066#1	○	○
	RTRCT	回退信号	G066#4	○	○
	RTRCTF	回退完成信号	F065#7	○	○
	RWD	倒回信号	F000#0	○	○
S	S00~S31	主轴功能代码信号	F022~F025	○	○
	S1MES	主轴1测量信号	F062#3	○	—
	S2MES	主轴2测量信号	F062#4	○	—
	S2TLS	主轴测量选择信号	G040#5	○	—
	SA	伺服就绪信号	F000#6	○	○
	SAR	主轴速度到达信号	G029#4	○	○
	SARA	速度到达信号（串行主轴）	F045#3	○	○
	SARB		F049#3	○	○
	SBK	单程序段信号	G046#1	○	○
	SBK0	软操作面板信号（SBK）	F075#3	○	○
	SCLP	主轴夹紧信号	F038#0	○	—

(续)

组别	符 号	信号名称	地址	T系列	M系列
S	SDTA	速度检测信号（串行主轴）	F045#2	○	○
	SDTB		F049#2	○	○
	SF	主轴功能选通信号	F007#2	○	○
	SFIN	主轴功能结束信号	G005#2	○	○
	SFRA	CW 指令信号（串行主轴）	G070#5	○	○
	SFRB		G074#5	○	○
	SGN		G033#5	○	○
	SGN2	主轴电动机指令极性选择信号	G035#5	○	○
	SGN3		G037#5	○	○
	SHA00～SHA11	主轴定向外部停止位置指令信号	G078#0～G079#3	○	○
	SHB00～SHB11		G080#0～G081#3	○	○
	SIND		G033#7	○	○
	SIND2	PMC 控制主轴速度输出控制信号	G035#7	○	○
	SIND3		G037#7	○	○
	SKIP	过载转矩信号	X004#7	—	○
		跳转信号	X004#7	○	○
	SKIP2～SKIP6, SKIP7, SKIP8	跳转信号	X004#2～#6, #0, #1	○	○
	SKIPP	跳转信号	G006#6	○	—
	SLVA	从动运行方式指令信号（串行主轴）	G073#1	○	○
	SLVB		G077#1	○	○
	SLVSA	从动运行状态信号（串行主轴）	F046#4	○	○
	SLVSB		F050#4	○	○
	SMZ	误差检测信号	G053#6	○	—
	SOCNA	软启动/停止取消信号	G071#4	○	○
	SOCNB		G075#4	○	○
	SOR	主轴定向信号	G029#5	○	○
	SOV0～SOV7	主轴速度倍率信号	G030	○	○
	SPAL	主轴速度波动检测报警信号	F035#0	○	○
	SPALB	主轴选择信号（串行主轴）	G075#2	○	○
	SPL	进给暂停灯信号	F000#4	○	○
	SP0	软操作面板信号（*SP）	F075#7	○	○
	SPPHS	主轴同步相位控制信号	G038#3	○	○
	SPSLA	主轴选择信号（串行主轴）	G071#2	○	○
	SPSLB		G075#2	○	○
	SPSTP	主轴定位信号	G028#6	○	—

(续)

组别	符号	信号名称	地址	T系列	M系列
S	SPSYC	主轴同步控制信号	G038#2	○	○
	SRLNI0 ~ SRLNI3	组号指定信号	G091#0 ~ #3	○	○
	SRLNO0 ~ SRLNO3	组号输出信号	F178#0 ~ #3	○	○
	SRN	程序再启动信号	G006#0	○	○
	SRNMV	程序再启动中信号	F002#4	○	○
	SRVA	CCW 指令信号（串行主轴）	G070#4	○	○
	SRVB		G074#4	○	○
	SSIN	主轴电动机指令输出极性选择信号	G033#6	○	○
	SSIN2		G035#6	○	○
	SSIN3		G037#6	○	○
	SSTA	速度零信号（串行主轴）	F045#1	○	○
	SSTB	速度零信号（串行主轴）	F049#1	○	○
	ST	循环启动	G007#2	○	○
	STL	循环启动灯信号	F000#5	○	○
	STLK	启动锁住信号	G007#1	○	—
	SUCLP	主轴松开信号	F038#1	○	—
	SVF1 ~ SVF4	伺服关断信号	G126#0 ~ #3	○	○
	SVSCK1 ~ SVSCK4	电动机速度检测功能使能信号	G349#0 ~ #3	○	○
	SWS1	主轴选择信号	G027#0	○	○
	SWS2		G027#1	○	○
	SWS3		G027#2	○	○
	SYCAL	主轴同步控制报警信号	F044#4	○	○
	SYNC1 ~ SYNC4	简单同步轴选择信号	G138#0 ~ #3	○	○
	SYNCJ1 ~ SYNCJ4	简单同步手动进给轴选择信号	G140#0 ~ #3	—	○
T	T00 ~ T31	刀具功能代码信号	F026 ~ F029	○	○
	TAP	攻螺纹信号	F001#5	○	○
	TDFSV1 ~ TDFSV4	故障预测信号	F298#0 ~ #3	○	○
	TF	刀具功能选通信号	F007#3	○	○
	TFIN	刀具功能结束信号	G005#3	○	○
	THRD	螺纹切削信号	F002#3	○	○
	TL01 ~ TL256	刀具组号选择信号	G047#0 ~ G48#0	—	○
	TL01 ~ TL64		G047#0 ~ #6	○	—
	TLCH	换刀信号	F064#0	○	○
	TLCHB	刀具寿命到期通知信号	F064#3	—	○
	TLCHI	独立换刀信号	F064#2	○	○
	TLMA	转矩限制信号（串行主轴）	F045#6	○	○
	TLMB		F049#6	○	○

(续)

组别	符号	信号名称	地址	T系列	M系列
T	TLMHA	转矩限制指令 HIGH 信号（串行主轴）	G070#1	○	○
	TLMHB		G074#1	○	○
	TLMLA	转矩限制指令 LOW 信号（串行主轴）	G070#0	○	○
	TLMLB		G074#0	○	○
	TLNW	新刀具选择信号	F064#1	○	—
	TLRST	换刀复位信号	G048#7	○	—
	TLRSTI	独立换刀复位信号	G048#6	○	—
	TLSKP	刀具跳过信号	G048#5	○	—
	TMRON	多种用途的积分器启动信号	G053#0	○	○
	TRQL1 ~ TRQL8	转矩限制到达信号	F114	○	○
	TSA1 ~ TSA4	伺服电动机速度低报警信号	F349#0 ~ #3	○	○
U	UI000 ~ UI015	用户宏程序输入信号	G054，G055	○	○
	UNIT	用户宏程序中断信号	G053#3	○	○
	UO000 ~ UO015	用户宏程序输出信号	F054，F055	○	○
	UO100 ~ UO131		F056 ~ F059	○	○
W	WOQSM	工件坐标系偏移量写入方式选择信号	G039#6	○	—
	WOSET	工件坐标系偏移量写入信号	G040#7	○	—
X	XAE		X004#0	○	○
Y	YAE	测量位置到达信号	X004#1	—	○
	ZAE		X004#2	—	○
	ZAE		X004#1	○	—
Z	ZP1 ~ ZP4	返回参考点结束信号	F094#0 ~ #3	○	○
	ZP21 ~ ZP24	第2参考点返回结束信号	F096#0 ~ #3	○	○
	ZP31 ~ ZP34	第3参考点返回结束信号	F098#0 ~ #3	○	○
	ZP41 ~ ZP44	第4参考点返回结束信号	F100#0 ~ #3	○	○
	ZRF1 ~ ZRF4	参考点建立信号	F120#0 ~ #3	○	○
	ZRN	手动返回参考点选择信号	G043#7	○	○
	ZRN0	软操作面板信号（ZRN）	F073#4	○	○

注：带 * 的信号为低电平有效。

3. 按照地址排序

按照地址排序的 PMC 信号地址表见表 3-6，其中"○"表示有效，"—"表示无效。

表 3-6 PMC 信号地址表（按地址排序）

地址	信号名称	符号	T系列	M系列
X004#0	测量位置到达信号	XAE	○	○
X004#1		YAE	—	○
X004#1		ZAE	○	—
X004#2		ZAE	—	○

(续)

地址	信号名称	符号	T系列	M系列
X004#2,#4	刀具偏移量写入信号	+MIT1,+MIT2	○	—
X004#2,#4	各轴手动进给互锁信号	+MIT1,+MIT2	○	—
X004#2~#6,#0,#1	跳转信号	SKIP2~SKIP6,SKIP7,SKIP8	○	○
X004#3,#5	各轴手动进给互锁信号	−MIT1,−MIT2	○	—
X004#3,#5	刀具偏移量写入信号	−MIT1,−MIT2	○	—
X004#6	跳转信号(PMC轴控制)	ESKIP	○	○
X004#7	跳转信号	SKIP	○	○
X004#7	转矩过载信号	SKIP	—	○
X008#4	急停信号	*ESP	○	○
X009#0~#3	参考点返回减速信号	*DEC1~*DEC4	○	○
G000,G001	外部数据输入的数据信号	ED0~ED15	○	○
G002#0~#6	外部数据输入的地址信号	EA0~EA6	○	○
G002#7	外部数据输入的读取信号	ESTB	○	○
G004#3	结束信号	FIN	○	○
G004#4	第2M功能结束信号	MFIN2	○	○
G004#5	第3M功能结束信号	MFIN3	○	○
G005#0	辅助功能结束信号	MFIN	○	○
G005#1	外部功能运行结束信号	EFIN	—	○
G005#2	主轴功能结束信号	SFIN	○	○
G005#3	刀具功能结束信号	TFIN	○	○
G005#4	第2辅助功能结束信号	BFIN	○	—
G005#6	辅助功能锁住信号	AFL	○	○
G005#7	第2辅助功能结束信号	BFIN	—	○
G006#0	程序再启动信号	SRN	○	○
G006#2	手动绝对值信号	*ABSM	○	○
G006#4	倍率取消信号	OVC	○	○
G006#6	跳转信号	SKIPP	○	—
G007#1	启动锁住信号	STLK	○	—
G007#2	循环启动信号	ST	○	○
G007#4	行程检测3解除信号	RLSOT3	○	○
G007#5	跟踪信号	*FLWU	○	○
G007#6	存储行程极限选择信号	EXLM	○	○
G007#7	行程极限解除信号	RLOST	—	○
G008#0	互锁信号	*IT	○	○
G008#1	切削程序段开始互锁信号	*CSL	○	○

（续）

地址	信号名称	符号	T系列	M系列
G008#3	程序段开始互锁信号	*BSL	○	○
G008#4	急停信号	*ESP	○	○
G008#5	进给暂停信号	*SP	○	○
G008#6	复位和倒回信号	RRW	○	○
G008#7	外部复位信号	ERS	○	○
G009#0 ~ #4	工件号检索信号	PN1,PN2,PN4,PN8,PN16	○	○
G010,G011	手动移动速度倍率信号	*JV0 ~ *JV15	○	○
G012	进给速度倍率信号	*FV0 ~ *FV7	○	○
G014#0,#1	快速移动倍率信号	ROV1,ROV2	○	○
G016#7	F1 进给选择信号	F1D	—	○
G018#0 ~ #3	手轮进给轴选择信号	HS1A ~ HS1D	○	○
G018#4 ~ #7		HS2A ~ HS2D	○	○
G019#0 ~ #3		HS3A ~ HS3D	○	○
G019#4,#5	手轮进给倍率选择信号（增量进给信号）	MP1,MP2	○	○
G019#7	手动快速进给选择信号	RT	○	○
G023#5	在位检测无效信号	NOINPS	○	○
G024#0 ~ G025#5	扩展工件号检索信号	EPN0 ~ EPN13	○	○
G025#7	拓展工件号检索开始信号	EPNS	○	○
G027#0	主轴选择信号	SWS1	○	○
G027#1		SWS2	○	○
G027#2		SWS3	○	○
G027#3	各主轴停信号	*SSTP1	○	○
G027#4		*SSTP2	○	○
G027#5		*SSTP3	○	○
G027#7	Cs 轮廓控制切换信号	CON	○	○
G028#1,#2	齿轮选择信号（输入）	GR1,GR2	○	○
G028#4	主轴松开完成信号	*SUCPF	○	—
G028#5	主轴夹紧完成信号	*SCPF	○	—
G028#6	主轴停止完成信号	SPSTP	○	—
G028#7	第2位置编码器选择信号	PC2SLC	○	○
G029#0	齿轮挡选择信号（输入）	GR21	○	○
G029#4	主轴速度到达信号	SAR	○	○
G029#5	主轴定向信号	SOR	○	○
G029#6	主轴停止信号	*SSTP	○	○
G030	主轴速度倍率信号	SOV0 ~ SOV7	○	○

（续）

地址	信号名称	符号	T系列	M系列
G032#0～G033#3	主轴电动机速度指令信号	R01I～R12I	○	○
G033#5	主轴电动机指令极性选择信号	SGN	○	○
G033#6		SSIN	○	○
G033#7	PMC控制主轴速度输出控制信号	SIND	○	○
G034#0～G035#3	主轴电动机速度指令信号	R01I2～R12I2	○	○
G035#5	主轴电动机指令输出极性选择信号	SGN2	○	○
G035#6		SSIN2	○	○
G035#7	PMC控制主轴速度输出控制信号	SIND2	○	○
G036#0～G037#3	主轴电动机速度指令信号	R01I3～R12I3	○	○
G037#5	主轴电动机指令极性选择信号	SGN3	○	○
G037#6		SSIN3	○	○
G037#7	主轴电动机速度选择信号	SIND3	○	○
G038#2	主轴同步控制信号	SPSYC	○	○
G038#3	主轴相位同步控制信号	SPPHS	○	○
G038#6	B轴松开完成信号	*BEUCP	—	○
G038#7	B轴夹紧完成信号	*BECLP	—	○
G039#0～#5	刀具偏移号选择信号	OFN0～OFN5	○	—
G039#6	工件坐标系偏移量写入方式选择信号	WOQSM	○	—
G039#7	刀具偏移量写入方式选择信号	GOQSM	○	—
G040#5	主轴测量选择信号	S2TLS	○	—
G040#6	位置记录信号	PRC	○	—
G040#7	工件坐标系偏移量写入信号	WOSET	○	—
G041#0～#3	手轮中断轴选择信号	HS1IA～HA1ID	○	○
G041#4～#7		HS2IA～HA2ID	○	○
G042#0～#3		HS3IA～HA3ID	—	○
G042#7	直接运行选择信号	DMMC	○	○
G043#0～#2	方式选择信号	MD1,MD2,MD4	○	○
G043#5	DNC运行选择信号	DNC1	○	○
G043#7	手动返回参考点选择信号	ZRN	○	○
G044#0,G045	跳过任选程序段信号	BDT1,BDT2～BDT9	○	○
G044#1	所有轴锁住信号	MLK	○	○
G046#1	单程序段信号	SBK	○	○
G046#3～#6	存储器保护信号	KEY1～KEY4	○	○
G046#7	空运行信号	DRN	○	○
G047#0～#6	刀具组号选择信号	TL01～TL64	○	—
G047#0～G048#0		TL01～TL256	—	○

(续)

地址	信号名称	符号	T系列	M系列
G048#5	刀具跳过信号	TLSKP	○	○
G048#6	每把刀具的更换复位信号	TLRSTI	—	○
G048#7	刀具更换复位信号	TLRST	○	○
G049#0 ~ G050#1	刀具寿命计数器倍率信号	*TLV0 ~ *TLV9	—	○
G053#0	通用累计计数器启动信号	TMRON	○	○
G053#3	用户宏程序中断信号	UINT	○	○
G053#6	误差检测信号	SMZ	○	—
G053#7	倒角信号	CDZ	○	—
G054,G055	用户宏程序输入信号	UI000 ~ UI015	○	○
G058#0	程序输入外部启动信号	MINP	○	○
G058#1	外部读开始信号	EXRD	○	○
G058#2	外部阅读/传出停止信号	EXSTP	○	○
G058#3	外部传出启动信号	EXWT	○	○
G060#7	尾座屏蔽选择信号	*TSB	○	—
G061#0	刚性攻螺纹信号	RGTAP	○	○
G061#4,#5	刚性攻螺纹主轴选择信号	RGTPS1,RGTSP2	○	—
G062#1	CRT 显示自动清屏取消信号	*CRTOF	○	○
G062#6	刚性攻螺纹回退启动信号	RTNT	—	○
G063#5	垂直/角度轴控制无效信号	NOZAGC	○	○
G066#0	所有轴 VRDY OFF 报警忽略信号	IGNVRY	○	○
G066#1	外部键输入方式选择信号	ENBKY	○	○
G066#4	回退信号	RTRCT	○	○
G066#7	键代码读取信号	EKSET	○	○
G067#6	硬复制停止请求信号	HCABT	○	○
G067#7	硬复制请求信号	HCREQ	○	○
G070#0	转矩限制指令 LOW 信号(串行主轴)	TLMLA	○	○
G070#1	转矩限制指令 HIGH 信号(串行主轴)	TLMHA	○	○
G070#3,#2	离合器/齿轮信号(串行主轴)	CTH1A,CTH2A	○	○
G070#4	CCW 指令信号(串行主轴)	SRVA	○	○
G070#5	CW 指令信号(串行主轴)	SFRA	○	○
G070#6	定向指令信号(串行主轴)	ORCMA	○	○
G070#7	机床准备就绪信号(串行主轴)	MRDYA	○	○
G071#0	报警复位信号(串行主轴)	ARSTA	○	○
G071#1	急停信号(串行主轴)	*ESPA	○	○
G071#2	主轴选择信号(串行主轴)	SPSLA	○	○
G071#3	动力线切换结束信号(串行主轴)	MCFNA	○	○

(续)

地址	信号名称	符号	T系列	M系列
G071#4	软启动/停止取消信号（串行主轴）	SOCNA	○	○
G071#5	速度积分控制信号（串行主轴）	INTGA	○	○
G071#6	输出切换请求信号（串行主轴）	RSLA	○	○
G071#7	动力线状态检测信号（串行主轴）	RCHA	○	○○
G072#0	准停位置变换信号（串行主轴）	INDXA	○	○
G072#1	变换准停位置时旋转方向指令信号（串行主轴）	ROTAA	○	○
G072#2	改变准停位置时最短距离移动指令信号（串行主轴）	NRROA	○	○
G072#3	微分方式指令信号（串行主轴）	DEFMDA	○	○
G072#4	模拟倍率指令信号（串行主轴）	OVRA	○	○
G072#5	增量指令外部设定定向信号（串行主轴）	INCMDA	○	○
G072#6	变换主轴信号时主轴MCC信号状态（串行主轴）	MFNHGA	○	○
G072#7	用传感器时输出MCC状态信号（串行主轴）	RCHHGA	○	○
G073#0	用磁传感器的主轴定位指令（串行主轴）	MORCMA	○	○
G073#1	从动运行方式指令信号（串行主轴）	SLVA	○	○
G073#2	电动机动力切断指令信号（串行主轴）	MPOFA	○	○
G073#4	断线检测无效信号（串行主轴）	DSCNA	○	○
G074#0	转矩限制LOW信号（串行主轴）	TLMLB	○	○
G074#1	转矩限制HIGH指令信号（串行主轴）	TLMHB	○	○
G074#3,#2	离合器/齿轮挡信号（串行主轴）	CTH1B,CTH2B	○	○
G074#4	CCW指令信号（串行主轴）	SRVB	○	○
G074#5	CW指令信号（串行主轴）	SFRB	○	○
G074#6	定向指令信号（串行主轴）	ORCMB	○	○
G074#7	机床准备就绪信号（串行主轴）	MRDYB	○	○
G075#0	报警复位信号（串行主轴）	ARSTB	○	○
G075#1	急停信号（串行主轴）	*ESPB	○	○
G075#2	主轴选择信号（串行主轴）	SPSLB	○	○
G075#3	动力线切换完成信号（串行主轴）	MCFNB	○	○
G075#4	软启动停止取消信号（串行主轴）	SOCNB	○	○
G075#5	速度积分控制信号（串行主轴）	INTGB	○	○

（续）

地址	信号名称	符号	T系列	M系列
G075#6	输出切换请求信号(串行主轴)	RSLB	○	○
G075#7	动力线状态检测信号(串行主轴)	RCHB	○	○
G076#0	准停位置变换信号(串行主轴)	INDXB	○	○
G076#1	变换准停位置时旋转方向指令信号(串行主轴)	ROTAB	○	○
G076#2	变换准停位置时最短距离移动指令信号(串行主轴)	NRROB	○	○
G076#3	微分方式指令信号(串行主轴)	DEFMDB	○	○
G076#4	模拟倍率指令信号(串行主轴)	OVRB	○	○
G076#5	增量指令外部设定型定向信号(串行主轴)	INCMDB	○	○
G076#6	变换主轴信号时MCC状态信号(串行主轴)	MFNHGB	○	○
G076#7	用磁传感器时HIGH输出MCC状态信号(串行主轴)	RCHHGB	○	○
G077#0	用磁传感器的主轴定向指令(串行主轴)	MORCMB	○	○
G077#1	从动运行指令信号(串行主轴)	SLVB	○	○
G077#2	电动机动力关断信号(串行主轴)	MPOFB	○	○
G077#4	断线检测无效信号(串行主轴)	DSCNB	○	○
G078#0 ~ G079#3	主轴定向外部停止位置指令信号	SHA00 ~ SHA11	○	○
G080#0 ~ G081#3		SHB00 ~ SHB11	○	○
G091#0 ~ #3	组号指定信号	SRLNI0 ~ SRLNI3	○	○
G092#0	I/O Link 确认信号	IOLACK	○	○
G092#1	I/O Link 指定信号	IOLS	○	○
G092#2	Power Mate 读/写进行中信号	BGION	○	○
G092#3	Power Mate 读/写报警信号	BGIALM	○	○
G092#4	Power Mate 后台忙信号	BGEN	○	○
G096#0 ~ #6	1%快速进给倍率信号	*HROV0 ~ *HROV6	○	○
G096#7	1%快速进给倍率选择信号	HROV	○	○
G098	键代码信号	EKC0 ~ EKC7	○	○
G100	进给轴和方向选择信号	+J1 ~ +J4	○	○
G101#0 ~ #3	外部减速信号2	*+ED21 ~ *+ED24	○	○
G102#0 ~ #3	进给轴和方向选择信号	−J1 ~ −J4	○	○
G103#0 ~ #3	外部减速信号2	*−ED21 ~ *−ED24	○	○
G104#0 ~ #3	坐标轴方向存储行程限位开关信号	+EXL1 ~ +EXL4	○	○

(续)

地址	信号名称	符号	T系列	M系列
G105#0 ~ #3	坐标轴方向存储行程限位开关信号	-EXL1 ~ -EXL4	○	○
G106#0 ~ #3	镜像信号	MI1 ~ MI4	○	○
G107#0 ~ #3	外部减速信号	*+ED31 ~ *+ED34	○	○
G108#0 ~ #3	各轴机床锁住信号	MLK1 ~ MLK4	○	○
G109#0 ~ #3	外部减速信号3	*-ED31 ~ *-ED34	○	○
G110#0 ~ #3	行程极限外部设定信号	+LM1 ~ +LM4	—	○
G112#0 ~ #3		-LM1 ~ -LM4	—	○
G114#0 ~ #3	超程信号	*+L1 ~ *+L4	○	○
G116#0 ~ #3		*-L1 ~ *-L4	○	○
G118#0 ~ #3	外部减速信号	*+ED1 ~ *+ED4	○	○
G120#0 ~ #3		*-ED1 ~ *-ED4	○	○
G124#0 ~ #3	控制轴脱开信号	DTCH1 ~ DTCH4	○	○
G125#0 ~ #3	异常负载检测忽略信号	IUDD1 ~ IUDD4	○	○
G126#0 ~ #3	伺服关断信号	SVF1 ~ SVF4	○	○
G127#0 ~ #3	Cs轮廓控制方式精细加/减速功能无效	CDF1 ~ CDF4	○	○
G130#0 ~ #3	各轴互锁信号	*IT1 ~ *IT4	○	○
G132#0 ~ #3	各轴和方向互锁信号	+MIT1 ~ +MIT4	—	○
G134#0 ~ #3		-MIT1 ~ -MIT4	—	○
G136#0 ~ #3	控制轴选择信号(PMC轴控制)	EAX1 ~ EAX4	○	○
G138#0 ~ #3	简单同步轴选择信号	SYNC1 ~ SYNC4	○	○
G140#0 ~ #3	简单同步手动进给轴选择信号	SYNCJ1 ~ SYNCJ4	—	○
G140#0	辅助功能结束信号(PMC轴控制)	EFINA	○	○
G140#1	累积零位检测信号	ELCKZA	○	○
G140#2	缓冲禁止信号(PMC轴控制)	EMBUFA	○	○
G140#3	程序段停止信号(PMC轴控制)	ESBKA	○	○
G140#4	伺服关闭信号(PMC轴控制)	ESOFA	○	○
G140#5	轴控制暂停信号(PMC轴控制)	ESTPA	○	○
G140#6	复位信号(PMC轴控制)	ECLRA	○	○
G140#7	轴控制指令读取信号(PMC轴控制)	EBUFA	○	○
G143#0 ~ #6	轴控制指令信号(PMC轴控制)	EC0A ~ EC6A	○	○
G143#7	程序段停禁止信号(PMC轴控制)	EMSBKA	○	○
G144,G145	轴控制进给速度信号(PMC轴控制)	EIF0A ~ EIF15A	○	○
G146 ~ G149	轴控制数据信号(PMC轴控制)	EID0A ~ EID31A	○	○
G150#0,#1	快速进给倍率信号(PMC轴控制)	ROV1E,ROV2E	○	○
G150#5	倍率取消信号(PMC轴控制)	OVCE	○	○

(续)

地址	信号名称	符号	T系列	M系列
G150#6	手动快速进给选择信号(PMC轴控制)	RTE	○	○
G150#7	空运行信号(PMC轴控制)	DRNE	○	○
G151	进给速度倍率信号(PMC轴控制)	*FV0E~*FV7E	○	○
G154#0	辅助功能结束信号(PMC轴控制)	EFINB	○	○
G154#1	累积零检测信号(PMC轴控制)	ELCKZB	○	○
G154#3	程序段停信号(PMC轴控制)	ESBKB	○	○
G154#4	伺服关闭信号(PMC轴控制)	ESOFB	○	○
G154#5	轴控制暂停信号(PMC轴控制)	ESTPB	○	○
G154#6	复位信号(PMC轴控制)	ECLRB	○	○
G154#7	轴控制指令读取信号(PMC轴控制)	EBUFB	○	○
G155#0~#6	轴控制指令信号(PMC轴控制)	EC0B~EC6B	○	○
G155#7	程序段停信号(PMC轴控制)	EMSBKB	○	○
G156,G157	轴控制进给速度信号(PMC轴控制)	EIF0B~EIF15B	○	○
G158~G161	轴控制数据信号(PMC轴控制)	EID0B~EID31B	○	○
G166#0	辅助功能结束信号(PMC轴控制)	EFINC	○	○
G166#1	累积零检测信号	ELCKZC	○	○
G166#2	缓冲禁止信号(PMC轴控制)	EMBUFC	○	○
G166#3	程序段停信号(PMC轴控制)	ESBKC	○	○
G166#4	伺服关断信号(PMC轴控制)	ESOFC	○	○
G166#5	轴控制暂停信号(PMC轴控制)	ESTPC	○	○
G166#6	复位信号(PMC轴控制)	ECLRC	○	○
G166#7	轴控制指令读取信号(PMC轴控制)	EBUFC	○	○
G167#0~#6	轴控制指令信号(PMC轴控制)	EC0C~EC6C	○	○
G167#7	程序段停禁止信号(PMC轴控制)	EMSBKC	○	○
G168,G169	轴控制进给速度信号(PMC轴控制)	EIF0C~EIF15C	○	○
G170~G173	轴控制数据信号(PMC轴控制)	EID0C~EID31C	○	○
G178#0	辅助功能结束信号(PMC轴控制)	EFIND	○	○
G178#1	累积零检测信号	ELCKZD	○	○
G178#2	缓冲禁止信号(PMC轴控制)	EMBUFD	○	○
G178#3	程序段停信号(PMC轴控制)	ESBKD	○	○
G178#4	伺服关断信号(PMC轴控制)	ESOFD	○	○
G178#5	轴控制暂停信号(PMC轴控制)	ESTPD	○	○
G178#6	复位信号(PMC轴控制)	ECLRD	○	○
G178#7	轴控制指令读取信号(PMC轴控制)	EBUFD	○	○
G179#0~#6	轴控制指令信号(PMC轴控制)	EC0D~EC6D	○	○
G179#7	程序段停禁止信号(PMC轴控制)	EMSBKC	○	○

(续)

地址	信号名称	符号	T系列	M系列
G180, G181	轴控制进给速度信号(PMC轴控制)	EIF0D ~ EIF15D	○	○
G182 ~ G185	轴控制数据信号(PMC轴控制)	EID0D ~ EID31D	○	○
G192#0 ~ #3	各轴VRDY OFF报警忽略信号	IGVRY1 ~ IGVRY4	○	○
G198#0 ~ #3	位置显示忽略信号	NPOS1 ~ NPOS4	○	○
G199#0	手摇脉冲发生器选择信号	IOLBH2	○	○
G199#1		IOLBH3	○	○
G200#0 ~ #3	轴控制高级指令信号	EASIP1 ~ EASIP4	○	○
G274#4	Cs轴坐标系建立请求信号	CSFI1	○	○
G349#0 ~ #3	伺服转速检测有效信号	SVSCK1 ~ SVSCK4	○	○
G359#0 ~ #3	各轴在位检测无效信号	NOINP1 ~ NOINP4	○	○
F000#0	倒带信号	RWD	○	○
F000#4	进给暂停灯信号	SPL	○	○
F000#5	循环启动灯信号	STL	○	○
F000#6	伺服准备就绪信号	SA	○	○
F000#7	自动运行信号	OP	○	○
F001#0	报警信号	AL	○	○
F001#1	复位信号	RET	○	○
F001#2	电池报警信号	BAL	○	○
F001#3	分配结束信号	DEN	○	○
F001#4	主轴使能信号	ENB	○	○
F001#5	攻螺纹信号	TAP	○	○
F001#7	CNC就绪信号	MA	○	○
F002#0	英制输入信号	INCH	○	○
F002#1	快速进给信号	RPDO	○	○
F002#2	恒表面切削速度信号	CSS	○	○
F002#3	螺纹切削信号	THRD	○	○
F002#4	程序启动信号	SRNMV	○	○
F002#6	切削进给信号	CUT	○	○
F002#7	空运行检测信号	MDRN	○	○
F003#0	增量进给选择检测信号	MINC	○	○
F003#1	手轮进给选择检测信号	MH	○	○
F003#2	JOG进给选择检测信号	MJ	○	○
F003#3	手动数据输入选择检测信号	MMDI	○	○
F003#4	DNC运行选择确认信号	MRMT	○	○
F003#5	自动运行选择检测信号	MMEM	○	○
F003#6	存储器编辑选择检测信号	MEDT	○	○

(续)

地址	信号名称	符号	T系列	M系列
F003#7	示教选择检测信号	MTCHIN	○	○
F004#0, F005	跳过任选程序段检测信号	MBDT1, MBDT2 ~ MBDT9	○	○
F004#1	所有轴机床锁住检测信号	MMLK	○	○
F004#2	手动绝对值检测信号	MABSM	○	○
F004#3	单程序段检测信号	MSBK	○	○
F004#4	辅助功能锁住检查信号	MAFL	○	○
F004#5	手动返回参考点选择检测信号	MREF	○	○
F007#0	辅助功能选通信号	MF	○	○
F007#1	高速接口的外部运行信号	EFD	—	○
F007#2	主轴速度功能选通信号	SF	○	○
F007#3	刀具功能选通信号	TF	○	○
F007#4	第2辅助功能选通信号	BF	○	○
F007#7		BF	○	—
F008#0	外部运行信号	EF	—	○
F008#4	第2M功能选通信号	MF2	—	○
F008#5	第3M功能选通信号	MF3	○	○
F009#4	M译码信号	DM03	○	○
F009#5		DM02	○	○
F009#6		DM01	○	○
F009#7		DM00	○	○
F010 ~ F013	辅助功能代码信号	M00 ~ M31	○	○
F014 ~ F015	第2M功能代码信号	M200 ~ M215	○	○
F016 ~ F017	第3M功能代码信号	M300 ~ M315	○	○
F022 ~ F025	主轴速度功能代码信号	S00 ~ S31	○	○
F026 ~ F029	刀具功能代码信号	T00 ~ T31	○	○
F030 ~ F033	第2辅助功能代码信号	B00 ~ B31	○	○
F034#0 ~ #2	齿轮选择信号(输出)	GR1O, GR2O, GR3O	—	○
F035#0	主轴功能检测报警信号	SPAL	○	○
F036#0 ~ F037#3	12位数代码输出信号	R01O ~ R12O	○	○
F038#0	主轴夹紧信号	SCLP	○	—
F038#1	主轴松开信号	SUCLP	○	—
F038#2	主轴使能信号	ENB2	○	○
F038#3		ENB3	○	○
F040, F041	实际主轴速度信号	AR0 ~ AR15	○	—
F044#1	Cs轮廓控制切换结束信号	FSCSL	○	○

(续)

地址	信号名称	符号	T系列	M系列
F044#2	主轴速度同步控制结束信号	FSPSY	○	○
F044#3	主轴相位同步控制结束信号	FSPPH	○	○
F044#4	主轴同步控制报警信号	SYCAL	○	○
F045#0	报警信号(串行主轴)	ALMA	○	○
F045#1	零速度信号(串行主轴)	SSTA	○	○
F045#2	速度检测信号(串行主轴)	SDTA	○	○
F045#3	速度到达信号(串行主轴)	SARA	○	○
F045#4	负载检测信号1(串行主轴)	LDT1A	○	○
F045#5	负载检测信号2(串行主轴)	LDT2A	○	○
F045#6	转矩限制信号(串行主轴)	TLMA	○	○
F045#7	定向结束信号(串行主轴)	ORARA	○	○
F046#0	动力线切换信号(串行主轴)	CHPA	○	○
F046#1	主轴切换完成信号(串行主轴)	CFINA	○	○
F046#2	输出切换信号(串行主轴)	RCHPA	○	○
F046#3	输出切换结束信号(串行主轴)	RCHNA	○	○
F046#4	从动运行状态信号(串行主轴)	SLVSA	○	○
F046#5	用位置编码器的主轴定向接近信号(串行主轴)	PORA2A	○	○
F046#6	用磁传感器的主轴定位结束信号(串行主轴)	MORA1A	○	○
F046#7	用磁传感器的主轴定位接近信号(串行主轴)	MORA2A	○	○
F047#0	位置编码器1转信号的检测状态信号(串行主轴)	PC1DTA	○	○
F047#1	增量方式定向信号(串行主轴)	INCSTA	○	○
F047#4	电动机励磁关断状态信号(串行主轴)	EXOFA	○	○
F048#4	Cs轴坐标系建立状态信号	CSPENA	○	○
F049#0	报警信号(串行主轴)	ALMB	○	○
F049#1	零速度信号(串行主轴)	SSTB	○	○
F049#2	速度检测信号(串行主轴)	SDTB	○	○
F049#3	速度到达信号(串行主轴)	SARB	○	○
F049#4	负载检测信号1(串行主轴)	LDT1B	○	○
F049#5	负载检测信号2(串行主轴)	LDT2B	○	○
F049#6	转矩限制信号(串行主轴)	TLMB	○	○
F049#7	定向结束信号(串行主轴)	ORARB	○	○
F050#0	动力线切换信号(串行主轴)	CHPB	○	○

(续)

地址	信号名称	符号	T系列	M系列
F050#1	主轴切换结束信号(串行主轴)	CFINB	○	○
F050#3	输出切换结束信号(串行主轴)	RCFNB	○	○
F050#4	从动运行状态信号(串行主轴)	SLVSB	○	○
F050#5	用位置编码器的主轴定向接近信号(串行主轴)	PORA2B	○	○
F050#6	用磁传感器的主轴定向结束信号(串行主轴)	MORA1B	○	○
F050#7	用磁传感器的主轴定向接近信号(串行主轴)	MORA2B	○	○
F051#0	位置编码器1转信号检测状态信号(串行主轴)	PC1DTB	○	○
F051#1	增量方式定向信号(串行主轴)	INCSTB	○	○
F051#4	电动机励磁关断状态信号(串行主轴)	EXOFB	○	○
F053#0	键输入禁止信号	INHKY	○	○
F053#1	程序屏幕显示方式信号	PRGDPL	○	○
F053#2	阅读/传出处理中信号	RPBSY	○	○
F053#3	阅读/传出报警信号	RPALM	○	○
F053#4	后台忙信号	BGEACT	○	○
F053#7	键代码读取信号结束	EKENB	○	○
F054,F055	用户宏程序输出信号	UO000~UO015	○	○
F056~F059		UO100~UO131	○	○
F060#0	外部数据输入的读取结束信号	EREND	○	○
F060#1	外部数据输入的检索结束信号	ESEND	○	○
F060#2	外部数据输入的检索取消信号	ESCAN	○	○
F061#0	B轴松开信号	BUCLP	—	○
F061#1	B轴夹紧信号	BCLP	—	○
F061#2	硬复制停止请求接受信号	HCAB2	○	○
F061#3	硬复制进行中信号	HCEXE	○	○
F062#0	AI先行控制方式信号	AICC	—	○
F062#3	主轴1测量中信号	S1MES	○	—
F062#4	主轴2测量中信号	S2MES	○	—
F062#7	所要零件计数达到信号	PRTSF	○	○
F063#7	多边形车削同步信号	PSYN	○	○
F064#0	更换刀具信号	TLCH	○	○
F064#1	新刀具选择信号	TLNW	○	○
F064#2	每把刀具的切换信号	TLCHI	—	○

（续）

地址	信号名称	符号	T系列	M系列
F064#3	刀具寿命到期通知信号	TLCHB	—	○
F065#0	主轴的转向信号	RGSPP	—	○
F065#1		RGSPM	—	○
F065#4	回退完成信号	RTRCTF	○	○
F066#0	先行控制方式信号	G08MD	—	○
F066#1	刚性攻螺纹回退结束信号	RTPT	—	○
F066#5	小孔径深孔钻孔处理中信号	PECK2	—	○
F070#0 ~ F071#7	位置开关信号	PSW01 ~ PSW16	○	○
F072	软操作面板通用开关信号	OUT0 ~ OUT7	○	○
F073#0	软操作面板信号（MD1）	MD1O	○	○
F073#1	软操作面板信号（MD2）	MD2O	○	○
F073#2	软操作面板信号（MD4）	MD4O	○	○
F073#4	软操作面板信号（ZRN）	ZRNO	○	○
F075#2	软操作面板信号（BDT）	BDTO	○	○
F075#3	软操作面板信号（SBK）	SBKO	○	○
F075#4	软操作面板信号（MLK）	MLKO	○	○
F075#5	软操作面板信号（DRN）	DRNO	○	○
F075#6	软操作面板信号（KEY1 ~ KEY4）	KEYO	○	○
F075#7	软操作面板信号（*SP）	SPO	○	○
F076#0	软操作面板信号（MP1）	MP1O	○	○
F076#1	软操作面板信号（MP2）	MP2O	○	○
F076#3	刚性攻螺纹进程中信号	RTAP	○	○
F076#4	软操作面板信号（ROV1）	ROV1O	○	○
F076#5	软操作面板信号（ROV2）	ROV2O	○	○
F077#0	软操作面板信号（HS1A）	HS1AO	○	○
F077#1	软操作面板信号（HS1B）	HS1BO	○	○
F077#2	软操作面板信号（HS1C）	HS1CO	○	○
F077#3	软操作面板信号（HS1D）	HS1DO	○	○
F077#6	软操作面板信号（RT）	RTO	○	○
F078	软操作面板信号（*FV0 ~ *FV7）	*FV0O ~ *FV7O	○	○
F079, F080	软操作面板信号（*JV0 ~ *JV15）	*JV0O ~ *JV15O	○	○
F081#0, #2, #4, #6	软操作面板信号（+J1 ~ +J4）	+J1O ~ +J4O	○	○
F081#1, #3, #5, #7	软操作面板信号（-J1 ~ -J4）	-J1O ~ -J4O	○	○
F090#0	伺服轴异常负载检测信号	ABTQSV	○	○
F090#1	第1主轴异常负载检测信号	ABTSP1	○	○
F090#2	第2主轴异常负载检测信号	ANTSP2	○	○

(续)

地址	信号名称	符号	T 系列	M 系列
F094#0 ~ #3	返回参考点结束信号	ZP1 ~ ZP4	○	○
F096#0 ~ #3	第 2 参考位置返回结束信号	ZP21 ~ ZP24	○	○
F098#0 ~ #3	第 3 参考位置返回结束信号	ZP31 ~ ZP34	○	○
F100#0 ~ #3	第 4 参考位置返回结束信号	ZP41 ~ ZP44	○	○
F102#0 ~ #3	轴移动信号	MV1 ~ MV4	○	○
F104#0 ~ #3	到位信号	INP1 ~ INP4	○	○
F106#0 ~ #3	轴移动方向信号	MVD1 ~ MVD4	○	○
F108#0 ~ #3	镜像检测信号	MMI1 ~ MMI4	○	○
F110#0 ~ #3	控制轴脱开状态信号	MDTCH1 ~ MDTCH4	○	○
F112#0 ~ #3	分配结束信号（PMC 轴控制）	EADEN1 ~ EADEN4	○	○
F114#0 ~ #3	转矩极限到达信号	TRQL1 ~ TRQL8	○	—
F120#0 ~ #3	参考位置建立信号	ZRF1 ~ ZRF4	○	○
F122#0	高速跳转状态信号	HDO0	○	○
F124#0 ~ #3	行程限位到达信号	+ OT1 ~ + OT4	—	○
F124#0 ~ #3	超程报警中信号	OTP1 ~ OTP4	○	○
F126#0 ~ #3	行程限位到达信号	− OT1 ~ − OT4	—	○
F129#5	0% 倍率信号（PMC 轴控制）	EOV0	○	○
F129#7	控制轴选择状态信号（PMC 轴控制）	*EAXSL	○	○
F130#0	到位信号（PMC 轴控制）	EINPA	○	○
F130#1	零跟随误差检测信号（PMC 轴控制）	ECKZA	○	○
F130#2	报警信号（PMC 轴控制）	EIALA	○	○
F130#3	辅助功能执行信号（PMC 轴控制）	EDENA	○	○
F130#4	轴移动信号（PMC 轴控制）	EGENA	○	○
F130#5	正向超程信号（PMC 轴控制）	EOTPA	○	○
F130#6	负向超程信号（PMC 轴控制）	EOTNA	○	○
F130#7	控制轴指令读取完成信号（PMC 轴控制）	EBSYA	○	○
F131#0	辅助功能选通信号（PMC 轴控制）	EMFA	○	○
F131#1	缓冲器满信号（PMC 轴控制）	EABUFA	○	○
F132, F142	辅助功能代码信号（PMC 轴控制）	EM11A ~ EM48A	○	○
F133#0	到位信号（PMC 轴控制）	EINPB	○	○
F133#1	零跟随误差检测信号（PMC 轴控制）	ECKZB	○	○
F133#2	报警信号（PMC 轴控制）	EIALB	○	○
F133#3	辅助功能执行信号（PMC 轴控制）	EDENB	○	○
F133#4	轴移动信号（PMC 轴控制）	EGENB	○	○
F133#5	正向超程信号（PMC 轴控制）	EOTPB	○	○
F133#6	负向超程信号（PMC 轴控制）	EOTNB	○	○

(续)

地址	信号名称	符号	T系列	M系列
F133#7	轴控制指令读取结束信号(PMC轴控制)	EBSYB	○	○
F134#0	辅助功能选通信号(PMC轴控制)	EMFB	○	○
F134#1	缓冲器满信号(PMC轴控制)	EABUFB	○	○
F135,F145	辅助功能代码信号(PMC轴控制)	EM11B~EM48B	○	○
F136#0	到位信号(PMC轴控制)	EINPC	○	○
F136#1	零跟随误差检测信号(PMC轴控制)	ECKZC	○	○
F136#2	报警信号(PMC轴控制)	EIALC	○	○
F136#3	辅助功能执行信号(PMC轴控制)	EDENC	○	○
F136#4	轴移动信号(PMC轴控制)	EGENC	○	○
F136#5	正向超程信号(PMC轴控制)	EOTPC	○	○
F136#6	负向超程信号(PMC轴控制)	EOTNC	○	○
F136#7	轴控制指令读取结束信号(PMC轴控制)	EBSYC	○	○
F137#0	辅助功能选通信号(PMC轴控制)	EMFC	○	○
F137#1	缓冲器满信号(PMC轴控制)	EABUFC	○	○
F138,F148	辅助功能代码信号(PMC轴控制)	EM11C~EM48C	○	○
F139#0	到位信号(PMC轴控制)	EINPD	○	○
F139#1	零跟随误差检测信号(PMC轴控制)	ECKZD	○	○
F139#2	报警信号(PMC轴控制)	EIALD	○	○
F139#3	辅助功能执行信号(PMC轴控制)	EDEND	○	○
F139#4	轴移动信号(PMC轴控制)	EGEND	○	○
F139#5	正向超程信号(PMC轴控制)	EOTPD	○	○
F139#6	负向超程信号(PMC轴控制)	EOTND	○	○
F139#7	轴控制指令读取结束信号(PMC轴控制)	EBSYD	○	○
F140#0	辅助功能选通信号(PMC轴控制)	EMFD	○	○
F140#1	缓冲器满信号(PMC轴控制)	EABUFD	○	○
F141,F151	辅助功能代码信号(PMC轴控制)	EM11D~EM48D	○	○
F172#6	绝对位置编码器电池电压零值报警信号	PBATZ	○	○
F172#7	绝对位置编码器电池电压值低报警信号	PBATL	○	○
F177#0	从装置I/O Link选择信号	IOLINK	○	○
F177#1	从外部装置读取开始信号	ERDIO	○	○
F177#2	从装置读/写停止信号	ESTPIO	○	○
F177#3	从装置外部写开始信号	EWTIO	○	○
F177#4	从装置程序选择信号	EPRG	○	○
F177#5	从装置宏变量选择信号	EVAR	○	○
F177#6	从装置参数选择信号	EPARM	○	○
F177#7	从装置诊断选择信号	EDGN	○	○

项目十一　DI/DO接口的信号定义及地址分配

(续)

地址	信号名称	符号	T系列	M系列
F178#0 ~ #3	组号输出信号	SRLN0 ~ SRLN03	○	○
F180#0 ~ #3	冲撞式参考位置设定的转矩极限到达信号	CLRCH1 ~ CLRCH8	○	○
F182#0 ~ #3	辅助功能代码信号(PMC轴控制)	EACNT1 ~ EACNT8	○	○
F274#4	Cs轴坐标系建立报警信号	CSFO1	○	○
F298#0 ~ #3	报警预测信号	TDFSV1 ~ TDFSV4	○	○
F349#0 ~ #3	伺服转速低报警信号	TSA1 ~ TSA4	○	○

注：带 * 的信号为低电平有效。

FANUC Series 0i-MODEL D、FANUC Series 0i Mate-MODEL D 系列数控系统的 MT→CNC、PMC→CNC、CNC→PMC 之间的接口地址一览表见维修说明书 B-64305CM/01。

三、I/O Link 接口的设定

1. I/O 单元类型

I/O 单元的常见类型包括操作面板用 I/O 单元、分线盘 I/O、I/O UNIT MODEL A、I/O Link 轴、机床操作面板、0i-D 用 I/O 单元等，如图 3-17 所示。

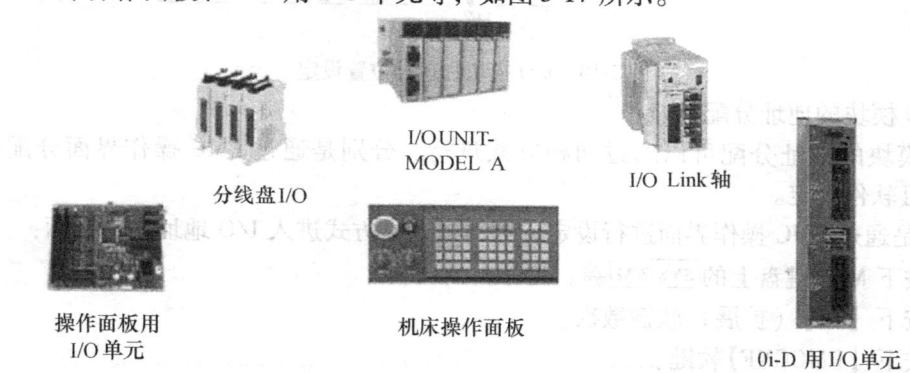

图 3-17　FANUC 0i-D 系列常用 I/O 单元

2. I/O 单元的物理位置设定

FANUC 数控系统的 I/O Link 是一个串行接口，将 CNC、单元控制器、分布式 I/O、机床操作面板或 Power Mate 连接起来，并在各设备间高速传送 I/O 信号（位数据）。FANUC 0i-D 系列主板上的 I/O 接口为 JD51A，通过信号线连接相邻 I/O 模块的 JD1B 接口，再从这个模块的 JD1A 接口，连接到下一个模块的 JD1B 接口，依次类推，直至连接到最后一个 I/O 模块的 JD1B 接口，而最后一个 I/O 模块的 JD1A 接口空着。

按照这种 JD1A-JD1B 方式串行连接的各 I/O 模块，其物理位置按照组、基座、槽的方式定义。

（1）组　系统和 I/O 单元之间通过 JD1A—JD1B 串行连接，离系统最近的单元称之为第 0 组，依次类推。

（2）基座　使用 I/O UNIT-MODEL A 时，在同一组中可以连接扩展模块，因此在同一组中为区分其物理位置，定义主副单元分别为 0 基座、1 基座。

（3）槽　使用 I/O UNIT-MODEL A 时，在一个基座上可以安装 5 ~ 10 槽的 I/O 模块，从左至右依次定义其物理位置为 1 槽、2 槽……

其他通用 I/O 单元不分基座、槽号，定义为 0 基座、1 槽。
I/O 模块组、基座、槽的定义如图 3-18 所示。

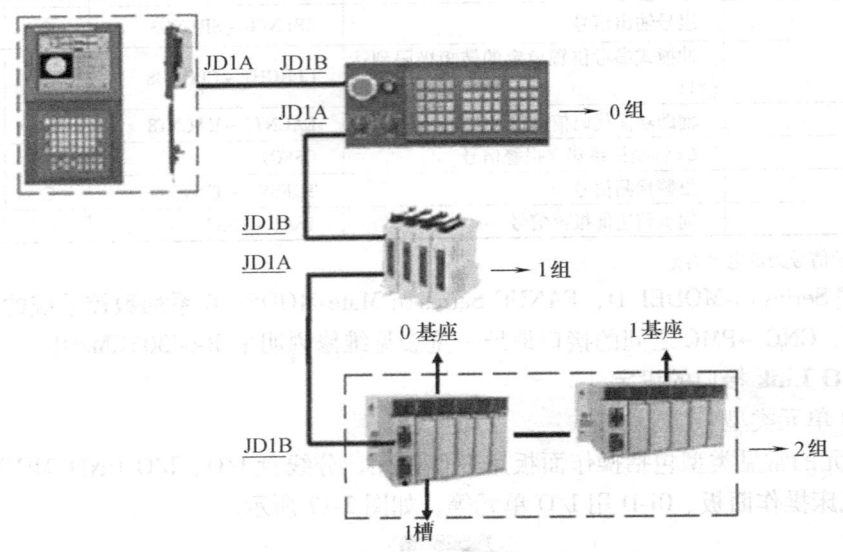

图 3-18　I/O 模块物理的位置设定

3. I/O 模块的地址分配

I/O 模块的地址分配可以通过两种方式进行，分别是通过 PMC 操作界面分配和通过 LADDER Ⅲ 软件设定。

如果是通过 PMC 操作界面进行设定，则通过以下方式进入 I/O 地址设定界面：

1）按下 MDI 键盘上的 SYSTEM 键。
2）按下【+】（扩展）软键数次。
3）按下【PMCCNF】软键。
4）按下【模块】软键。

即进入 I/O 模块显示、编辑界面，如图 3-19 所示。

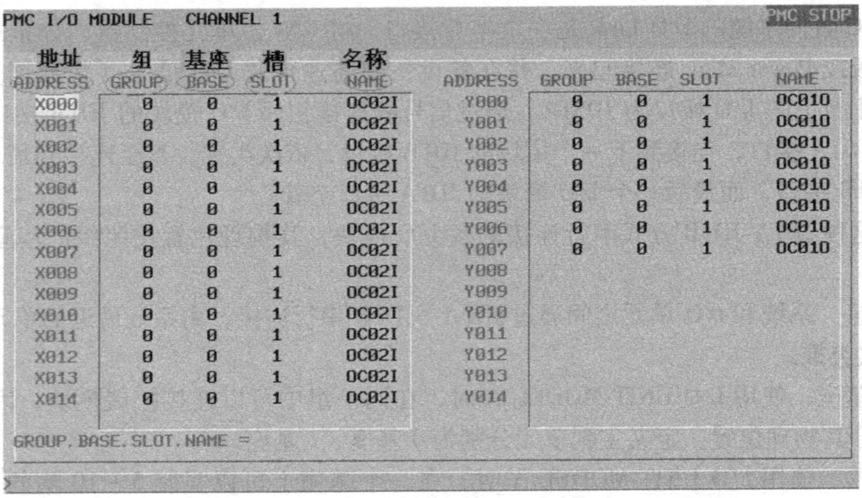

图 3-19　PMC I/O 模块的地址分配界面

项目十一　DI/DO接口的信号定义及地址分配

如果要对该界面进行操作，即进行地址修改或重新分配，则按下【操作】软键，再按下【编辑】软键，就可以对I/O模块的地址进行删除、全删除、地址分配等操作。

（1）名称　是指输入模块或输出模块的名称。常用输入模块/输出模块的类型、对应的输入/输出字节数分别见表3-7、表3-8。

表3-7　常用输入模块的名称及输入字节数

OC01I	适用于通用I/O单元的名称设定,12个字节的输入
OC02I	适用于通用I/O单元的名称设定,16个字节的输入
OC03I	适用于通用I/O单元的名称设定,32个字节的输入
/n	适用于通用、特殊I/O单元的名称设定,$n=1\sim 8$字节

表3-8　常用输出模块的名称及输出字节数

OC01O	适用于通用I/O单元的名称设定,8个字节的输出
OC02O	适用于通用I/O单元的名称设定,16个字节的输出
OC03O	适用于通用I/O单元的名称设定,32个字节的输出
/n	适用于通用、特殊I/O单元的名称设定,n为$1\sim 8$字节

关于输入/输出模块名称的确定，遵循以下原则：

1）在选择输入/输出模块时，应在输入、输出控制点数的基础上留有一定余量备扩展用。

2）关于手轮连接模块的确定。FANUC 0i-D系列数控系统的手轮是连接在I/O单元上的，其输入脉冲是通过X地址传送给系统的。因此在设定I/O Link时，定义名称时要将连接有手轮的单元设定为16个字节（后4个字节为专用地址）的输入，同时如果有多个I/O单元设定成了16个字节，一般情况下离系统最近的一组有效。

（2）地址　指I/O模块上CB104、CB105、CB106、CB107等接口的每一个输入、输出点的地址，如图3-20所示。

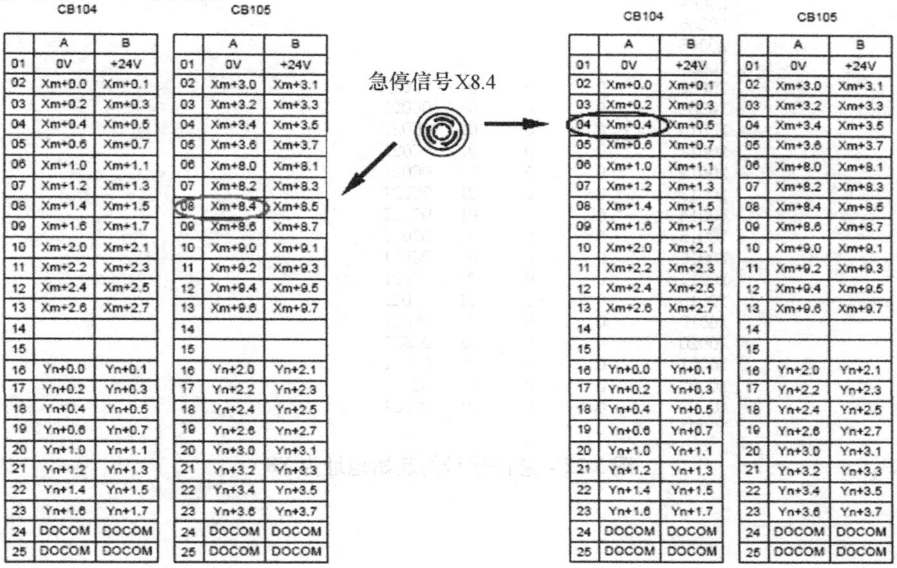

图3-20　接口地址的分配

在定义 I/O 单元的起始地址时，要考虑到所连接的机床侧输入信号中是否有高速输入信号，如急停、原点开关等。如有，定义相应起始地址时，要考虑硬件所连接的位置。

【例3-2】 当急停信号连接图 3-20a 所示的位置时，$Xm + 8.4 = X0 + 8.4$，因此起始地址设定为 X0，如图 3-21 所示。

Address	Group	Base	S...	Modu...	Comment
X0000	0	0	01	0C02I	
X0001	0	0	01	0C02I	
X0002	0	0	01	0C02I	
X0003	0	0	01	0C02I	
X0004	0	0	01	0C02I	
X0005	0	0	01	0C02I	
X0006	0	0	01	0C02I	
X0007	0	0	01	0C02I	
X0008	0	0	01	0C02I	
X0009	0	0	01	0C02I	
X0010	0	0	01	0C02I	
X0011	0	0	01	0C02I	
X0012	0	0	01	0C02I	
X0013	0	0	01	0C02I	
X0014	0	0	01	0C02I	
X0015	0	0	01	0C02I	
X0016					
X0017					
X0018					

图 3-21　急停信号的起始地址为 X0

【例3-3】 当急停信号连接图 3-20b 所示的位置时，$Xm + 0.4 = X8 + 0.4$，因此起始地址设定为 X8，如图 3-22 所示。

Address	Group	Base	S...	Modu...	Comment
X0000					
X0001					
X0002					
X0003					
X0004					
X0005					
X0006					
X0007					
X0008	0	0	01	0C02I	
X0009	0	0	01	0C02I	
X0010	0	0	01	0C02I	
X0011	0	0	01	0C02I	
X0012	0	0	01	0C02I	
X0013	0	0	01	0C02I	
X0014	0	0	01	0C02I	
X0015	0	0	01	0C02I	
X0016	0	0	01	0C02I	
X0017	0	0	01	0C02I	
X0018	0	0	01	0C02I	
X0019	0	0	01	0C02I	
X0020	0	0	01	0C02I	
X0021	0	0	01	0C02I	
X0022	0	0	01	0C02I	
X0023	0	0	01	0C02I	
X0024					

图 3-22　急停信号的起始地址为 X8

项目十二　PMC 界面的基本操作

项目导读

PMC 菜单结构
PMC 的维修与监控功能（PMCMNT）
PMC 梯形图的监控与编辑功能（PMCLAD）

操作要领及关联知识

一、PMC 菜单结构

PMC 菜单由主菜单、一级子菜单、二级子菜单、三级子菜单等多级菜单构成。PMC 菜单结构如图 3-23 所示。

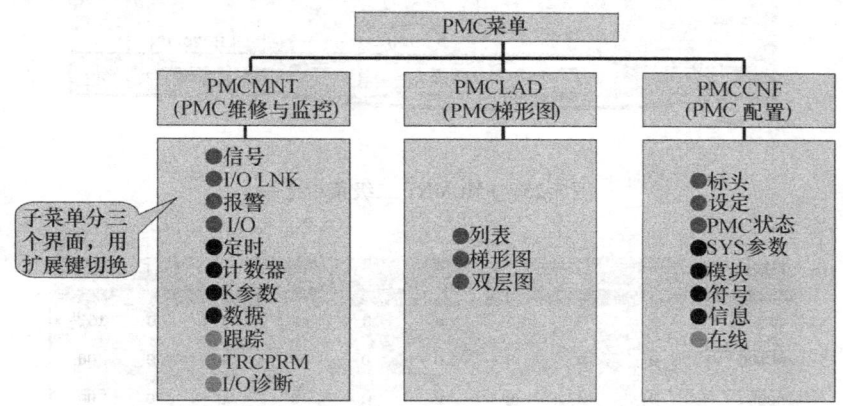

图 3-23　PMC 菜单结构

操作时在 MDI 键盘上按下 SYSTEM 功能键，再按几次扩展软键【+】，即进入 PMC 一级菜单，如图 3-24 所示。

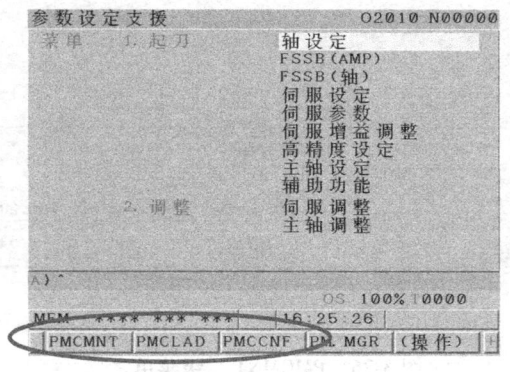

图 3-24　PMC 一级菜单

二、PMC 的维修与监控功能

按下【PMCMNT】软键，即进入 PMC 的维修与监控功能二级菜单。PMC 的维修与监控功能包括信号、I/OLNK、报警、I/O、定时、计数器、K 参数、数据、跟踪、TRCPRM、IO 诊断等功能，菜单分三个画面显示，分别如图 3-25、图 3-26、图 3-27 所示。

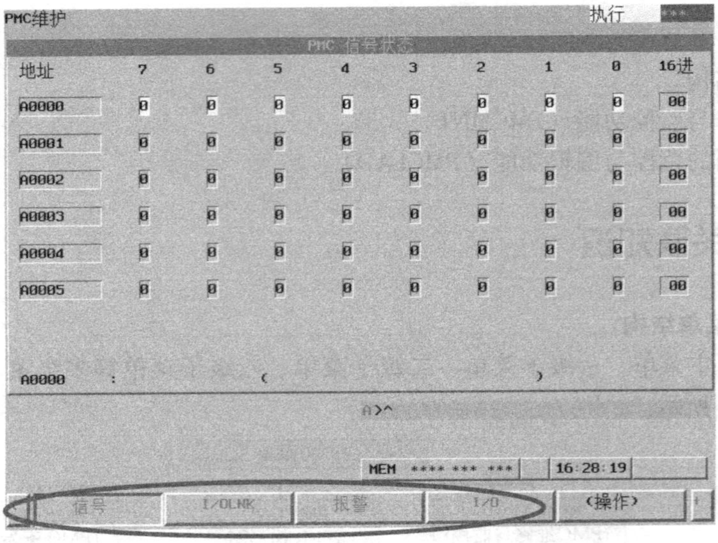

图 3-25　PMCMNT 二级菜单之一

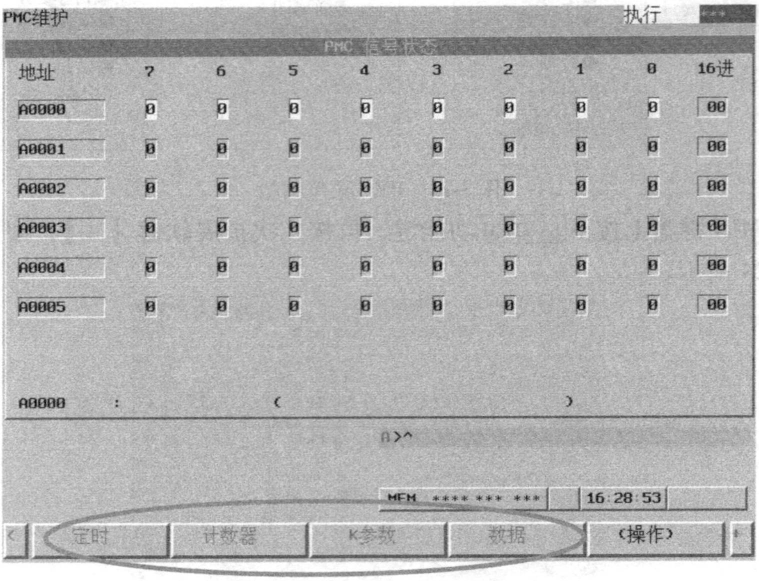

图 3-26　PMCMNT 二级菜单之二

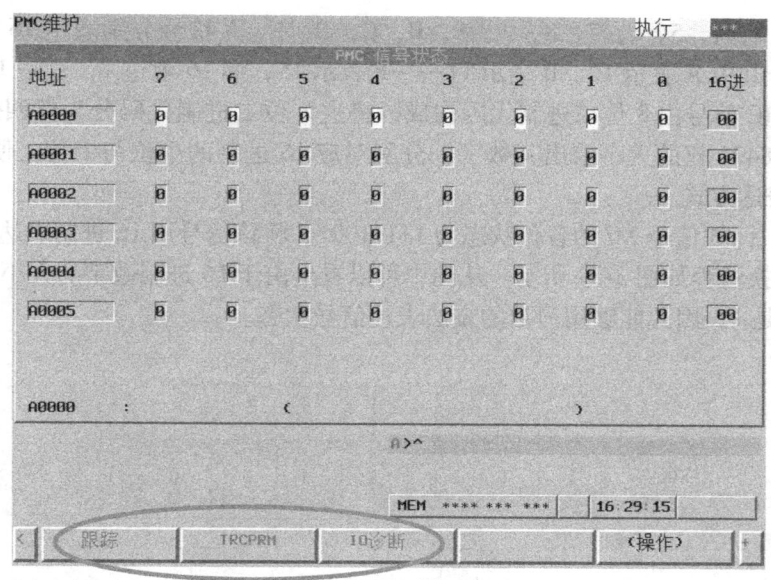

图 3-27 PMCMNT 二级菜单之三

1. PMC 信号状态监控界面

(1) 信号状态监控界面的作用　在 PMCMNT 二级菜单下，按下【信号】软键，即进入信号状态界面，如图 3-25 所示。该界面能够显示 PMC 程序中指定的所有地址内容。地址内容有三种显示方法：以位模式"0"或"1"显示，以 16 进制显示或以十进制显示。

(2) 界面介绍　按下【信号】软键进入信号状态显示界面，如图 3-28 所示，分为信号状态显示区、附加信息区及信息查询输入区三个部分。

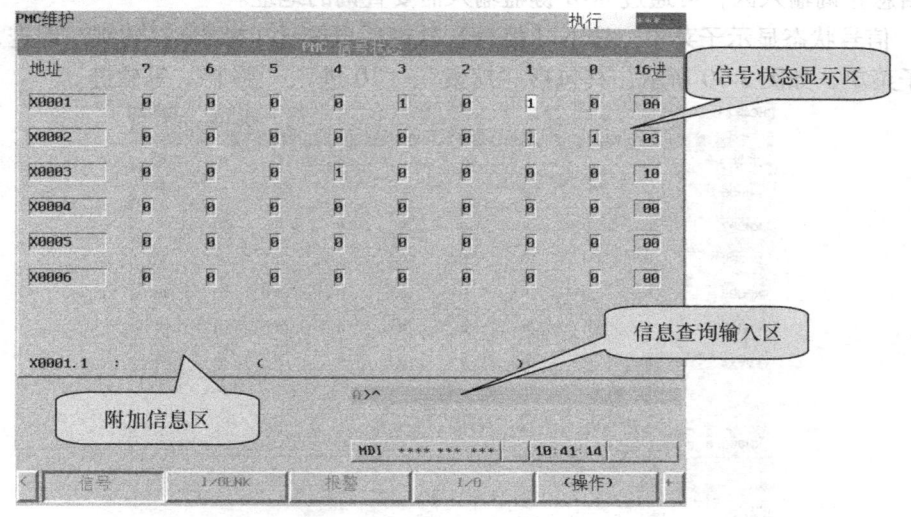

图 3-28 信号状态显示界面

在信号状态显示区，按照位模式、16 进制等方式显示信号各位状态。在 PMC 运行时，可以通过信号状态显示监控机床设备运行正常与否或判断故障原因。

0，1，2，3，4，5，6，7，8，9，A，B，C，D，E，F 符号分别表示 16 进制中 0～15 这 16 个数字，其中 A 表示 10，B 表示 11……F 表示 15，满 16 就进 1，这是 16 进制的基本规则。因为 PMC 信号由 8 位二进制代码构成，将这 8 位二进制代码分为低四位和高四位两段，每段按照 8421 权的大小求出其数字，分别对应 16 进制的个位与十位，便获得 PMC 信号的 16 进制表达方式。

【例 3-4】 已知信号 X0 的各位状态为 11111001，将该信号用 16 进制表达。

【解】 转换过程如图 3-29 所示。从图中可以看出由于 16 进制数字的大小取决于信号各位状态是 0 还是 1，因此能够用简洁的方法表达信号状态。

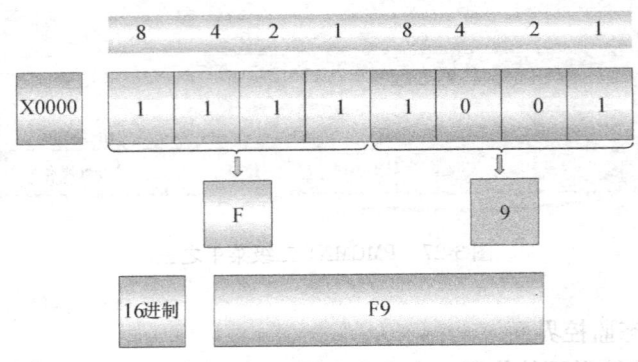

图 3-29 信号的 16 进制表示

通过翻页方式和信号搜索方式能够查阅各信号状态。

附加信息区是显示光标所在位置所对应的地址符号和注释。

在信息查询输入区，可通过 MDI 键盘输入需要查询的地址。

（3）信号状态显示子菜单 按下【信号】软键后再按【（操作）】软键，即进入信号状态显示子菜单，如图 3-30 所示，其包括"搜索"、"10 进"、"强制"等软键。

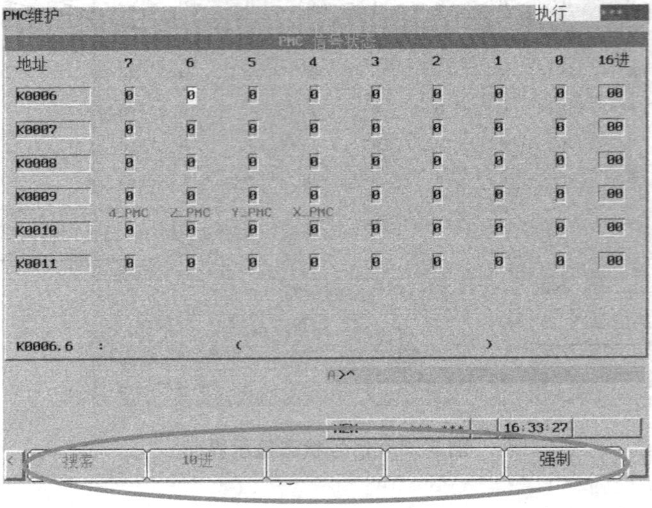

图 3-30 信号显示子菜单

其中,"搜索"用于查找信号,"10 进"用于 10 进制、16 进制之间的切换,"强制"用于改变信号状态。

(4) 信号状态显示界面的操作　关于信号查找、信号状态改变的操作步骤如下:
1) 按下【信号】软键,出现信号状态显示界面。
2) 键入希望使其显示的地址后,按下【搜索】软键。
3) 从所输入的地址连续的数据,以位模式显示。
4) 要显示其他新的地址时,按下光标键、翻页键或者【搜索】软键。
5) 要改变信号的状态时,按下【强制】软键,转移到强制输入/输出界面,如图 3-30 所示。

2. I/O Link 硬件连接状态界面

(1) 界面作用　在 PMCMNT 二级菜单下按下【I/OLNK】软键,即进入输入/输出模块硬件连接界面,如图 3-31 所示。该界面将连接在 JD51A-JD1B、JD1A-JD1B 接口上的 I/O 模块按照"组"的顺序显示,可以通过该界面了解数控系统的 I/O 模块类型、数量及输入/输出控制点数。

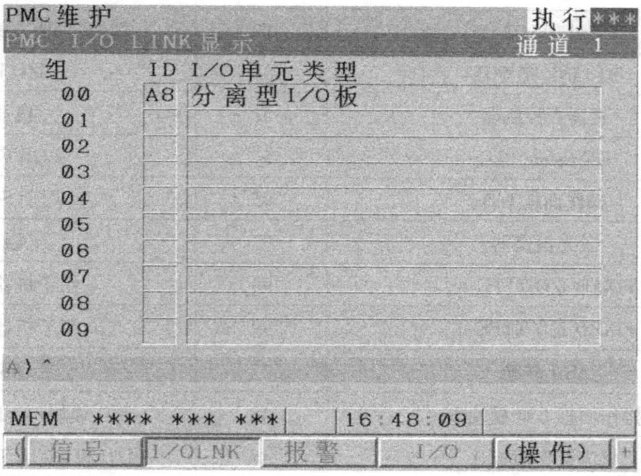

图 3-31　输入/输出模块硬件连接界面

(2) I/O 单元的类型　常用 I/O 单元的类型及其 ID 代码见表 3-9。

表 3-9　I/O 单元的类型及其 ID 代码

序号	I/O 单元类型	ID 代码	I/O 单元作用
1	连接单元	80	连接单元
2	操作面板 I/O	82	操作面板连接单元
3	I/O-B3	83	增设 I/O B3
4	I/O UNIT-MODEL A	84 86 87	I/O Unit-MODEL A
5	PLC SERIES 90-30	45	PLC SERIES 90-30
6	POWER MATE / I/O LINK BETA	4A	Power Mate 或 I/O Linkβ
7	SERIES 0	50	Series 0

(续)

序号	I/O 单元类型	ID 代码	I/O 单元作用
8	操作盘 I/O 接口模块(MPG1)	53	机床操作盘接口
9	LINK 连接单元	96	I/O Link 连接单元
10	I/O UNIT-MODEL B	9E	I/O Unit-MODEL B
11	R-J MATE	61	R-J Mate
12	分线盘 I/O 模块	A9	用于分线盘 I/O 强电盘
13	操作面板 I/O 模块 A1	AA	用于分线盘 I/O 操作面板
14	操作盘接口模块(MPG3)	6B	操作面板接口(带手摇脉冲发生器)
15	ROBOCUT DIF	B0	用于 ROBOCUT 的 DIF 板
16	ROBOCUT MIF	B1	用于 ROBOCUT 的 MIF 板
17	I/O 卡	B2	I/O 板
18	ROBOSHOT I/O 卡 A	B3	用于 ROBOSHOT 的 I/O
19	处理 I/O FA	B5	用于机器人控制器的处理 I/O
20	处理 I/O	89	机器人控制器处理 I/O
21	IO LINK 适配器	8B	I/O Link 适配器
22	机器人控制器	52	机器人控制器
23	GE Fanuc PLC	54	GE Fanuc 制 PLC
24	操作面板 I/O	95	用于 Series 0 的 I/O
25	激光振荡器	97	激光振荡器
26	FIXED I/O TYPE A	98	用于机器人的 I/O A 型
27	FIXED I/O TYPE B	99	用于机器人的 I/O B 型
28	AS-I 转换	77	AS-i 转换器
29	操作面板 I/O 模块 B	A8	I/O 模块(用于操作面板的 48/32)
30	机床操作面板 A	A8	I/O 模块(用于 0 型机床操作面板)
31	连接单元 C1(MPG)	A8	带连接单元 C1 手摇脉冲发生器
32	机床操作面板 B	A8	I/O 模块(用于机床操作面板)
33	内装 LCD I/O	A8	I/O 内置 LCD 显示器
34	未定义 UNIT	—	类型不明的 I/O 单元

3. PMC 报警界面

在 PMCMNT 二级菜单下按下【报警】软键，即进入 PMC 报警信息显示界面，如图 3-32 所示。该界面显示 PMC 发生的报警信息，如果信息条数过多，可以通过翻页键进行切换。

4. PMC 数据输入/输出界面

在 PMCMNT 二级菜单下按下【I/O】软键，即进入 PMC 数据输入/输出界面，如图 3-33 所示。

(1) PMC 数据输入/输出界面　在数据输入/输出界面可进行 PMC 程序、PMC 参数和

PMC 信息的输入/输出传送（"写"或"读"）、比较、删除、格式化等操作，可以通过光标的上、下、左、右移动选择相应的存储装置和进行相应的操作。

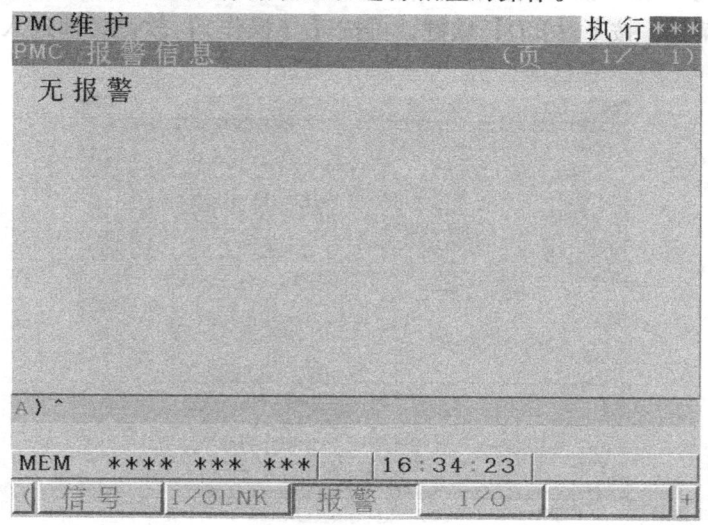

图 3-32　PMC 报警信息界面

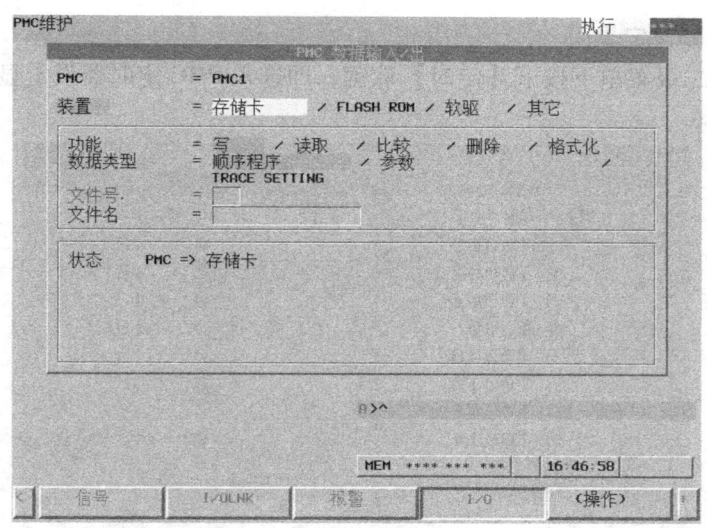

图 3-33　PMC 数据输入/输出界面

（2）和 PMC 进行数据交换的存储装置类型　和 PMC 进行数据交换的外部存储装置的类型有存储卡、FLASH ROM、软驱及其它。使用不同的存储装置时，注意进行相关参数的设置以确定存储装置的类型。

（3）PMC 数据输入/输出的类型　PMC 数据输入/输出的类型如下：

1）将 CF 卡中的 PMC 程序及参数读入 DRAM 中。

2）将 PMC 程序及参数写入 FROM 中。

3）将 PMC 程序写入 CF 卡中。

4) 将 PMC 参数写入 CF 卡中。

关于数据"写"和"读"的具体操作见模块二的相关部分。

(4) I/O 子菜单　按下【I/O】软键，再按【(操作)】软键，即进入 I/O 子菜单，如图 3-34 所示。

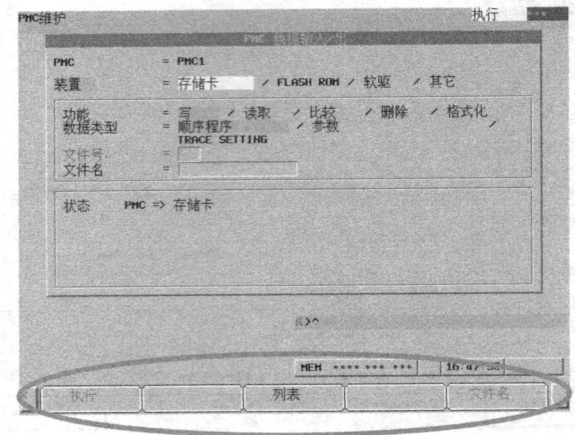

图 3-34　I/O 子菜单

5. PMC 定时器设定界面

在 PMCMNT 二级菜单下按下【定时】软键，即进入 PMC 定时器设定显示界面，如图 3-35 所示。

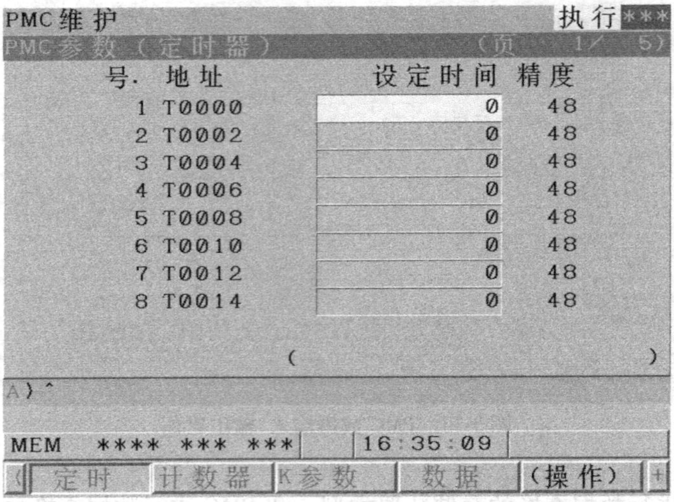

图 3-35　PMC 定时器设定界面

(1) 定时器设定界面的作用　在 PMC 定时设定显示界面上可以设定和显示功能指令可变定时器（TMR：SUB3）的定时时间。

(2) 定时器设定界面子菜单　按下【定时】软键，再按【(操作)】软键，即进入定时子菜单，如图 3-36 所示。

项目十二　PMC界面的基本操作

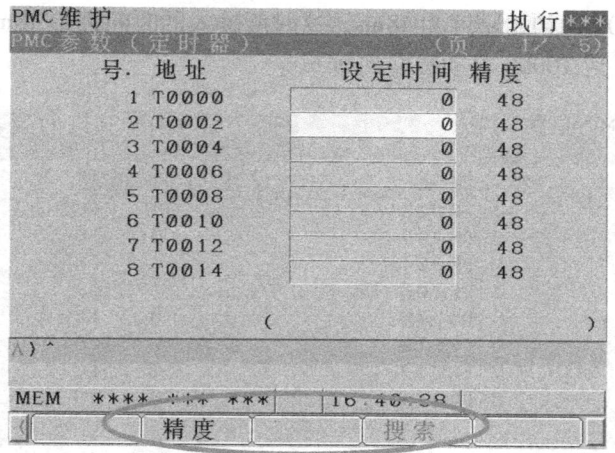

图 3-36　定时子菜单

(3) 定时设定精度和设定极限　按下【精度】软键，显示定时器精度设定界面，如图 3-37 所示。不同定时器的时间设定极限见表 3-10。

图 3-37　定时器精度设定界面

表 3-10　不同定时器的精度与设定极限值

定时器号	精度的标记法	最小设定时间	最大设定时间
1~8	48(初始值)	48ms	1572.8s
9~250	8(初始值)	8ms	262.1s
1~250	1	1ms	32.7s
1~250	10	10ms	327.7s
1~250	100	100ms	54.6min
1~250	s	1s	546min
1~250	min	1min	546h

207

如果定时器 T0000 的初始精度为 48ms，这时所输入的时间都是 48ms 的整数倍，如图 3-38 所示，输入值 100 后 T0000 自动圆整到 96ms。

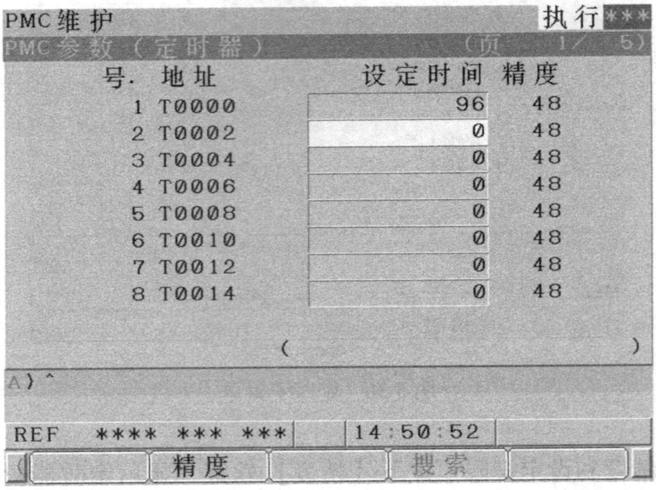

图 3-38　定时器时间的设定

定时器精度是可以进行调整的。如果按下【精度】软键，则进入精度调整界面，这时可以根据需要将定时器精度调整到 1ms、10ms、100ms、1s、1min 以改变定时器精度，如将 T0000 定时器的精度调整为 1ms，如图 3-39 所示。

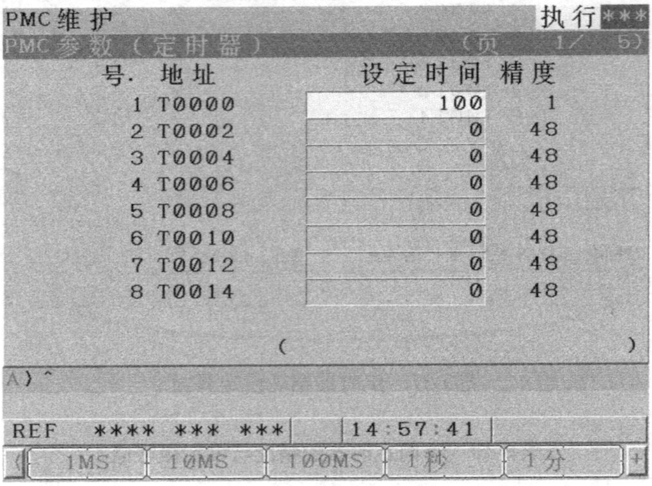

图 3-39　定时器精度的调整

要想使定时器回复到初始精度，将光标移至需要调整的定时器处，按下【初始化】软键，则回复到初始精度，如图 3-40 所示。

6. PMC 计数器设定界面

在 PMCMNT 二级菜单下按【计数器】软键，即进入 PMC 计数器设定界面，如图 3-41 所示。在该界面上，可以设置计数器的设定值和现在值。

项目十二 PMC 界面的基本操作

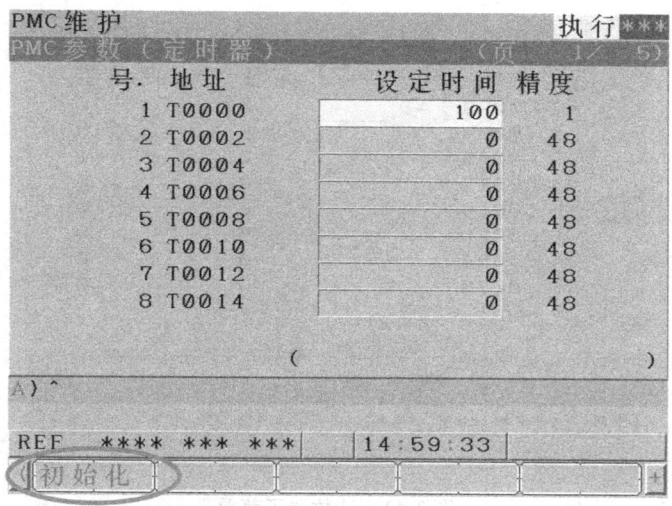

图 3-40 定时器时间精度初始化

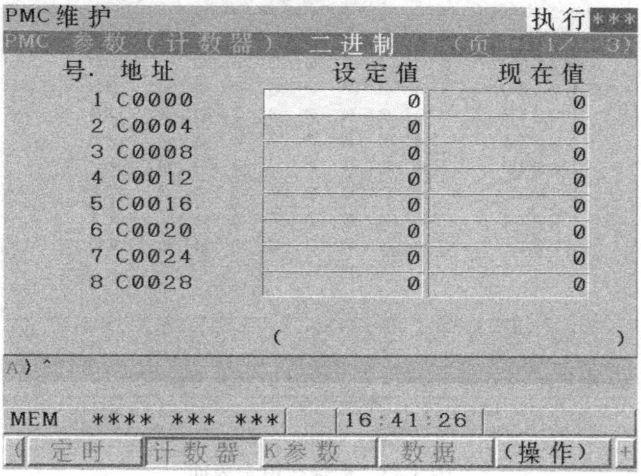

图 3-41 计数器设定界面

计数器设定值为计数器的最大值,现在值为计数器现设定的值。计数器设定值见表 3-11。

表 3-11 计数器设定值

计数器类型	设定值(最大值)	计数器类型	设定值(最大值)
二进制	32767	BCD	9999

按下【计数器】软键,再按【(操作)】软键,即进入计数器子菜单,如图 3-42 所示,可进行计数器搜索。

7. PMC 保持继电器设定界面

在 PMCMNT 二级菜单下按下【K 参数】软键,即进入 PMC 保持继电器设定界面,如图 3-43 所示。在该界面上,可以设定和显示保持继电器状态。

8. PMC 参数设定界面

在 PMCMNT 二级菜单下按【数据】软键,即进入 PMC 数据表设定界面,如图 3-44 所示。

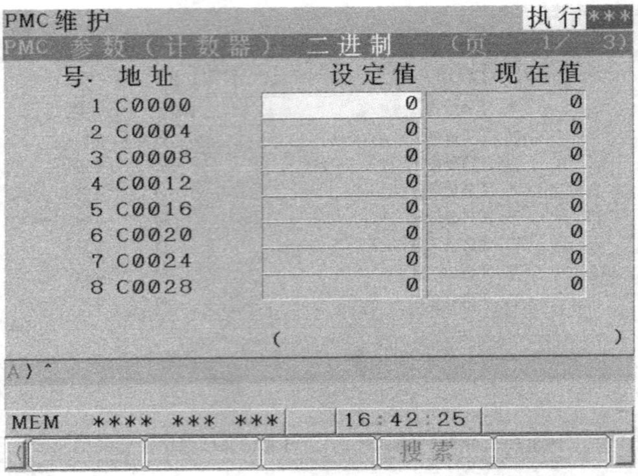

图 3-42 计数器子菜单

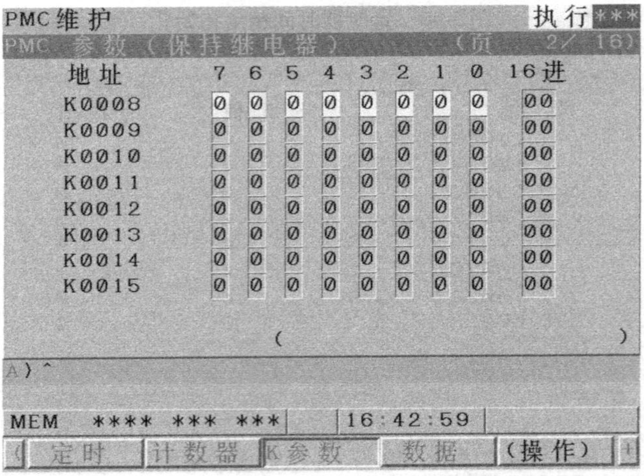

图 3-43 K 参数设定界面

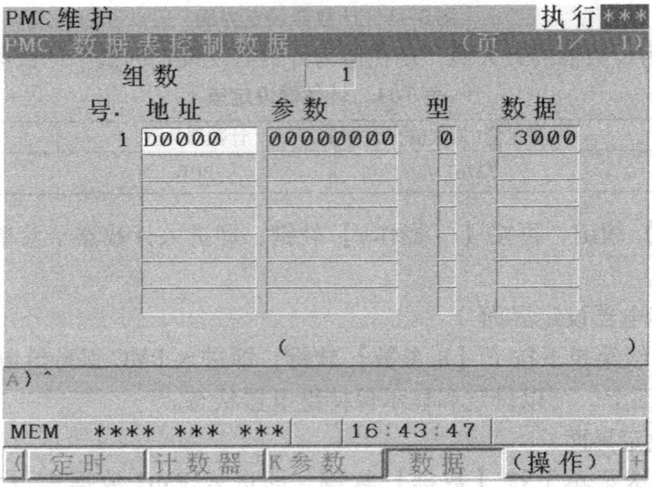

图 3-44 PMC 数据表设定界面

（1）界面功能介绍　在 PMC 数据表设定界面，各标识符号的含义见表 3-12。

表 3-12　PMC 数据表设定界面各标识符号的含义

序号	数据表标识符号	符号含义
1	组数	数据表的数据数
2	号	组号
3	地址	数据表的开头地址
4	参数	数据表的控制参数
5	型	数据长（0:1 字节、1:2 字节、2:4 字节、3:位）
6	数据	各数据表的数据

（2）数据表子菜单　按【数据】软键，再按【（操作）】软键，即进入数据表子菜单，如图 3-45 所示，可进行计数器搜索。

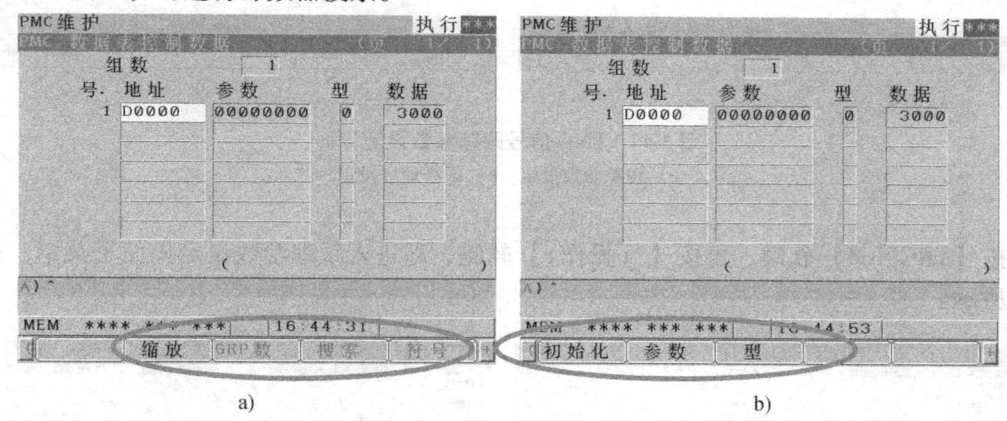

图 3-45　PMC 数据表子菜单

按【缩放】软键，可看到数据表的简易显示方式、注释显示方式以及位显示方式，如图 3-46 所示。

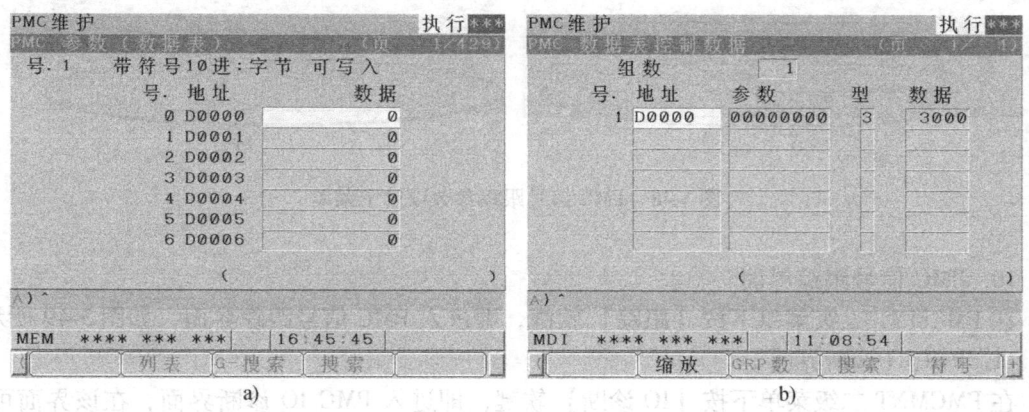

图 3-46　数据表的两种显示方式
a) 简易显示方式　b) 位显示方式

9. PMC 信号跟踪参数设定界面

在 PMCMNT 二级菜单下按【TRCPRM】软键,即进入 PMC 信号跟踪参数设定界面。该界面由两页构成,通过翻页键进行界面切换。其中一页是关于信号跟踪参数设定的,另一页是关于采样地址设定的,如图 3-47 所示。

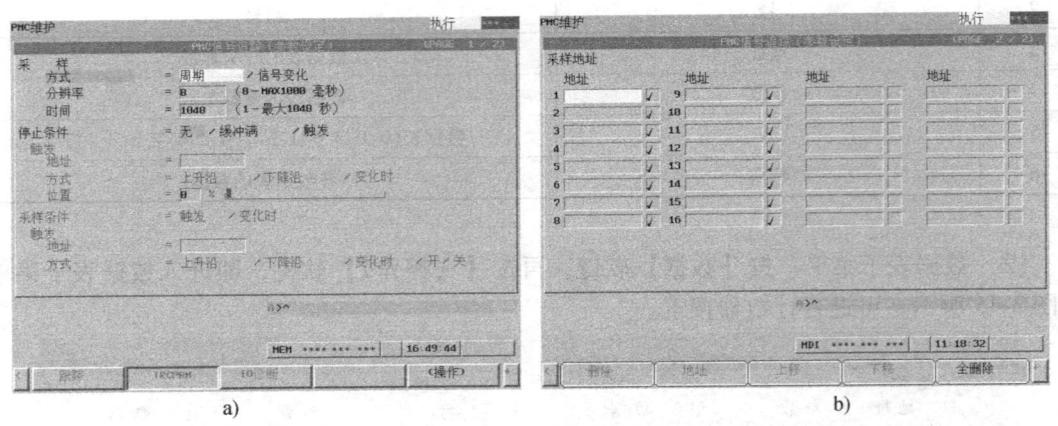

图 3-47 PMC 信号跟踪参数设定界面
a) 跟踪参数设定 b) 采样地址设定

按【TRCPRM】软键,再按【(操作)】软键,即进入跟踪参数设定界面子菜单,如图 3-48 所示。

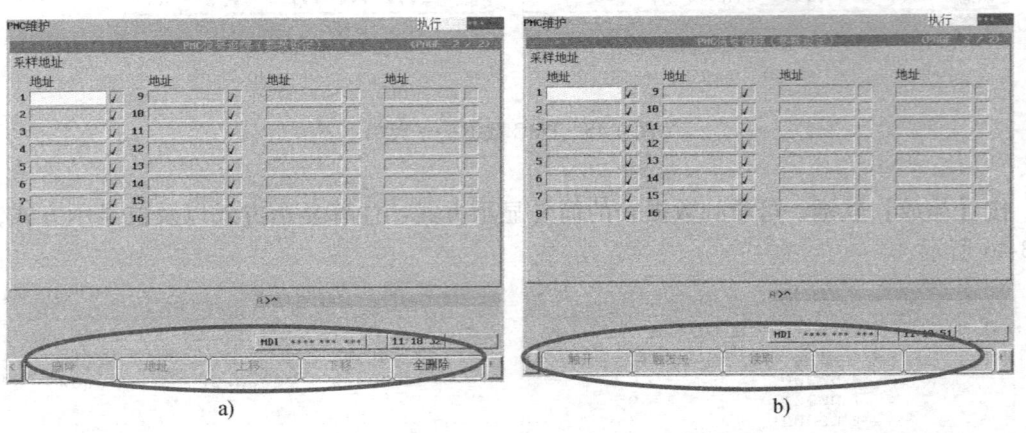

图 3-48 PMC 信号跟踪参数设定子菜单

10. PMC 信号跟踪界面

在 PMCMNT 二级菜单下按【跟踪】软键,即进入 PMC 信号跟踪界面,如图 3-49 所示。

11. PMCIO 诊断界面

在 PMCMNT 二级菜单下按【IO 诊断】软键,即进入 PMC IO 诊断界面,在该界面可以监控网络配置和通信状态,监控已定义的 PMC 信号状态,如图 3-50 所示。

按下【IO 诊断】软键,再按【(操作)】软键,即进入 IO 诊断子菜单,如图 3-51 所示。

项目十二 PMC 界面的基本操作

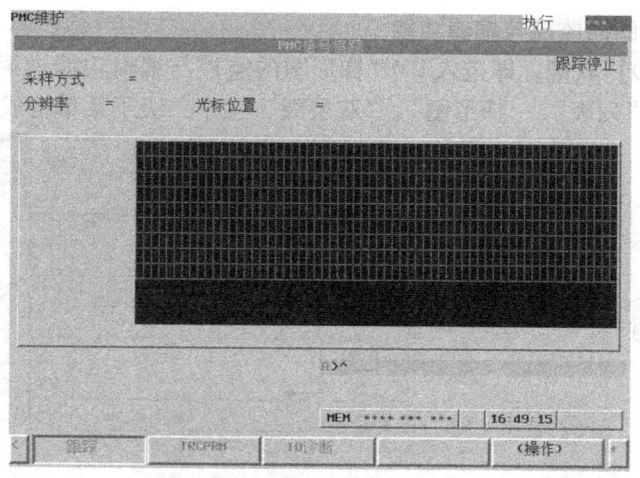

图 3-49　PMC 信号跟踪界面

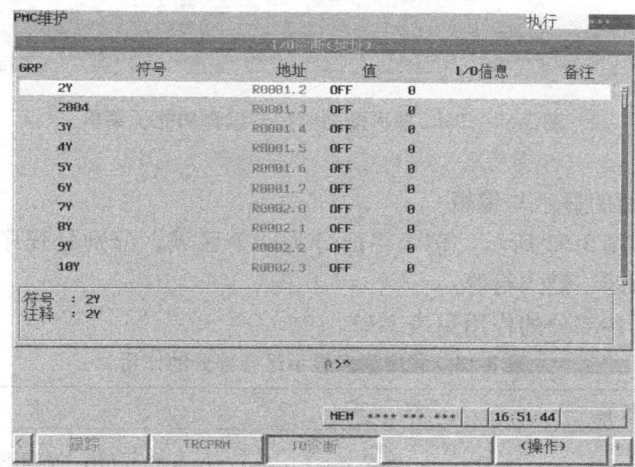

图 3-50　PMC IO 诊断界面

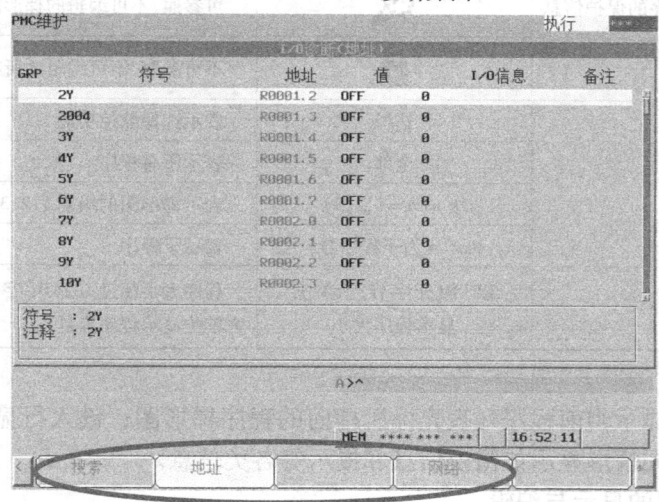

图 3-51　IO 诊断子菜单

三、PMC 梯形图的监控与编辑功能

按下【PMCLAD】软键,即进入 PMC 梯形图的监控与编辑功能子菜单。PMC 梯形图的监控与编辑功能由"列表"、"梯形图"、"双层圈"三个二级子菜单构成,如图 3-52 所示。

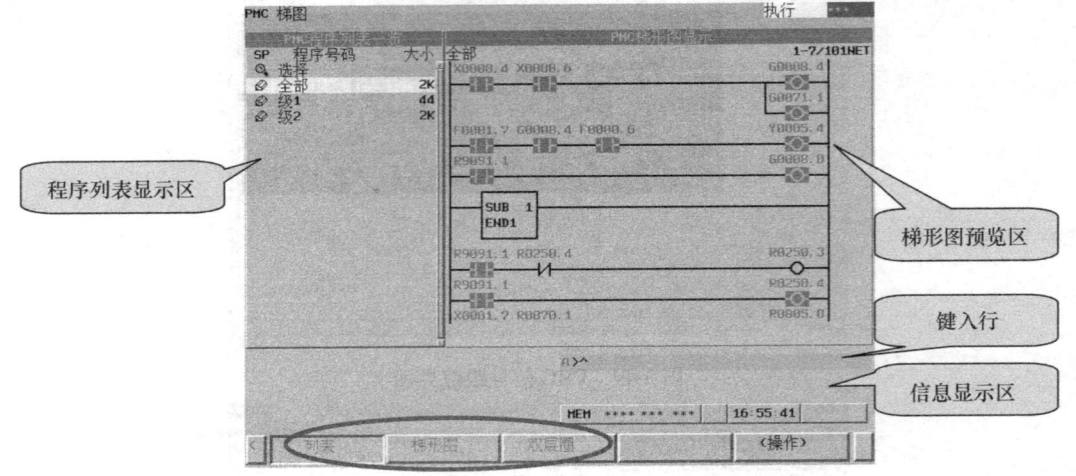

图 3-52　PMC 梯形图的监控与编辑功能子菜单

1. PMC 列表界面的显示与编辑

列表界面结构如图 3-52 所示。整个界面分为四个区域,分别是程序列表显示区、梯形图预览区、信息显示区、键入行等。

程序列表显示区各部分的作用见表 3-13。

表 3-13　程序列表显示区各部分的作用

序 号	表头名称	符 号	含 义
1	SP 显示子程序的保护信息及程序类别	✏️	可参照、可编辑的梯形图程序
2		🔍	可参照、不可编辑的梯形图程序
3		🔒	不可参照、不可编辑的所有梯形图程序
4	程序号码	选择	表示选择监控功能
5		全部	表示所有程序
6		级 n(n=1,2,3)	表示梯形图的级别 1,2,3
7		Pm(m 为子程序号)	表示子程序
8	大小	以 kB(千字节)为单位显示程序大小	程序大小超过 1024B(字节)时,以 kB(千字节)为单位显示程序容量

梯形图预览区显示当前程序列表光标所指向的程序梯形图;键入行显示要查询的内容;信息显示区根据不同情形显示如错误信息和提示等各类信息。

2. PMC 梯形图的显示与编辑

(1)梯形图界面的作用　在 PMCLAD 二级菜单下,按【梯形图】软键,进入梯形图显

示与编辑界面,如图 3-53 所示。该界面可以显示并触点和监控线圈的通断状态、功能指令参数中所指定的地址内容,确认梯形图程序的动作顺序。

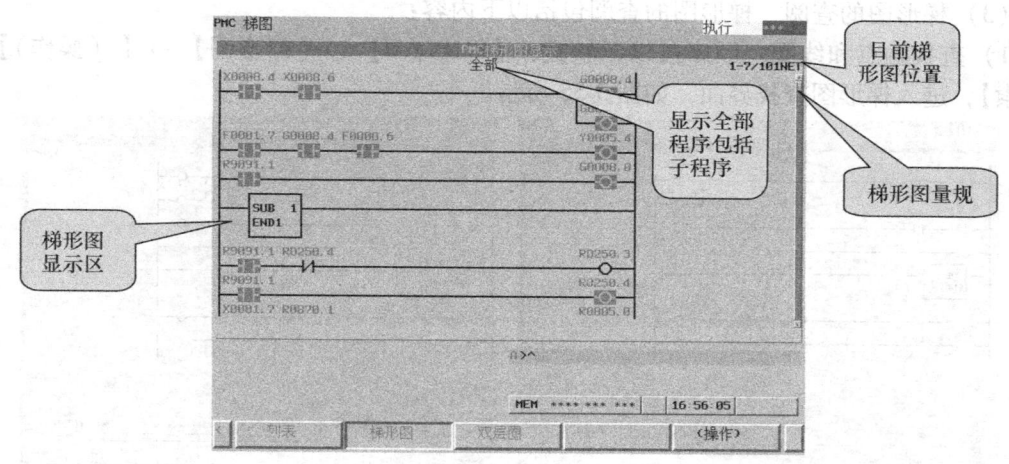

图 3-53 PMC 梯形图显示与编辑界面

(2) 梯形图子菜单 在 PMCLAD 子菜单下,按【梯形图】软键,按【(操作)】软键,即进入梯形图子菜单,如图 3-54 所示。

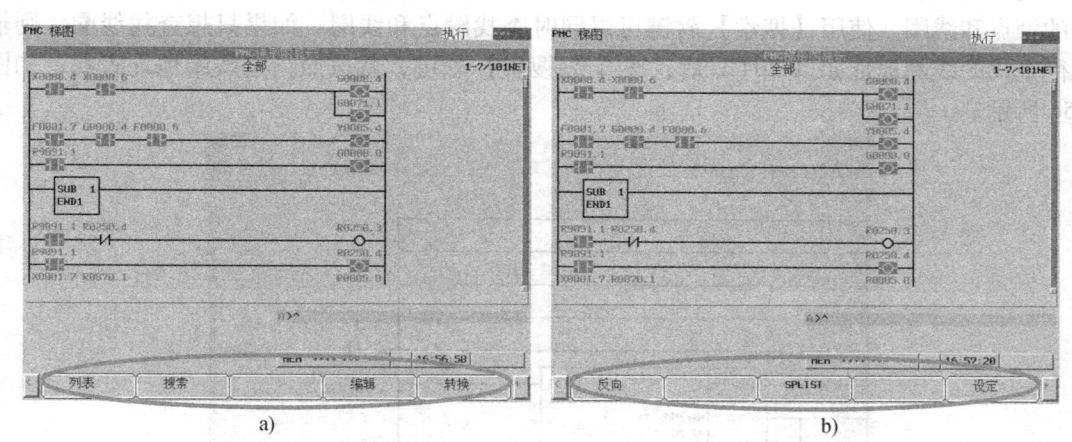

图 3-54 PMC 梯形图子菜单

各子菜单作用如下。
1) 列表:对程序进行列表显示。
2) 搜索:按照从头至尾、地址、网号、线圈、功能指令等关键词进行搜索。
3) 编辑:对梯形图以网为单位进行删除、剪切、复制、粘贴操作,改变触点和线圈地址、改变功能指令参数、追加新网、改变网的形状、反映编辑结果、恢复到编辑前状态等操作。
4) 转换:选择监控界面。
5) 反向:显示之前的子程序。

6) SPLIST：显示子程序列表。

7) 设定：设定梯形图显示界面的格式。

（3）梯形图的查阅　梯形图的查阅包括以下内容：

1) 查找触点和线圈。顺序按以下软键：【PMCLAD】→【梯形图】→【（操作）】→【搜索】，进入梯形图查找界面，如图 3-55 所示。

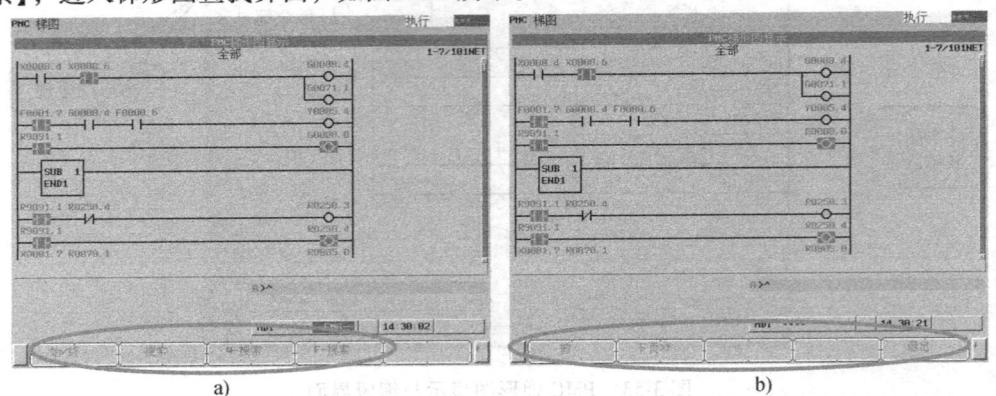

图 3-55　搜索子菜单

键入需要查找的地址，如 G8.4（急停信号），按【搜索】软键，则界面显示所查找地址的触点和线圈。使用【搜索】软键可以同时查找触点和线圈。如果只想查找线圈，则输入待查找的线圈地址如 R0204.0 后，按【W-搜索】软键，就按照指定线圈地址查找，如图 3-56 所示。

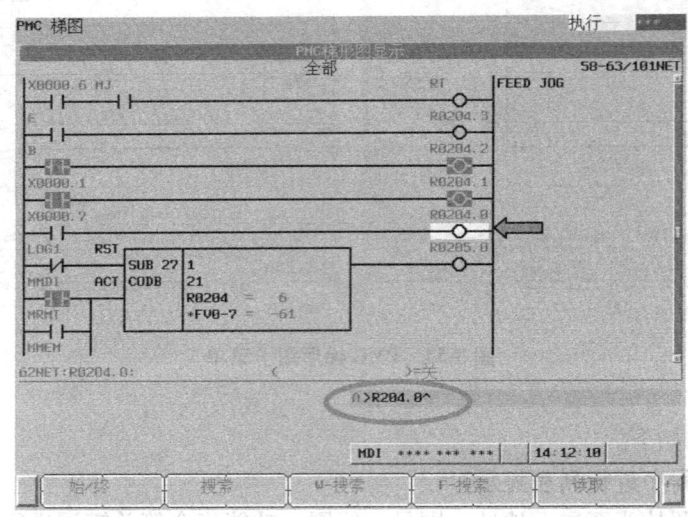

图 3-56　R0204.0 线圈查找

2) 查找梯形图行号。如果知道所要查找的触点或线圈位于梯形图的哪一行，则可以按照行号查询，顺序按以下各软键：【PMCLAD】→【梯形图】→【（操作）】→【搜索】，输入梯形图行号如 30，再按【搜索】软键，进入所查找行号的梯形图界面，如图 3-57 所示。

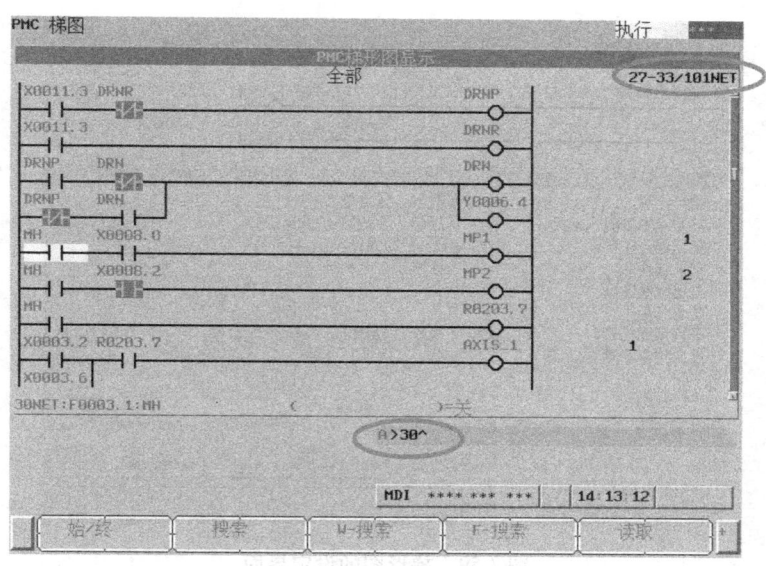

图 3-57　行号为 30 的梯形图触点和线圈

3）查找功能指令。如果需要查找功能指令，则可以按功能指令的编号进行查找。例如查找编号为 27 的可变定时器功能指令（SUB27 CODB）时，顺序按以下各软键：【PMCLAD】→【梯形图】→【（操作）】→【搜索】，输入功能指令编号 27，再按【F-搜索】软键，界面第一行即显示所查找的功能指令，如图 3-58 所示。

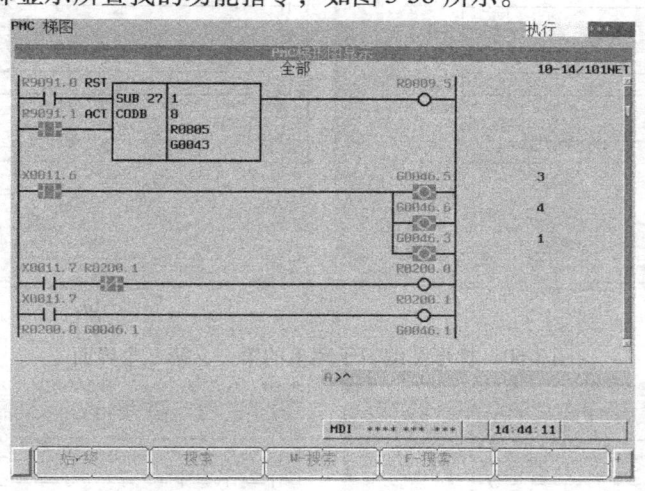

图 3-58　功能指令 SUB27 的查找

（4）梯形图的设定　顺序按以下各软键：【PMCLAD】→【梯形图】→【（操作）】→【+】→【设定】，进入梯形图的设定界面，如图 3-59 所示。在梯形图的设定界面中，可对地址注释方式（符号/地址）、功能指令的显示形式（压缩/宽度/纵长）、显示触点注释（无/1 行/2 行）、节点幅度（标准/宽度）、显示线圈注释（是/不）、显示光标（是/不）、子程序网络号（局部/全部）、反向搜索许可（是/不）等进行设定，通过光标移动选择各项的设定方式。

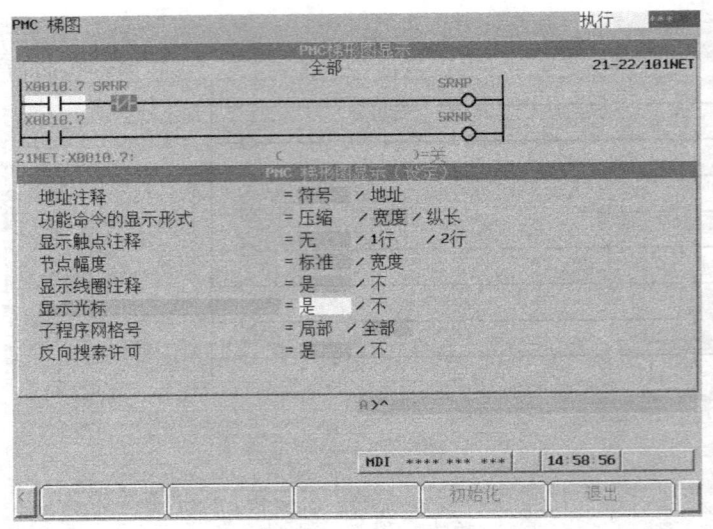

图 3-59 梯形图的设定界面

(5) 梯形图的编辑 梯形图的编辑包括网的修正、新网增加、删除、剪切、复制、粘贴等操作。

1) 进入梯形图编辑子菜单。按梯形图【编辑】软键后,即进入编辑子菜单。子菜单由 4 个界面构成,包含的内容如图 3-60、图 3-61 所示。

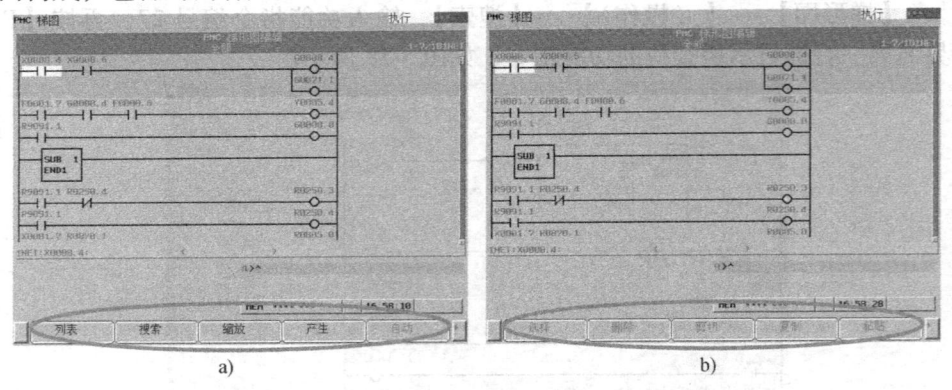

图 3-60 梯形图编辑子菜单的第一、第二个界面

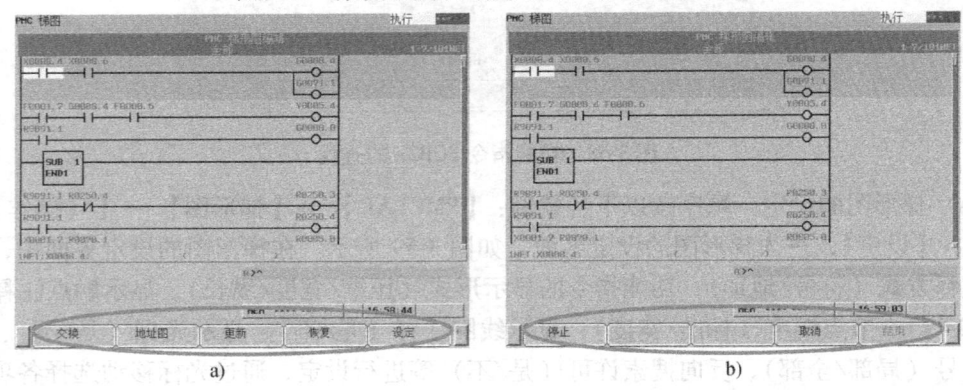

图 3-61 梯形图编辑子菜单的第三、第四个界面

梯形图编辑界面各软键的作用见表 3-14。

表 3-14 梯形图编辑子菜单中各软键的作用

序 号	软 键 名 称	软 键 作 用
1	【列表】	程序列表
2	【搜索】	切换为搜索状态
3	【缩放】	对现有网进行修正
4	【产生】	在现有网的基础上追加新网
5	【自动】	自动输入
6	【选择】	选择网
7	【删除】	删除要素
8	【剪切】	剪切要素
9	【复制】	复制要素
10	【粘贴】	粘贴要素
11	【交换】	进行地址替换
12	【地址图】	向地址图界面的切换
13	【更新】	反映变更结果
14	【恢复】	放弃变更
15	【设定】	设定界面
16	【停止】	启动、停止顺序程序
17	【取消】	取消编辑操作
18	【结束】	结束

2）修正已有的网与追加新网。按【缩放】、【产生】软键时分别完成对已有网的修正和追加新网的操作，对应的子菜单如图 3-62、图 3-63 所示。

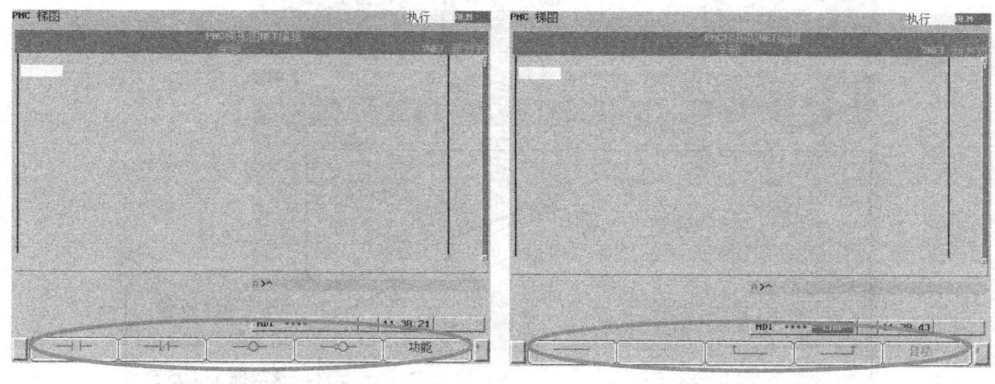

图 3-62 按"缩放"、"产生"软键后的第一、第二个界面

当需要修改已有的网时，将光标移动到待修改处，按【缩放】软键，出现"缩放"界面，选取触点或线圈（如果是修改原有触点或线圈地址，则输入地址后按下 MDI 键盘上输入键），则完成在原有梯形图上增加触点和线圈的操作，再按【＋】软键数次，按【结束】软键，回到梯形图主界面。缩放操作前后如图 3-64 所示。其他操作依此类推。

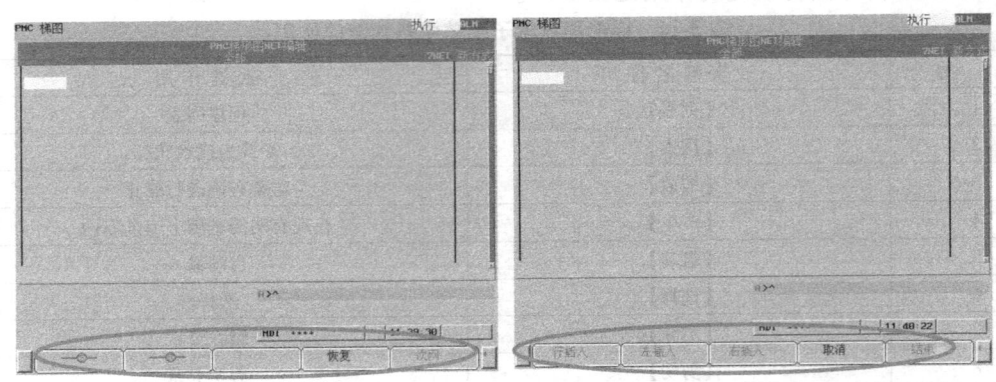

图 3-63 按"缩放"、"产生"软键后的第三、第四个界面

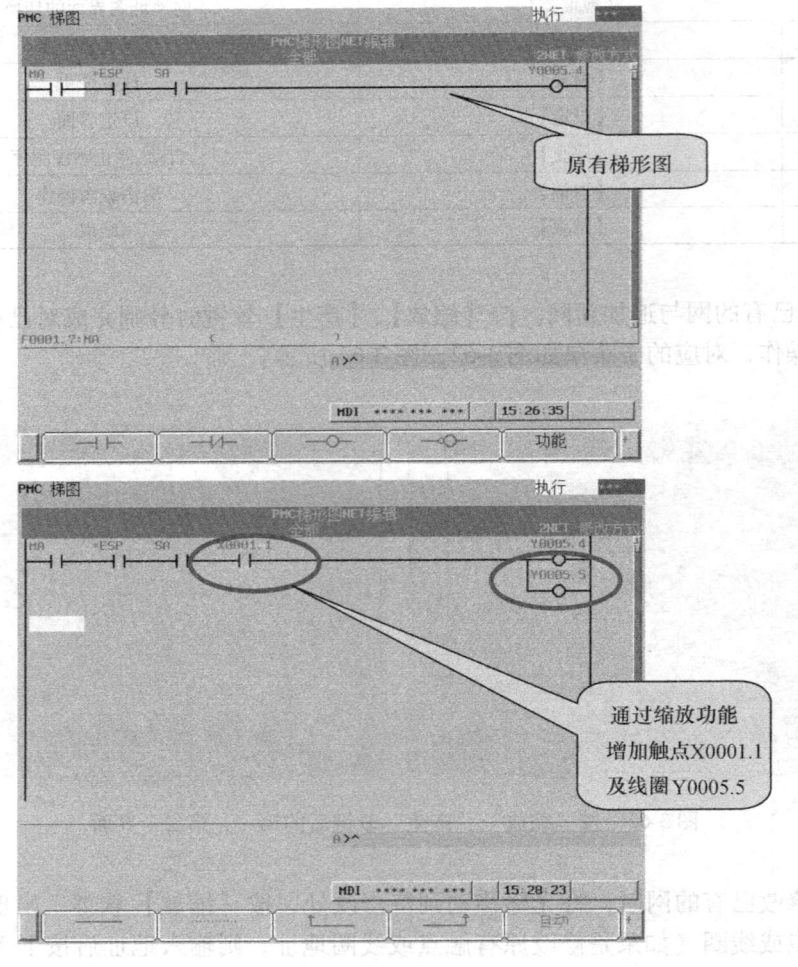

图 3-64 "缩放"操作前后

（6）梯形图的选择监控 PMC 程序运行时，可以根据需要对包含指定线圈的梯形图网络进行监控。

1）进入指定线圈监控界面。可通过两种方法进入指定线圈的梯形图监控界面。

①从程序列表界面进入。操作步骤是：顺序按【PMCLAD】→【列表】软键，将光标移到"选择"位置，按【（操作）】软键，再按【缩放】软键。

②从梯形图界面进入。操作步骤是顺序按以下各软键：【PMCLAD】→【梯形图】→【（操作）】→【转换】。

一开始的时候，由于没有设定待监控线圈，因此界面为空白，如图 3-65 所示。

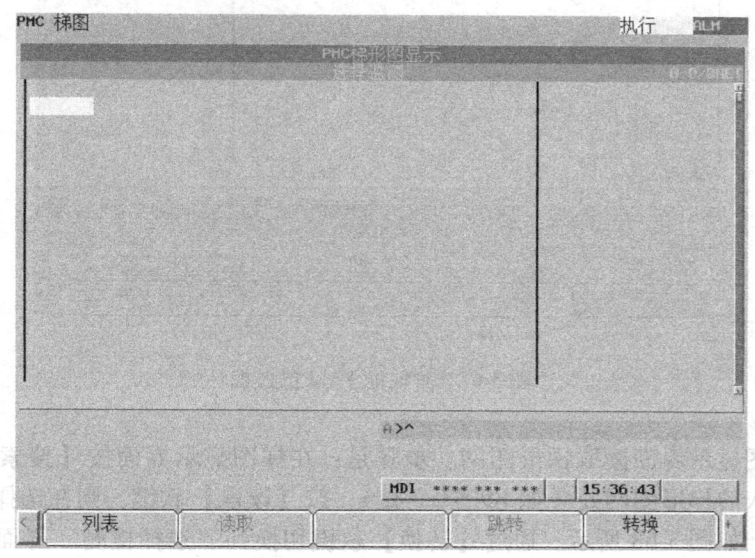

图 3-65 进入梯形图监控界面

梯形图"选择监测"软键，如图 3-66 所示。

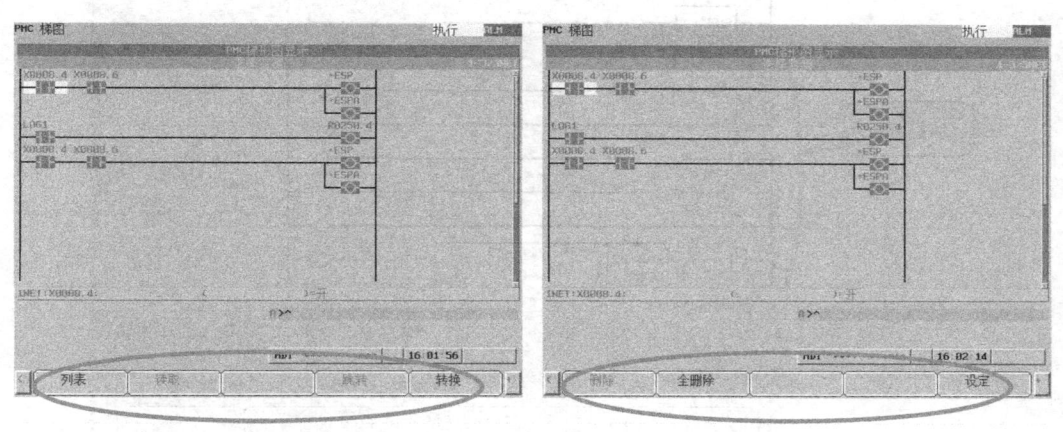

图 3-66 梯形图"选择监测"软键

2）监控梯形图。在上面操作的基础上可以追加待监控地址，有以下几种方式：

①按照线圈地址监控。步骤是：输入待监控地址如 Y3.2，按【读取】软键，如图 3-67 所示。

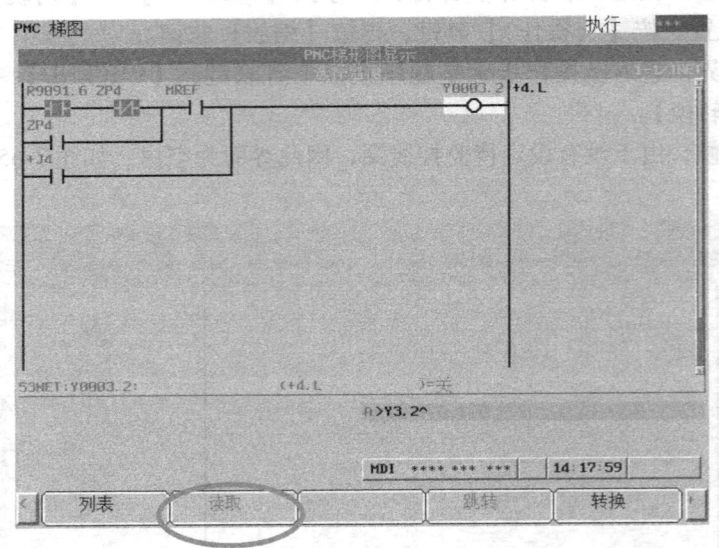

图 3-67　对地址 Y3.2 的监控

②由梯形图显示界面读取梯形图网。步骤是：在梯图显示界面按【搜索】软键，将光标移动到要读入的梯形图网处（如 R9091.0 处），按【读取】软键，则在选择的梯形图左边显示监控标记，如图 3-68 所示。通过【转换】软键切换到"选择检测"界面，则看到指定的梯形图网（R9091.0）位于监控界面的开头处，如图 3-69 所示。

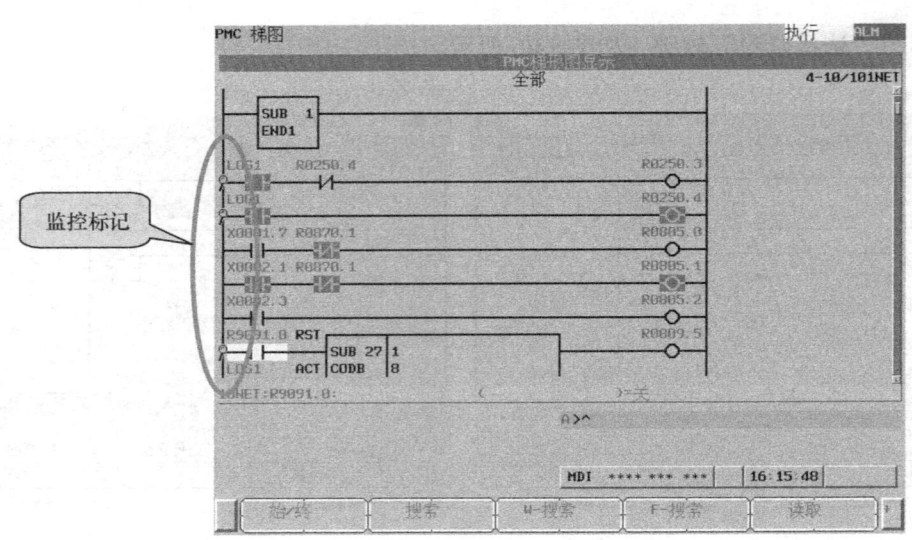

图 3-68　监控梯形图的标记

项目十二 PMC 界面的基本操作

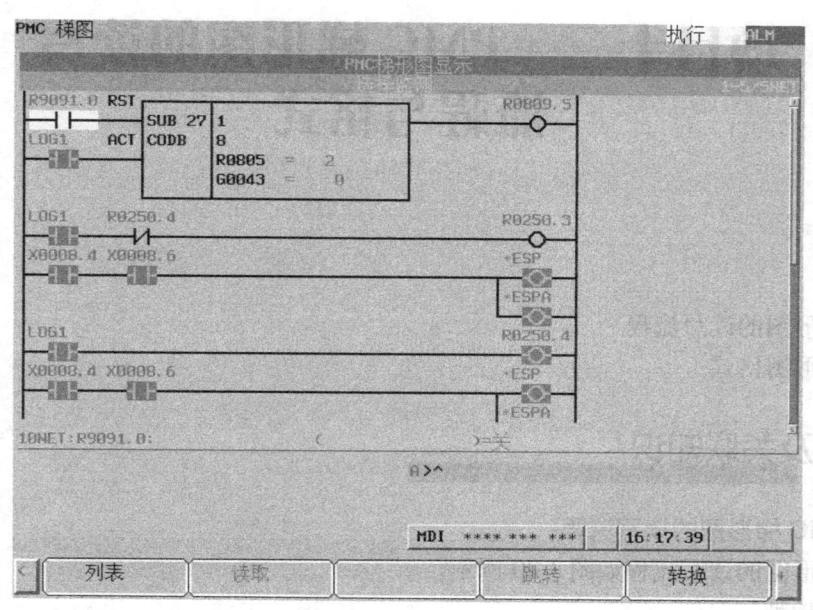

图 3-69 指定梯形图网的监控界面

项目十三　PMC 梯形图的读写流程与格式

项目导读

PMC 梯形图的读写流程
PMC 梯形图格式

操作要领及关联知识

一、PMC 梯形图的读写流程

PMC 梯形图的读写流程如图 3-70 所示。

1. 分配地址

在确定了 PMC 控制对象并计算出对应的输入/输出点数后，就要进行地址分配。分配地址时要注意诸如各方向位置到达信号、各轴减速信号、急停信号等地址是固定的，不要随意更改。

2. 编制梯形图

用梯形图将 PMC 所控制的顺序动作表达出来。对于无法用继电器符号表达的定时器、计数器等功能，可用指定的功能指令符号来表示；对于特定的功能模块，还可以通过编制子程序来简化程序。

3. 程序输入

PMC 程序有以下几种输入方式：

1）通过 CRT/MDI 键盘，以梯形图形式输入顺序程序。

2）通过 DPL/MDI 键盘，以助记符形式输入顺序程序。

3）通过 LADDER 软件在计算机上编制好 PMC 程序，导出后通过 CF 卡输入。

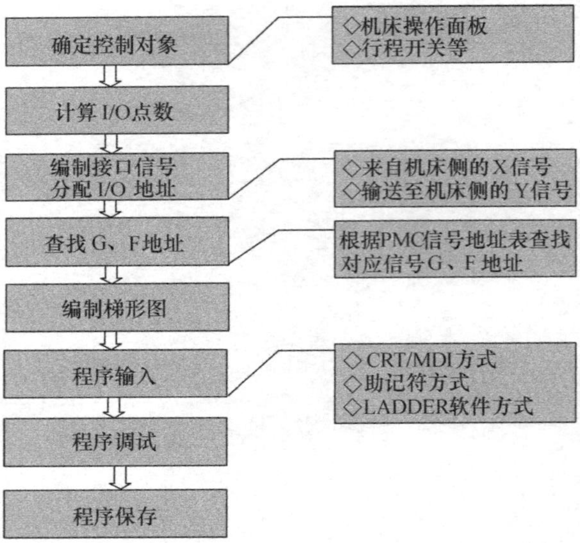

二、PMC 梯形图格式

1. 梯形图的基本要素

图 3-70　PMC 梯形图的读写流程

梯形图的基本要素如图 3-71 所示。被控制设备有输入装置如工作模式选择开关、倍率选择开关等，转换成输入电路如某开关对应地址 X0005.0、X0005.1，成为梯形图顺序动作触发条件，梯形图经过逻辑运算，形成输出电路如 Y0004.2、Y0004.3，控制相应输出装置，如使指示灯变亮。

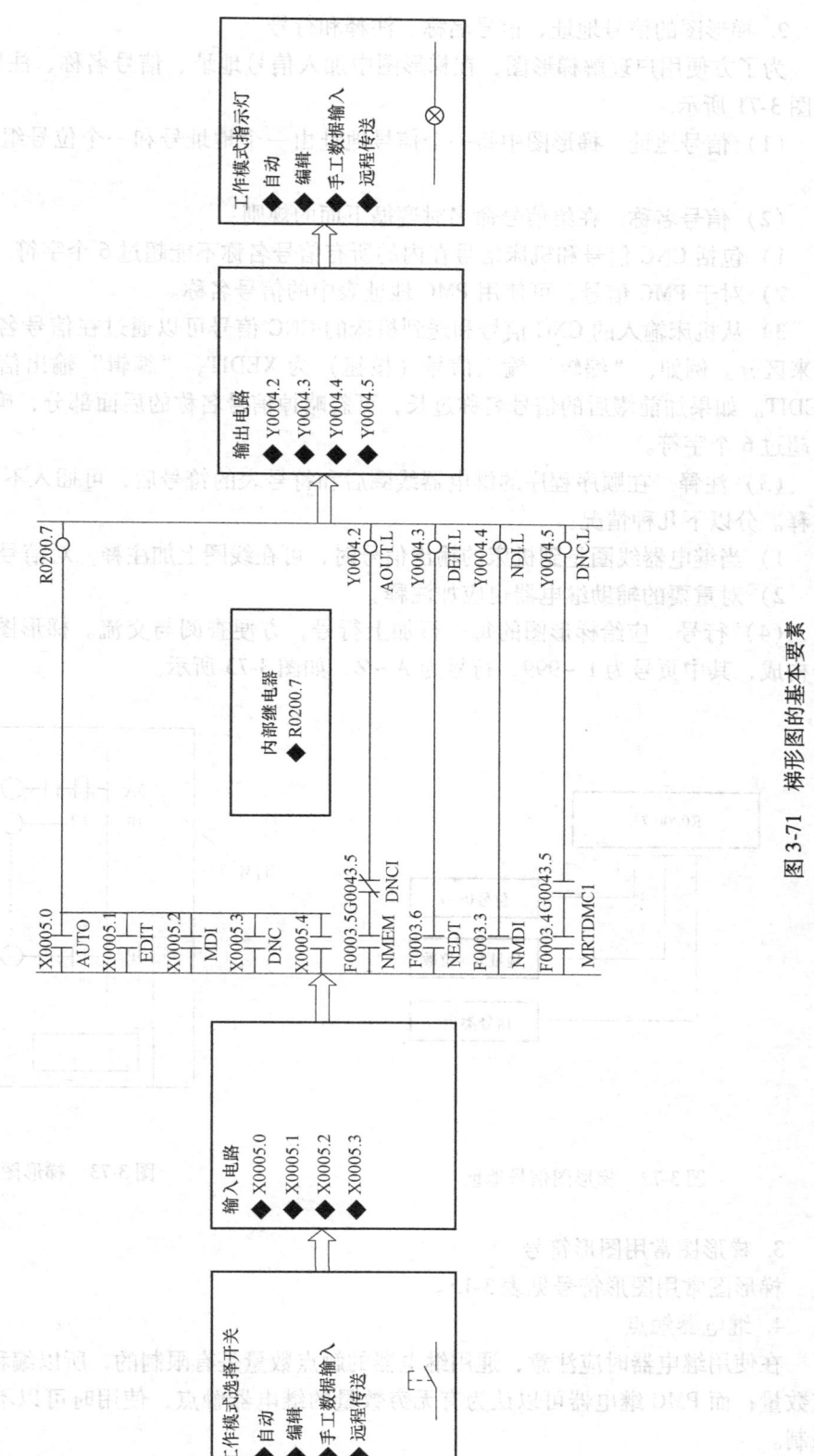

图 3-71 梯形图的基本要素

2. 梯形图的信号地址、信号名称、注释和行号

为了方便用户理解梯形图,在梯形图中加入信号地址、信号名称、注释和梯形图行号,如图3-71所示。

(1) 信号地址　梯形图中每一个信号地址由一个地址号和一个位号组成,如图3-72所示。

(2) 信号名称　在给信号命名时遵循下面的规则:

1) 包括CNC信号和机床信号在内的所有信号名称不能超过6个字符。

2) 对于PMC信号,可使用PMC地址表中的信号名称。

3) 从机床输入的CNC信号和送到机床的CNC信号可以通过在信号名称前加前缀X和Y来区分。例如,"编辑"输入信号(按钮)为XEDIT,"编辑"输出信号(指示灯)为YEDIT。如果加前缀后的信号名称过长,可忽略掉信号名称的后面部分,确保信号名称长度不超过6个字符。

(3) 注释　在顺序程序的继电器线圈后和符号表的符号后,可插入不超过30个字符的注释。分以下几种情况:

1) 当继电器线圈是到机床的输出信号时,可在线圈上加注释,对信号详细说明。

2) 对重要的辅助继电器也应加注释。

(4) 行号　应给梯形图的每一行加上行号,方便查阅与交流。梯形图行号由页号和行号构成,其中页号为1~999,行号为A~Z,如图3-73所示。

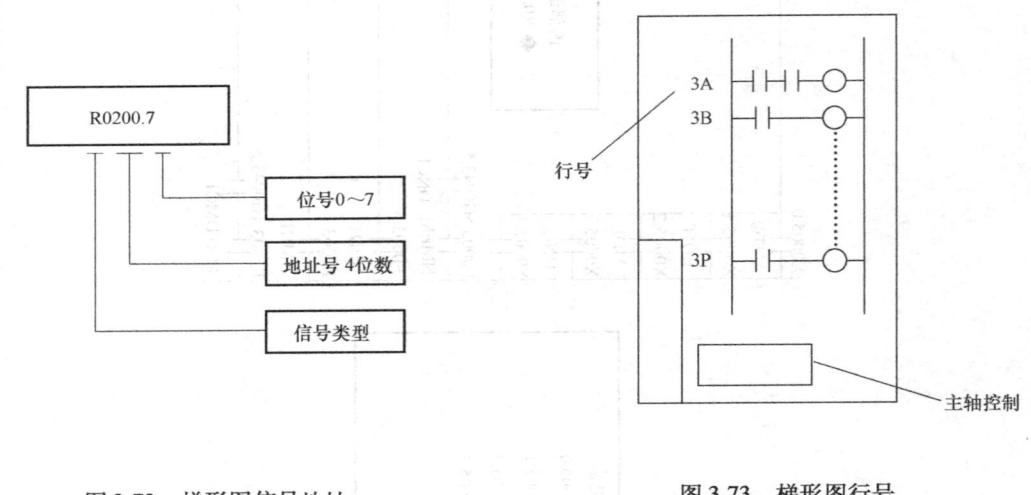

图3-72　梯形图信号地址　　　　图3-73　梯形图行号

3. 梯形图常用图形符号

梯形图常用图形符号见表3-15。

4. 继电器触点

在使用继电器时应注意,通用继电器的触点数量是有限制的,所以编程时应尽量减少触点数量;而PMC继电器可以认为有无穷数量的继电器触点,使用时可以不用考虑触点数量限制。

表 3-15　梯形图常用图形符号

符　号	简　述
─┤├─ A 型触点 ─┤╱├─ B 型触点	为 PMC 中间继电器开关,用作机床侧和 CNC 侧信号输入
─┤├─ A 型触点 ─┤╱├─ B 型触点	由 CNC 而来的输入信号
─┤│├─ A 型触点 ─┤╱├─ B 型触点	由机床侧而来的输入信号
A 型触点 B 型触点	PMC 中定时器触点
─○─	继电器线圈,其触点仅在 PMC 中使用
─○─	继电器线圈,其触点输出至 CNC
─◎─	继电器线圈,其触点输出至机床侧
─□─	PMC 中定时器线圈
─▭─	PMC 功能指令

项目十四 数控系统典型功能的 PMC 编程

项目导读

数控系统操作面板信号类型及特点
工作方式选择的 PMC 编程
数控机床操作面板加工程序控制的 PMC 编程
数控机床操作面板手动进给倍率的 PMC 编程
数控机床操作面板自动进给倍率的 PMC 编程
数控机床操作面板主轴速度倍率的 PMC 编程
数控机床操作面板进给轴及其移动方向选择的 PMC 编程
主轴运动的 PMC 编程
循环启动和进给保持的 PMC 编程
急停的 PMC 编程

操作要领及关联知识

一、数控系统操作面板的信号类型及特点

数控机床配备有机床操作面板,用于实现对机床的各种操作。操作面板除了具备通用功能外,根据用户要求还应具有个性化特点。常见数控车床的操作面板如图 3-74 所示,常见数控铣床的操作面板如图 3-75 所示。

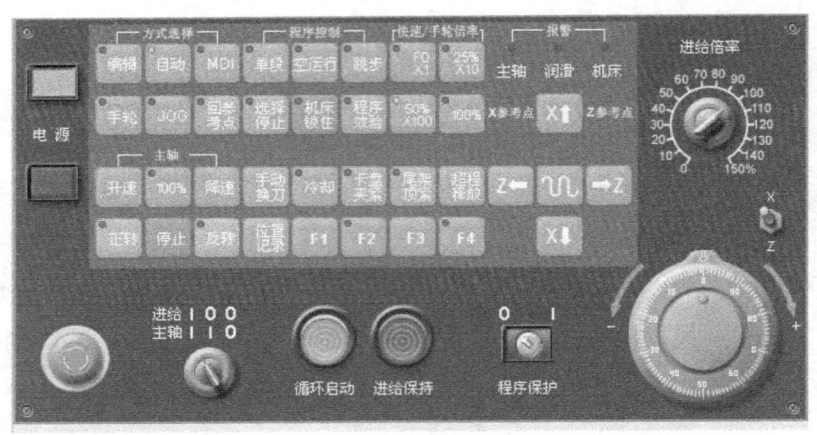

图 3-74 数控车床操作面板

项目十四 数控系统典型功能的PMC编程

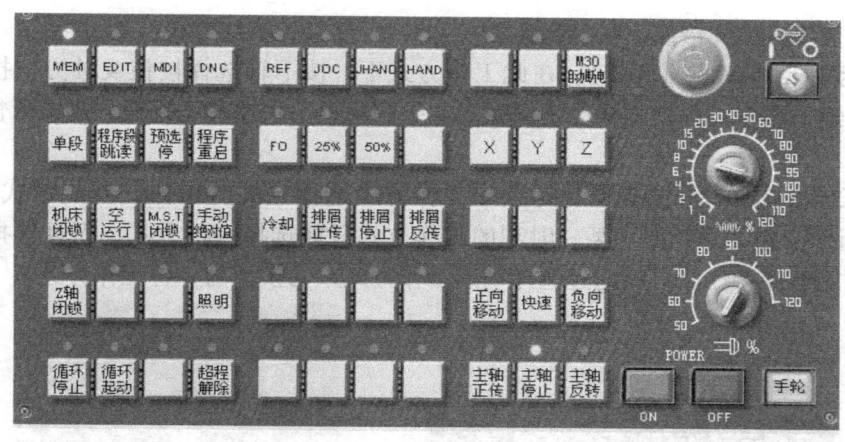

图 3-75 数控铣床操作面板

1. 急停

当数控机床运行出现异常时，可以通过按下急停按钮切断伺服电源，急停信号 *ESP 由 1 变为 0，数控机床停止运行。急停信号地址为 X8.4，由 PMC 第一级程序处理。急停按钮如图 3-76 所示。

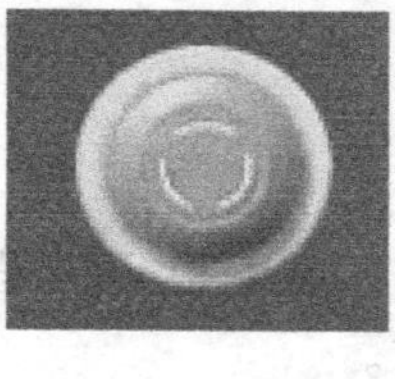

2. 工作方式选择

（1）工作方式的类型　工作方式包括以下类型：

1）编辑（EDIT）。在此工作方式下，操作人员能够编辑存储到 CNC 内存中的加工程序，包括插入、修改、删除、字替换、自动插入顺序号等。

图 3-76 急停按钮

2）自动或存储器运行（MEM）。在此工作方式下，系统运行的加工程序为系统存储器内的程序。当选择了系统中保存的某个加工程序并按下机床操作面板上的"循环启动"按钮后，数控系统开始自动运行加工程序。可以通过按下"进给保持"按钮暂时中断程序执行；重新按下"循环启动"按钮，程序从中断处继续运行。

3）手动数据输入（MDI）。在此工作方式下，通过 MDI 面板可以编制最多 10 行程序并被执行。程序的格式与常用的程序格式相同，通常用于调试运行。

4）远程传送（DNC/RMT）。在此工作方式下，可以通过 RS232 接口或网口与计算机进行通信，实现数控机床加工程序的远程数据传送与在线加工。

5）手轮（HND）。在此工作方式下，可以通过旋转手摇脉冲发生器微量移动机床进给轴，通常用于对刀操作或微调。在进行手轮操作时要选择移动轴、移动倍率等，手轮的正反方向的旋转分别代表进给轴的不同移动方向。

6）手动连续进给（JOG）。在此工作方式下，持续按下机床操作面板上的进给轴及方向选择开关，会使刀具沿着所选择的方向连续移动。手动连续进给的最大速度由系统参数设定，进给速度可以通过倍率开关进行调整。按下快速移动开关会使刀具快速移动，快速移动速度由系统参数设定，此快移速度与 JOG 倍率开关位置无关。

7）增量进给（INC）。在此工作方式下，按下轴选择开关，然后每按一下方向按钮，则进给轴会按照所选方向移动一步，机床移动的最小距离为最小设定单位，每一步可以是该单位的 1 倍、10 倍、100 倍或 1000 倍。

8）手动返回参考点（REF）。在此工作方式下，按下轴选择按钮及轴方向按钮，则各坐标轴自动返回参考点以建立机床坐标系。如果同时按下快速移动按钮，则机床快速返回参考点。

（2）工作方式选择开关类型及特点　工作方式选择开关有按钮式及旋钮式两种类型，如图 3-77 所示。数控系统要求某一时刻的工作方式只能选择一种方式，而且选择某种工作方式后要求能够保持住，只能通过选择别的工作方式来切换掉前一种工作方式。

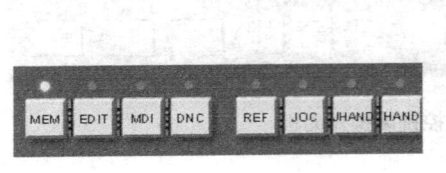 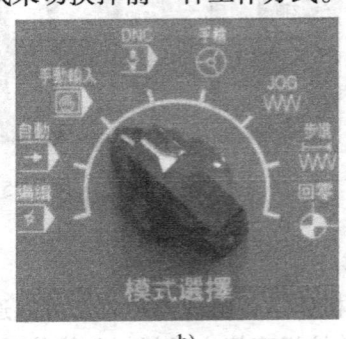

a)　　　　　　　　　　　　　b)

图 3-77　工作方式选择开关
a）按钮式　b）旋钮式

在编制 PMC 程序时，要针对不同开关硬件结构设计 PMC 梯形图，以达到 CNC 工作要求。

（3）工作方式与数控系统状态信号　数控系统工作方式的选择与数控系统 G43 信号各位的组合存在对应关系。G43 信号各位的定义如下：

	#7	#6	#5	#4	#3	#2	#1	#0
G43	ZRN		DNC1			MD4	MD2	MD1

工作方式选择与 G43 信号的对应关系见表 3-16。

表 3-16　工作方式与 G43 信号的对应关系

序号	工作方式	G43 信号状态					F 信号	
		ZRN	DNC1	MD4	MD2	MD1	符号	地址
1	编辑（EDIT）	0	0	0	1	1	MEDT	F3.6
2	存储器运行（MEM）	0	0	0	0	1	MMEM	F3.5
3	手动数据输入（MDI）	0	0	0	0	0	MMDI	F3.3
4	手轮/增量进给（HND/INC）	0	0	1	0	0	MH/MINC	F3.1/F3.0
5	手动连续进给（JOG）	0	0	0	0	1	MJ	F3.2
6	手轮示教（THND）	0	0	1	1	1	MTCHIN	F3.7
7	手动连续示教（TJOG）	0	0	1	1	0	—	—
8	DNC 运行（RMT）	0	1	0	0	1	MRMT	F3.4
9	手动返回参考点（REF）	1	0	0	0	1	MREF	F4.5

3. 数控机床加工程序控制

（1）数控机床加工程序控制方式　数控机床加工程序控制开关如图 3-78 所示，包括以下：

1）单段。在此工作方式下，每按一次"循环启动"按钮，系统执行一段程序。因此，通过单段方式一段一段地执行程序，便于程序检查。

2）空运行。在自动运行状态下，按下机床操作面板上"空运行"按钮，刀具按照数控系统参数设定的速度（参数 1410 设定）移动，而与程序中指令的进给速度无关。快速移动倍率开关也可以用来调整机床的移动速度。该功能用来在机床不装夹工件的情况下检查刀具运动，或通过坐标值偏移功能（数控车床是 X 轴坐标值偏移，数控立式铣床或立式加工中心是 Z 坐标值的偏移）检查刀具运动。

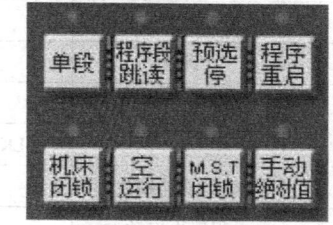

图 3-78　数控机床加工程序控制开关

3）跳步。在自动运行状态下，按下操作面板上"跳步"按钮，程序中包含"/"的程序段将被忽略。

4）选择停止。在自动运行状态下，当加工程序执行到 M01 指令的程序段后会停止运行。M01 指令字的程序停止功能仅仅在"选择停止"开关接通的时候有效。

5）机床锁住。在自动运行状态下，按下机床操作面板上"机床锁住"按钮，执行循环启动时，刀具不移动，但是显示器上每个轴运动的位移在变化，就像刀具在运动一样。数控系统有两种类型的机床锁住：所有轴的锁住（停止所有轴的运动）和指定轴的锁住（如立式数控铣床或立式加工中心 Z 轴锁住）。在机床锁住状态下，可以执行 M、S、T 指令。当然，机床锁住功能也可以通过参数 3003#0、3003#2、3003#3 进行设置。

6）辅助功能锁住。程序运行时，执行辅助功能锁住功能，则禁止执行 M、S、T 指令。该功能一般与机床锁住功能一起使用，用于检查程序的正确性。但是，M00、M01、M02、M30、M98 和 M99 指令即使在辅助功能锁住的状态下也能执行。

7）程序再启动。该功能用于指定刀具断裂或者公休后重新启动程序时，将要启动程序段的顺序号，从该段程序重新起动机床。程序重新启动有两种方法：P 型和 Q 型，由系统参数设定。P 型操作可以在任意地方重新启动，这种方法用于刀具断裂时的重新启动；Q 型操作时，重新启动之前刀具必须移动到程序的起点。

（2）数控机床加工程序控制方式的特点　数控机床加工程序的各种控制方式之间没有必然的互锁关系，也就是说有些方式可以同时存在，因此要求按下某种程序控制方式按钮后能够将功能保持住，再次按下同一按钮则取消这一功能。PMC 程序设计时要求能够达到这一要求。

（3）加工程序控制方式与数控系统状态信号　加工程序控制方式与数控系统状态信号的对应见表 3-17。

4. 数控机床进给速度控制

（1）进给速度倍率控制　在运行程序时，通过进给倍率开关选择百分比来增加或减少编程进给速度。进给速度倍率选择开关及其倍率挡位如图 3-79 所示。

进给速度倍率分为手动方式倍率和自动方式倍率两种，如图 3-79 所示。进给速度倍率信号为负逻辑信号，即低电平有效。进给速度倍率对应的数控系统信号见表 3-18。

表 3-17 加工程序控制方式与数控系统状态信号的对应

序号	程序控制方式	G 信号		F 信号	
		符号	地址	符号	地址
1	单段	SBK	G46.1	MSBK	F4.3
2	空运行	DRN	G46.7	MDRN	F2.7
3	跳步	BDT1	G44.0	MBDT1	F4.0
4	机床锁住	MLK（所有轴锁住）	G44.1	MMLK	F4.1
		MLK1～MLK5（每个轴锁住）	G108.0～G108.4	—	—
5	辅助功能锁住	AFL	G5.6	MAFL	F4.4
6	程序再启动	SRN	G6.0	SRNMV	F2.4

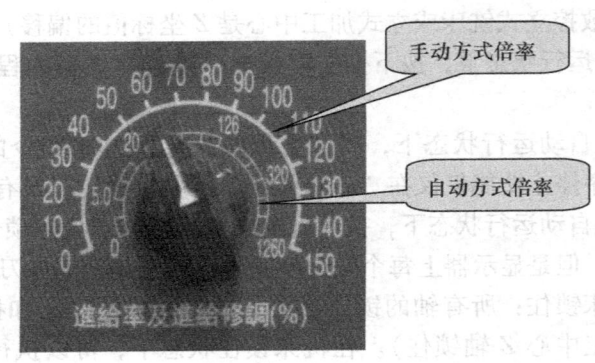

图 3-79 进给倍率开关及其挡位

表 3-18 进给速度倍率对应的数控系统信号

进给运动工作方式	数控系统信号	
	符 号	地 址
手动进给方式	*JV0～*JV15	G10、G11
自动进给方式	*FV0～*FV7	G12

（2）快速移动倍率控制　快速移动倍率控制通常有 4 挡，分别是 F0、25%、50% 和 100%，参数 1420 用于设定各轴快速移动倍率 100% 时的移动速度，参数 1421 为每个轴设定快速移动倍率为 F0 时的速度。如果采用 1% 快速移动倍率选择信号，则可以使快速移动倍率在 0%～100% 范围内以 1% 为单位变化。快速移动倍率开关如图 3-80 所示。

快速移动倍率对应的数控系统信号见表 3-19，1% 快速移动倍率对应的数控系统信号见表 3-20。

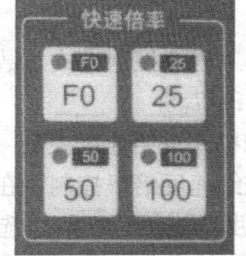

图 3-80 快速移动倍率开关

表 3-19　快速移动倍率对应的数控系统信号

信号名称	数控系统信号	
	符号	地址
快速移动倍率	ROV1	G14.0
	ROV2	G14.1

表 3-20　1%快速移动倍率对应的数控系统信号

信号名称	数控系统信号	
	符号	地址
快速移动倍率	*HROV0 ~ *HROV6	G96.0 ~ G96.6

快速移动倍率信号 ROV1、ROV2 与倍率值对应关系见表 3-21。

表 3-21　快速移动倍率信号与倍率值对应关系

快速移动倍率信号		倍率值
ROV1	ROV2	
0	0	100%
0	1	50%
1	0	25%
1	1	F0

5. 数控机床主轴速度控制

程序运行时，数控机床的主轴速度控制可以通过主轴倍率开关实现，主轴实际运行速度为程序中给定 S 值乘以主轴倍率值。值得注意的是，在攻螺纹循环和螺纹切削循环中，主轴速度倍率功能无效，强制为 100% 主轴指令速度。主轴倍率开关及其挡位如图 3-81 所示。

主轴速度倍率对应的数控系统信号为 G30（SOV0 ~ SOV7）。

图 3-81　主轴倍率开关及其挡位

6. 进给轴及其移动方向选择

进给轴及其移动方向选择如图 3-82 所示，分为进给轴和移动方向同时选择、进给轴和移动方向分别选择两种情况。

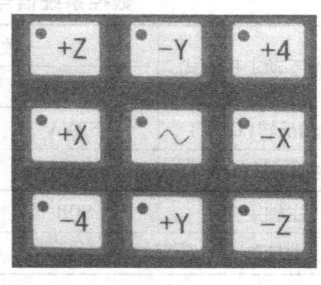
a)

b)

图 3-82　进给轴及其方向选择

a) 进给轴及其方向同时选择　b) 进给轴及其方向分别选择

(1) 进给轴选择　进给轴选择应该满足以下条件：

1) 在手动连续进给（JOG）、手轮进给（HAND）、增量进给（INC）、回参考点（REF）任何一种手动方式下都能够选择进给轴并处于自锁状态。

2) 各进给轴可以同时选择。

(2) 进给轴移动方向选择　进给轴移动方向选择满足以下条件：

1) 在手动连续进给（JOG）方式下，选择好进给轴后，进给方向按钮为点动方式，即每按一次方向按钮轴就移动，松手则停止运动。

2) 在回参考点（REF）方式下，选择好进给轴后，按下进给方向按钮后及处于自锁状态时，进给轴按照参数（1006#5）设定的方向朝着参考点方向移动，直至回到参考点为止。

3) 在手动操作方式选择之前，按下进给方向选择按钮，则该信号无效。

(3) 进给轴及其移动方向选择对应的数控系统信号见表 3-22。

表 3-22　进给轴及其移动方向选择对应的数控系统信号

进给轴	进给方向	数控系统信号	
		符号	地址
X、Y、Z、4、5	+	+J1 ~ +J5	G100.0 ~ G100.4
	−	−J1 ~ −J5	G102.0 ~ G102.4

手动返回参考点方式下减速信号符号为 *DEC1 ~ *DEC5，信号地址为 X9.0 ~ X9.4。

7. 主轴手动工作方式选择

(1) 主轴手动工作方式　主轴手动工作方式包括正转、反转、停止和定向，主轴手动工作方式开关如图 3-83 所示。应满足以下要求：

1) 按下主轴工作方式按钮后要求能够自锁。

2) 同一时刻主轴只能处于一种工作方式，工作方式之间要求互锁。

3) 无论主轴是正转还是反转，按下复位按钮，则主轴能够停转。

(2) 主轴手动工作方式的数控系统信号　主轴手动工作方式对应的数控系统信号见表 3-23。

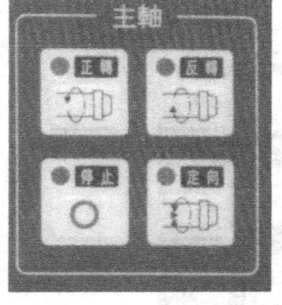

图 3-83　主轴手动工作方式

表 3-23　主轴手动工作方式对应的数控系统信号

主轴手动工作方式	数控系统信号	
	符号	地址
主轴反转（CCW）	SRVA	G70.4
主轴正转（CW）	SFRA	G70.5
主轴定向	SOR	G29.5
主轴停止	*SSTP	G29.6

8. 循环启动和进给保持

(1) 循环启动　当选择存储器运行（MEM）、DNC 运行（RMT）或手动数据输入

（MDI）方式时，按下"循环启动"（ST）按钮，则数控系统处于自动运行状态并开始运行。循环启动和进给保持按钮如图3-84所示。

1）在下列情况下，循环启动信号将被忽略：

①当系统处于 MEM、RMT 和 MDI 以外方式时。
②当进给保护信号（*SP）为 0 时。
③当急停信号（*ESP）为 0 时。
④当外部复位信号（ERS）为 1 时。
⑤当复位和倒回信号（RRW）为 1 时。
⑥当 DPL/MDI 面板上的 RESET 键被按下时。
⑦当 CNC 处于报警状态时。
⑧当 CNC 处于"NOT READY"状态时。

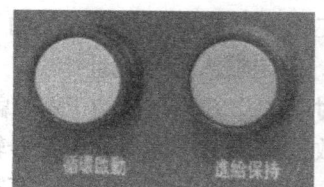

图 3-84 循环启动和进给保持按钮

⑨当自动运行正在执行中。
⑩当程序再启动信号（SRN）为 1 时。
⑪当 CNC 正在搜索顺序号时。

2）自动运行期间，在下列状态下 CNC 进入进给暂停状态并停止运行：

①当进给保持信号（*SP）为 0 时。
②当操作方式变为 JOG、INC、HND、REF、TJOG、THND 等手动运行方式时。

3）自动运行期间，在下列状态下 CNC 进入复位状态并停止运行：

①当急停信号（*ESP）置为 0 时。
②当外部复位信号（ERS）置为 1 时。
③当复位和倒回信号（RRW）置为 1 时。
④当 DPL/MDI 面板上的 RESET 键被按下时。

（2）进给保持 在自动运行期间按下"进给保持"按钮，则数控系统处于自动运行暂停状态。此时即使再闭合信号*SP 触点，也不能进入自动运行状态；只有当*SP 触点闭合，且 ST 闭合再断开，使控制装置进入自动运行状态后，才能重新启动。

在以下情况下进给保持信号的执行过程为：

1）螺纹切削期间输入"进给保持"信号时，在执行完螺纹切削程序后面的一个非螺纹切削程序段之后，CNC 转变为进给暂停状态。

2）固定循环的攻螺纹加工期间，在执行固定循环的攻螺纹循环指令 G73、G84 中，输入"进给保持"信号时，立即输出信号 SPL，只有攻螺纹动作继续进行，直到螺纹加工循环动作结束，并返回到初始基准平面或 R 平面。

3）执行宏指令期间输入"进给保持"信号后，当前执行的宏指令结束后停止运行。

（3）循环启动和进给保持功能的数控系统信号 循环启动和进给保持功能对应的数控系统信号见表 3-24。

表 3-24 循环启动和进给保持功能对应的数控系统信号

工作方式	数控系统信号	
	符 号	地 址
循环启动	ST	G7.2
进给保持	*SP	G8.5

二、工作方式选择的 PMC 编程

如前所述，数控系统工作方式包括自动（AUTO）、编辑（EDIT）、手动数据输入（MDI）、DNC 运行（RMT）、手动返回参考点（REF）、手动连续进给（JOG）、增量进给（INC）、手轮进给（HND）。工作方式的选择开关有按钮式和旋钮式，PMC 编程应结合硬件结构的特点。

工作方式选择按钮式开关的 PMC 编程按照下面的步骤进行。

1. 确定输入信号地址

对于工作方式选择的 PMC 编程，在 I/O 模块地址分配完毕后，要确定各按钮的地址，如某数控车床工作方式按钮信号输入地址见表 3-25。

表 3-25 某数控车床工作方式选择按钮的信号输入地址

工作方式选择	自动（AUTO）	编辑（EDIT）	手动数据输入（MDI）	DNC 运行（RMT）	手动返回参考点（REF）	手动连续进给（JOG）	增量进给（INC）	手轮进给（HND）
输入地址	X24.0	X24.1	X24.2	X24.3	X26.4	X26.5	X26.6	X26.7

2. 确定输出信号地址

在工作方式选择按钮上，有相应的指示灯，作为工作方式选择操作的应答信号，如某数控车床工作方式指示灯信号输出地址见表 3-26。

表 3-26 某数控车床工作方式指示灯信号输出地址

工作方式选择	自动（AUTO）	编辑（EDIT）	手动数据输入（MDI）	DNC 运行（RMT）	手动返回参考点（REF）	手动连续进给（JOG）	增量进给（INC）	手轮进给（HND）
输出地址	Y24.0	Y24.1	Y24.2	Y24.3	Y26.4	Y26.5	Y26.6	Y26.7

3. 确定 PMC 至 CNC 信号

选择工作方式时 PMC 至 CNC 的信号前面已经叙述，见表 3-16，此处不再赘述。

4. 确定 CNC 至 PMC 信号

工作方式对应的数控系统检测信号由数控系统制造厂家确定，见表 3-27。

表 3-27 工作方式对应的数控系统检测信号（CNC→PMC）

工作方式选择	自动（AUTO）	编辑（EDIT）	手动数据输入（MDI）	DNC 运行（RMT）	手动返回参考点（REF）	手动连续进给（JOG）	增量进给（INC）	手轮进给（HND）
输出信号符号	MMEM	MEDT	MMDI	MRMT	MREF	MJ	MINC	MH
输出检测信号	F3.5	F3.6	F3.3	F3.4	F4.5	F3.2	F3.0	F3.1

5. 工作方式选择的 PMC 程序（如图 3-85 所示）

编程思路如下：

1）按下工作方式选择任一按钮均触发中间继电器 R0200.7。

2）使 G43.0、G43.1、G43.2、G43.5、G43.7 置 1 的信号并联起来并自锁。

3）数控系统处于哪种工作方式根据按钮触发情况由 G43.0、G43.1、G43.2、G43.5、G43.7 进行组态确定。

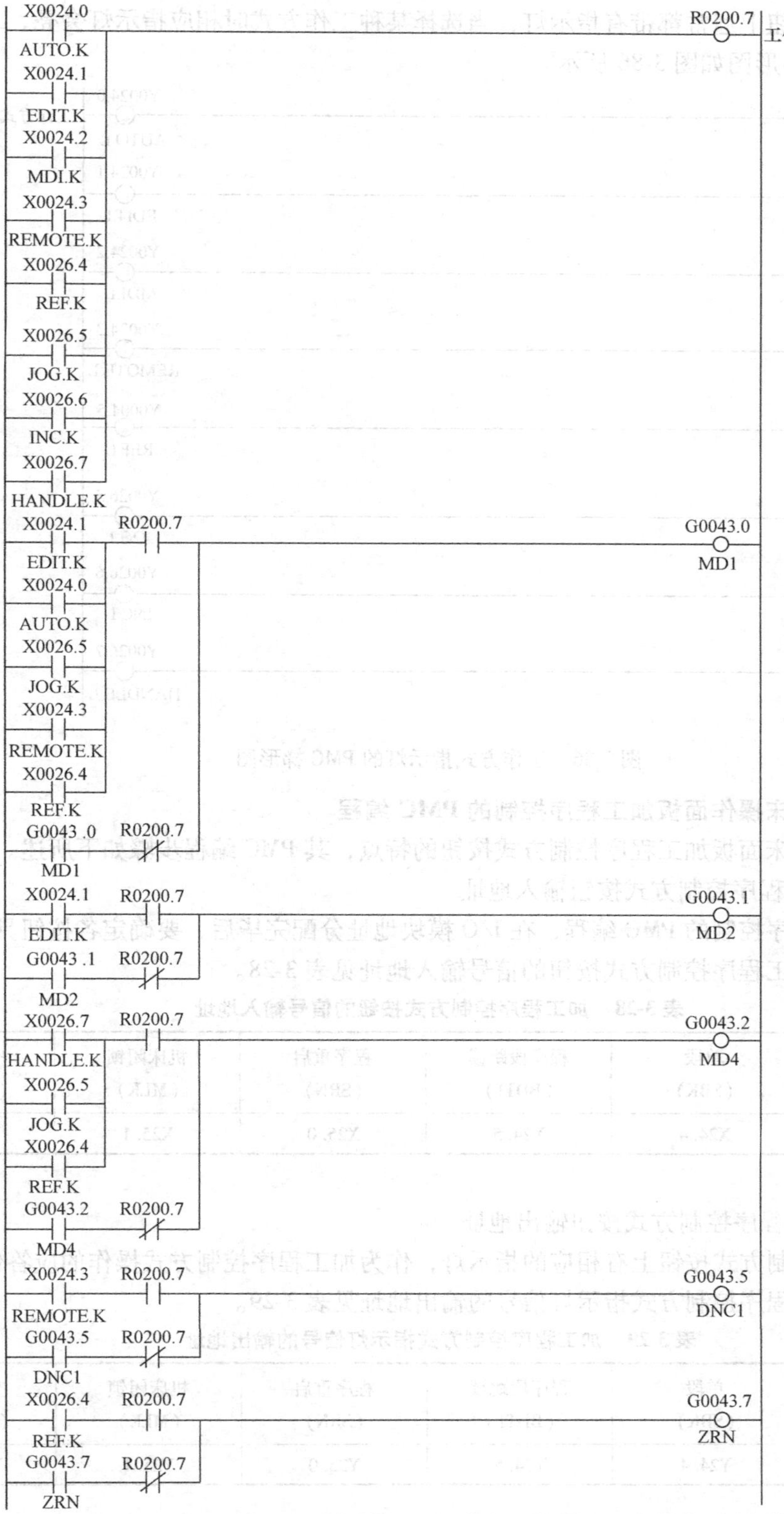

项目十四 数控系统典型功能的PMC编程

```
  X0024.0                                                     R0200.7
───┤├─────────────────────────────────────────────────────────( )────  工作方式选择
  AUTO.K
  X0024.1
───┤├───
  EDIT.K
  X0024.2
───┤├───
  MDI.K
  X0024.3
───┤├───
  REMOTE.K
  X0026.4
───┤├───
  REF.K
  X0026.5
───┤├───
  JOG.K
  X0026.6
───┤├───
  INC.K
  X0026.7
───┤├───
  HANDLE.K

  X0024.1   R0200.7                                           G0043.0
───┤├────────┤├──────────────────────────────────────────────( )────
  EDIT.K                                                       MD1
  X0024.0
───┤├───
  AUTO.K
  X0026.5
───┤├───
  JOG.K
  X0024.3
───┤├───
  REMOTE.K
  X0026.4
───┤├───
  REF.K
  G0043.0   R0200.7
───┤├────────┤/├──
  MD1

  X0024.1   R0200.7                                           G0043.1
───┤├────────┤├──────────────────────────────────────────────( )────
  EDIT.K                                                       MD2
  G0043.1   R0200.7
───┤├────────┤/├──
  MD2

  X0026.7   R0200.7                                           G0043.2
───┤├────────┤├──────────────────────────────────────────────( )────
  HANDLE.K                                                     MD4
  X0026.5
───┤├───
  JOG.K
  X0026.4
───┤├───
  REF.K
  G0043.2   R0200.7
───┤├────────┤/├──
  MD4

  X0024.3   R0200.7                                           G0043.5
───┤├────────┤├──────────────────────────────────────────────( )────
  REMOTE.K                                                     DNC1
  G0043.5   R0200.7
───┤├────────┤/├──
  DNC1

  X0026.4   R0200.7                                           G0043.7
───┤├────────┤├──────────────────────────────────────────────( )────
  REF.K                                                        ZRN
  G0043.7   R0200.7
───┤├────────┤/├──
  ZRN
```

图 3-85　工作方式选择（按钮式）的 PMC 梯形图

工作方式按钮上通常都带有指示灯，当选择某种工作方式时相应指示灯会亮，工作方式指示灯的 PMC 梯形图如图 3-86 所示。

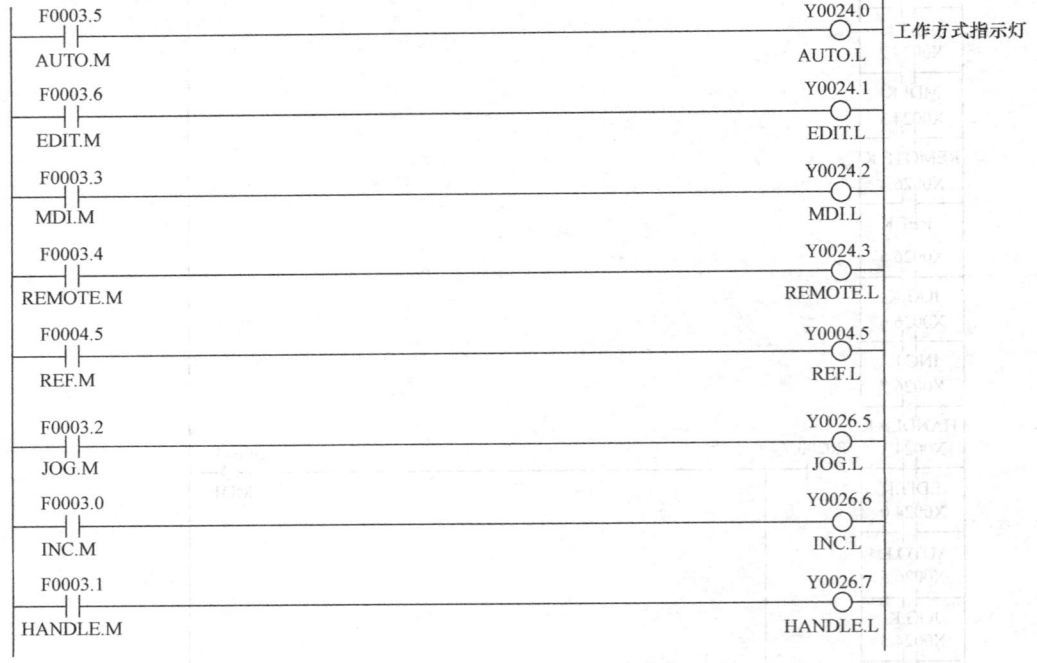

图 3-86　工作方式指示灯的 PMC 梯形图

三、数控机床操作面板加工程序控制的 PMC 编程

根据数控机床面板加工程序控制方式按钮的特点，其 PMC 编程步骤如下所述。

1. 确定加工程序控制方式按钮输入地址

对于加工程序控制的 PMC 编程，在 I/O 模块地址分配完毕后，要确定各按钮具体地址，如某数控车床加工程序控制方式按钮的信号输入地址见表 3-28。

表 3-28　加工程序控制方式按钮的信号输入地址

加工程序控制方式	单段 （SBK）	程序段跳读 （BDT1）	程序重启 （SRN）	机床闭锁 （MLK）	空运行 （DRN）
输入地址	X24.4	X24.5	X25.0	X25.1	X25.2

2. 确定加工程序控制方式按钮输出地址

加工程序控制方式按钮上有相应的指示灯，作为加工程序控制方式操作的应答信号，如某数控车床加工程序控制方式指示灯信号的输出地址见表 3-29。

表 3-29　加工程序控制方式指示灯信号的输出地址

加工程序控制方式	单段 （SBK）	程序段跳读 （BDT1）	程序重启 （SRN）	机床闭锁 （MLK）	空运行 （DRN）
输出地址	Y24.4	Y24.5	Y25.0	Y25.1	Y25.2

3. 加工程序控制方式的 PMC 程序（如图 3-87 所示）

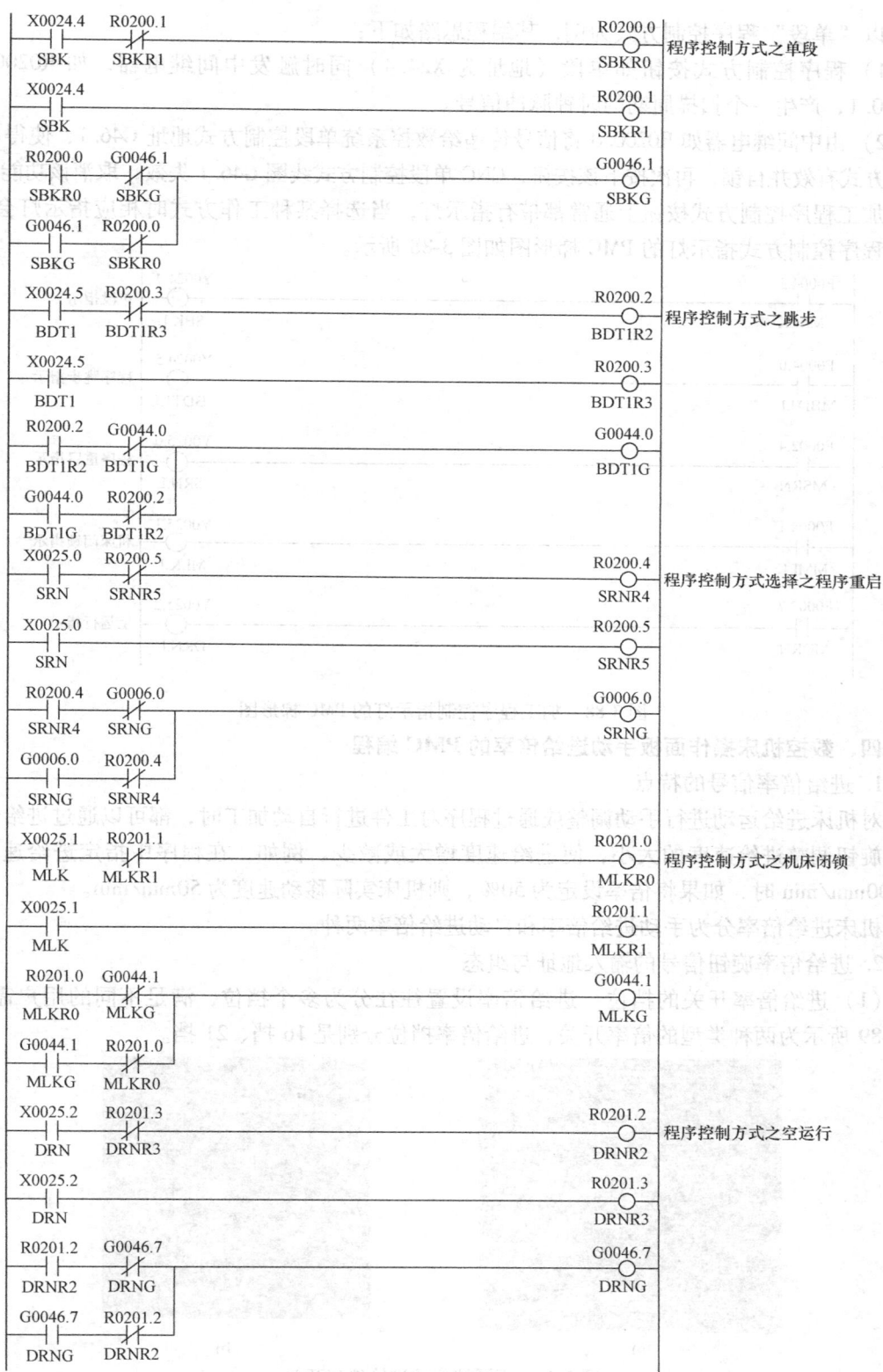

图 3-87 加工程序控制方式的 PMC 程序

以"单段"程序控制方式为例,其编程思路如下:

1) 程序控制方式按钮如单段(地址为 X24.4)同时触发中间继电器,如 R0200.0、R0200.1,产生一个扫描周期的时钟脉冲信号。

2) 由中间继电器如 R0200.0 将信号传递给数控系统单段控制方式地址 G46.1,使得单段控制方式有效并自锁;再次按下该按钮,CNC 单段控制方式线圈 G46.1 失效,取消该功能。

加工程序控制方式按钮上通常都带有指示灯,当选择某种工作方式时相应指示灯会亮,加工程序控制方式指示灯的 PMC 梯形图如图 3-88 所示。

图 3-88 加工程序控制指示灯的 PMC 梯形图

四、数控机床操作面板手动进给倍率的 PMC 编程

1. 进给倍率信号的特点

对机床进给运动进行手动调整或通过程序对工件进行自动加工时,都可以通过进给倍率选择旋钮调整进给速度的大小,使进给速度增大或减少。例如,在程序中指定进给速度 F 为 100mm/min 时,如果将倍率设定为 50%,则机床实际移动速度为 50mm/min。

机床进给倍率分为手动进给倍率和自动进给倍率两种。

2. 进给倍率旋钮信号的输入地址与组态

(1) 进给倍率开关的挡位 进给倍率设置往往分为多个挡位,满足不同的用户需求。图 3-89 所示为两种类型的倍率开关,进给倍率挡位分别是 16 挡、21 挡。

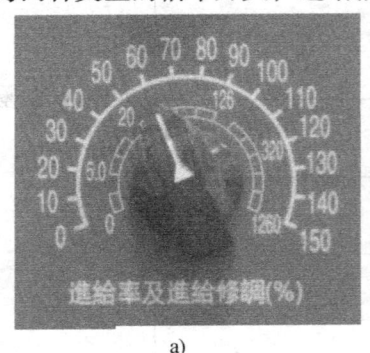
a)

b)

图 3-89 不同挡位的进给倍率开关
a) 16 挡 b) 21 挡

（2）进给倍率开关的输入信号地址　在设置倍率开关输入信号的 X 地址时，并不是每一个挡位对应一个 X 输入地址，而是根据挡位多少设置一定数量的 X 输入地址，然后由这几个 X 输入地址 0 或 1 状态的组态与进给倍率的每一个挡位地址相对应。

如图 3-89a 所示，进给倍率开关有 16 个挡位，需要设置 4 个 X 输入地址，由 4 个输入地址可以组态成 $2^4=16$ 种状态，正好对应 16 个挡位。

如图 3-89b 所示，进给倍率开关有 21 个挡位，需要设置 5 个 X 输入地址，5 个输入地址可以组态成 $2^5=32$ 种状态，可以满足 21 个挡位的要求。例如，某数控车床进给倍率旋钮的输入信号地址见表 3-30。

表 3-30　某数控车床进给倍率旋钮的输入信号地址

X20.4	X20.3	X20.2	X20.1	X20.0

（3）进给倍率开关的输入地址组态　如果用 4 个 X 输入地址的 0 与 1 状态组态成 16 个挡位状态，每个挡位的相应二进制代码见表 3-31。

表 3-31　进给倍率旋钮开关触点信号的二进制表示

挡位	0	1	2	3	4	5	6	7	8	9	10	11	12	13	14	15
b3	0	0	0	0	0	0	0	0	1	1	1	1	1	1	1	1
b2	0	0	0	0	1	1	1	1	0	0	0	0	1	1	1	1
b1	0	0	1	1	0	0	1	1	0	0	1	1	0	0	1	1
b0	0	1	0	1	0	1	0	1	0	1	0	1	0	1	0	1

从表 3-31 可以看出，如果旋钮开关的触点信号使用二进制代码表示，在切换触点时，存在有 2 位数据同时变化的情况，造成数据变化的不连续性，容易引起错误动作。

（4）格雷码及其特点　格雷码又称反射码、循环码，它是一种无权码。格雷码的编码特点是任何两个相邻代码只有一位数码不同，这对代码的转换和传输非常有利，当从一个代码过渡到相邻的另一个代码时，不会在瞬间出现许多不该出现的代码。

例如，7 的格雷码为 0100，8 的格雷码为 1100，从 7 变到 8，只有最左位发生了变化；而 8421BCD 码 7 为 0111，8 为 1000，两个相邻值有四位不同，从 7 变到 8，四位都要发生变化，如果四位变化不能同时发生，会出现瞬间的中间错误码。格雷码杜绝了这种错误，是一种可靠的代码。

格雷码的编码方式可以用四变量卡诺图帮助记忆，如图 3-90 所示。

因此，旋钮开关信号通常采用格雷码表示，在旋钮开关触点进行切换时，确保相邻的触点或挡位只有一位数据变化，不存在数据状态变化不连续的现象。16 挡进给倍率旋钮开关触点信号的格雷码表示见表 3-32。

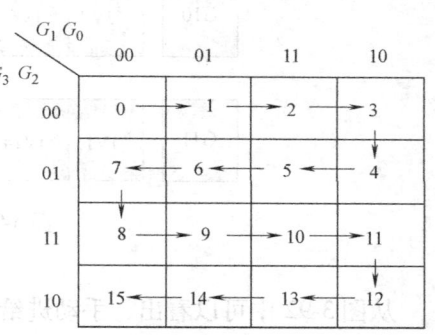

图 3-90　四变量卡诺图

表 3-32 进给倍率旋钮开关触点信号的格雷码

挡位	0	1	2	3	4	5	6	7	8	9	10	11	12	13	14	15
g3	0	0	0	0	0	0	0	0	1	1	1	1	1	1	1	1
g2	0	0	0	0	1	1	1	1	1	1	1	1	0	0	0	0
g1	0	0	1	1	1	1	0	0	0	0	1	1	1	1	0	0
g0	0	1	1	0	0	1	1	0	0	1	1	0	0	1	1	0

3. 格雷码与二进制代码的转换

通过图 3-91 所示的转换电路可以将格雷码转换成二进制代码，转换时注意格雷码与二进制代码之间的对应关系。

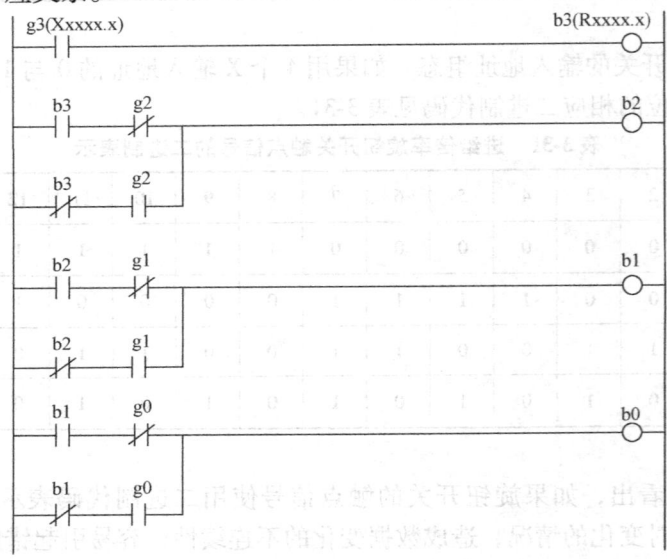

图 3-91 格雷码与二进制代码的转换电路

4. 手动进给倍率 G 信号及其特点

手动进给倍率 G 信号为 G10、G11，各字节每位对应的符号如图 3-92 所示。

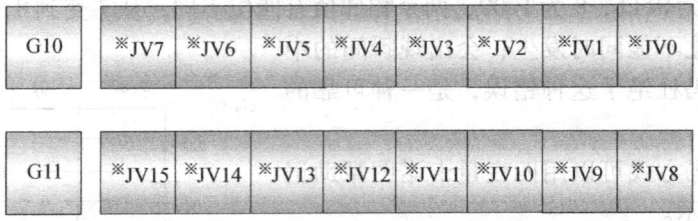

图 3-92 手动进给倍率 G 信号

从图 3-92 中可以看出，手动进给倍率信号为低电平有效，即位为 0 时有效。

5. 二进制代码转换指令 SUB27/CODB

（1）指令功能　该指令是把 2 个字节的二进制代码（0～256）数据转换成 1 个字节、2

个字节或 4 个字节的二进制数据指令。具体功能是把 2 个字节二进制数指定的数据表数据（1 个字节、2 个字节或 4 个字节的二进制数据）输出到转换数据的输出地址中。一般用于数控机床面板的倍率开关控制，如进给倍率、主轴倍率等的 PMC 控制。

（2）指令格式　二进制代码转换指令 SUB27 的指令格式如图 3-93 所示。

1）错误输出复位 RST：RST = 0 时，取消复位，输出 W1 不变；RST = 1 时，转换数据错误，输出 W1 为 0（复位）。

2）执行条件 ACT：ACT = 0 时，不执行 CODB 指令；ACT = 1 时，执行 CODB 指令。

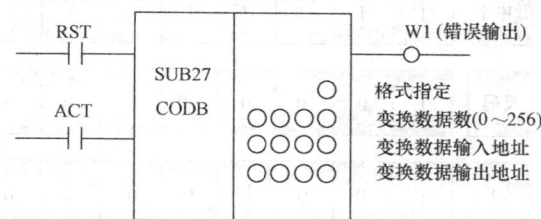

图 3-93　二进制代码转换指令 SUB27 格式

3）格式指定：指定转换数据表中二进制数据的字节数，0001 为 1 个字节二进制数；0002 为 2 个字节二进制数；0004 为 4 个字节二进制数。

4）变换数据数：又称数据表容量。指定转换数据表的范围（0~256），数据表的开头为 0 号，数据表的最后单元为 n 号，则数据表的大小为 $n+1$。

5）变换数据输入地址：指定转换数据所在数据表的表内号地址，一般可通过机床面板开关来设定该地址内容，需要指定为 1 个字节数据。

6）变换数据输出地址：指定表内的 1 个字节、2 个字节或 4 个字节的二进制数据转换后的输出地址。

6. 手动进给倍率挡位值与功能指令变换数据的换算

手动进给倍率挡位值即为进给倍率每个挡位所对应的数值，如 0%、10%、20%、30% ……150%，在功能指令数据表中，需要输入和挡位值对应的变换数据，二者之间需要转换。

（1）转换公式　手动进给倍率挡位值和转换数据表值按照以下公式换算

$$转换数据表值 = -（挡位值 \times 100 + 1）$$

（2）G10、G11 与挡位对应的各位状态　对于不同的挡位倍率值，G10、G11 共计 2 个字节 16 位不同的 0、1 组合与挡位值对应。

【例 3-5】　手动进给倍率挡位值为 1%，确定对应的 G10、G11 各位状态。

【解】

1）G10、G11 为低电平有效。

2）将挡位值 $1 \times 100 = 100$，G10、G11 各位低电平位之和应为 100。

3）将求得的 G10、G11 进行取反运算。

4）在取反运算基础上进行加 1 的运算。

最后得到的 G10、G11 状态即为对应的挡位值为 1% 的状态，转换过程如图 3-94 所示。

【例 3-6】　手动进给倍率挡位值为 15%，确定对应的 G10、G11 各位状态。

【解】

1）G10、G11 为低电平有效。

2）将挡位值 $15 \times 100 = 1500$，G10、G11 各位低电平位之和应为 1500。

3）将求得的 G10、G11 进行取反运算。

4）在取反运算基础上进行加 1 的运算。

最后得到的 G10、G11 状态即为对应的挡位值为 15% 的状态，转换过程如图 3-95 所示。

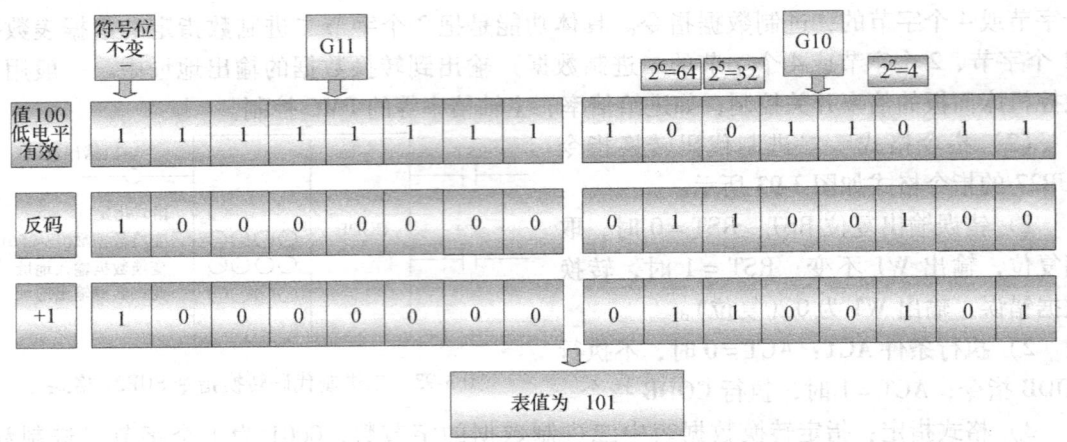

图 3-94　与挡位 1% 对应的 G10、G11 状态

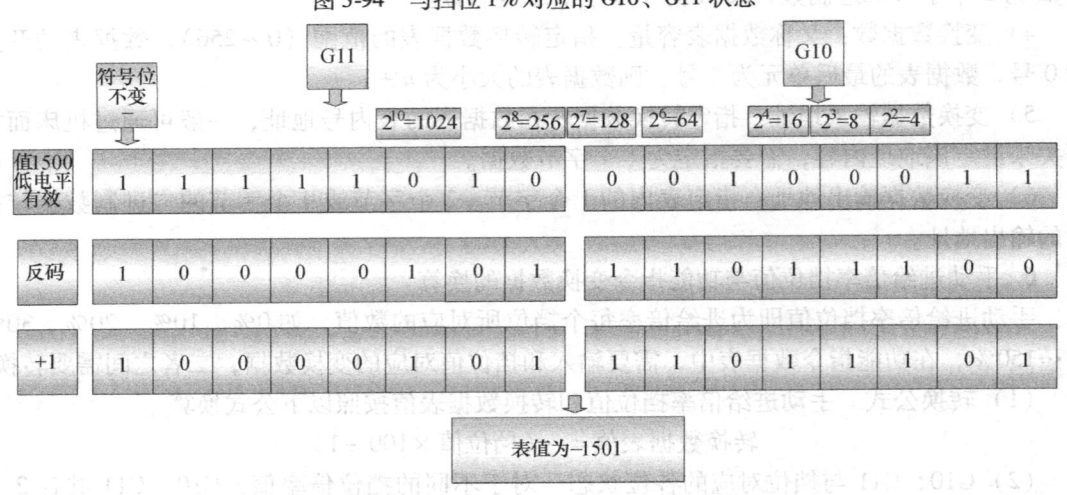

图 3-95　与挡位 15% 对应的 G10、G11 状态

7. 手动进给倍率的 PMC 编程

（1）地址转换　将输入地址（格雷码）X 转换成二进制代码地址 R，其对应关系见表 3-33。

表 3-33　21 挡位进给倍率旋钮的输入地址及中继地址

手动倍率旋钮输入地址	X20.4	X20.3	X20.2	X20.1	X20.0
手动倍率中继	R204.4	R204.3	R204.2	R204.1	R204.0

（2）表值计算　根据手动倍率挡位值与转换数据表值的计算关系，确定 21 挡位表值数据，见表 3-34。

表 3-34　手动进给倍率挡位值与转换数据表值换算

挡位值	0%	1%	2%	4%	6%	8%	10%
转换数据	-1	-101	-201	-401	-601	-801	-1001
挡位值	15%	20%	30%	40%	50%	60%	70%
转换数据	-1501	-2001	-3001	-4001	-5001	-6001	-7001
挡位值	80%	90%	95%	100%	105%	110%	120%
转换数据	-8001	-9001	-9501	-10001	-10501	-11001	-12001

(3) 手动进给倍率的 PMC 程序 手动进给倍率 PMC 程序如图 3-96 所示。

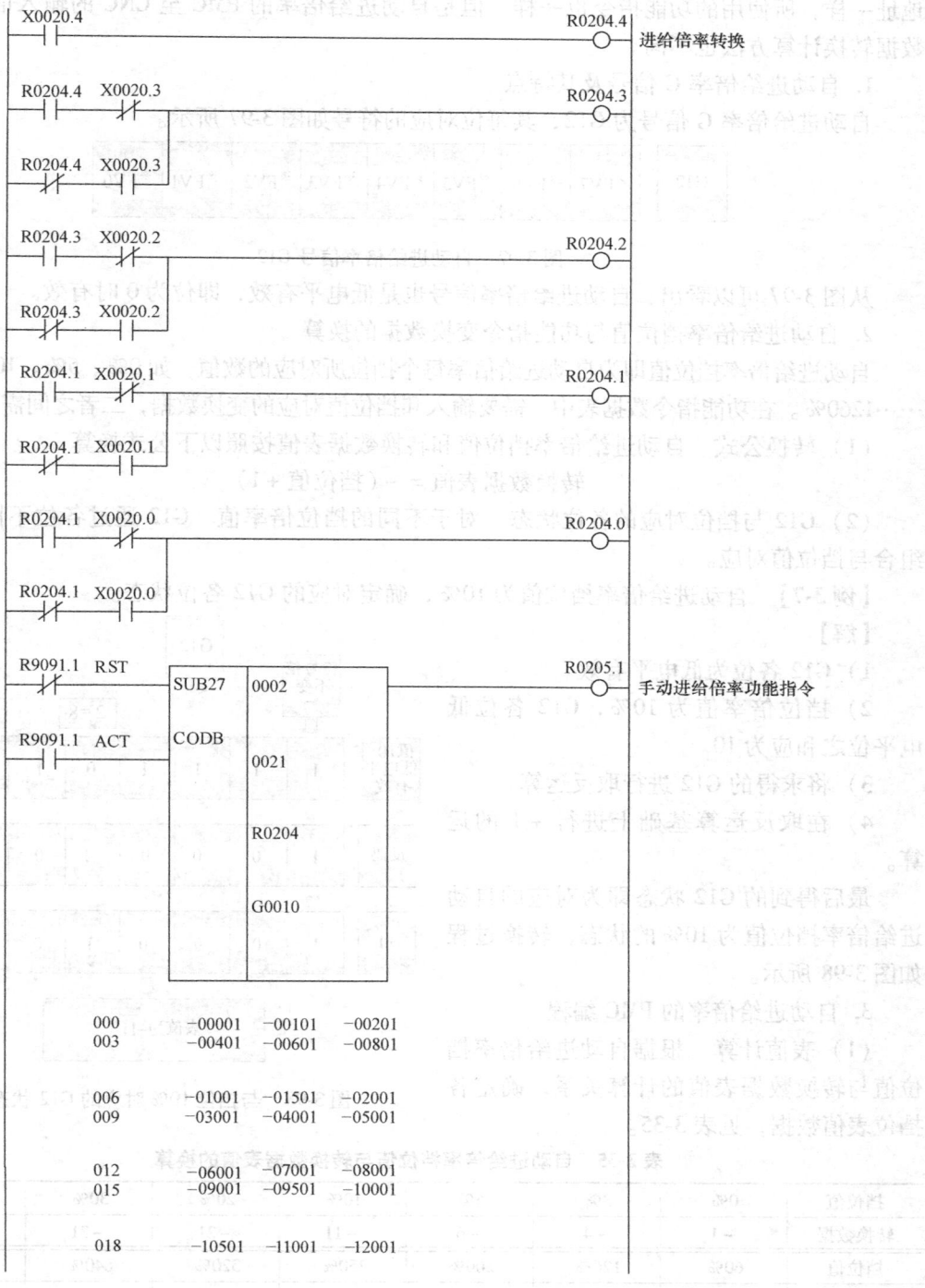

图 3-96 手动进给倍率的 PMC 程序

五、数控机床操作面板自动进给倍率的 PMC 编程

数控机床操作面板自动进给倍率的编程与手动进给倍率的编程基本思路一样，旋钮输入地址一样，所使用的功能指令也一样，但是自动进给倍率的 PMC 至 CNC 的输入信号不同，数据转换计算方法也不同。

1. 自动进给倍率 G 信号及其特点

自动进给倍率 G 信号为 G12，其每位对应的符号如图 3-97 所示。

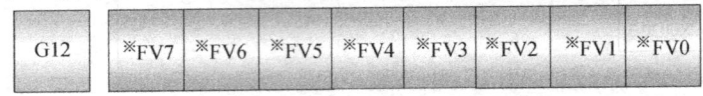

图 3-97　自动进给倍率信号 G12

从图 3-97 可以看出，自动进给倍率信号也是低电平有效，即位为 0 时有效。

2. 自动进给倍率挡位值与功能指令变换数据的换算

自动进给倍率挡位值即为自动进给倍率每个挡位所对应的数值，如 0%、5%、10%、20% ……1260%。在功能指令数据表中，需要输入和挡位值对应的变换数据，二者之间需要转换。

（1）转换公式　自动进给倍率挡位值和转换数据表值按照以下公式换算

$$转换数据表值 = -(挡位值 + 1)$$

（2）G12 与挡位对应的各位状态　对于不同的挡位倍率值，G12 通过各位不同的 0、1 组合与挡位值对应。

【例 3-7】　自动进给倍率挡位值为 10%，确定对应的 G12 各位状态。

【解】
1) G12 各位为低电平有效。
2) 挡位倍率值为 10%，G12 各位低电平位之和应为 10。
3) 将求得的 G12 进行取反运算。
4) 在取反运算基础上进行 +1 的运算。

最后得到的 G12 状态即为对应的自动进给挡位值为 10% 的状态，转换过程如图 3-98 所示。

3. 自动进给倍率的 PMC 编程

（1）表值计算　根据自动进给倍率挡位值与转换数据表值的计算关系，确定各挡位表值数据，见表 3-35。

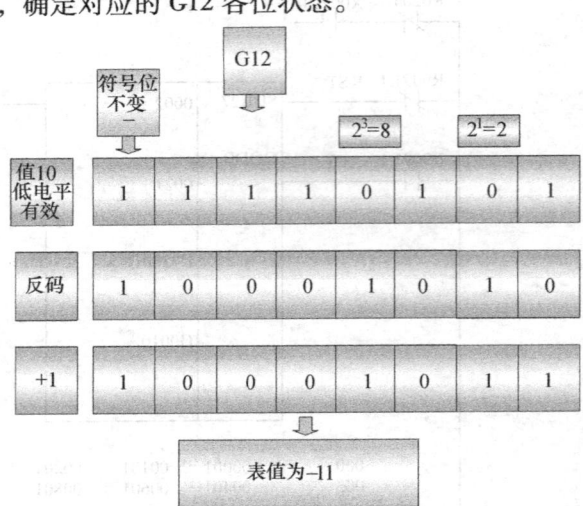

图 3-98　与挡位 10% 对应的 G12 状态

表 3-35　自动进给倍率挡位值与转换数据表值的换算

挡位值	0%	3%	5%	10%	20%	30%	40%
转换数据	-1	-4	-6	-11	-21	-31	-41
挡位值	60%	126%	200%	250%	320%	640%	1000%
转换数据	-61	-127	-201	-251	-321	-641	-1001
挡位值	1260%						
转换数据	-1261						

（2）自动进给倍率的 PMC 程序　自动进给倍率的 PMC 程序如图 3-99 所示。

```
         R9091.1  RST
         ─┤├─────       SUB27    0001                    R0205.2
                                                        ──○──  自动进给倍率功能指令
         R9091.1  ACT
         ─┤├─────       CODB
                                 0015

                                 R0204

                                 G0012

         000    -00001  -00004  -00006
         003    -00011  -00021  -00031
         006    -00041  -00061  -00127
         009    -00201  -00251  -00321
         012    -00641  -01001  -01261
```

图 3-99　自动进给倍率的 PMC 程序

六、数控机床操作面板主轴速度倍率的 PMC 编程

主轴速度倍率信号使主轴实际运行速度为加工程序中指令的主轴转速 S 与主轴倍率开关值的乘积。例如，当程序中指定主轴转速为 1000r/min 时，如果将主轴倍率置于 60% 的挡位，则主轴实际转速为 600r/min。

1. 主轴速度倍率 G 信号及其符号

主轴速度倍率 G 信号为 G30，其各位对应的符号如图 3-100 所示。

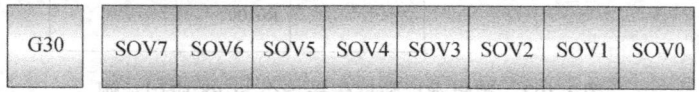

| G30 | SOV7 | SOV6 | SOV5 | SOV4 | SOV3 | SOV2 | SOV1 | SOV0 |

图 3-100　主轴速度倍率信号 G30

从图可以看出，主轴速度倍率信号为高电平有效。

2. 功能指令及其表值计算

主轴速度倍率控制仍然使用功能指令 SUB27，表值就等于挡位值，无需换算。

3. 主轴速度倍率开关地址及其中间继电器地址的确定

例如，一数控车床倍率开关地址及其中间继电器地址见表 3-36。

表 3-36　主轴速度倍率开关地址及其中间继电器地址

主轴速度开关输入地址	X21.1	X21.0	X20.7	X20.6
主轴速度倍率中间继电器地址	R230.3	R230.2	R230.1	R230.0

4. 主轴速度挡位值

例如，数控车床主轴速度挡位值见表3-37。

表3-37　某数控车床主轴速度挡位值

主轴速度挡位值	50%	60%	70%	80%	90%	100%	110%	120%

5. 逻辑乘后数据传送指令 SUB8/MOVE

（1）指令功能　该指令的作用是把比较数据（梯形图中写入的）和处理数据（数据地址中存放的）进行逻辑"与"运算，并将结果传输到指定地址，也可用于将指定地址里不需要的8位信号位清除掉。

（2）指令格式　逻辑乘后数据传送指令 SUB8 的指令格式如图3-101所示，各项含义分别如下所述。

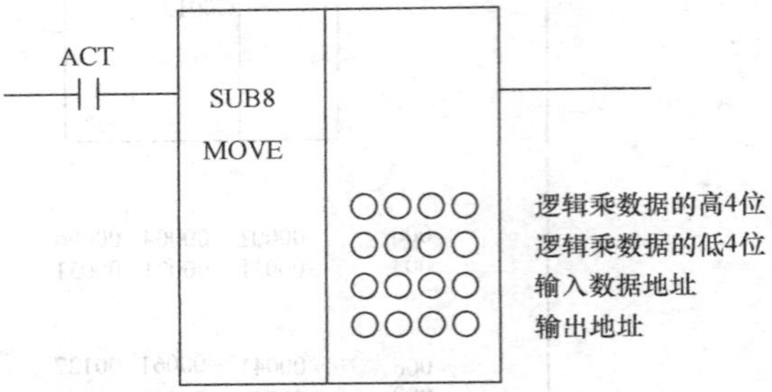

1）控制条件 ACT：当 ACT = 1 时，执行命令。

2）逻辑乘数据：数据地址中存放的用于逻辑乘数据。

3）输入数据地址：进行逻辑乘操作的数据。

4）输出地址：指定输入数据进行逻辑乘运算之后的结果输出地址。

【例3-8】　逻辑乘后数据传送指令 SUB8 的应用如图3-102所示。

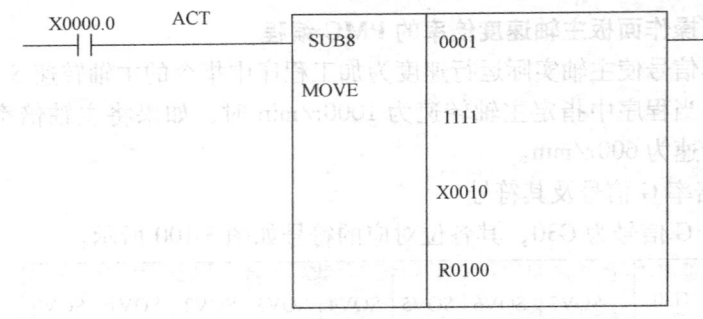

图3-101　逻辑乘后数据传送指令 SUB8

图3-102　逻辑乘后数据传送指令 SUB8 应用示例

其中，

逻辑乘数据：00011111

输入数据 X10：01001010

输出数据 R100：00001010

6. 主轴速度倍率的 PMC 编程

（1）格雷码方式输入　主轴速度倍率旋钮开关如果采用格雷码信号方式输入，其 PMC 程序如图3-103所示。

编程思路如下：

1）首先将输入地址的格雷码信号转换成二进制信号。

2）用指令 SUB27 将各挡位二进制信号转换成 G30 对应的各位状态。

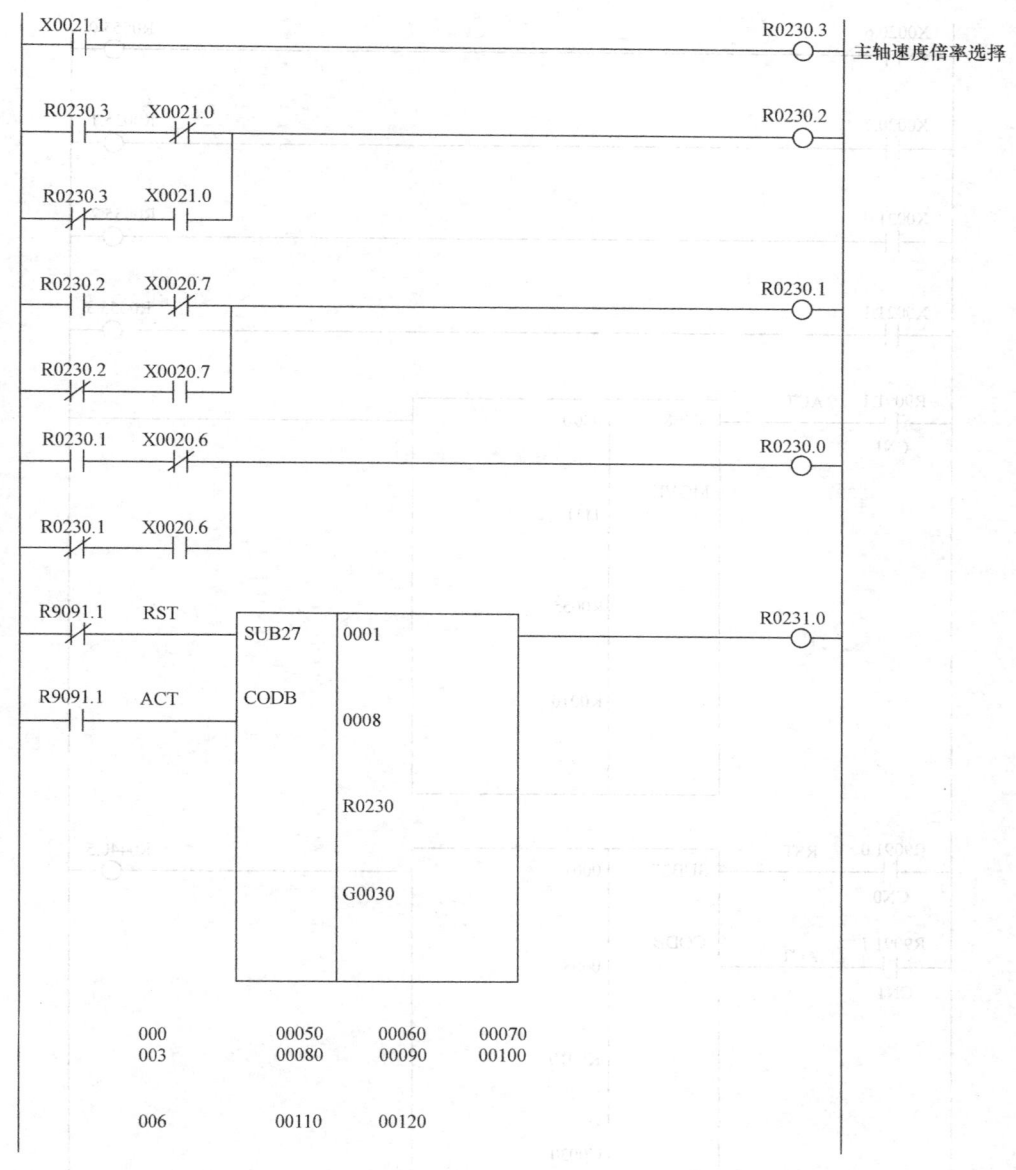

图 3-103 主轴速度倍率的 PMC 程序（X 地址格雷码输入）

（2）二进制输入方式 主轴速度倍率旋钮开关地址如果采用二进制信号方式输入，其 PMC 梯形如图 3-104 所示。

编程思路如下：

1）将输入地址的二进制信号转换成中间继电器信号。

2）将中间继电器状态通过指令 SUB8 转换成保持型继电器信号。

3）保持型继电器信号通过指令 SUB27 将各挡位二进制信号转换成 G30 对应的各位状态。

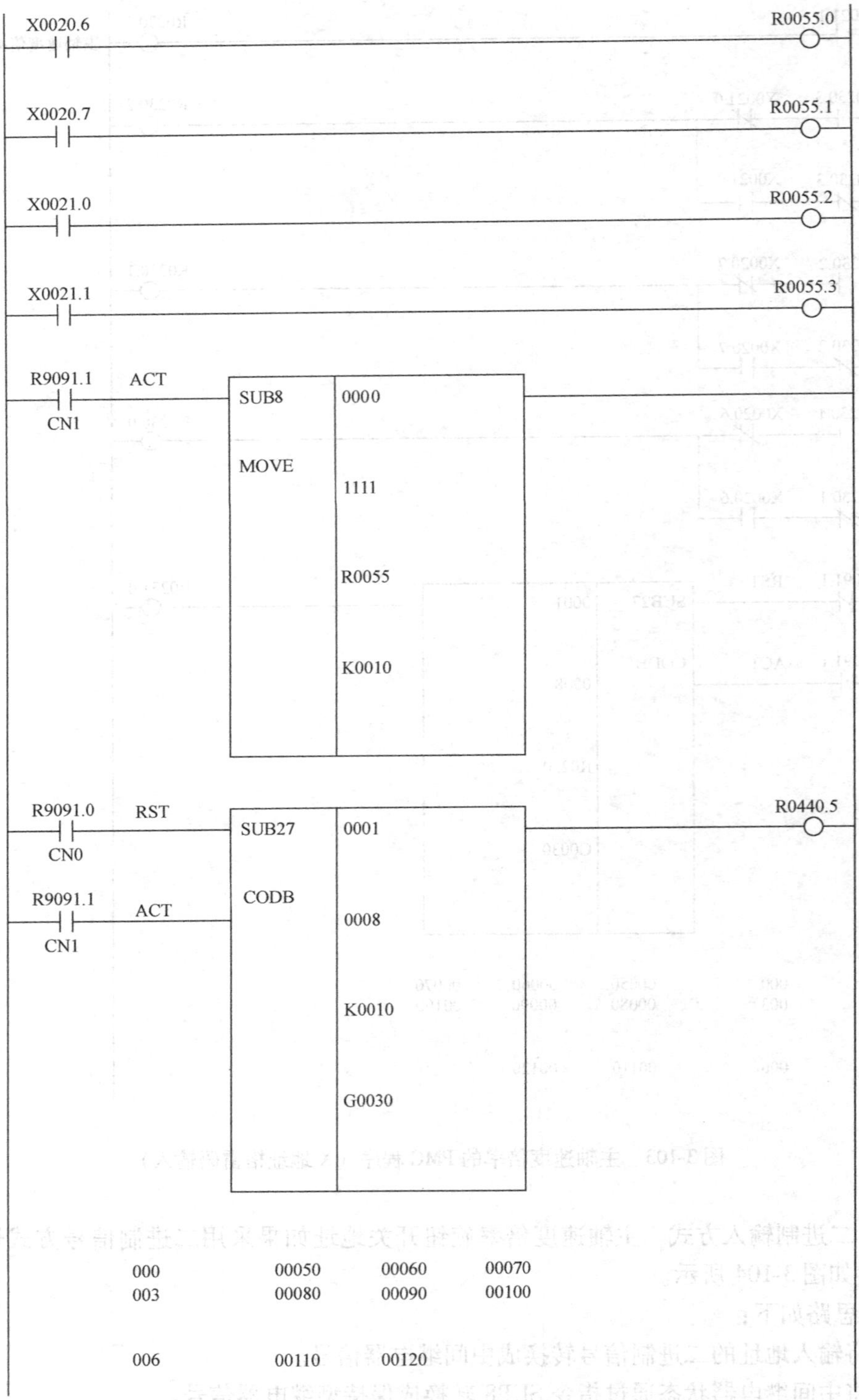

```
X0020.6                                          R0055.0
──┤├──────────────────────────────────────────────○──

X0020.7                                          R0055.1
──┤├──────────────────────────────────────────────○──

X0021.0                                          R0055.2
──┤├──────────────────────────────────────────────○──

X0021.1                                          R0055.3
──┤├──────────────────────────────────────────────○──

R9091.1   ACT   ┌─────┬──────┐
──┤├──────────  │SUB8 │ 0000 │
  CN1           │     │      │
                │MOVE │      │
                │     │ 1111 │
                │     │      │
                │     │ R0055│
                │     │      │
                │     │ K0010│
                └─────┴──────┘

R9091.0   RST   ┌─────┬──────┐                   R0440.5
──┤├──────────  │SUB27│ 0001 │───────────────────○──
  CN0           │     │      │
R9091.1   ACT   │CODB │ 0008 │
──┤├──────────  │     │      │
  CN1           │     │ K0010│
                │     │      │
                │     │ G0030│
                └─────┴──────┘
```

000	00050	00060	00070
003	00080	00090	00100
006	00110	00120	

图 3-104 主轴速度倍率的 PMC 程序（X 地址二进制输入）

七、数控机床操作面板进给轴及其移动方向选择的 PMC 编程

1. 进给轴选择应满足的条件

在操作面板上选择进给轴及其移动方向时，应符合以下要求：

1) 只能在手动连续进给（JOG）、手轮进给（HND）、增量进给（INC）、回参考点（REF）等手动方式下选择。

2) 各进给轴选择后处于选择保持状态。

3) 手动与增量方式下，轴确定的前提下，轴方向选择为点动工作方式；在回参考点方式下，轴确定的前提下，轴方向选择为连续工作方式。

2. 进给轴选择按钮的 X 地址

例如，某加工中心进给轴及其方向按钮的输入地址见表 3-38。

表 3-38 某加工中心进给轴及其方向选择按钮地址（轴选择与方向选择分开）

地址	X 轴	Y 轴	Z 轴	4 轴	+方向	-方向
轴选按钮输入地址（X）	X29.4	X29.5	X29.6	X30.0	X30.4	X30.6
轴选按钮输入地址（Y）	Y29.4	Y29.5	Y29.6	Y30.0	Y30.4	Y30.6

3. 进给轴及其移动方向 G 信号

数控机床操作面板进给轴及其移动方向的 G 信号正方向为 G100，负方向为 G102，各位符号如图 3-105 所示。其中 +J1 ~ +J5 为各轴正方向移动信号，-J1 ~ -J5 为各轴负方向移动信号。

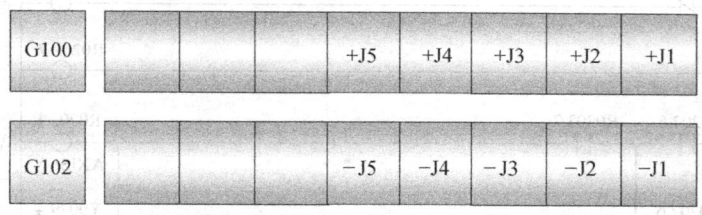

图 3-105 进给轴及其方向选择信号 G100、G102

4. 返回参考点结束信号

返回参考点结束信号为 F94，各位符号如图 3-106 所示。

F94			ZP5	ZP4	ZP3	ZP2	ZP1

图 3-106 返回参考点结束信号 F94

5. 进给轴及其移动方向选择的 PMC 编程

（1）进给轴选择按钮及其方向按钮分开布置 其 PMC 程序如图 3-107 所示。

编程思路如下：

1) 由各进给轴选择按钮信号 X 触发进给轴选择中间继电器 R202.5。

2) 手动工作方式选择信号 F 触发工作方式中间继电器 R203.7。

3) 进给轴选中间继电器 R202.5 形成一个脉冲信号。

4) 各个进给轴选择后即自锁。

5) 确定在 JOG、INC 方式下的轴方向点动工作方式及在回参考点方式下轴方向的自锁工作方式。

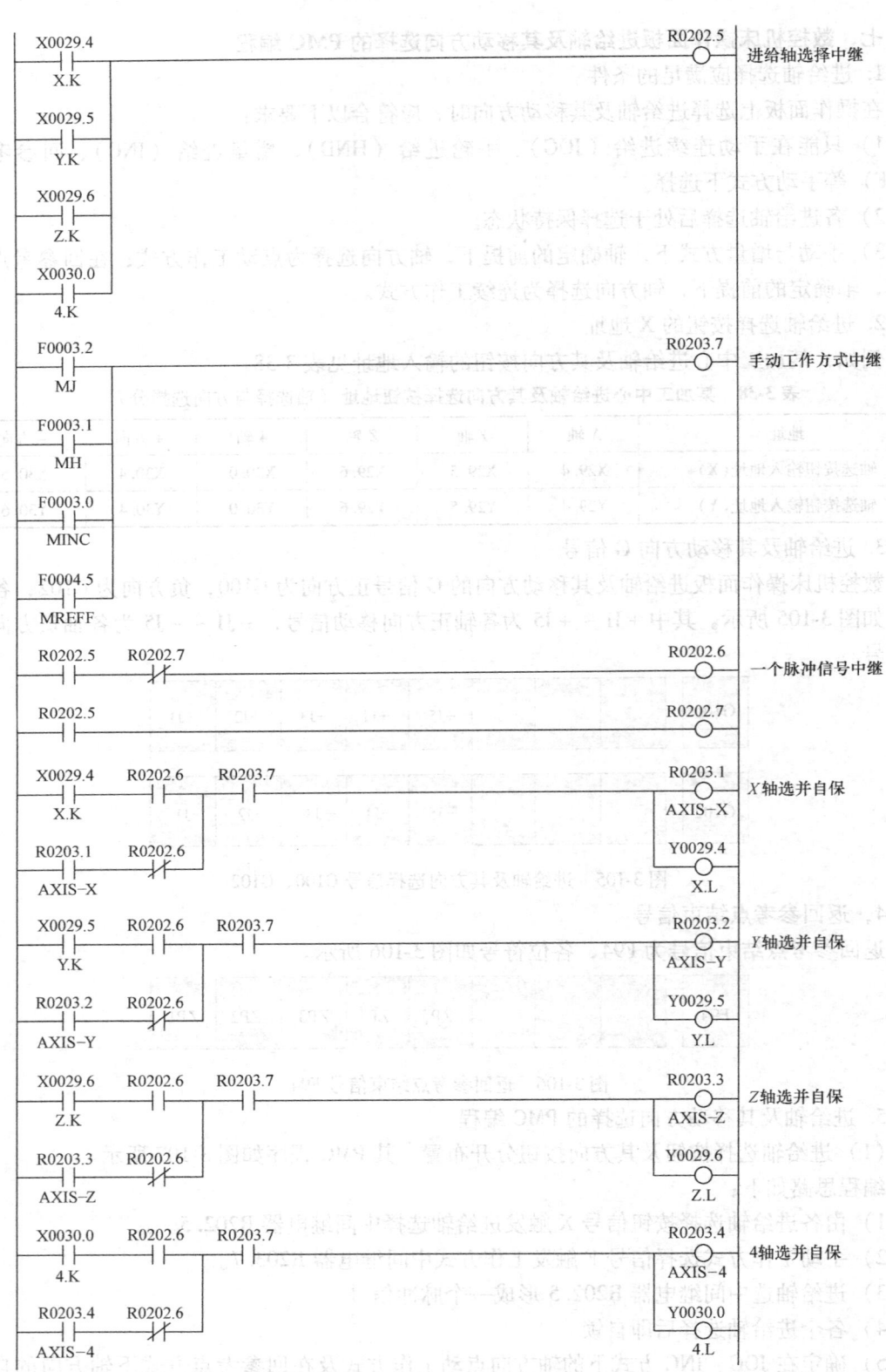

图 3-107 进给轴及其方向选择的 PMC 程序（按钮分开式）

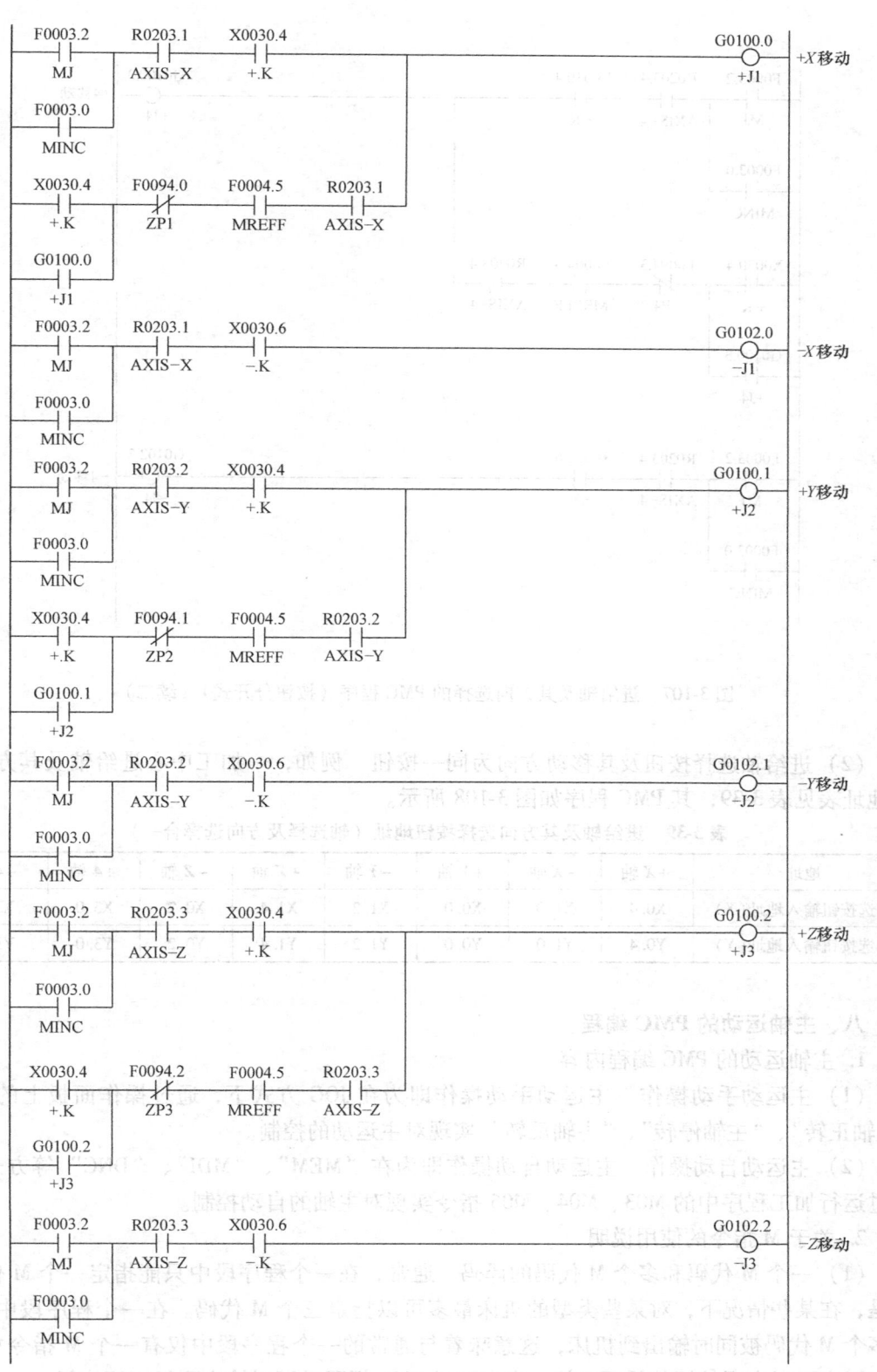

图 3-107 进给轴及其方向选择的 PMC 程序（按钮分开式）（续一）

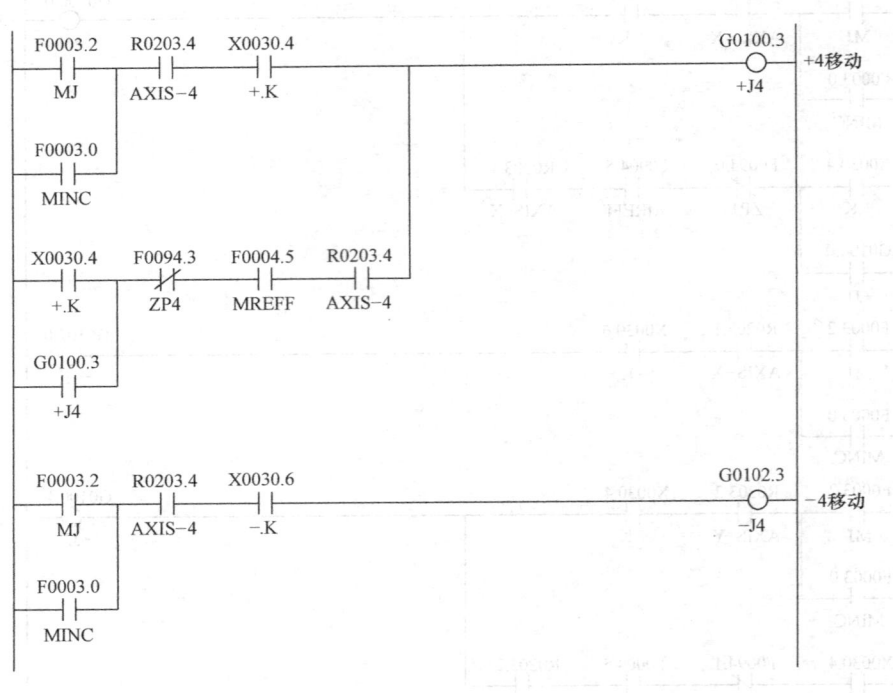

图 3-107 进给轴及其方向选择的 PMC 程序（按钮分开式）（续二）

（2）进给轴选择按钮及其移动方向为同一按钮　例如，一加工中心进给轴及其方向按钮地址表见表 3-39，其 PMC 程序如图 3-108 所示。

表 3-39　进给轴及其方向选择按钮地址（轴选择及方向选择合一）

地址	+X 轴	-X 轴	+Y 轴	-Y 轴	+Z 轴	-Z 轴	+4 轴	-4 轴
轴选按钮输入地址（X）	X0.4	X1.0	X0.0	X1.2	X1.4	X0.2	X3.0	X3.1
轴选按钮输入地址（Y）	Y0.4	Y1.0	Y0.0	Y1.2	Y1.4	Y0.2	Y3.0	Y3.1

八、主轴运动的 PMC 编程

1. 主轴运动的 PMC 编程内容

（1）主运动手动操作　主运动手动操作即为在 JOG 方式下，通过操作面板上的按钮"主轴正转"、"主轴停转"、"主轴反转"实现对主运动的控制。

（2）主运动自动操作　主运动自动操作即为在 "MEM"、"MDI"、"DNC" 等方式下，通过运行加工程序中的 M03、M04、M05 指令实现对主轴的自动控制。

2. 关于 M 指令的使用说明

（1）一个 M 代码和多个 M 代码的译码　通常，在一个程序段中只能指定一个 M 代码。但是，在某些情况下，对某些类型的机床最多可以指定三个 M 代码。在一个程序段中指定的多个 M 代码被同时输出到机床，这意味着与通常的一个程序段中仅有一个 M 指令相比，在加工中可以实现较短的循环时间，它们通过 PMC 译码后同时输出到机床侧执行。

项目十四　数控系统典型功能的PMC编程

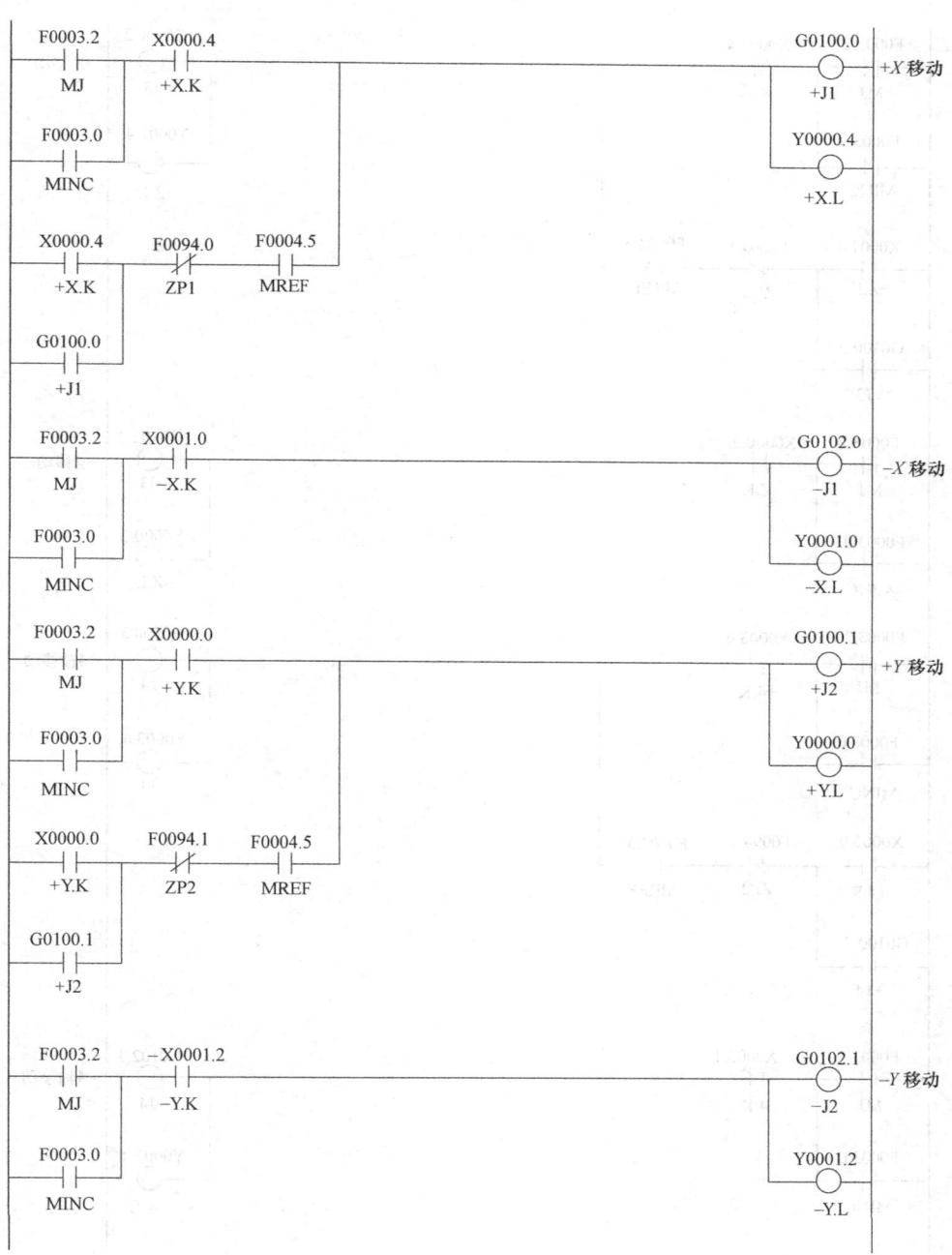

图 3-108　进给轴及其方向选择的 PMC 程序（按钮、方向合一式）

模块三 数控系统PMC编程

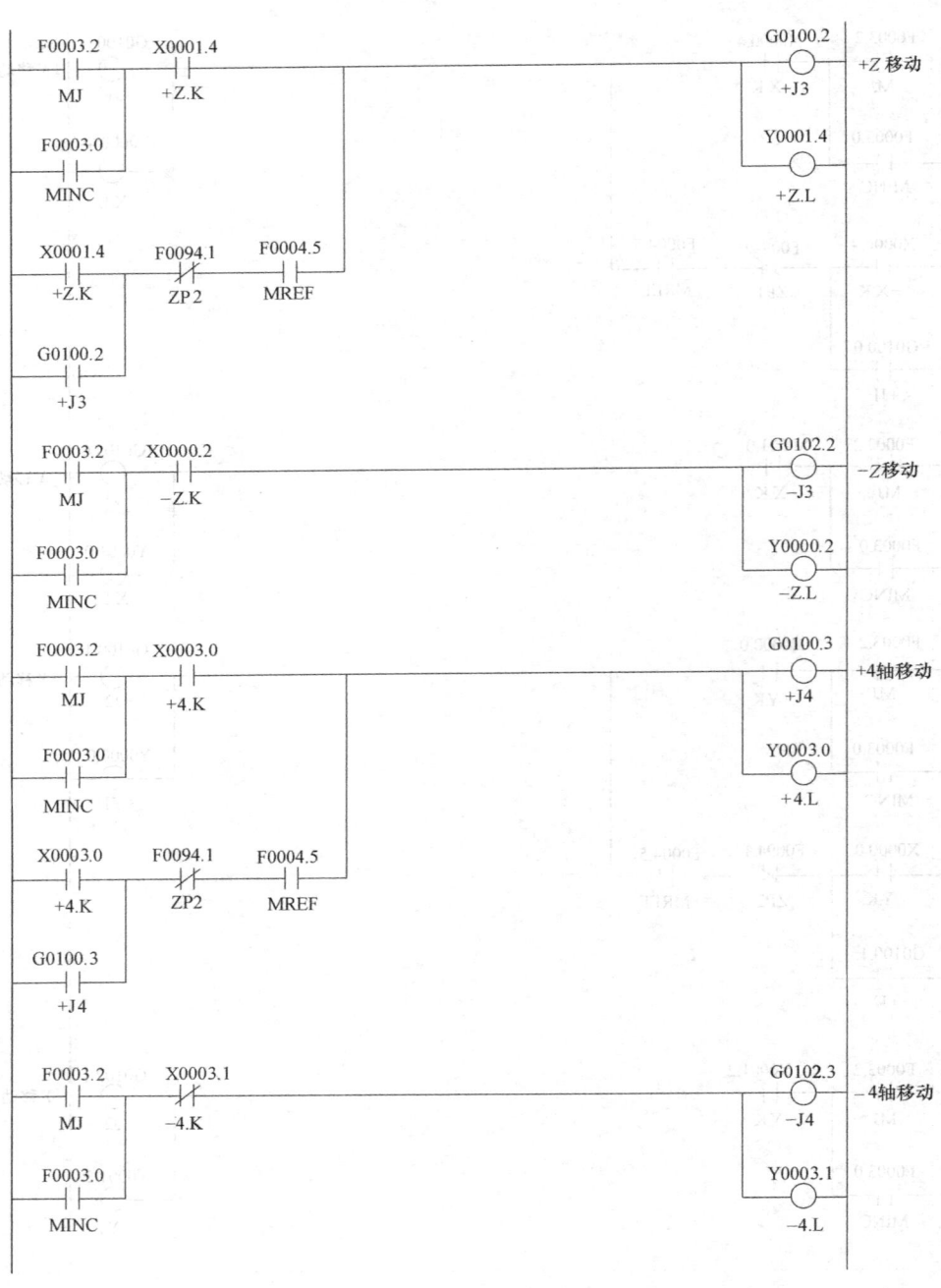

图 3-108 进给轴及其方向选择的 PMC 程序（按钮、方向合一式）（续）

（2）移动指令和 M 代码的执行方式　在一个程序段中同时指定了移动指令和辅助功能 M 指令时，系统有两种执行方式。第一种是移动指令与 M 指令同时被执行。例如程序段"G00　X10.0　Y20.0　Z100.0　M03　S400;"中，移动指令和主轴正转指令同时被执行。第二种是移动指令结束后才能执行 M 指令。例如程序段"G01　X50.0　Y50.0　F100.0　M05;"中，刀具离开工件后主轴停转。采用哪种控制方式由系统编制 M 代码译码或 M 代码梯形图时的分配结束信号 DEN 决定。

（3）关于机床辅助功能在锁住信号 AFL 有效时的说明

1）辅助功能 M00、M01、M02、M30 均可执行。

2）所有的代码信号、选通信号和译码信号按照正常方式输出。

3）辅助功能 M98、M99 仍按正常方式执行，但不输出在控制单元中执行的结果。

3. 关于 M 代码的控制时序

M 代码的执行过程可以借助 M 代码时序图说明，M 代码执行过程时序图如图 3-109 所示。

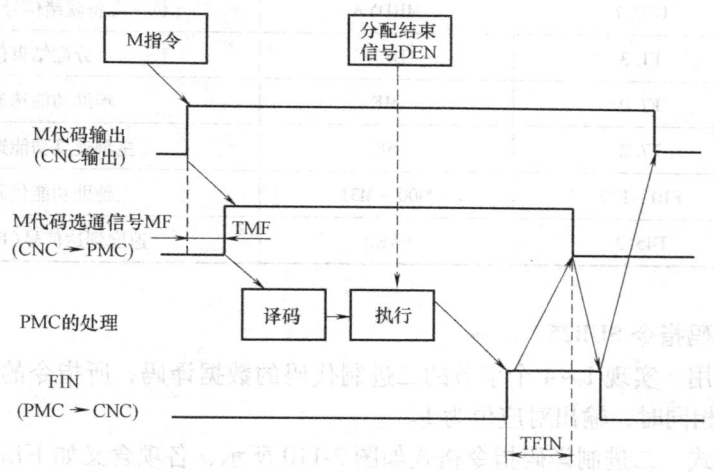

图 3-109　M 代码执行过程时序图

系统读到程序中的 M 指令时，就输出 M 指令的信息 F10~F13。通过系统读 M 代码的延时时间 TMF（由系统参数设定，标准设定时间为 16ms）后，系统输出 M 代码选通信号 MF（F7.0）。当系统 PMC 接收到 M 代码选通信号后，执行 PMC 译码指令 DECB，把系统的 M 代码信息译成某中间继电器为 1 的信号方式，通过是否加入分配结束信号 DEN（F1.3）实现移动指令和 M 代码是否同时执行。M 功能执行结束后，把辅助功能结束信号 FIN 以 G4.3 指令方式送到 CNC 系统中。当系统接收到 PMC 发出的辅助功能结束信号 FIN 后，经过辅助功能结束延长时间 TFIN（由系统参数设定，标准设定时间为 16ms），切断系统 M 代码选通信号 MF。当系统 M 代码选通信号 MF 断开后，切断系统辅助功能结束信号 FIN，然后系统切断 M 代码输出信息信号，系统准备读取下一条 M 指令信息。

4. 主轴手动按钮输入地址

例如，某数控铣床主轴手动按钮输入地址见表 3-40。

模块三 数控系统PMC编程

表3-40 某数控铣床主轴手动按钮输入地址

主轴手动工作方式	正转	停转	反转
按钮地址	X31.0	X31.1	X31.2

5. 与主运动 PMC 编程相关的 G 信号和 F 信号

与主运动 PMC 编程相关的 G 信号和 F 信号的符号及含义见表3-41。

表3-41 与主运动 PMC 编程相关的 G 信号及 F 信号的符号及含义

序 号	信号地址	信号符号	信号含义
1	G4.3	FIN	结束信号
2	G29.6	*SSTP	主轴停止信号
3	G70.4	SRVA	CCW 指令信号（串行主轴）
4	G70.5	SFRA	CW 指令信号（串行主轴）
5	G70.7	MRDYA	机床准备就绪信号（串行主轴）
6	F1.3	DEN	分配结束信号
7	F7.0	MF	辅助功能选通信号
8	F7.2	SF	主轴速度功能选通信号
9	F10~F13	M00~M31	辅助功能代码信号
10	F45.3	SARA	速度到达信号（串行主轴）

6. 二进制译码指令 SUB25

（1）指令作用 实现1~4个字节的二进制代码的数据译码，所指令的连续8位数据之一与待译码数据相同时，输出对应位为1。

（2）指令格式 二进制译码指令格式如图3-110所示，各项含义如下所述。

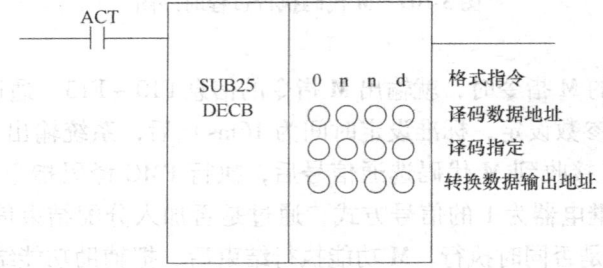

图3-110 二进制译码指令 SUB25

1）控制条件 ACT：当 ACT = 0 时，将所有输出复位为0；当 ACT = 1 时，执行译码指令。

2）格式指定：指定1~4个字节长二进制译码数据的存储首地址。

3) 译码数据地址：指定 1~4 个字节长二进制译码数据的首地址。
4) 译码指定：给出要译码的连续 8 位数的第一个。
5) 转换数据输出地址：指定译码数据的输出地址，每组使用一个字节。

【例 3-9】 二进制译码指令 SUB25 的应用如图 3-111 所示。

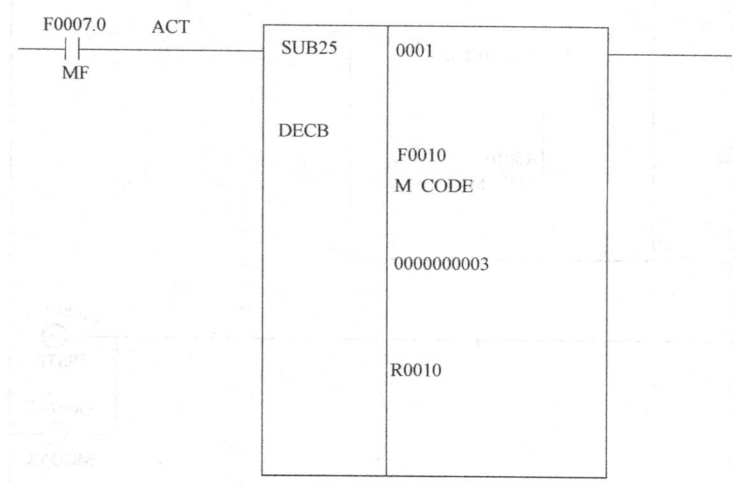

图 3-111 二进制译码指令 SUB25 应用

该例为对 M 代码进行译码操作，当系统接收到 M 辅助功能指令时，辅助功能选通信号 F7.0 接通，指令 SUB25 开始译码。F10 为系统 M 代码输出地址。指令 SUB25 对 M03~M10 连续 8 个 M 代码进行译码，译码输出地址为 R10，且 R10 同时仅有 1 位为 1。R10 与 M03~M10 的对应关系如图 3-112 所示。

| R10 | M10 | M09 | M08 | M07 | M06 | M05 | M04 | M03 |

图 3-112 R 地址与 M 信号的关系

7. 主轴运动的 PMC 编程

主轴运动的 PMC 程序如图 3-113 所示。
编程思路如下：
1) 用指令 SUB25 对 M 指令进行译码。
2) 主轴运动手动信号转换成中间继电器信号。
3) 主轴运动自动信号转换成中间继电器信号。
4) 主轴运动信号转换成 G 信号。
5) 处理辅助功能结束信号。

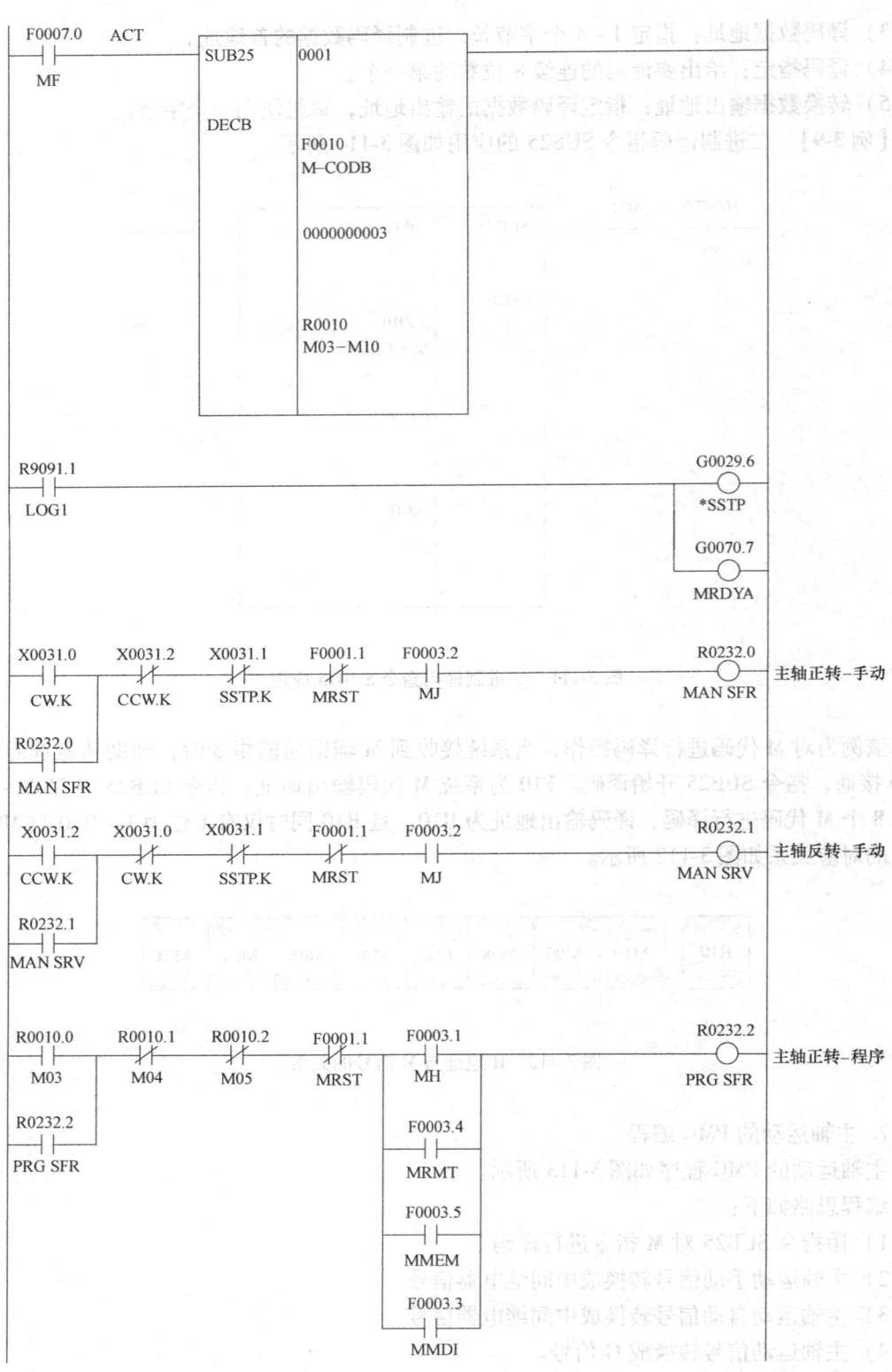

图 3-113 数控机床主轴的 PMC 程序

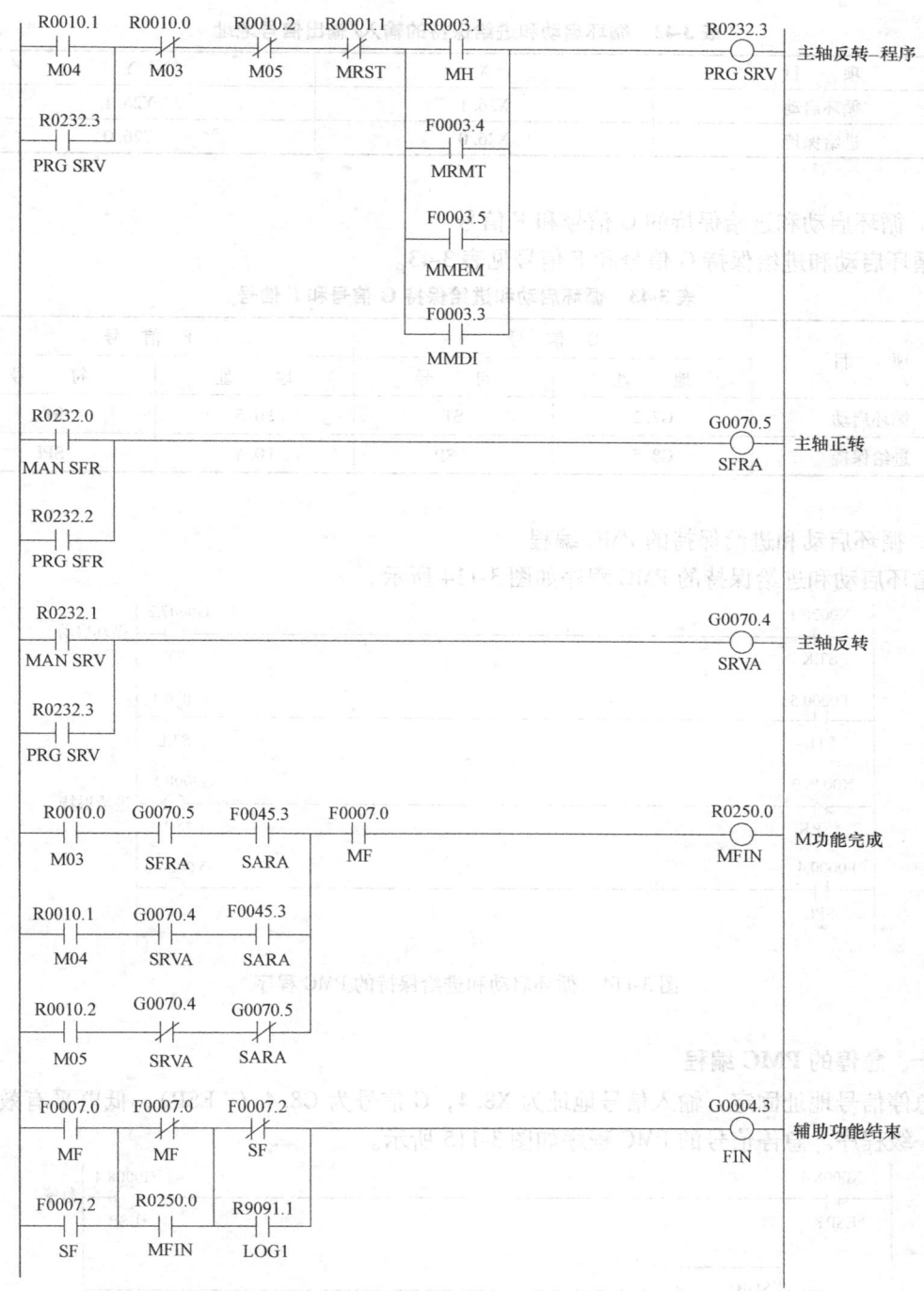

图 3-113　数控机床主轴的 PMC 程序（续）

九、循环启动和进给保持的 PMC 编程

1. 循环启动和进给保持的输入/输出信号地址

例如，某数控铣床循环启动和进给保持按钮及指示灯的输入/输出信号地址见表 3-42。

表 3-42　循环启动和进给保持的输入/输出信号地址

项目	X	Y
循环启动	X26.1	Y26.1
进给保持	X26.0	Y26.0

2. 循环启动和进给保持的 G 信号和 F 信号

循环启动和进给保持 G 信号和 F 信号见表 3-43。

表 3-43　循环启动和进给保持 G 信号和 F 信号

项目	G 信号		F 信号	
	地址	符号	地址	符号
循环启动	G7.2	ST	F0.5	STL
进给保持	G8.5	*SP	F0.4	SPL

3. 循环启动和进给保持的 PMC 编程

循环启动和进给保持的 PMC 程序如图 3-114 所示。

图 3-114　循环启动和进给保持的 PMC 程序

十、急停的 PMC 编程

急停信号地址固定，输入信号地址为 X8.4，G 信号为 G8.4（*ESP），低电平有效且置于第一级程序。急停信号的 PMC 程序如图 3-115 所示。

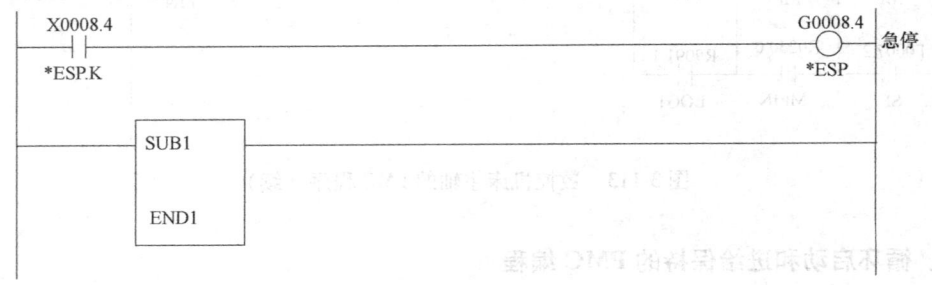

图 3-115　急停信号的 PMC 程序

项目十五　FANUC LADDER-Ⅲ软件的使用

项目导读

FANUC LADDER-Ⅲ软件功能介绍
启动 FANUC LADDER-Ⅲ软件
FANUC LADDER-Ⅲ软件的窗口功能介绍
FANUC LADDER-Ⅲ软件的基本操作
PC 机与 NC 的联机调试

操作要领及关联知识

FANUC LADDER-Ⅲ软件是 FANUC 公司为开发、调试数控机床 PMC 程序而设计的适用于个人计算机的软件。本项目主要针对 FANUC 0i-D 系列数控系统，介绍 FANUC LADDER-Ⅲ VERSION 5.7 软件的功能及其使用。

一、FANUC LADDER-Ⅲ软件功能介绍

1. PMC 程序工作模式

利用 FANUC LADDER-Ⅲ软件编制的 PMC 程序有两种工作模式，分别是在线工作模式和离线工作模式，可以根据工作需要进行模式切换。

2. FANUC LADDER-Ⅲ软件功能

（1）PMC 程序新建功能　在线或离线方式下，新建一个 PMC 程序。

（2）PMC 程序编辑功能　在线或离线方式下，对 PMC 程序进行剪切、复制、粘贴、选择、删除、替换、查找等编辑操作。

（3）PMC 程序状态监控功能　在线方式下，对于运行着的 PMC 程序，对信号状态、PMC 参数、PMC 报警状态及 PMC 运行状态进行监控。

（4）PMC 程序工作方式选择功能　选择 PMC 程序是在线工作方式或离线工作方式；选择 PMC 程序是处于运行状态或停止状态。如果选择在线工作方式，必须建立个人电脑和数控系统之间的通信关系。

（5）程序导入、导出功能　可以将来自数控系统的 PMC 程序加载到软件中，也可以将 FANUC LADDER-Ⅲ软件生成的 PMC 程序加载到系统中，具备 PMC 程序导入、导出的编译及反编译功能。此外，该软件还具备程序不同导入、导出文本格式的转换功能。

二、启动 FANUC LADDER-Ⅲ软件

可通过两种方式启动 FANUC LADDER-Ⅲ软件。

1）从"所有程序"启动。按照以下顺序启动软件：

单击 WINDOWS "开始"→"所有程序"→"FANUC LADDER-Ⅲ"→"FANUC LADDER-Ⅲ"，即可启动软件。

模块三 数控系统PMC编程

2）双击桌面上的快捷图标"FANUC LADDER-Ⅲ",也可以启动软件。

三、FANUC LADDER-Ⅲ软件的窗口功能介绍

1. 窗口功能

启动软件后,所显示的窗口及其主要构成如图3-116所示。

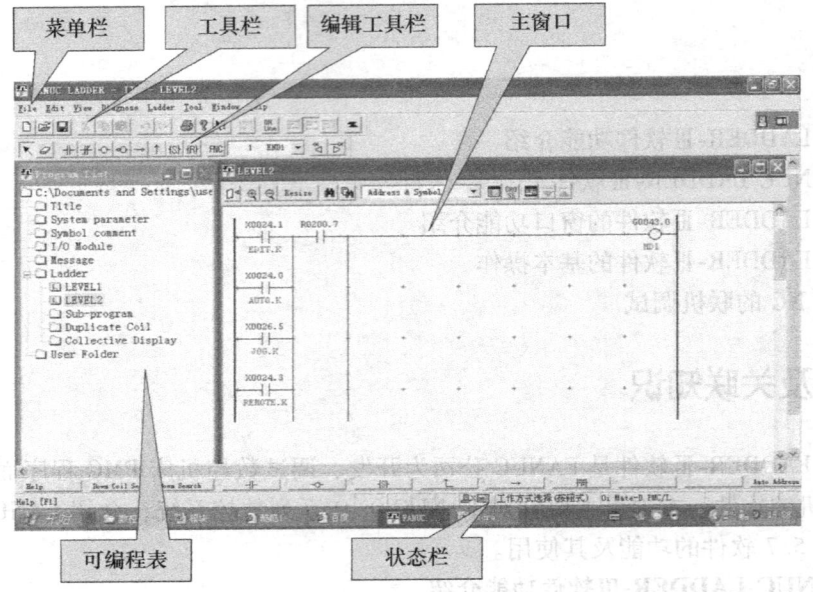

图3-116 FANUC LADDER-Ⅲ软件窗口功能

2. 主菜单功能

FANUC LADDER-Ⅲ软件的主菜单包含以下功能:

(1) 文件(File)菜单 文件菜单功能见表3-44。

表3-44 "File"菜单功能

序号	功 能	说 明	序号	功 能	说 明
1	New Program…	新建程序	6	PMC Type changed and save…	PMC形式转换并保存
2	Open Program…	打开程序	7	Import…	程序导入
3	Close Program	关闭程序	8	Export…	程序导出
4	Save…	保存程序	9	Print…	打印
5	Save As…	程序保存为	10	Preview	打印预览

(2) 编辑(Edit)菜单 编辑菜单功能见表3-45。

表3-45 "Edit"菜单功能

序号	功 能	说 明	序号	功 能	说 明
1	Undo	取消	8	Delete	删除
2	Redo	恢复	9	Delete All	删除所有
3	Cut	剪切	10	Find…	查找
4	Copy	复制	11	Replace…	替换
5	Paste	粘贴	12	Multi-replace…	多重替换
6	Select All	选择	13	Go To…	跳转至
7	Add Data…	增加数据			

(3) 视图（View）菜单　视图菜单功能见表3-46。

表3-46　"View"菜单功能

序号	功能	说明	序号	功能	说明
1	Tool Bar	工具条	6	Grid Line	网格线
2	Status Bar	状态条	7	Zoom	变焦
3	Softkey	软键显示	8	Status Monitor	状态监控
4	Edit Tool Bar	编辑工具条	9	Address Map	地址表
5	Program List	程序列表	10	Cross-reference	相互参考

(4) 诊断（Diagnose）菜单　诊断菜单功能见表3-47。

表3-47　"Diagnose"菜单功能

序号	功能	说明	序号	功能	说明
1	Signal Status	信号状态	4	PMC Status	PMC状态
2	PMC Parameter	PMC参数	5	Trace	轨迹跟踪
3	PMC Alarm Status	PMC报警状态			

(5) 梯形图（Ladder）菜单　梯形图菜单功能见表3-48。

表3-48　"Ladder"菜单功能

序号	功能	说明	序号	功能	说明
1	Programer Mode	程序工作模式	3	Signal Trigger	信号触发
2	Ladder Mode	梯形图工作模式			

(6) 工具（Tool）菜单　工具菜单功能见表3-49。

表3-49　"Tool"菜单功能

序号	功能	说明	序号	功能	说明
1	Mnemonic Convert	存储转换	10	Clear PMC Memory	清除PMC
2	Source Program Convert	源程序转换	11	I/O Link Restart	I/O Link重启
3	Data Conversion	数据转换	12	Backup	备份
4	Compile	编译	13	Program Run/Stop	程序运行/停止
5	Decompile	反编译	14	Link of language programs	语言程序连接
6	Communication	通信地址	15	Difference Display	差异显示
7	Device Select	设备选择	16	Output a text format file	输出文本格式文件
8	Load from PMC	PMC备份	17	Option	选项
9	Store to PMC	保存至PMC			

(7) 窗口（Window）菜单　窗口菜单功能见表3-50。

表3-50　"Window"菜单功能

序号	功能	说明	序号	功能	说明
1	Cascade	层叠	3	Tile Vertically	垂直平铺
2	Tile Horizontally	水平平铺	4	Arrange Icons	排列图标

四、FANUC LADDER-Ⅲ软件的基本操作

1. PMC程序的新建

单击菜单"File"中的"New Program…"，或单击工具条中的 图标，均可打开PMC

程序新建窗口，如图 3-117 所示。

在"Name"栏中，单击【Browse…】（浏览）软键，指定 PMC 程序的存放路径及程序名。

在"PMC Type"栏中，指定所使用的数控系统及 PMC 类型。

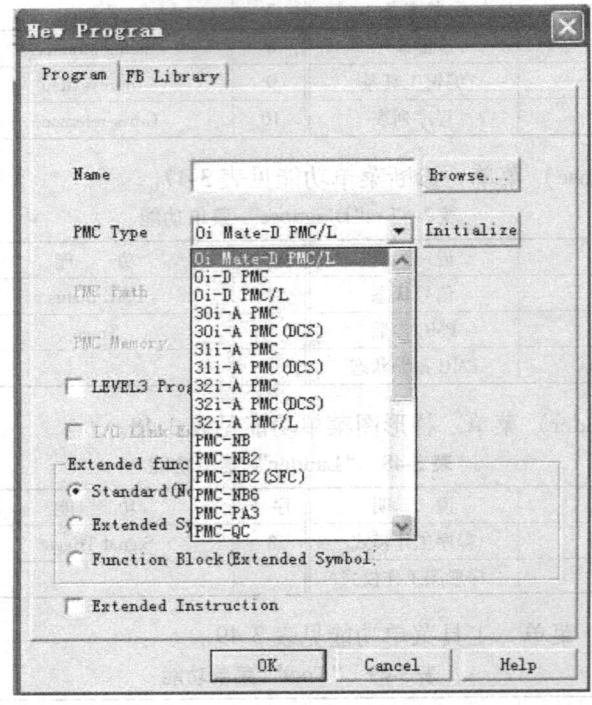

图 3-117 新建 PMC 程序

2. PMC 程序的打开

按照下面操作新建 PMC 程序：

单击菜单"File"中的"Open Program…"，或单击工具条中的 图标，均可打开 PMC 程序的选择窗口，选择所要打开的程序，单击【打开（O）】软键即可，如图 3-118 所示。

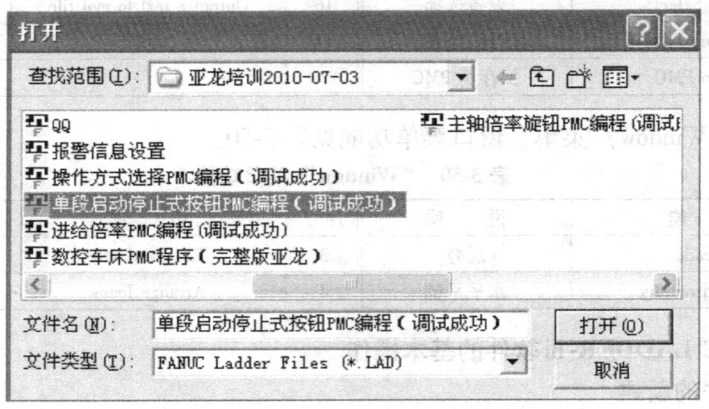

图 3-118 打开 PMC 程序

项目十五　FANUC LADDER-Ⅲ软件的使用

3. PMC 程序的导入

在正在编辑的 PMC 界面中，通过导入方式，可以显示新导入的 PMC 程序，而覆盖正在编辑的 PMC 程序。导入 PMC 程序的操作流程如下：

单击菜单"File"中的"Import…"，打开"Import（导入）"对话框，如图 3-119 所示。

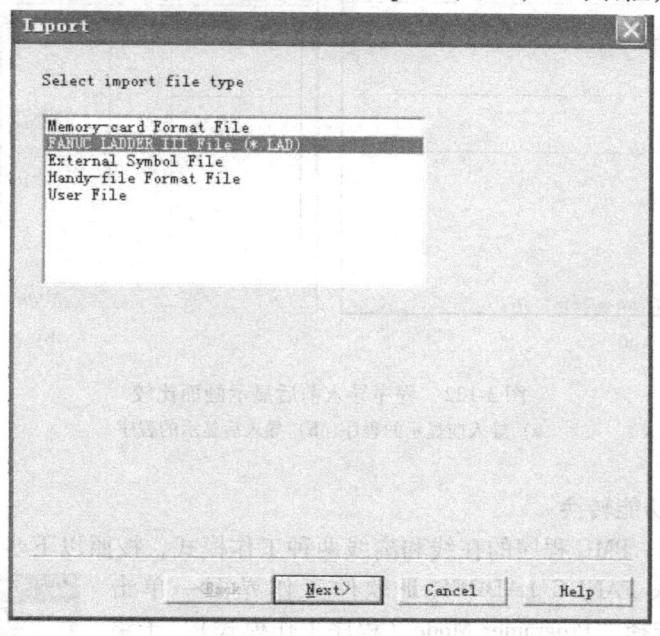

图 3-119　PMC 程序的"Import（导入）"对话框

如果是导入 PMC 程序，则在"Import（导入）"对话框中选择"FANUC LADDER Ⅲ File（*.LAD）"文件类型，单击【Next＞】软键，进入导入文件路径选择对话框，如图 3-120 所示，单击【Browse】软键，则进入"打开"对话框，选择所要导入 PMC 程序的路径及文件名，如图 3-121 所示。

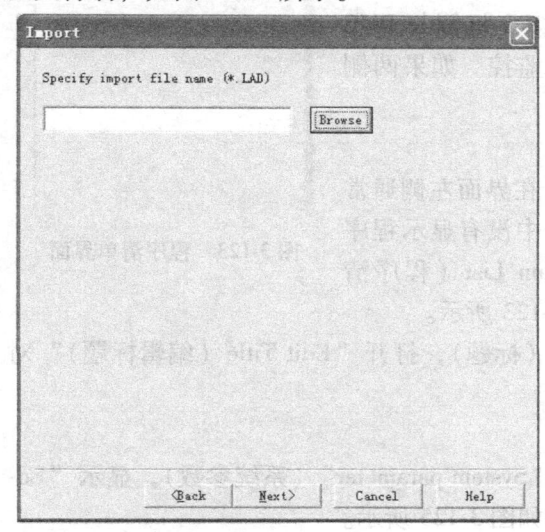

图 3-120　导入程序选择对话框

图 3-121　导入程序路径及程序名选择

经过程序导入操作后，新导入的 PMC 程序就取代了原来的程序。程序导入前后对比如图 3-122 所示。

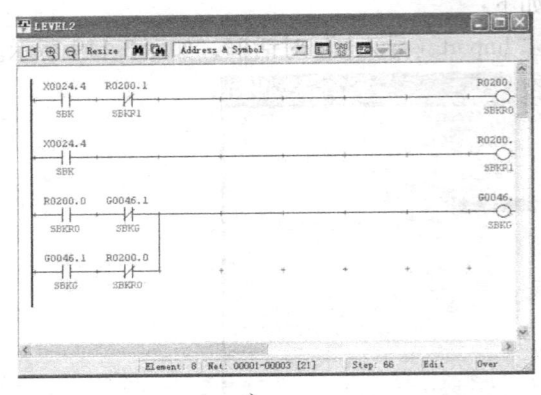 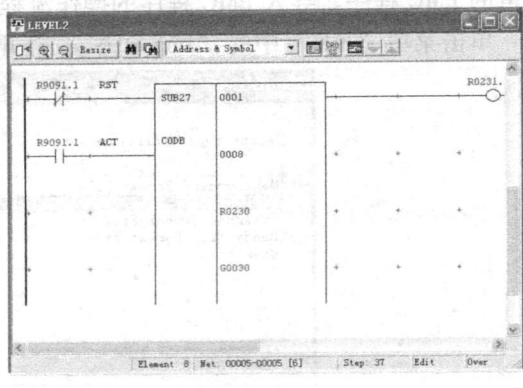

a)   b)

图 3-122   程序导入前后显示画面比较
a) 导入前显示的程序   b) 导入后显示的程序

4. 在线/离线功能转换

（1）操作步骤   PMC 程序的在线和离线两种工作模式，按照以下步骤可进行两种工作模式的切换：进入 FANUC LADDER-Ⅲ 软件工作界面→单击 "Ladder" 菜单，选择 "Programer Mode（程序工作模式）" 子菜单，根据需要选择 "Online（在线）" 或 "Offline（离线）" 工作模式。

（2）在线方式的硬件连接   程序如果处于在线编辑状态，必须先建立起 PC 机与 CNC 之间的通信关系，通常采用专用通信电缆通过以太网接口或 RS232 接口建立通信关系。

（3）在线编辑的注意事项   在线编辑时，PC 机侧与 PMC 侧的程序必须保持一致，否则不能进行编辑和监控。如果两侧的程序不一致，就要对系统进行程序导入操作。

5. "Program List"（程序清单）编辑操作

进入 FANUC LADDER-Ⅲ 软件工作界面后，在界面左侧通常会看到 "Program List"（程序清单）；如果界面中没有显示程序清单，则单击菜单 "View"，然后单击 "Program List（程序清单）" 子菜单，则会显示程序清单界面，如图 3-123 所示。

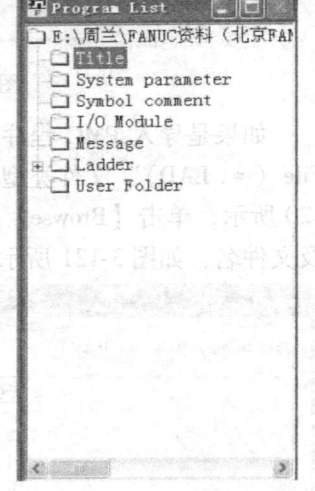

图 3-123   程序清单界面

（1）标题的编辑   双击程序清单中 "Tile"（标题），打开 "Edit Title（编辑标题）" 对话框，如图 3-124 所示。

编辑标题对话框中栏目的含义见表 3-51。

（2）系统参数的设定   双击程序清单中的 "System parameter"（系统参数），显示 "Edit System Parameter"（编辑系统参数）对话框，如图 3-125 所示。

在该对话框中，可以选择 "BINARY"（二进制）或 "BCD"（二—十进制）数据类型。

项目十五 FANUC LADDER-Ⅲ软件的使用

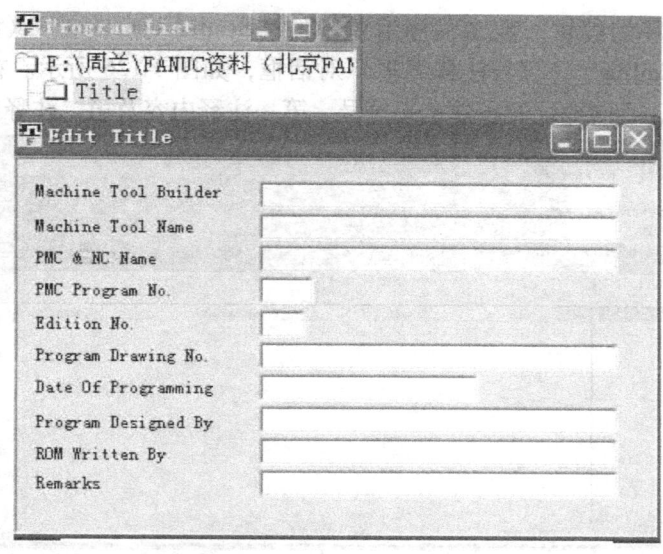

图 3-124 编辑标题对话框

表 3-51 "编辑标题"对话框中栏目的含义

序 号	"编辑标题"栏目	含 义	最多输入字符数
1	Machine Tool Builder	机床制造厂商	32
2	Machine Tool Name	机床名称	32
3	PMC&NC Name	PMC/NC 名称	32
4	PMC Program No.	PMC 程序号	4
5	Edition No.	版本号	2
6	Program Drawing No.	程序图号	32
7	Date of Programing	编程日期	16
8	Program Designed By	程序设计者	32
9	ROM Written By	ROM 写入者	32
10	Remarks	备注	32

图 3-125 编辑系统参数对话框

(3) 符号与注释的编辑 双击程序清单中的"Symbol comment"（符号注释），打开"Symbol Comment Editing"（符号注释编辑）对话框，如图3-126所示。在该对话框中，可以对各种不同类型、不同地址的参数定义符号、第一注释内容及第二注释内容等。

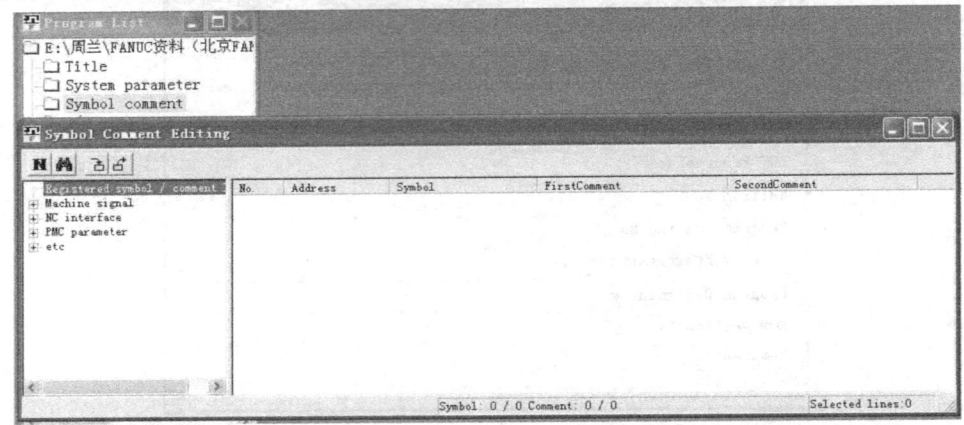

图3-126 符号与注释编辑对话框

在该对话框中能够注释的信号及参数包括机床信号（X、Y）、NC信号（G、F）、PMC参数（C、K、D、T）和其他参数（R、A、M、P、L、N、E）等，如图3-127所示。

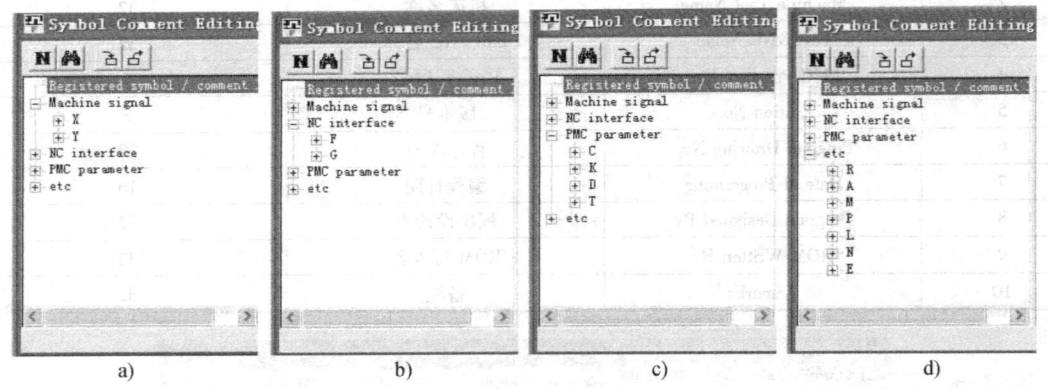

图3-127 能够注释的信号及参数
a）机床信号 b）NC信号 c）PMC参数 d）其他参数

(4) I/O模块的编辑 双击程序清单中的"I/O Module"（I/O模块），打开"Edit I/O Module"（编辑I/O模块）对话框，如图3-128所示。在该对话框中有两个选项，分别是"Input"（输入）、"Output"（输出），对应于输入模块的是X地址，对应于输出模块的是Y地址。

无论是输入模块还是输出模块，均包括组、基座、槽、模块名称、备注项目。当需要进行地址分配时，先确定起始地址，如X0000，双击该地址，则会出现输入或输出模块选择框，根据所需要的输入或输出点数选择相应的模块，同时确定好组、基座、槽选项即可。地址分配如图3-129所示。

项目十五 FANUC LADDER-Ⅲ软件的使用

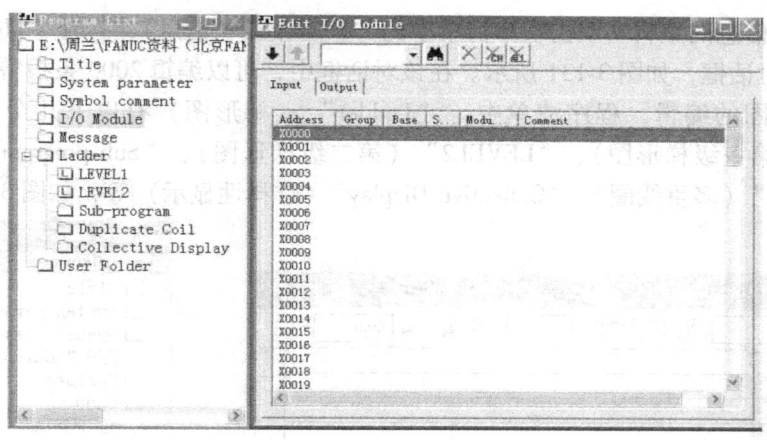

图 3-128 编辑 I/O 模块地址

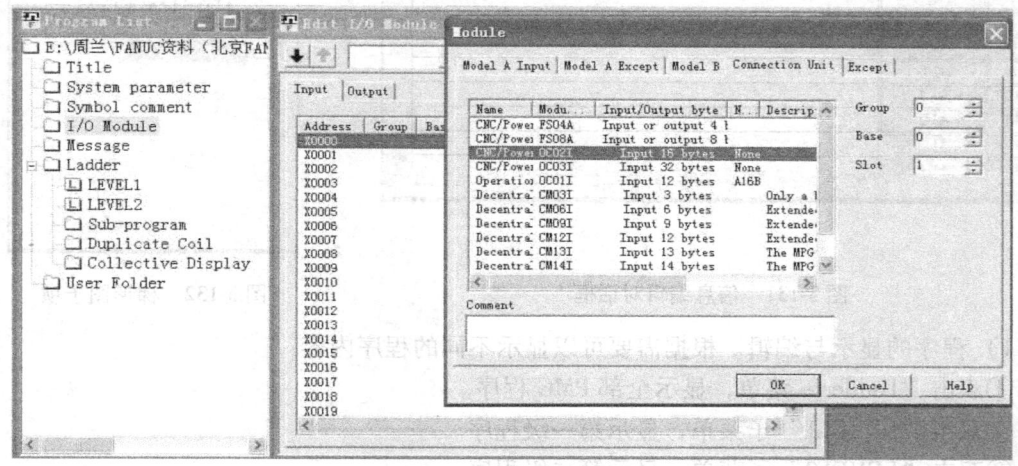

图 3-129 I/O 地址分配

分配好的地址如图 3-130 所示。该地址分配包括 16 个字节共计 128 个输入点数。

当发现地址分配有误需要重新分配时,将原有地址用对话框中的剪切符号去掉,然后重新分配即可。

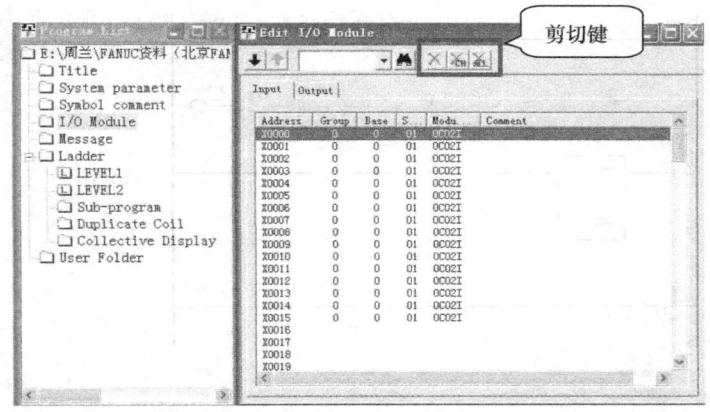

图 3-130 I/O 地址分配完毕

(5) 报警信息的编辑 双击程序清单中的"Message"(信息),打开"Message Editing"(信息编辑)对话框,如图3-131所示。在该对话框中,可以编辑2000条报警信息。

(6) 梯形图的编辑 程序清单中,"Ladder"(梯形图)有以下几个子项,分别是"LEVEL1"(第一级梯形图)、"LEVEL2"(第二级梯形图)、"Sub-program"(子程序)、"Duplicate Coil"(多重线圈)、"Collective Display"(选择性显示)等,如图3-132所示。

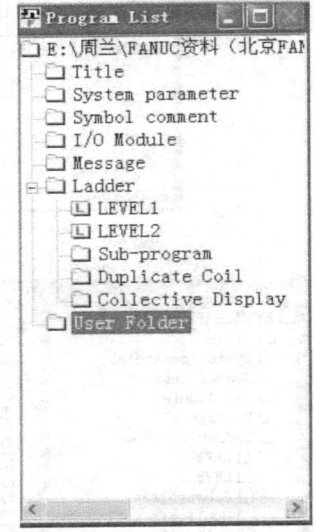

| 图3-131 信息编辑对话框 | 图3-132 梯形图子项 |

1) 程序的显示与编辑。根据需要可以显示不同的程序内容:
①双击"Ladder"菜单,显示全部PMC程序。
②双击"LEVEL1"子菜单,显示第一级程序。
③双击"LEVEL2"子菜单,显示第二级程序。
④双击"Sub-program",显示子程序。
程序显示的界面如图3-133所示。

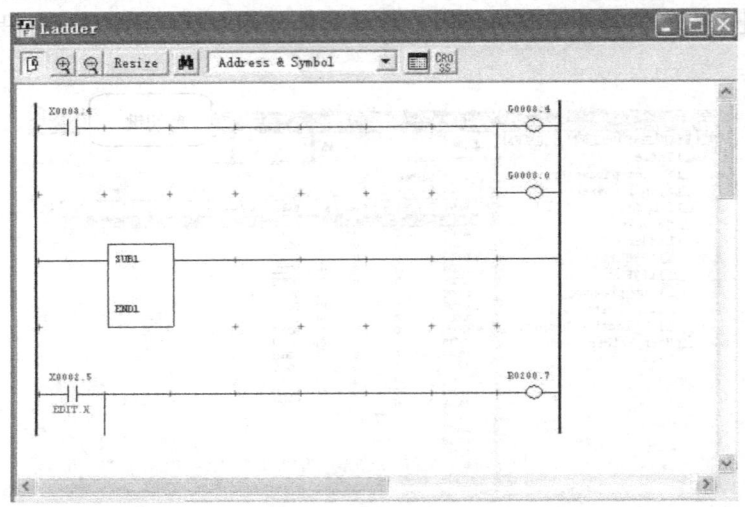

图3-133 梯形图的显示

项目十五 FANUC LADDER-Ⅲ 软件的使用

在该界面中可以对程序显示状态进行：显示界面的放大；显示界面的缩小；重新调整显示界面；检索；信号显示方式（地址、符号、注释、地址 & 符号、地址 & 注释、符号 & 注释）。

此外，在图 3-133 所示界面中还可以对 PMC 梯形图进行编辑操作。

2）选择性显示。双击 "Collection Display" 选项，则出现 "Collection Display"（选择性显示）对话框，如图 3-134 所示。在该对话框中，输入选择条件名称如 "coil"（线圈），输入具体选择条件如地址为 G43.0 的线圈，单击 "OK"，即显示包含指定地址的梯形图，如图 3-135 所示。

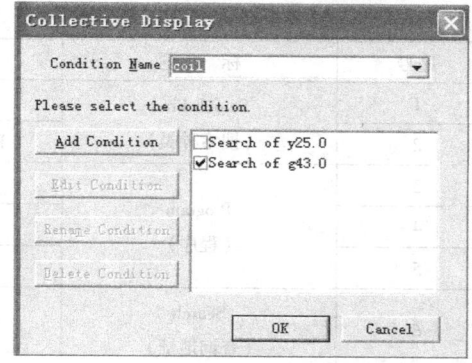

图 3-134 选择性显示对话框

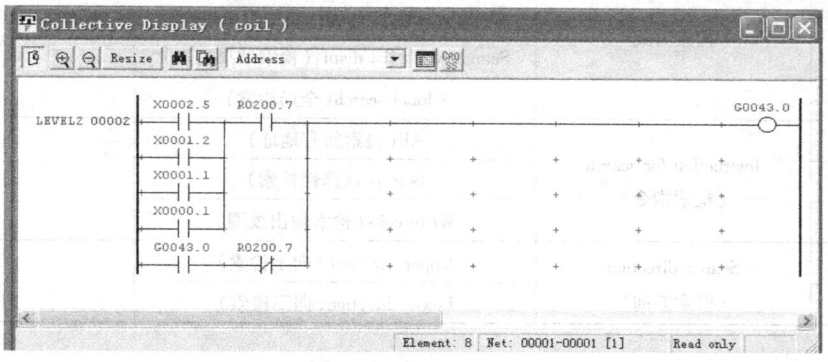

图 3-135 指定线圈及地址的梯形图

6. 梯形图搜索功能

在梯形图显示界面上，单击 🔍（检索）按钮，则显示梯形图检索对话框，如图 3-136 所示。

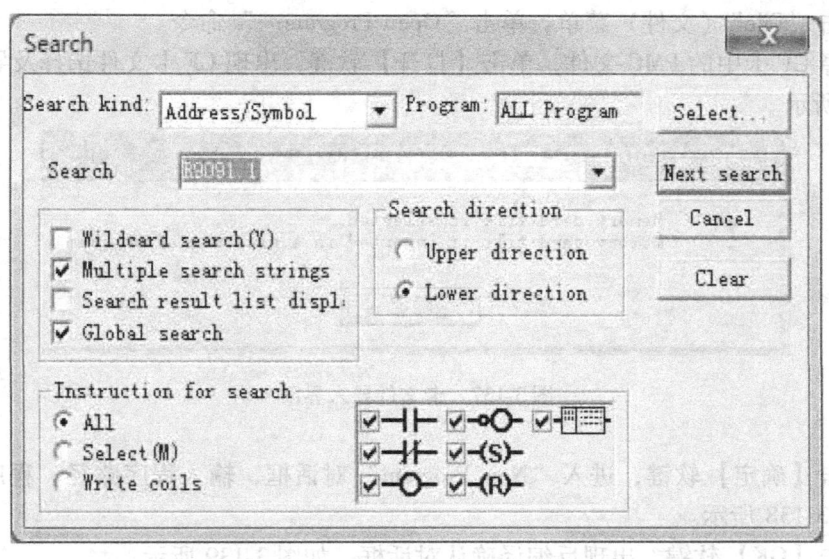

图 3-136 梯形图检索对话框

273

对话框表示的搜索内容见表3-52。

表3-52 搜索对话框中的内容

序号	标题	项目	说明
1	Search kind（搜索种类）	Address/Symbol（地址/符号）	
2		Functional instruction（功能指令）	
3	Program（程序）	All programs（所有程序）	通过【Select】软键切换
4		LEVEL1（第一级程序）	
5		LEVEL2（第二级程序）	
6	Search（查询地址）	如 X0.5	输入待搜索的信号地址
7	检索方式	Wildcard search（广泛检索）	
8		Multiple search strings（多字符串检索）	
9		Search result list displ:（检索结果列表）	
10		Global search（全局检索）	
11	Instruction for search（检索指令）	All（检索所有地址）	
12		Select（选择性检索）	
13		Write coils（检索输出线圈）	
14	Search direction（检索方向）	Upper direction（向上检索）	
15		Lower direction（向下检索）	

7. CF 卡中 PMC 程序向 FANUC LADDER-Ⅲ软件的导入

有时需要将数控系统中备份至 CF 卡中的 PMC 程序导入到 FANUC LADDER-Ⅲ软件中，以进行编辑和修改。将 CF 卡中的 PMC 程序导入到 FANUC LADDER-Ⅲ软件的步骤如下：

1) 打开 FANUC LADDER-Ⅲ软件。

2) 单击"File"（文件）菜单，单击"Open Program…"命令。

3) 选择 CF 卡中的 PMC 文件，单击【打开】软键，出现 CF 卡文件选择及导入对话框，如图 3-137 所示。

图 3-137 卡文件导入界面

4) 单击【确定】软键，进入"New Program"对话框，输入程序路径、程序名及 PMC 类型，如图 3-138 所示。

5) 单击【OK】软键，出现反编译确认对话框，如图 3-139 所示。

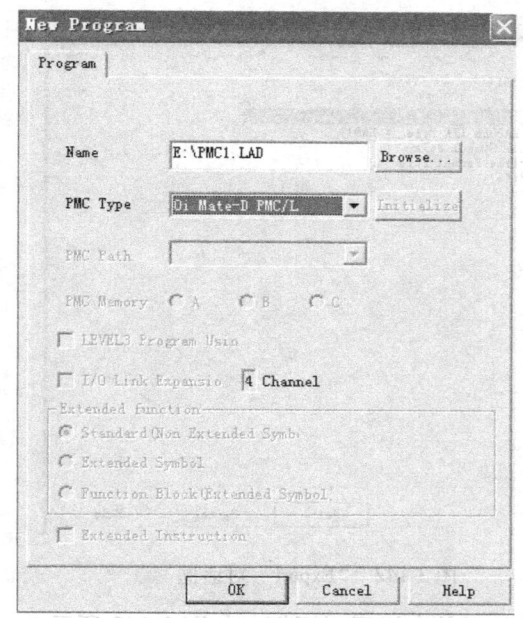

图 3-138 "New Program"对话框　　　　　图 3-139 反编译确认对话框

6）单击【确定】软键，FANUC LADDER-Ⅲ软件开始对文件进行反编译，编译成功后，便可以在 FANUC LADDER-Ⅲ软件上打开该文件，如图 3-140 所示。

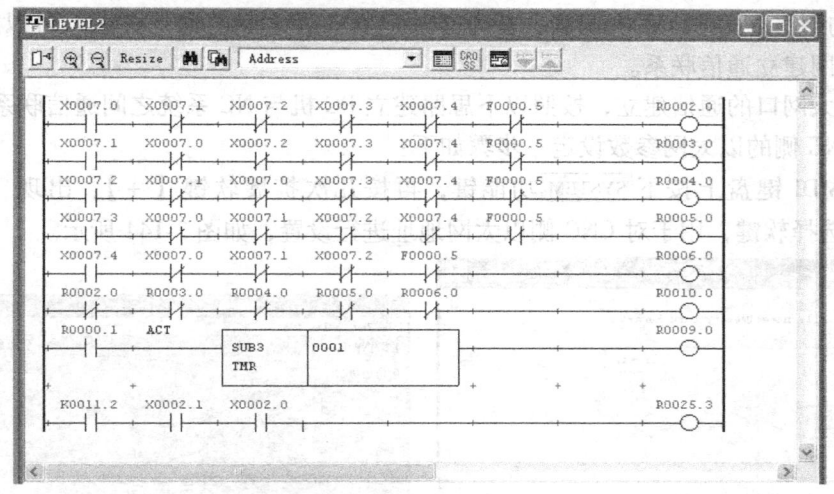

图 3-140 软件上显示编译后的 CF 卡文件

8. FANUC LADDER-Ⅲ软件中 PMC 程序的格式转化

程序在 FANUC LADDER-Ⅲ软件中离线编辑完成后，如果需要通过 CF 卡输入至数控系统中，则需要进行程序格式转化，步骤如下：

1）打开需要输出的程序。

2）单击"File"（文件）菜单，单击"Export…"命令，如图 3-141 所示。

3）进入"Export"对话框，在该对话框中选择输出文件类型为"Memory-card Format File"，如图 3-142 所示。

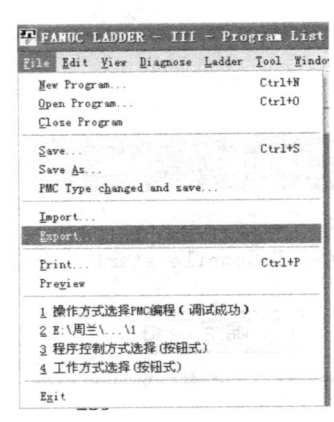
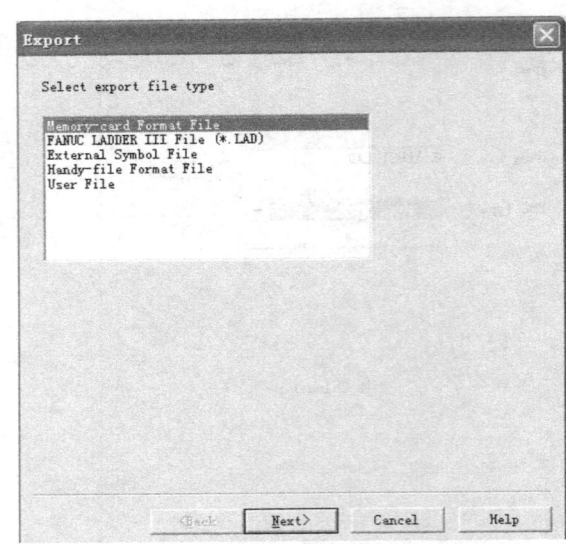

图 3-141 "File"中的"Export"命令　　　　图 3-142 "Export"对话框

4）单击【Next】软键，进入 CF 卡文件路径及文件名设置对话框，如图 3-143 所示。

5）单击【Finish】软键，则程序导出完成，通过 CF 卡导入系统中，系统能够识别并运行。

五、PC 机与 CNC 的联机调试

1. PC 机与 NC 系统通信的建立

PC 机与 NC 系统进行联机调试，首先必须建立二者之间的通信关系，可以通过 RS232 方式或以太网建立通信联系。

通过以太网口的通信建立，按照以下思路建立 PC 机与 NC 系统之间通信联系。

（1）CNC 侧的以太网参数设定　步骤如下：

1）在 MDI 键盘上按下 SYSTEM 功能键，再按几次扩展软键【+】，出现【内嵌】或【内嵌板】选择软键，用于对 CNC 侧以太网地址进行设置，如图 3-144 所示。

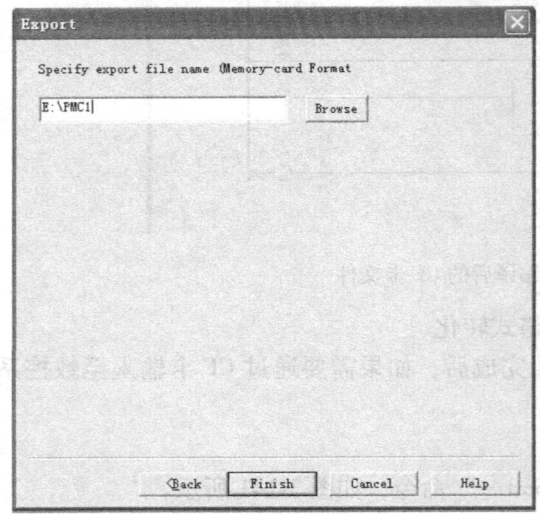
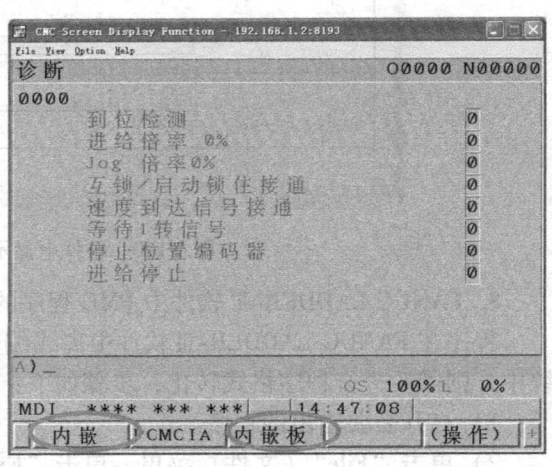

图 3-143 卡文件路径设置及命名　　　　图 3-144 进入以太网地址设置界面

FANUC 0i-D/0i Mate-D 数控系统连接调试与 PMC 编程

实 训 项 目

班级 _____

姓名 _____

学号 _____

实训项目 1　认识 FANUC 数控系统的实训

班级_____姓名_____学号_____

一、实训任务
初步认识 FANUC 数控系统。

二、实训目的
通过本实训，学生应具备以下能力：
1) 认识 FANUC 数控系统的基本配置及特点。
2) 学会收集、查阅、整理 FANUC 系统的相关资料。

三、实训要求
1. 选择一台学校实训车间的配有 FANUC 数控系统的数控机床，参照图 1-1 所示的形式绘制 FANUC 数控系统的基本构成简图，并标明各模块的名称和型号规格。

2. 根据学校实训车间现有的配置 FANUC 数控系统的数控机床，通过现场收集资料、查阅产品说明书，按照实训表 1-1 要求整理出数控系统配置清单。

实训表 1-1　数控系统配置清单

_____数控系统配置清单

序　号	功能要求	数控系统配置	附　注
1	可控制路径		
2	最大控制轴数		
3	联动轴数		
4	可控制主轴数		
5	实际控制主轴数		
6	所连接伺服电动机的型号规格		
7	显示单元规格		
8	数控系统脉冲当量		
9	PMC 程序存储器容量		
10	PMC DI/DO 点数		
11	PMC 配置 I/O 模块数量		

四、成绩评定

实训项目总体评价及综合成绩评定

综合成绩_____

教师签名_____

实训项目 2　FANUC 数控系统的典型硬件及其综合连接实训

班级＿＿＿＿＿＿姓名＿＿＿＿＿＿学号＿＿＿＿＿＿

一、实训任务

设计数控系统的硬件综合连接图；根据所设计的图样进行数控系统的实物连接并通电调试。

二、实训目的

通过 FANUC 数控系统的硬件综合连接实训，学生应具备以下能力：
1）熟悉数控系统的典型部件控制对象及接口定义。
2）根据实际数控机床的接线情况绘制数控系统硬件连接图。
3）根据数控系统硬件连接图完成数控系统各部件的连接。

三、实训设备

实训车间或实训室现有的装备 FANUC 系统的数控机床。

四、实训要求

1. 根据学校实训车间或实验室现有的装备 FANUC 系统的数控机床，认识数控系统的典型模块结构，在 A3 图纸上绘制出主板、电源模块、主轴模块、伺服模块、I/O 模块等部件接口示意图，标明各模块各接口的编号。注意各模块在图样上要合理布局，以方便后面的接线。模块布局可参照实训图 2-1 所示。

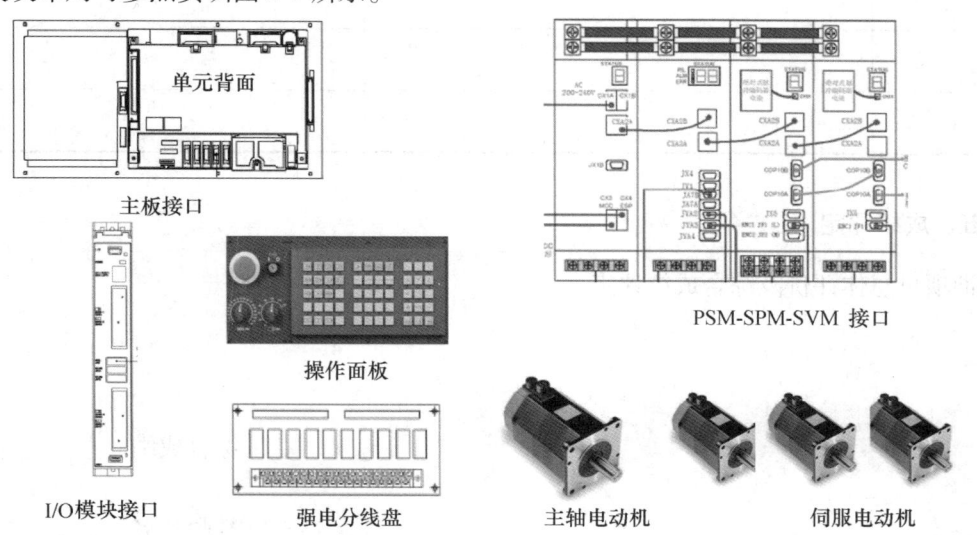

实训图 2-1　FANUC 数控系统模块布局示意图

2. 在所绘制的"FANUC 数控系统模块布局示意图"上，根据所参照机床数控系统的实际连接情况，将各模块接口正确地连接起来。

3. 根据上面所设计的 FANUC 数控系统硬件综合连接图，将实训室的数控系统硬件重新接线。

4. 接线完成后，通电并调试，并且将调试过程中存在的问题及解决方法记录下来，见实训表 2-1。

实训表 2-1　出现的问题及解决方法

序　号	调试出现的问题	解决方法
1		
2		
3		

五、成绩评定

实训项目总体评价及综合成绩评定
综合成绩＿＿＿＿＿＿＿＿ 教师签名＿＿＿＿＿＿＿＿

实训项目 3　数控机床电气控制系统的连接实训

班级_____姓名_____学号_____

一、实训任务
根据数控机床的电气原理图设计其硬件布局图及硬件接线图；根据所设计的图样进行数控机床电气接线及调试。

二、实训目的
通过装有 FANUC 数控系统机床的电气控制系统连接实训，学生应具备以下能力：
1）读懂数控机床的电气控制原理图。
2）设计数控机床电器布局图。
3）设计数控机床电器接线图。
4）实施数控机床电气接线。
5）检查机床线路及调试电气。
6）熟悉新的电气制图规范：
①JB/T 2739—2008《工业机械电气图用图形符号》。
②JB/T 2740—2008《工业机械电气设备　电气图、图解和表的绘制》。
7）熟悉控制柜接线工作流程并正确使用工具。

三、实训设备
实训车间或实训室现有的装备 FANUC 系统的数控机床。

四、实训要求
1. 根据实训车间或实训室现有的装备 FANUC 数控系统的数控机床结构，画出数控柜"机床电器布局图"，图样图号为 SX3-1。

2. 根据数控机床电气控制原理图,在"机床电器布局图"的相应元器件上标明如"Q1(低压断路器)"、"KM1(交流接触器)"、"FU1(熔断器)"等元器件符号。

3. 根据数控机床电气控制原理图,在"机床电器布局图"上把相应元器件线圈、触点、接口有序地连接起来,形成"数控机床电气接线图",图样图号为SX3-2。

4. 根据"数控机床电气接线图",对数控机床数控柜实施接线,包括以下内容:
1)选取合适的导线规格,截取合适的导线长度。
2)设计导线走向,按照规范走线。
3)准备线号。

5. 电气连接的检查及调试，包括用万用表检查信号线是否导通，电气线路连接调试时出现了哪些问题，是如何发现这些问题的，是如何解决这些问题的，填写在实训表3-1。

实训表3-1　电气连接出现的问题及解决的方法

序　号	电气连接出现的问题	判断、检查和解决的方法
1		
2		
3		
4		
5		

五、成绩评定

实训项目总体评价及综合成绩评定

综合成绩_____

教师签名_____

实训项目 4　FANUC 0i-D 数控系统的参数设定实训

班级_____姓名_____学号_____

一、实训任务

完成 FANUC 0i-D 数控系统的参数设定、数据备份基本操作。

二、实训目的

通过 FANUC 0i-D 数控系统的参数设定、数据备份基本操作实训，学生应具备以下能力：
1) 监控与查看数控系统参数状态。
2) 掌握数控系统参数设定方法与途径。
3) 会进行数控系统写保护开与关的操作。
4) 通过开机界面对数控系统的文件及参数进行备份与加载。
5) CNC 运行时对数控系统文件及参数进行备份与加载。
6) 进行数控系统上电全清操作。

三、实训设备

FANUC 0i-D、FANUC 0i Mate-D 数控实验台。

四、实训要求

1. 通过参数搜索操作，描述实训表 4-1 中的参数含义、当前值或各位状态。

实训表 4-1　参　数　描　述

序　号	参　数	参数含义	参数值或各位状态
1	20		
2	1006		
3	1020		
4	1815		
5	3701		

2. 进行解除参数写保护操作,填写实训表 4-2。

实训表 4-2　参数写保护的解除

解除参数写保护的操作流程	
100 号报警含义	
在解除写保护的情况下,消除 100 号报警的两种方法	方法一:
	方法二:

3. 对实训表 4-3 所列的参数进行设定。

实训表 4-3　参 数 设 定

序　号	参　　数	参数设置含义
1	20 设置为 4	
2	1006#0 设置为 1	
3	1020 设置为 88、89、90	
4	1815#5 设置为 1	
5	3701#1 设置为 1	

4. 通过开机界面将 PMC 梯形图、SRAM 中的参数备份至 CF 卡中。

备份步骤:

5. 通过开机界面将 CF 卡中的备份数据加载到数控系统中。

加载步骤：

6. 数控系统运行时，将 CF 卡中的用户程序加载到 CNC 中。

加载步骤：

7. 数控系统运行时，将 PMC 参数备份到 CF 卡中。

备份步骤：

五、成绩评定

实训项目总体评价及综合成绩评定

综合成绩_____

教师签名_____

实训项目 5　与编程关联的参数设定实训

班级_____姓名_____学号_____

一、实训任务
完成 FANUC 0i-D 数控系统中与编程关联的参数的合理设定。

二、实训目的
通过设定 FANUC 0i-D 数控系统中与编程关联的参数，学生应具备以下能力：
1）正确理解机床参数的含义。
2）对各参数值进行合理设定。
3）通过修改参数达到不同的工作效果。
4）掌握参数设置操作。
5）根据机床运行状况监控系统参数。

三、实训设备
装有 FANUC 0i-D、FANUC 0i Mate-D 系统的数控实验台。

四、实训要求
1. 在"设定"界面通过参数设定，达到实训表 5-1 所列的要求。

实训表 5-1　参　数　设　定

序　号	设 定 项 目	对 应 参 数
1	数据输出格式为 ISO 码	
2	程序中长度相关单位为 mm	
3	允许使用 CF 卡备份数据	
4	在用户加工程序中自动插入顺序号	

2. 根据要求完成实训表 5-2 所列的参数设定。

实训表 5-2　参　数　设　定

序　号	数控系统工作要求	对 应 参 数
1	数控系统采用米制单位	
2	手动快速移动时能同时控制三轴	
3	开机返回参考点前使用 G28 指令出现 PS0304 报警	

(续)

序 号	数控系统工作要求	对 应 参 数
4	开机未回参考点而进行 MDI 程序运行操作系统报警	
5	将机床所有进给轴设定为直线轴	
6	数控车床指定直径编程	
7	将 JOG 进给倍率设定为有效	
8	将进给速度开机默认值设定为每分钟进给	
9	设定各轴快速移动速度	
10	设定各轴手动 JOG 进给速度	

3. 根据实训图 5-1，通过参数设定方式以及工件坐标系设定界面进行工件坐标系设定。

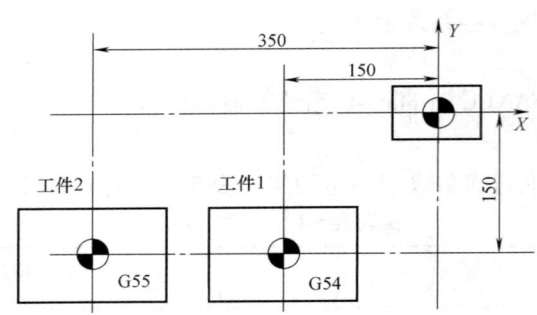

实训图 5-1　设定两个工件坐标系

五、成绩评定

实训项目总体评价及综合成绩评定

综合成绩_____

教师签名_____

实训项目6 与伺服关联的参数设定实训

班级_____姓名_____学号_____

一、实训任务
完成 FANUC 0i-D 数控系统中与编程伺服关联的参数的合理设定。

二、实训目的
通过 FANUC 0i-D 数控系统中与伺服关联的参数设定，学生应具备以下能力：
1）正确理解机床进给运动的实现方式及结构特点。
2）正确理解相对编码器回参考点过程及参数设置。
3）正确理解绝对编码器回参考点过程及参数设置。
4）正确理解伺服电动机型号及其含义。
5）正确选用伺服电动机、光电编码器及伺服放大器。
6）进行伺服参数初始化设定。
7）进行伺服放大器参数设定。
8）进行伺服轴设定。
9）进行软限位参数的设定。

三、实训设备
装有 FANUC 0i-D、FANUC 0i Mate-D 系统的数控实验台。

四、实训要求
1. 根据学校实训车间及实训室现有的装备 FANUC 0i-D 系统数控机床的实际结构，绘制数控机床进给运动传动链示意图。

2. 根据学校实训车间及实训室现有的 FANUC 0i-D 数控系统实际配置，明确伺服电动机、伺服检测装置及伺服放大器之间的匹配关系，完成实训表 6-1。

实训表 6-1　伺服电动机、伺服检测装置及伺服放大器之间的关系

序　号	数控系统型号	伺服电动机型号	伺　服　型　号	伺服放大器型号
1				
2				
3				

3. 根据学校实训车间或实训室现有的 FANUC 0i-D 数控系统的实际配置，列出基本轴参数清单，完成基本轴参数设置。

4. 根据学校实训车间或实训室现有的 FANUC 0i-D 数控系统的实际配置，进行伺服参数初始化设定，写出各参数计算过程，参数设置完成后对伺服设定界面进行屏幕硬复制。

5. 根据学校实训车间或实验室现有的 FANUC 0i-D 数控系统的实际配置，进行伺服放大器参数设定，参数设置完成后对伺服放大器设定界面进行屏幕硬复制。

6. 根据学校实训车间或实训室现有的 FANUC 0i-D 数控系统的实际配置，进行伺服轴参数设定，参数设置完成后对伺服轴设定界面进行屏幕硬复制。

五、成绩评定

实训项目总体评价及综合成绩评定
综合成绩_____
教师签名_____

实训项目 7　与主轴关联的参数设定实训

班级_____姓名_____学号_____

一、实训任务
完成 FANUC 0i-D 数控系统中与主轴关联的参数的合理设定。

二、实训目的
通过 FANUC 0i-D 数控系统中与主轴关联的参数设定，学生应具备以下能力：
1）正确理解主运动实现方式及应用场合。
2）正确理解主轴分段无级变速换挡方式。
3）正确理解主轴电动机型号、代码及其与放大器的匹配关系。
4）掌握主轴参数设定流程。
5）熟练操作"主轴设定"界面。
6）根据实训室现有设备完成主轴参数的设定。

三、实训设备
装有 FANUC 0i-D、FANUC 0i Mate-D 系统数控实验台。

四、实训要求
1. 根据学校现有设备绘制数控车床、加工中心的主运动传动链示意图。

2. 根据学校现有设备填写实训表 7-1。

实训表 7-1　数控车床和加工中心的主轴电动机与放大器参数

数控系统型号	主轴电动机型号与代码	主轴电动机最高转速	放大器型号
数控车床			
加工中心			

3. 写出进入"主轴设定"界面步骤,完成"主轴设定"界面相关参数的设定。

进入"主轴设定"界面操作步骤:

"主轴设定"完成后界面截屏:

4. 列出主轴参数设定清单,完成相关参数设定,填实训表 7-2。

实训表 7-2　主轴参数设定

序　号	与主轴关联的参数号	参数设定值	附　注

(续)

序 号	与主轴关联的参数号	参数设定值	附 注

5. 关于主运动旋转方向的调整，完成后填写实训表 7-3。

实训表 7-3　主运动旋转方向参数设定

3706#7 设定值	3706#6 设定值	用 MDI 方式运行程序"M03 S200；"观察主轴旋转方向
1	0	
1	1	

五、成绩评定

实训项目总体评价及综合成绩评定

综合成绩_____

教师签名_____

实训项目 8 数控系统的其他参数设定实训

班级_____ 姓名_____ 学号_____

一、实训任务
完成 FANUC 0i-D 数控系统其他参数的合理设定。

二、实训目的
通过 FANUC 0i-D 数控系统其他参数的设定实训，学生应具备以下能力：
1) 掌握与 DI/DO 相关的参数设定过程。
2) 掌握与显示和编辑相关的参数设定过程。
3) 掌握与程序相关的参数设定过程。
4) 掌握与基于 PMC 轴控制相关的参数设定过程。

三、实训设备
装有 FANUC 0i-D、FANUC 0i Mate-D 系统数控实验台。

四、实训要求
1. 按照要求完成实训表 8-1 所列的显示类参数设定，记录屏幕显示情况。

实训表 8-1　显示类参数设定

序　号	显示项目要求	参　数　设　定	屏幕显示情况记录
1	屏幕显示进给速度	3105#0 = 0	
2		3105#0 = 1	
3	屏幕显示主轴转速及 T 指令	3105#2 = 0	
4		3105#2 = 1	
5	屏幕显示主轴倍率	3106#5 = 0	
6		3106#5 = 1	
7	屏幕显示程序列表	3107#4 = 0	
8		3107#4 = 1	

(续)

序号	显示项目要求	参数设定	屏幕显示情况记录
9	屏幕显示伺服设定界面	3111#0 = 0	
10		3111#0 = 1	
11	屏幕显示主轴设定界面	3111#1 = 0	
12		3111#1 = 1	
13	屏幕显示报警界面	3111#7 = 0	
14		3111#7 = 1	

2. 按照实训表 8-2 所列的功能要求完成相关参数设定。

实训表 8-2　参数设定

序号	功能要求	参数设定	屏幕显示情况记录
1	通过"CAN"+"RESET"操作来清除 SW100 报警		
2	用 MDI 方式输入一段加工程序,要求能够自动插入程序段号,且程序段号间隔为 5		
3	将屏幕显示界面的内容设置为简体中文		
4	禁止及允许刀偏值输入		
5	在"设定"界面解除写保护后,输入参数时仍然出现"写保护"报警,如何解决		
6	完成界面硬复制功能		
7	要求加工程序中长度数值输入不带小数点时以 mm 为单位		

3. 按照实训表 8-3 所列的要求完成数控系统开机默认状态的参数设定,并通过 MDI 方式输入一段程序进行验证。

实训表 8-3　开机默认状态参数设定

序　号	开机默认状态	参 数 设 定
1	G00 方式	
2	G17 方式	
3	G90 方式	
4	G21 方式	
5	设定"RESET"功能键为复位方式	
6	设定暂停时间单位为秒	

五、成绩评定

实训项目总体评价及综合成绩评定

综合成绩_____

教师签名_____

实训项目9 数控系统参数的综合设定实训

班级_____姓名_____学号_____

一、实训任务
完成 FANUC 0i-D 数控系统参数的综合设定。
二、实训目的
通过 FANUC 0i-D 数控系统参数的综合设定实训，学生应具备以下能力：
1）选取数控系统参数设定项目。
2）合理设定数控系统参数。
3）调整数控系统参数。
三、实训设备
装有 FANUC 0i-D、FANUC 0i Mate-D 系统数控实验台。
四、实训要求
1. 数控系统上电全清。

上电全清操作步骤	
上电全清后显示报警号及报警内容	

2. 按照下面的要求进行数控系统参数的综合设定，保证参数设定后能够实现数控系统的基本工作要求。

1）列出参数设置清单。
2）填写参数设置值。
3）关断电源，重新启动系统，是否还有报警。如有，要查明是什么原因，知道如何消除报警。

五、成绩评定

实训项目总体评价及综合成绩评定
综合成绩_____ 教师签名_____

实训项目 10　认识数控机床用 PMC 实训

　　　　班级_____姓名_____学号_____

一、实训任务
认识数控机床用 PMC 的结构及工作原理。

二、实训目的
通过数控机床用 PMC 认识实训，学生应具备以下能力：
1）认识 PMC 的基本结构。
2）理解 PMC 的工作原理。
3）熟悉数控机床用可编程序控制器的类型。
4）明确数控机床用 PMC 与外部信号的交换。
5）熟悉 PMC 程序结构及工作过程。
6）了解 FANUC 0i-D 系列 PMC 的基本规格。

三、实训设备
装有 FANUC 0i-D、FANUC 0i Mate-D 系统的数控实验台。

四、实训要求
1. 针对实训设备，画图说明 PMC、CNC 各自的控制对象。

2. 画图说明 PMC 与 CNC、PMC 与 MT 之间的信号交换，并用相应的符号表明不同信号传递方向。

3. 根据实训图 10-1 所示，说明 PMC 程序的执行过程。

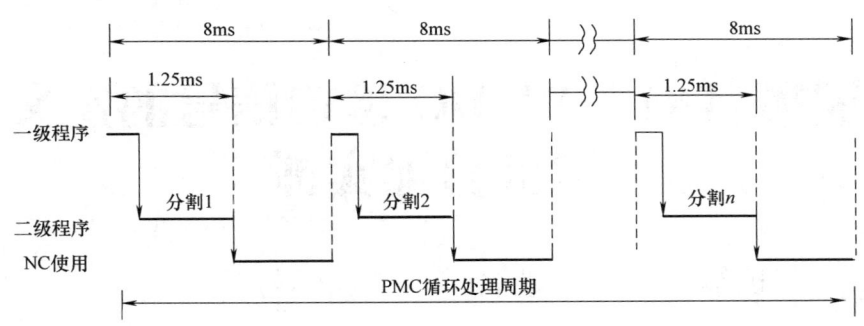

实训图 10-1　PMC 程序扫描周期

五、成绩评定

实训项目总体评价及综合成绩评定
综合成绩_____ 教师签名_____

实训项目 11　DI/DO 接口信号的定义及地址分配实训

班级_____姓名_____学号_____

一、实训任务

掌握数控机床用 PMC 接口信号定义及地址分配。

二、实训目的

通过数控机床用 PMC DI/DO 接口信号定义及地址分配实训，学生应具备以下能力：

1）认识 PMC 信号的类型、作用与范围。

2）熟练使用 PMC 信号地址表。

3）正确分配 I/O 模块地址。

三、实训设备

装有 FANUC 0i-D、FANUC 0i Mate-D 系统的数控实验台。

四、实训要求

1. 列出实训室 FANUC 0i-MD、FANUC 0i Mate-TD 数控系统的高速处理信号清单，填写实训表 11-1。

实训表 11-1　数控系统的高速处理信号

序号	FANUC 0i-MD 高速处理信号			FANUC 0i Mate-TD 高速处理信号		
	名称	符号	地址	名称	符号	地址

2. 列出FANUC数控系统信号种类，并说明各信号作用，填写实训表11-2。

实训表11-2 FANUC数控系统信号种类及作用

序号	符号	信号名称	信号作用
1	X		
2	Y		
3	F		
4	G		
5	R		
6	R		
7	E		
8	A		
9	T		
10	C		
11	K		
12	D		
13	L		
14	P		

3. 画出实训室的FANUC 0i-MD、FANUC 0i Mate-TD数控系统的I/O Link硬件连接图。

4. 对数控系统 PMC I/O 地址分配界面进行截屏,并对急停信号地址进行分析。

五、成绩评定

实训项目总体评价及综合成绩评定

综合成绩_____

教师签名_____

实训项目 12　PMC 界面的基本操作实训

班级_____姓名_____学号_____

一、实训任务

掌握数控机床 PMC 画面基本操作方法。

二、实训目的

通过数控机床 PMC 画面基本操作实训，学生应具备以下能力：

1）认识 PMC 菜单结构。

2）熟练掌握 PMC 维修与监控功能操作方法，包括 PMC 信号状态监控、I/OLNK 监控、报警监控、I/O 监控、定时/计数器参数设定、K 参数/数据设定与监控、信号跟踪等。

3）掌握 PMC 列表界面的显示与编辑方法。

4）掌握 PMC 梯形图的显示与编辑方法。

三、实训设备

装有 FANUC 0i-D、FANUC 0i Mate-D 系统的数控实验台。

四、实训要求

1. 将 PMCMNT 切换到信号界面并显示 X 地址，当操作机床操作面板工作模式按钮时相应 X 地址状态会发生变化（0 或 1），以此查找工作模式的相关地址，填写实训表 12-1。

实训表 12-1　工作模式对应的 X 地址

工作模式按钮	MEM（自动）	EDIT（编辑）	MDI（手动数据输入）	REF（手动回参考点）	JOG（手动进给）	HAND（手轮进给）
对应 X 地址						

2. 查找实训室数控系统 PMC 程序使用了哪些定时器和计数器，设定值是多少？将查询结果填入实训表 12-2。

实训表 12-2　定时器和计数器的设定值

	FANUC 0i Mate-D		FANUC 0i Mate-MD	
	定时器	计数器	定时器	计数器
地址				

(续)

	FANUC 0i Mate-D		FANUC 0i Mate-MD	
	定时器	计数器	定时器	计数器
实际设定值				

3. 按照要求完成相关操作，填写实训表 12-3。

实训表 12-3　相关操作及步骤

指定操作内容	操 作 步 骤
查找线圈和触点	
查找线圈	
查找功能指令	
按照行号查找梯形图网	

4. 按照实训表 12-4 的要求对梯形图进行编辑，填写实训表 12-4 中的操作步骤，并比较操作前后情况。

实训表 12-4　梯形图编辑操作步骤及比较

编 辑 要 求	操 作 步 骤	操作前后比较(截屏)
在原梯形图第 30 行串联一个常闭触点，并联一个线圈		
在 END2 后面增加工作模式选择程序		

(续)

编 辑 要 求	操 作 步 骤	操作前后比较（截屏）
删除上两步操作内容		

五、成绩评定

实训项目总体评价及综合成绩评定

综合成绩_____

教师签名_____

实训项目 13 PMC 梯形图的读写流程与格式实训

班级_____姓名_____学号_____

一、实训任务

掌握数控机床 PMC 梯形图的读图、编制方法。

二、实训目的

通过 PMC 梯形图的读与写流程及格式实训,学生应具备以下能力:

1)掌握 PMC 梯形图的读写流程。

2)掌握 PMC 梯形图的基本格式。

3)学会 PMC 控制信号的地址分配、信号命名和信号注释。

4)熟练使用 PMC 图形符号并掌握 PMC 梯形图的编制规范。

三、实训设备

装有 FANUC 0i-D、FANUC 0i Mate-D 系统的数控实验台和通用计算机。

四、实训要求

1. 查找实训室数控设备输入、输出信号地址表,完成实训表 13-1 和实训表 13-2。

实训表 13-1 FANUC 0i Mate-MD 地址表

序　号	信号类型与名称		X 地址	Y 地址
1	按钮式	循环启动		
2		进给保持		
3	手动操作 (按钮式)	+X		
4		-X		
5		+Y		
6		-Y		
7		+Z		
8		-Z		
9		+4		
10		-4		
11		~		
12	模式选择 (旋钮式)	编辑		
13		自动		
14		手动输入		
15		DNC		

(续)

序号	信号类型与名称		X 地址	Y 地址
16	模式选择 (旋钮式)	手轮		
17		JOG		
18		步进		
19		回零		
20	主轴 (按钮式)	正转		
21		反转		
22		停止		
23		定向		
24	快速倍率 (按钮式)	F0		
25		25		
26		50		
27		100		
28	辅助功能	单节执行		
29		空运行		
30		程序重启		
31		选择停		
32		F1		
33		F2		
34		F3		
35		F4		
36		机床锁住		
37		选择跳过		
38		排屑正转		
39		排屑反转		
40		润滑		
41		自动断电		
42		照明		
43		冷却		
44		刀库正转		
45		刀库手动		
46		刀库反转		
47		吹屑		
48	主轴修调(%) (旋钮式)	50		
49		60		
50		70		
51		80		
52		90		
53		100		
54		110		
55		120		

（续）

序　号	信号类型与名称		X 地址	Y 地址
56	进给倍率及进给修调(%)（旋钮式）	0		
57		10		
58		20		
59		30		
60		40		
61		50		
62		60		
63		70		
64		80		
65		90		
66		100		
67		110		
68		120		
69		130		
70		140		
71		150		
72		急停		
73	原点指示	X		
74		Y		
75		Z		

实训表 13-2　FANUC 0i Mate-TD 地址表（伺服主轴）

序　号	信号类型与名称		X 地址	Y 地址
1	按钮式	循环启动		
2		进给保持		
3	手动操作（按钮式）	+X		
4		-X		
7		+Z		
8		-Z		
11		~		
12	模式选择（按钮式）	编辑		
13		自动		
14		手动输入（MDI）		
16		手轮 X		
17		手轮 Z		
18		JOG		
19		回零		

(续)

序号	信号类型与名称		X 地址	Y 地址
20	主轴 （按钮式）	正转		
21		反转		
22		停止		
23		主轴点动		
24	快速倍率 （按钮式）	F0		
25		25		
26		50		
27		100		
28	辅助功能 （按钮式）	液压启动		
29		中心架		
30		排屑正转		
31		排屑反转		
32		排屑停止		
33		套筒进/退		
34		导轨润滑		
35		工作灯		
36		卡盘夹紧		
37		冷却		
38		手动选刀		
39	主轴修调(%) （旋钮式）	50		
40		60		
41		70		
42		80		
43		90		
44		100		
45		110		
46		120		
47	进给倍率及进给 修调(%) （旋钮式）	0		
48		1		
49		2		
50		4		
51		6		
52		8		
53		10		
54		15		
55		20		

（续）

序 号	信号类型与名称		X 地址	Y 地址
56	进给倍率及进给修调(%)（旋钮式）	30		
57		40		
58		50		
59		60		
60		70		
61		80		
62		90		
63		95		
64		100		
65		105		
66		110		
67		120		
68	急停			
69	手轮			
70	原点指示	X		
71		Y		
72		Z		

2. 查看数控车床、数控铣床的系统 PMC 梯形图，完成以下控制部分梯形图的截屏。

（1）急停部分

（2）工作模式选择部分

（3）主轴倍率部分

（4）进给倍率部分

（5）轴选择部分

五、成绩评定

实训项目总体评价及综合成绩评定
综合成绩_____ 教师签名_____

实训项目 14　数控系统典型功能的 PMC 编程与调试实训

班级_____姓名_____学号_____

一、实训任务
编制数控车床、数控铣床的机床操作面板 PMC 程序。

二、实训目的
通过编制数控车床、数控铣床的机床操作面板 PMC 程序，学生应具备以下能力：
1）正确使用 X 信号、Y 信号、G 信号、F 信号。
2）掌握 PMC 梯形图的编写格式。
3）会正确使用功能指令。
4）编写完整的机床 PMC 程序。

三、实训设备
装有 FANUC 0i-D、FANUC 0i Mate-D 系统的数控实验台、通用计算机、FANUC LADDER-Ⅲ软件。

四、实训要求
根据实训项目 13 所确定的机床输入/输出信号地址，完成数控车床、数控铣床以下项目的 PMC 编程与调试，确保机床能够按照指令正常运动。

1. 工作方式选择的 PMC 编程与调试

2. 加工程序控制的 PMC 编程与调试

3. 手动、自动进给倍率的 PMC 编程

4. 主轴速度倍率的 PMC 编程

5. 进给轴及其方向选择的 PMC 编程

6. 主轴手动运动控制的 PMC 编程

7. M 指令的 PMC 编程

8. 循环启动和进给保持的 PMC 编程

9. 急停的 PMC 编程

五、成绩评定

实训项目总体评价及综合成绩评定
综合成绩_____   教师签名_____

实训项目 15　FANUC LADDER-Ⅲ软件的使用实训

班级_____ 姓名_____ 学号_____

一、实训任务

使用 FANUC LADDER-Ⅲ软件在线、离线编辑、调试及传送 PMC 程序。

二、实训目的

通过使用 FANUC LADDER-Ⅲ软件在线、离线编辑、调试及传送 PMC 程序，学生应具备以下能力：

1）熟悉 FANUC LADDER-Ⅲ软件界面。

2）熟练操作 FANUC LADDER-Ⅲ软件。

3）掌握 PC 机与 NC 系统联机调试方法。

4）掌握在线监控 PMC 程序与指令状态方法。

三、实训设备

装有 FANUC 0i-D 系统的数控实验台、通用计算机、FANUC LADDER-Ⅲ编程软件。

四、实训要求

按照要求完成下面的工作任务。

1. 在 FANUC LADDER-Ⅲ软件上新建一个 PMC 程序，程序保存在桌面上，文件名为"1"。

2. 利用 FANUC LADDER-Ⅲ软件打开一个 PMC 程序，按照实训表 15-1 所列任务要求完成对程序的操作。

实训表 15-1　PMC 程序操作步骤

序　号	任 务 要 求	操 作 步 骤
1	编辑程序标题	

(续)

序号	任务要求	操作步骤
2	重新设定系统参数	
3	编辑符号名称及编辑注释	
4	编辑 I/O 模块地址	
5	编辑报警信息	
6	编辑梯形图	

3. 关于程序传送和转换，按照要求完成下面的操作，填写实训表 15-2。

实训表 15-2　程序传送和转换操作步骤

序号	任务要求	操作步骤
1	利用 FANUC LADDER-Ⅲ 软件读取 CF 卡中的 PMC 程序	
2	将利用 FANUC LADDER-Ⅲ 软件编写的 PMC 程序转换成卡格式	

4. 关于 PC 机与 CNC 的在线调试功能，按照要求完成下面操作，并填写实训表 15-3。

实训表 15-3　PC 机与 CNC 的在线调试步骤

序　号	任　务　要　求	操　作　步　骤
1	建立 PC 机与 CNC 的通信联系	
2	将 PC 机上编制好的 PMC 程序导入 CNC 中	
3	PC 机在线读取 CNC 中 PMC 程序	
4	在 PC 机上在线修改 CNC 中的 PMC 梯形图	
5	在 PC 机上在线修改 CNC 中的 PMC 参数	
6	在 PC 机上在线监控 CNC 中的 PMC 信号状态	

五、成绩评定

实训项目总体评价及综合成绩评定

综合成绩_____

教师签名_____

2）按下【内嵌】或【内嵌板】选择软键，出现 CNC 侧以太网地址设置界面。按下【内嵌】后以太网设置界面如图 3-145 所示，按下【内嵌板】后以太网设置界面如图 3-146 所示。两个界面均由两个页面构成，可以通过翻页键进行切换。

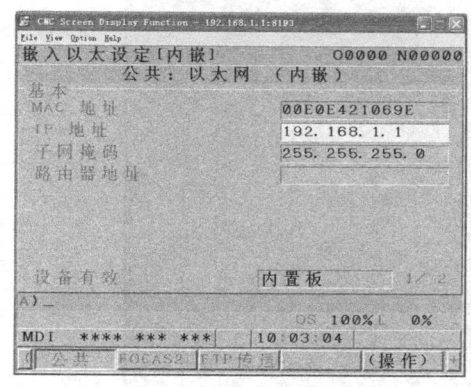 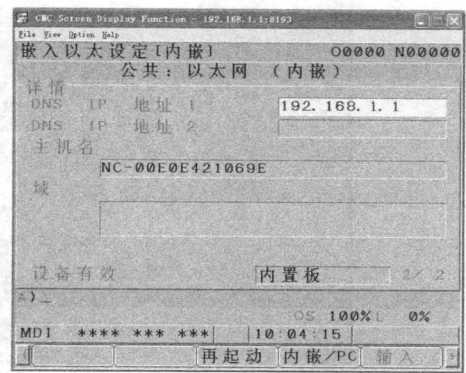

图 3-145　内嵌以太网地址设定

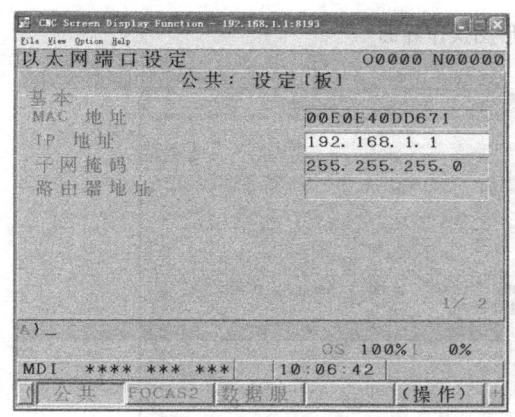 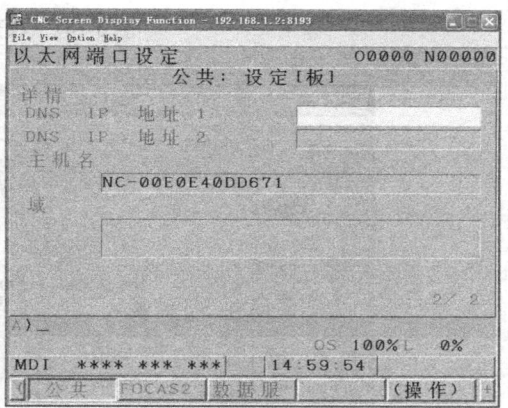

图 3-146　内嵌板以太网地址设定

3）设定 IP 地址参数。如果 PC 机与 CNC 设备之间是点到点直连，只需设置 IP 地址和子网掩码，如数控系统的 IP 地址设置为：192.168.1.1，子网掩码设置为：255.255.255.0；如果设备之间通过局域网连接，则需要设置路由器的 IP 地址。

4）在 MDI 键盘上按下 SYSTEM 功能键，再按几次扩展软键【+】，进入梯形图操作界面，如图 3-147 所示。

5）按下【PMCCNF】软键，多次单击扩展键【+】，直到出现【在线】软键。单击【在线】软键，出现 PMC 构成界面，如图 3-148 所示。

6）将光标移至"高速接口"，移动光标选择"使用"。

至此，CNC 侧以太网参数设置完毕。

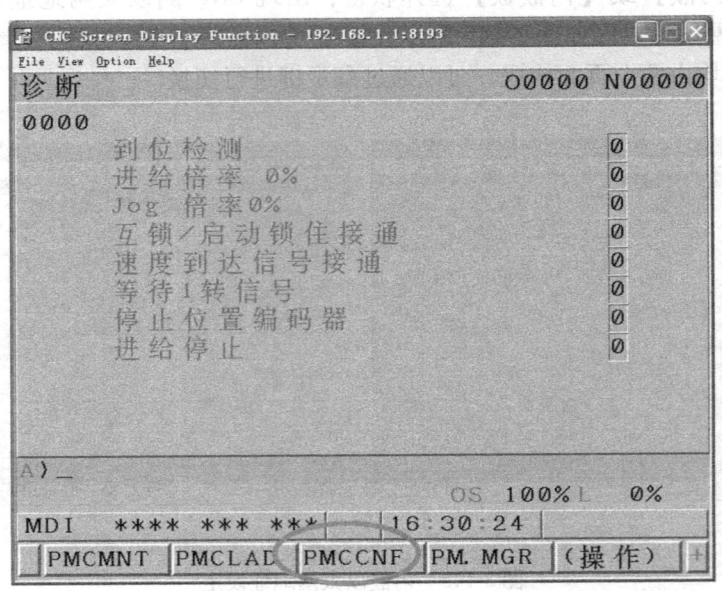

图 3-147　梯形图操作界面

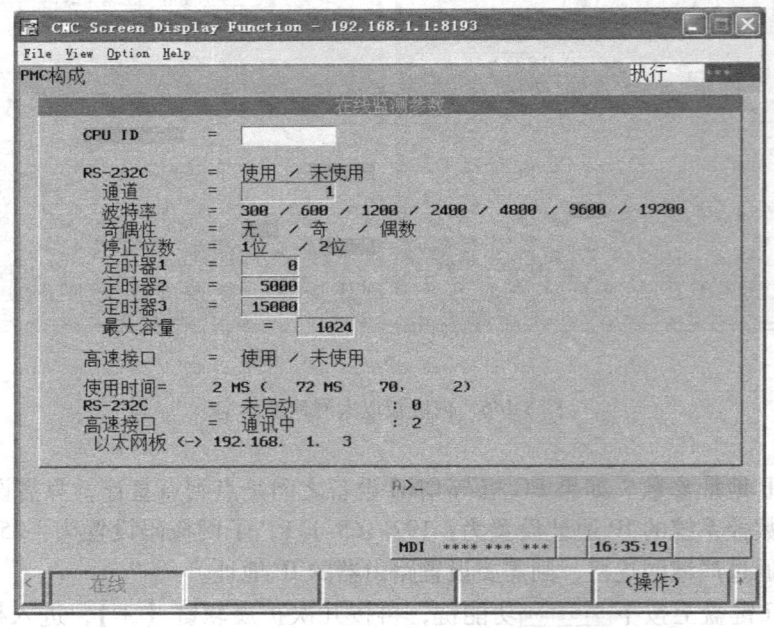

图 3-148　PMC 构成界面

（2）PC 机侧相关参数的设定　步骤如下：

1）光标移至网上邻居处，单击鼠标右键，出现菜单，单击菜单中的"属性"选项，打开"网络连接"界面，如图 3-149 所示。

项目十五　FANUC LADDER-Ⅲ软件的使用

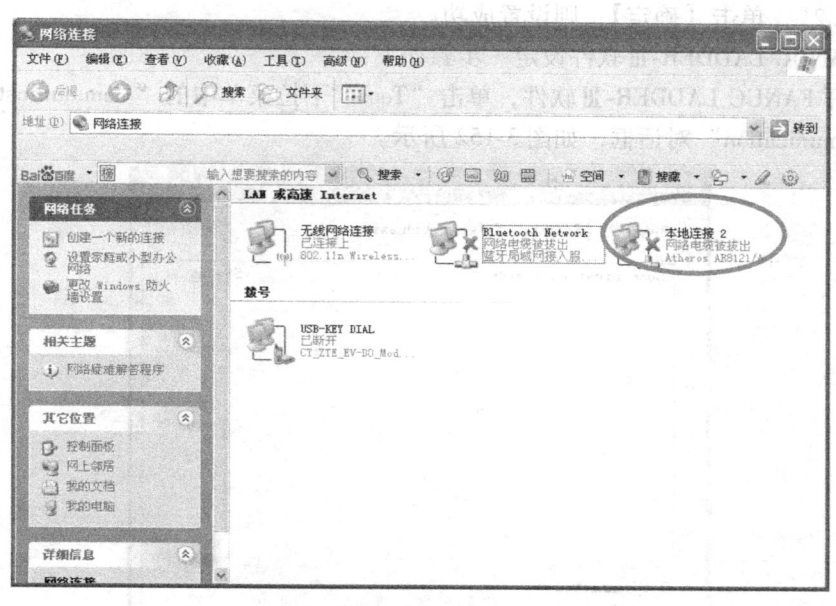

图 3-149　网络连接界面

2）双击"本地连接2",出现"本地连接2 属性"对话框,如图 3-150 所示。

3）双击"Internet 协议（TCP/IP）"选项,打开"Internet 协议（TCP/IP）属性"对话框,如图 3-151 所示。

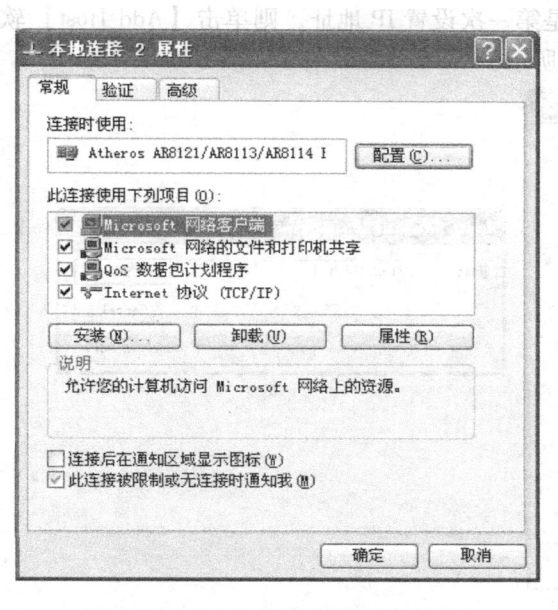

图 3-150　"本地连接 2 属性"对话框

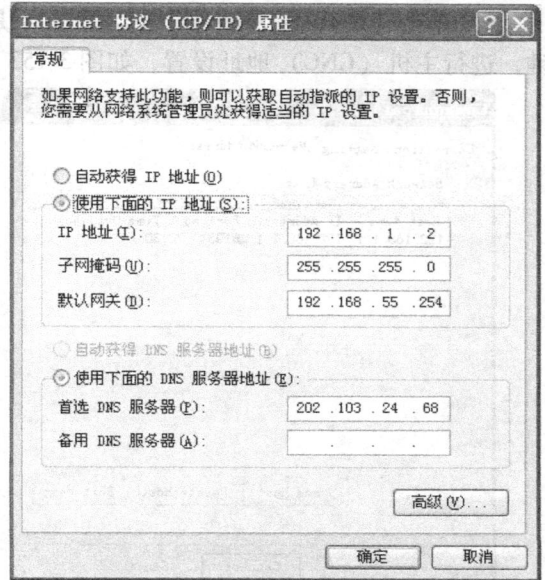

图 3-151　"Internet 协议（TCP/IP）属性"对话框

4）填写 PC 机的 IP 地址。注意此时填写的 IP 地址不能和 CNC 侧的 IP 地址相同。例如,CNC 侧的 IP 地址设置为"192.168.1.1",则 PC 机侧的 IP 地址应设置为

"192.168.1.2",单击【确定】,则设置成功。

(3) FANUC LADDER-Ⅲ软件设定 步骤如下:

1) 打开 FANUC LADDER-Ⅲ软件,单击"Tool"下拉菜单中的"Communication"命令,打开"Communication"对话框,如图 3-152 所示。

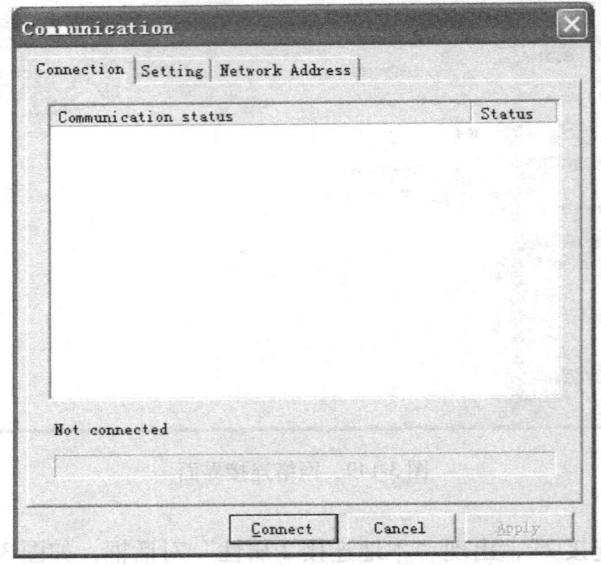

图 3-152 "Communication"对话框

2) 单击【Network Address】选项,如果是第一次设置 IP 地址,则单击【Add Host】软键,进行主机(CNC)地址设置,如图 3-153 所示。

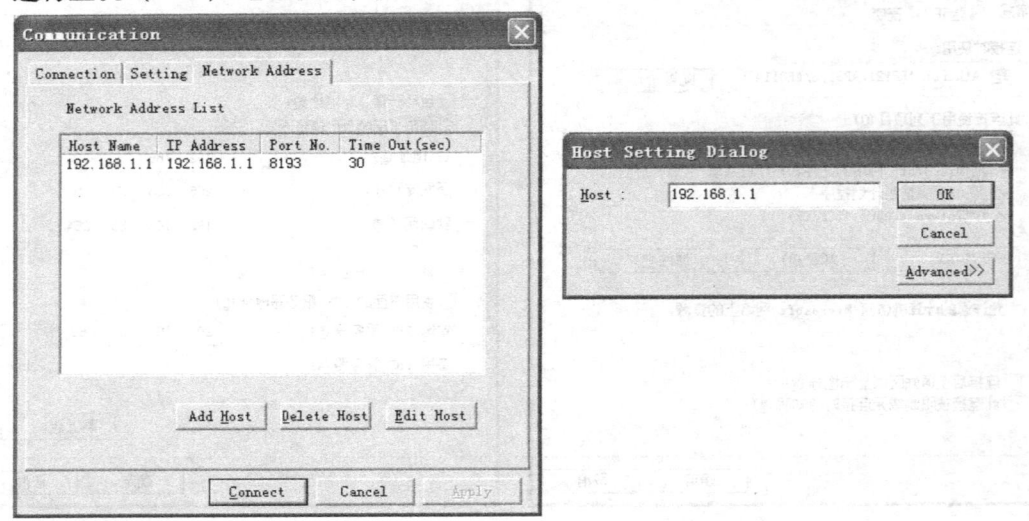

图 3-153 FANUC LADDER-Ⅲ软件的网络地址设定

3) 单击【Setting】选项,进入用户装置设定对话框,将 CNC 的 IP 地址如"192.168.1.1"设置在"Use device"中,如图 3-154 所示。

项目十五 FANUC LADDER-Ⅲ 软件的使用

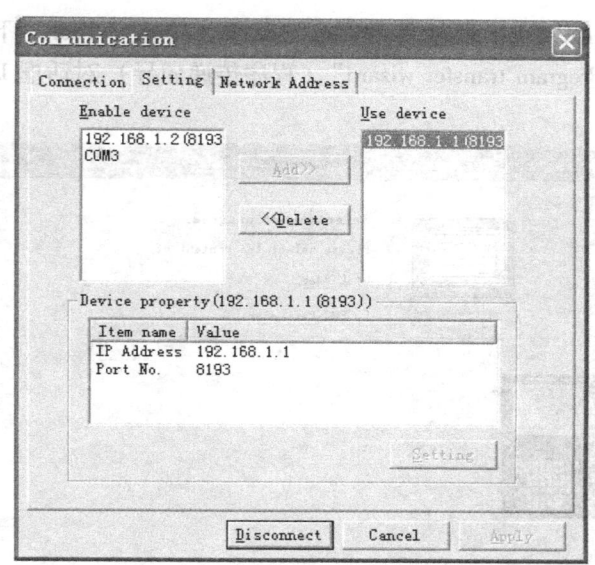

图 3-154 "Setting" 选项卡

4）单击【Connection】选项，则会建立 CNC 系统与 PC 机之间的通信联系，FANUC LADDER-Ⅲ 软件上也会显示在线连接图标，如图 3-155 所示。

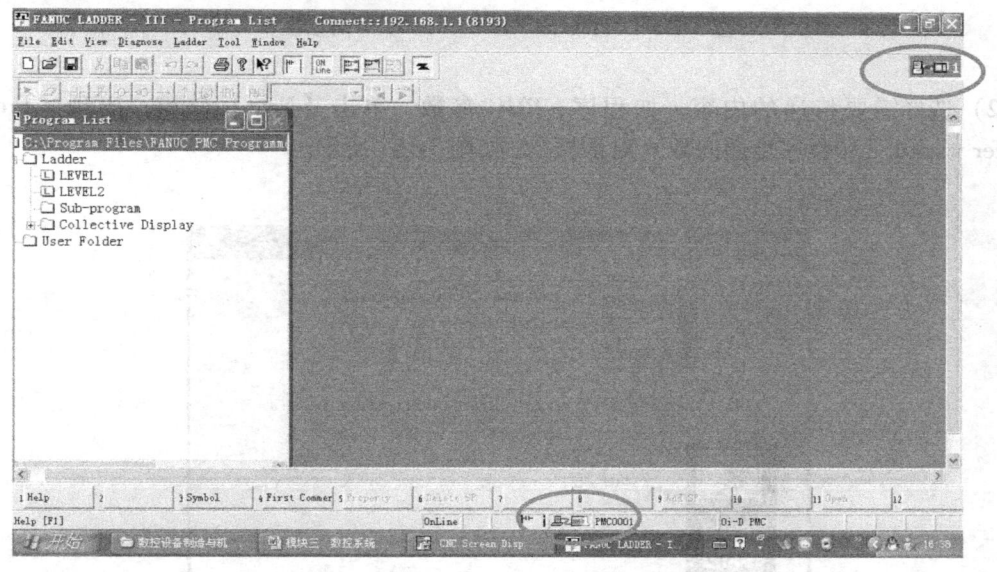

图 3-155 CNC 与 PC 机之间的通信建立标记

至此，可以进行 PMC 程序的在线编辑与调试。

2. 程序的在线导入

如果在 PC 机上编制好了 PMC 程序，通过在线方式可以将 PMC 程序导入 CNC 系统中，分两步进行，可先将 PMC 程序导入数控系统 DRAM 中，然后导入 FROM 中。

（1）PMC 程序在线导入数控系统 DRAM 中　操作步骤如下：

1) 单击 FANUC LADDER-Ⅲ 软件 "Tool" 菜单，单击 "Tool" 下拉菜单中 "Store to PMC" 命令，打开 "Program transfer wizard"（程序传递向导）对话框 1，如图 3-156 所示。

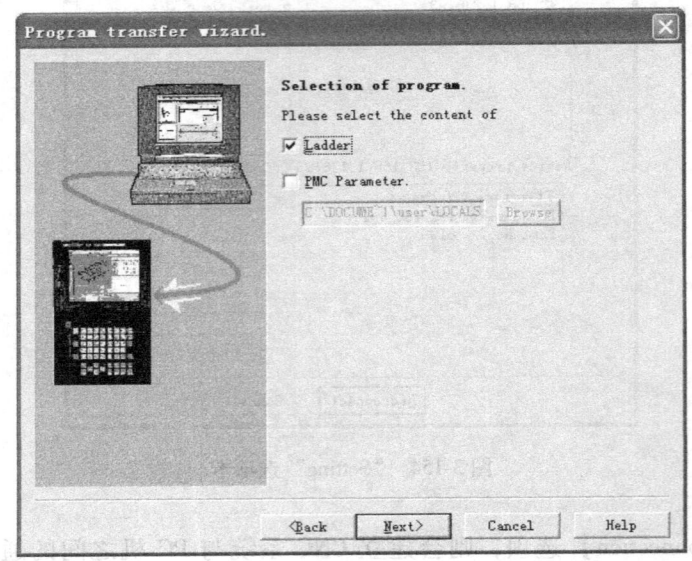

图 3-156 "Program transfer wizard." 对话框 1

2) 选择需要传递的内容，如程序、PMC 参数，单击【Next】软键，出现 "Program transfer wizard."（程序传递向导）对话框 2，如图 3-157 所示。

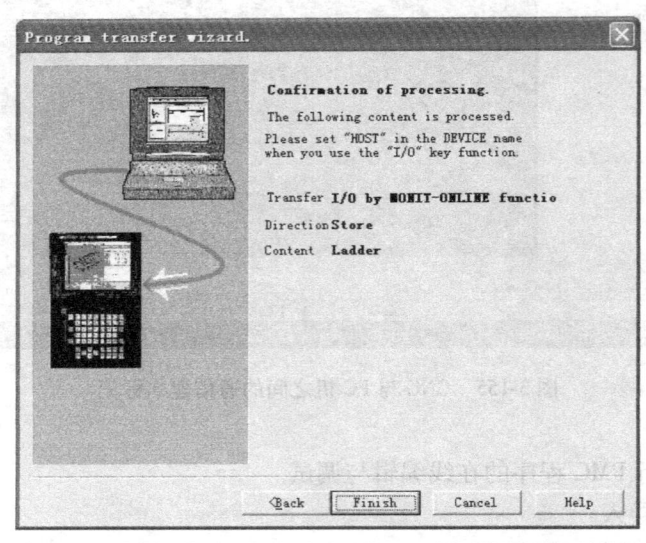

图 3-157 "Program transfer wizard." 对话框 2

3）单击【Finish】软键，程序开始传递，如图 3-158 所示。

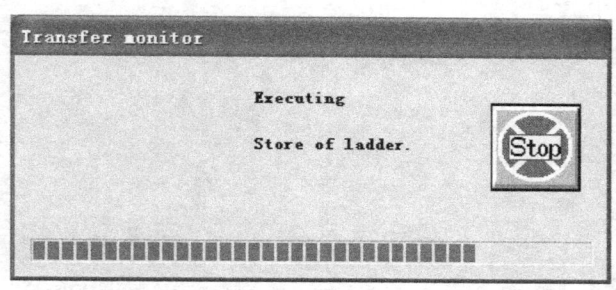

图 3-158　PC 机程序导入 CNC 系统的过程

4）程序传递完毕后，出现提示是否运行 PMC 程序的对话框，单击【Yes】软键，则 CNC 系统继续工作，如图 3-159 所示。

（2）程序在线导入数控系统 FROM 中　按照前述方法，在【PMCMNT】二级菜单的【I/O】界面上完成 PMC 程序由 DRAM 导入到 FROM 中。

3. PC 机对 CNC 系统中 PMC 程序的在线读取

PC 机在线读取 CNC 系统中的 PMC 程序，按照以下步骤操作：

1）打开 FANUC LADDER-Ⅲ软件，新建文件，指定文件保存路径，并指定数控系统的 PMC 类型，如图 3-160 所示。

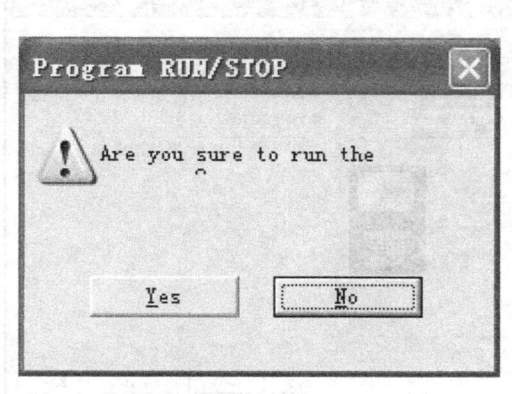

图 3-159　程序是否运行对话框

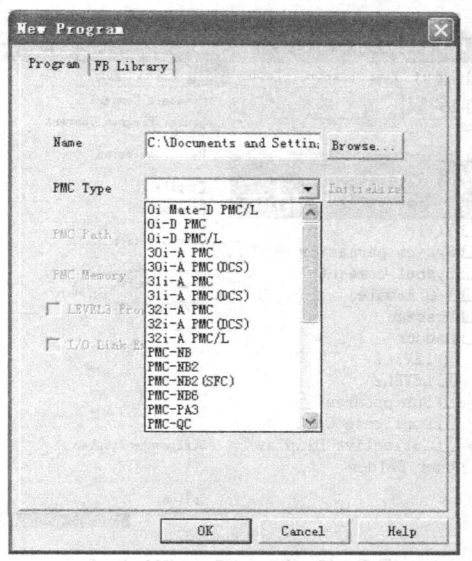

图 3-160　PMC 类型的选择

2）单击【OK】，则进入 FANUC LADDER-Ⅲ软件的准备工作对话框，如图 3-161 所示。

模块三 数控系统PMC编程

图 3-161　FANUC LADDER-Ⅲ软件的准备工作对话框

3）单击"Tool"菜单，单击"Load from PMC"命令，如图 3-162 所示。

4）单击"Load from PMC"命令后出现程序传递对话框 1，如图 3-163 所示。

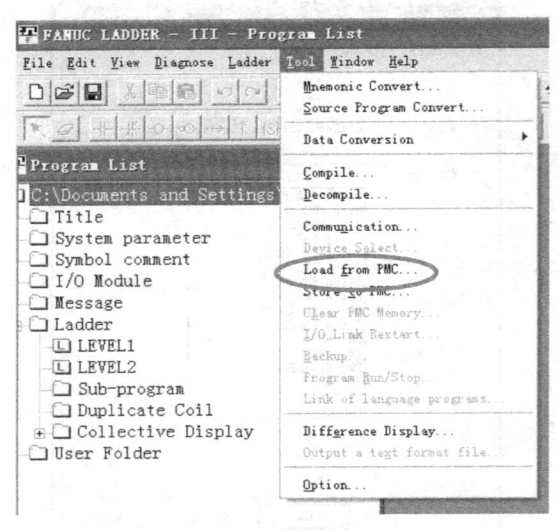

图 3-162　"Load from PMC"命令　　　　图 3-163　程序传递对话框 1

5）选择好传递项目，如梯形图、PMC 参数，单击【Next】软键，数据开始加载并弹出对话框，如图 3-164 所示。

6）单击【Finish】软键，即可在 PC 机上打开 PMC 程序。

项目十五　FANUC LADDER-Ⅲ软件的使用

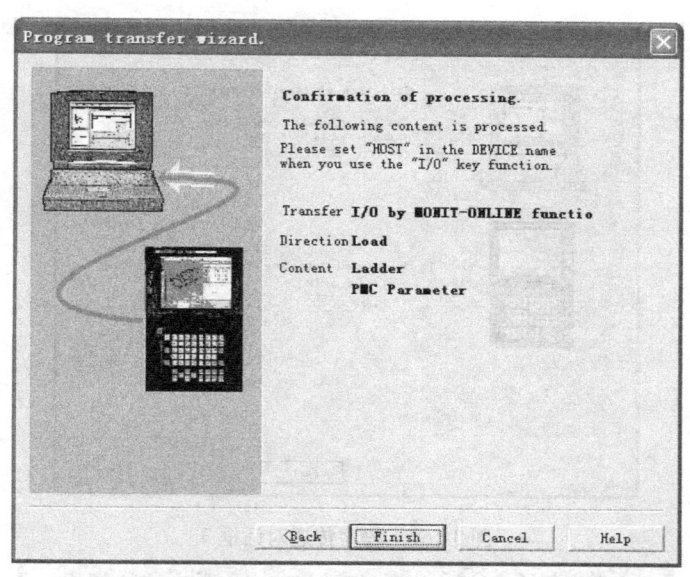

图 3-164　程序传递对话框 2

4. 梯形图的在线调试和修改

如果使用 PC 机在 FANUC LADDER-Ⅲ软件上修改了 PMC 程序、符号表、信息表、PMC 参数、标题等，则需要进行编译和下传，并重新启动 CNC 侧的 PMC 程序，具体步骤如下：

1) 单击 FANUC LADDER-Ⅲ软件"Ladder"菜单，选择"Program Mode"子菜单的"Online"选项，建立 PC 机与 CNC 之间通信联系，如图 3-165 所示。

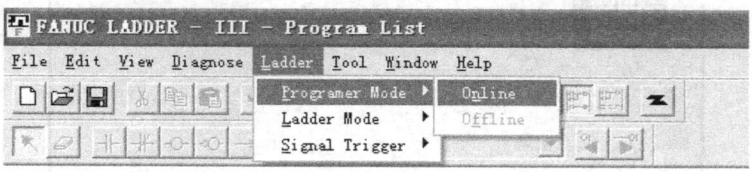

图 3-165　在线方式选择

2) 系统会发现 PC 机的 FANUC LADDER-Ⅲ程序与 CNC 系统中的 PMC 程序不一致，并弹出消息框提示信息：程序不匹配，如图 3-166 所示。

3) 单击【确定】软键，弹出消息框，提示是否保存到 PMC 中。

4) 单击【NEXT】软键，弹出程序传递对话框，如图 3-167 所示，勾选"Ladder"，如图 3-168 所示。

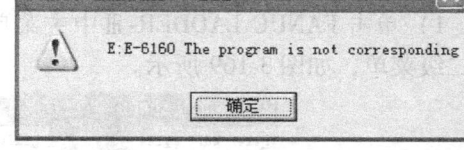

图 3-166　消息提示对话框

5) 单击【Next】软键，程序开始传递。

6) 程序传递过程中，CNC 侧的 PMC 程序被停止运行，传送完成后 FANUC LADDER-Ⅲ会提示是否运行 PMC 程序，单击【YES】软键，CNC 侧的 PMC 继续工作。

7) 最后，在系统关断电源前，一定要在 CNC 的 I/O 方式下执行写 FROM 操作，防止修改后的程序丢失。

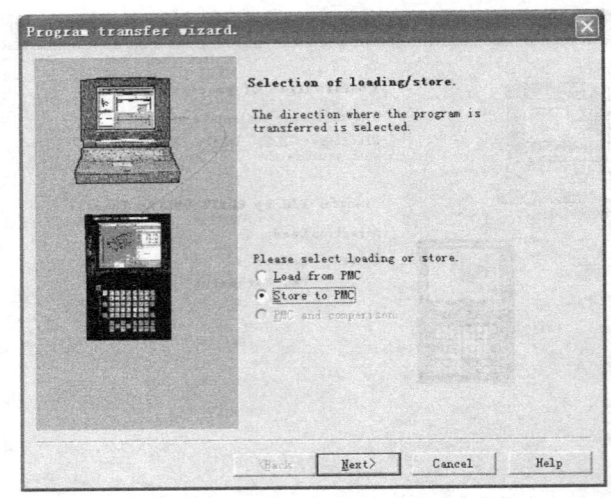

图 3-167　程序传递对话框 3

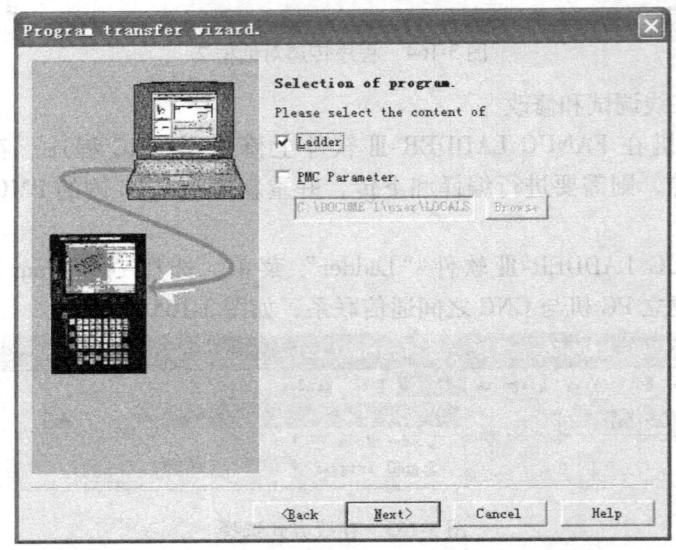

图 3-168　程序传递对话框 4

5. PMC 参数的在线设定和编辑

PMC 参数可以通过 PC 机侧的 FANUC LADDER-Ⅲ软件界面进行设定和修改，步骤如下：

1) 单击 FANUC LADDER-Ⅲ中主菜单"Diagnose"的"PMC Parameter"，出现 PMC 参数二级菜单，如图 3-169 所示。

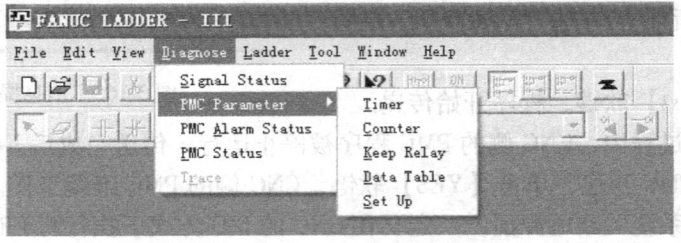

图 3-169　PMC 参数设置二级菜单

2)单击"Timer"(时间继电器)、"Counter(计数器)"、"Keep Relay(保持性继电器)"、"Data Table(数据表)"等,分别显示相应的参数设置对话框,如图3-170~图3-173所示。

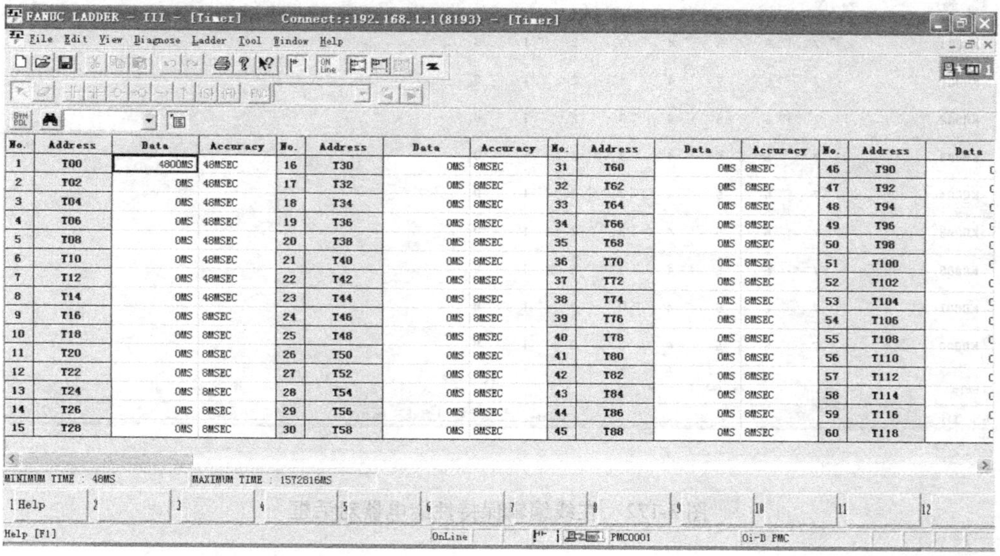

图 3-170 在线编辑时间继电器对话框

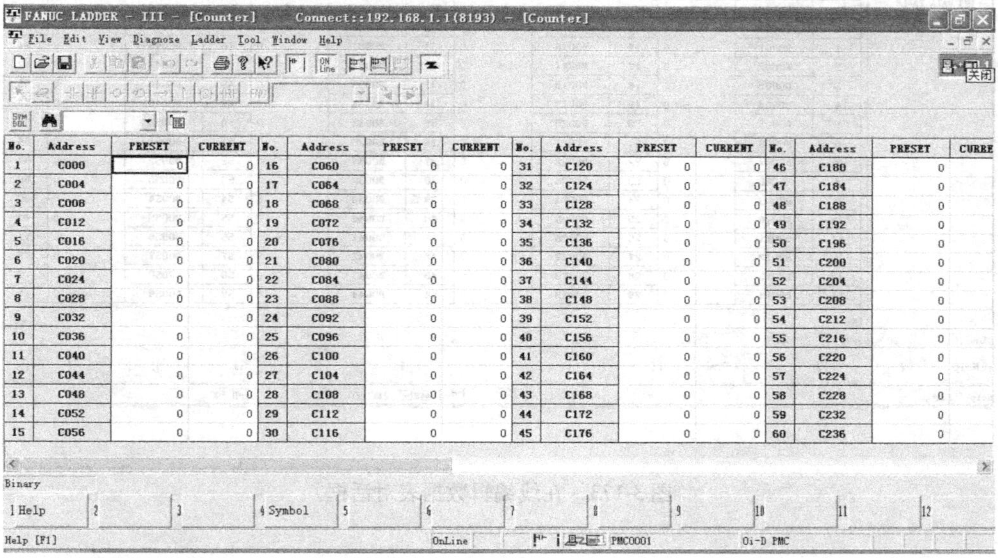

图 3-171 在线编辑计数器对话框

模块三 数控系统PMC编程

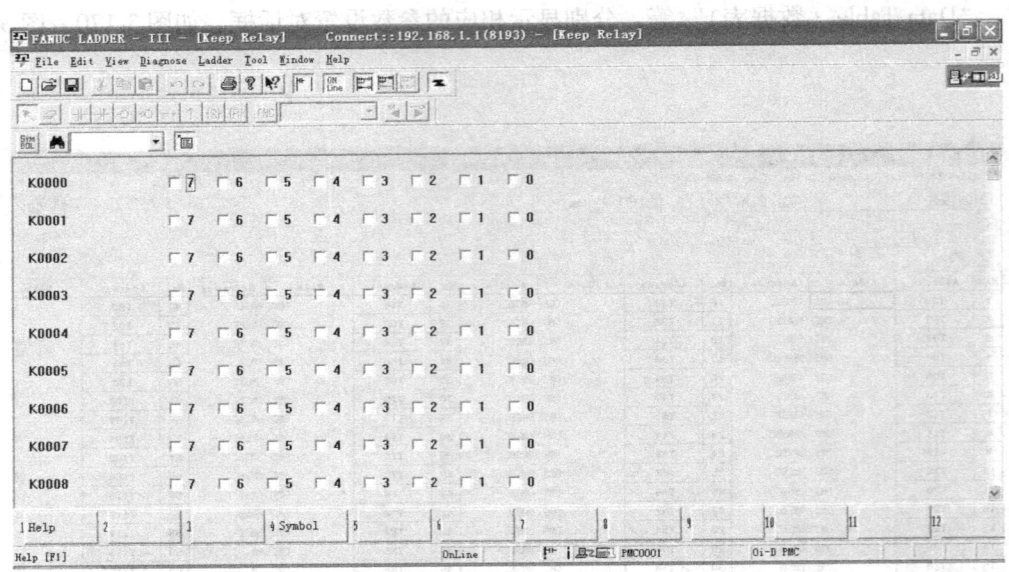

图 3-172 在线编辑保持性继电器对话框

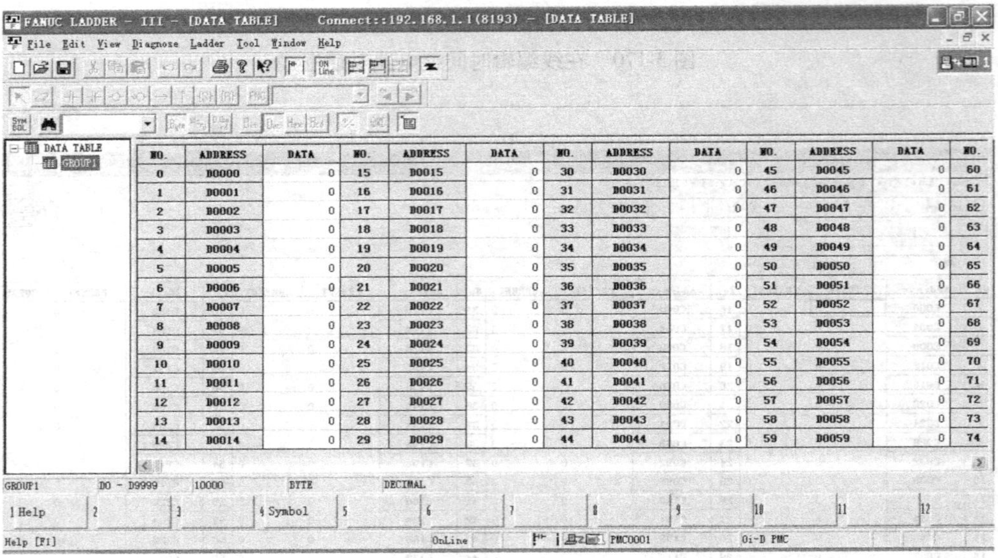

图 3-173 在线编辑数据表对话框

对于"Timer"(时间继电器)、"Counter(计数器)"、"Keep Relay(保持性继电器)",可以直接在对话框中修改参数;对于"Data Table(数据表)",按照以下步骤修改:

①在左侧窗口单击"DATA TABLE",并右击鼠标,出现子菜单,如图 3-174 所示。

项目十五　FANUC LADDER-Ⅲ软件的使用

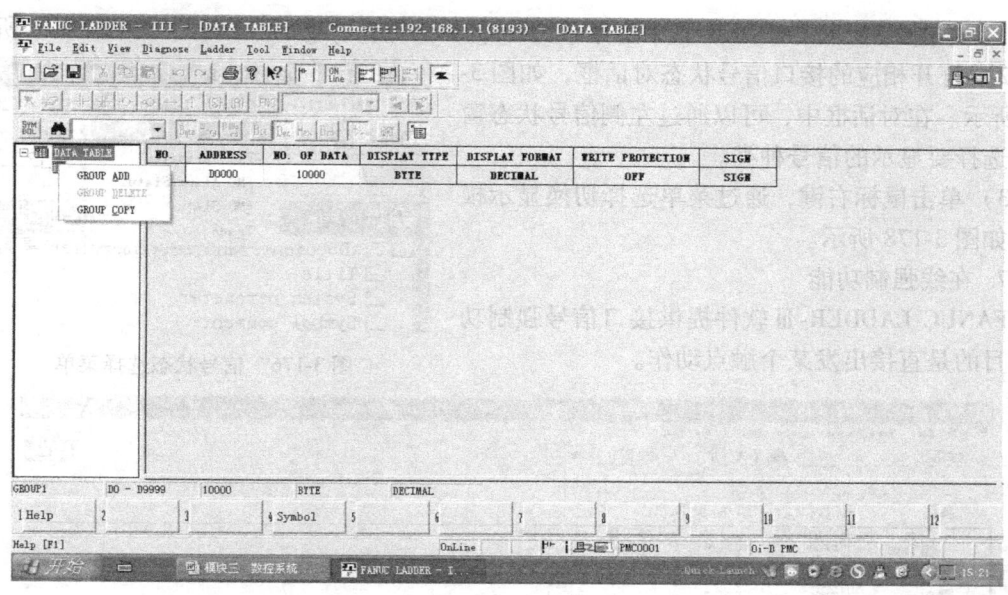

图 3-174　数据表编辑对话框 1

②单击子菜单中的"GROUP_ADD"(追加组),按照需要的数目追加组数,如图 3-175 所示。

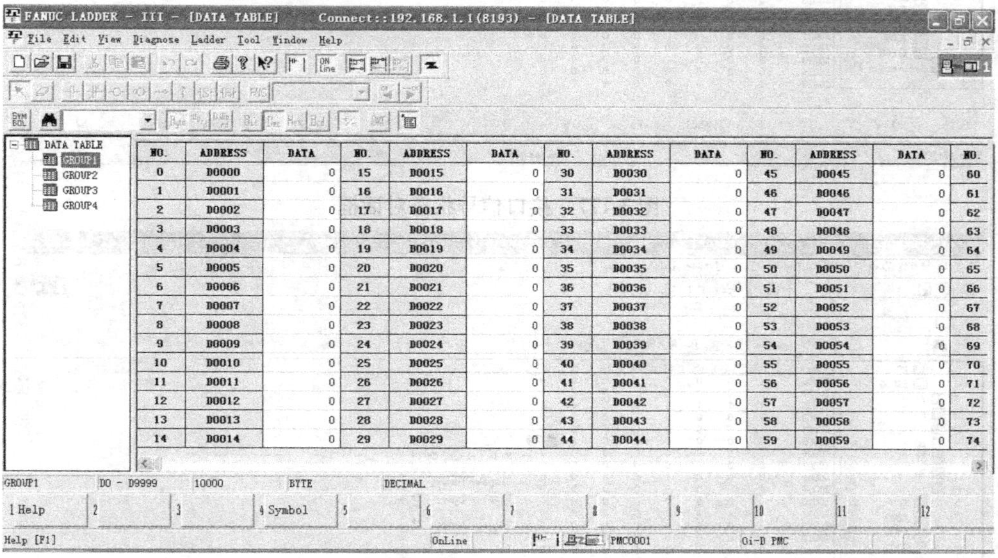

图 3-175　数据表编辑对话框 2

6. 在线监视和诊断功能

FANUC LADDER-Ⅲ软件提供丰富的在线监视和诊断功能,特别是便于各种功能模块的调试、模拟测试等,能提供按照位、字、双字检测接口信号的功能,可以检测 X 地址、Y 地址、G 地址、F 地址、R 地址、K 地址、A 地址等的实时状态。操作步骤如下:

1) 单击FANUC LADDER-Ⅲ中主菜单"Diagnose"的"Signal Status",如图3-176所示。

2) 打开相应的接口信号状态对话框,如图3-177所示。在对话框中,可以通过左侧信号状态窗口,选择要显示的信号种类。

3) 单击鼠标右键,通过菜单选择切换显示模式,如图3-178所示。

7. 在线强制功能

FANUC LADDER-Ⅲ软件提供接口信号强制功能,目的是直接出发某个触点动作。

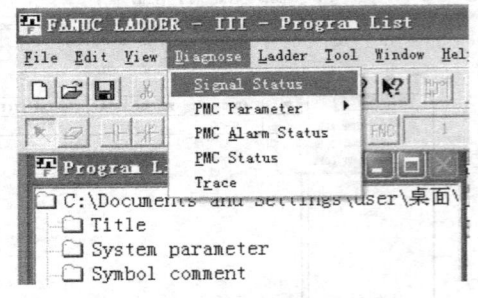

图3-176 信号状态选择菜单

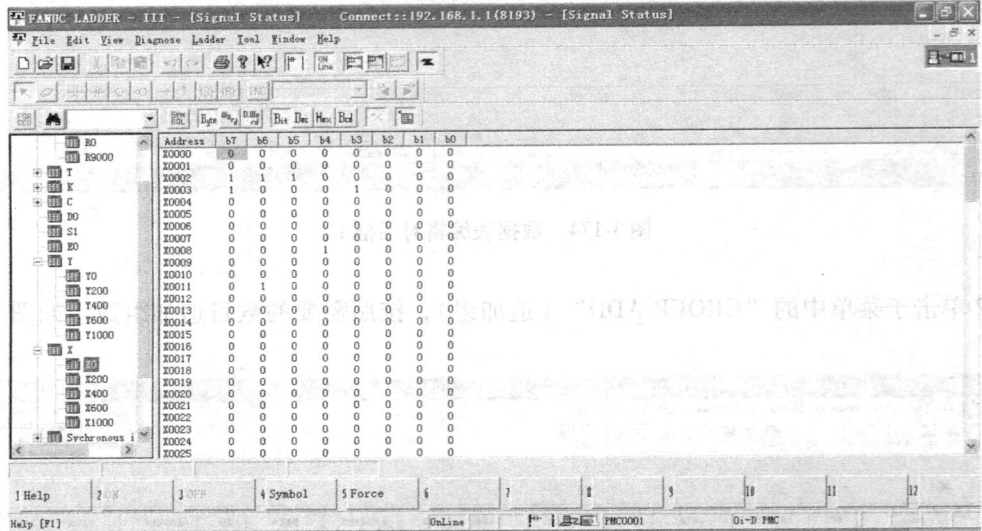

图3-177 接口信号状态对话框

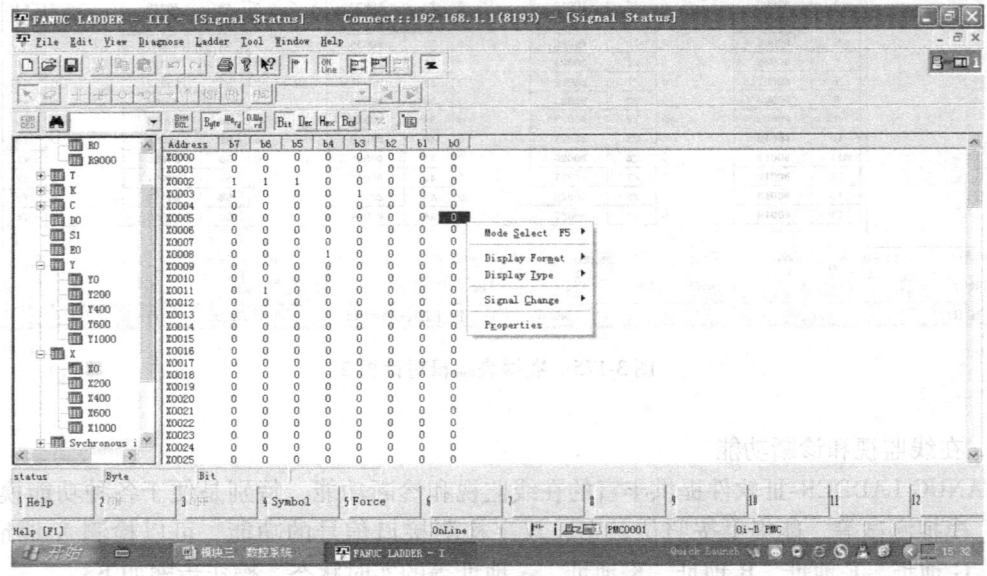

图3-178 信号状态显示模式的切换

(1) 注意事项　实施强制功能时，需要注意以下几点：

1) 要注意设备安全和人员安全。因为信号强制时外围设备不会按照逻辑关系强制执行某个动作。

2) 必须停止 CNC 侧的 PMC 运行，否则 PMC 在不断地执行扫描刷新，强制信号会立刻被复位。

(2) 操作步骤　在线强制功能操作步骤如下：

1) 按照前面的操作步骤进入信号监视状态。

2) 用鼠标右键单击需要强制的信号，如图 3-179 所示。

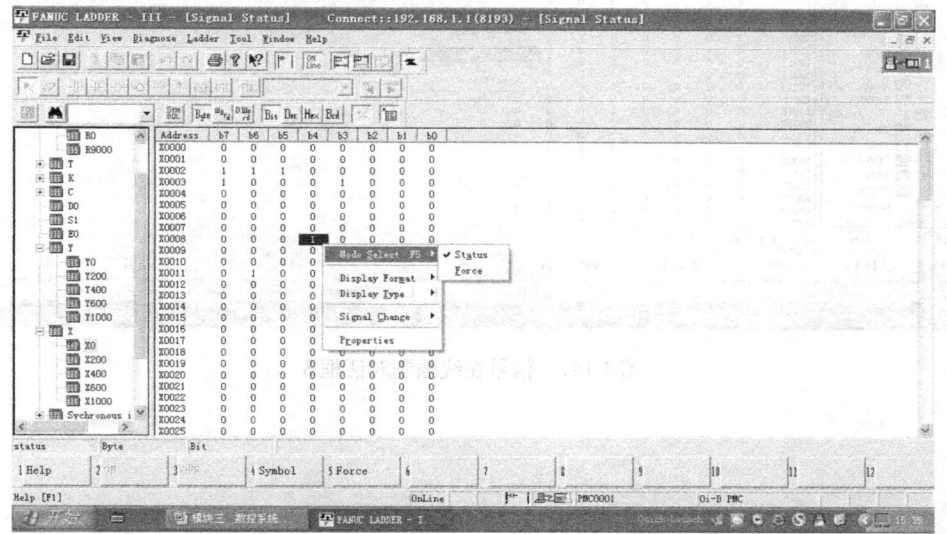

图 3-179　信号在线强制对话框 1

3) 选择 "Force"，被选择信号点将被选中，如图 3-180 所示的深色阴影部分。

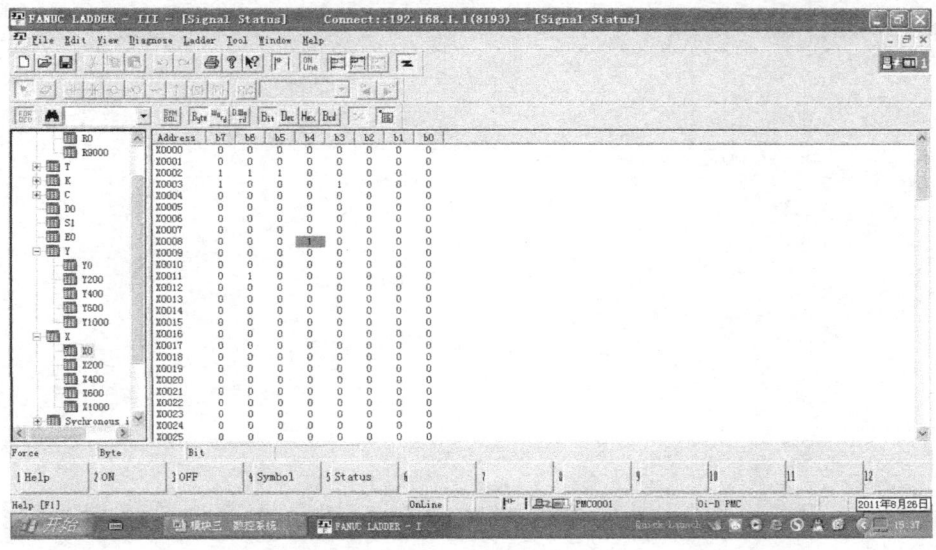

图 3-180　信号在线强制对话框 2

4）继续单击鼠标右键，在"Signal Change"子菜单中选择"On"或"Off"，分别接通或断开触点，如图 3-181 所示。

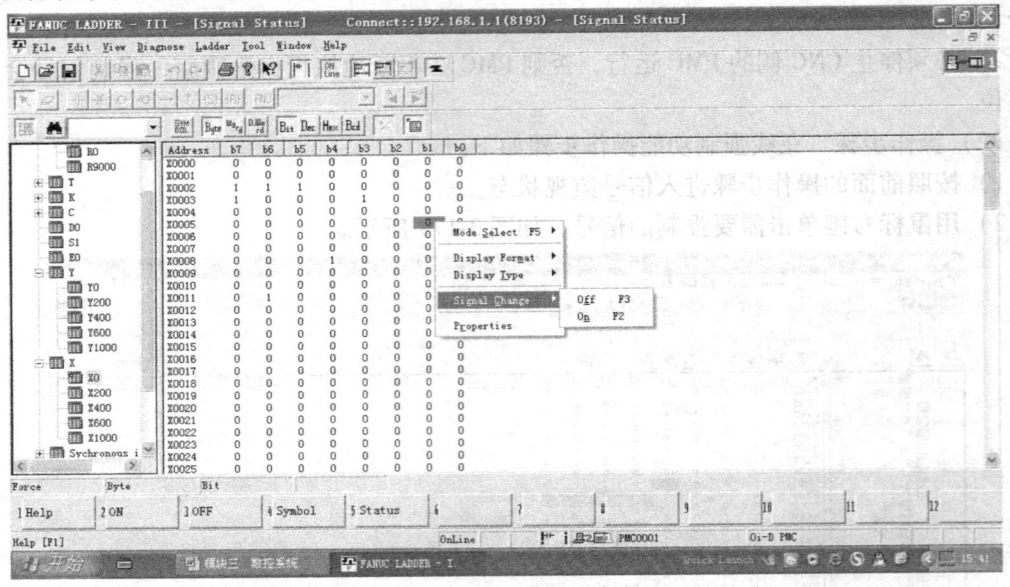

图 3-181　信号在线强制对话框 3

参考文献

[1] 周兰，常晓俊. 现代数控加工设备[M]. 北京：机械工业出版社，2005.
[2] 孙茂德. 数控机床逻辑控制编程技术[M]. 北京：机械工业出版社，2008.
[3] 宋松，李兵. FANUC 0i 数控系统连接调试与维修诊断[M]. 北京：化学工业出版社，2010.
[4] 刘永久. 数控机床故障诊断与维修技术[M]. 北京：机械工业出版社，2006.
[5] FANUC 株式会社. FANUC Series 0i-MODEL D/FANUC Series 0i Mate-MODEL D 维修说明书.
[6] FANUC 株式会社. FANUC Series 0i-MODEL D/FANUC Series 0i Mate-MODEL D 参数说明书.
[7] FANUC 株式会社. FANUC Series 0i-MODEL D/FANUC Series 0i Mate-MODEL D PMC 编程说明书.